国家科学技术学术著作出版基金资助出版
"十三五"国家重点出版物出版规划项目
高性能高分子材料丛书

聚合物碳化反应及其应用

唐 涛 龚 江 宋荣君 著

科学出版社
北京

内 容 简 介

本书为"高性能高分子材料丛书"之一，系统介绍了聚合物碳化反应及其应用。首先总结聚合物碳化的典型方法，论述每种碳化方法的原理与适用范围；重点阐述了碳化过程中降解反应和碳化反应的协同机理，以及碳材料的织态结构、表面化学结构的调节机制，介绍利用聚合物碳化反应制备不同维度的碳纳米材料、碳泡沫、碳/碳复合材料等。本书以碳材料的结构和形貌调控为切入点，着重介绍控制聚合物的碳化反应实现精确调控碳材料生长的机制。在此基础上，介绍催化聚合物本身成碳在提高阻燃性能方面的研究进展。最后，本书介绍聚合物基碳材料在超级电容器、锂离子电池、吸附与分离中的应用前景，阐述碳材料结构形貌与性能的关系。

本书适合于从事聚合物降解与回收、聚合物改性与阻燃、碳材料制备与应用领域的科研人员阅读，也可作为高校相关专业教师教学与学生学习的参考书。

图书在版编目(CIP)数据

聚合物碳化反应及其应用 / 唐涛，龚江，宋荣君著. —北京：科学出版社，2024.3
(高性能高分子材料丛书 / 蹇锡高总主编)
"十三五"国家重点出版物出版规划项目
ISBN 978-7-03-078135-2

Ⅰ.①聚⋯ Ⅱ.①唐⋯ ②龚⋯ ③宋⋯ Ⅲ.①聚合物—化学反应 Ⅳ.①O63

中国国家版本馆 CIP 数据核字(2024)第 043629 号

丛书策划：翁靖一
责任编辑：翁靖一 孙静惠 / 责任校对：郝璐璐
责任印制：赵 博 / 封面设计：东方人华

科学出版社 出版
北京东黄城根北街 16 号
邮政编码：100717
http://www.sciencep.com

涿州市般润文化传播有限公司印刷
科学出版社发行 各地新华书店经销
*

2024 年 3 月第 一 版 开本：720×1000 1/16
2024 年 7 月第二次印刷 印张：24 1/4
字数：468 000
定价：198.00 元
(如有印装质量问题，我社负责调换)

高性能高分子材料丛书

编 委 会

学术顾问：毛炳权　曹湘洪　薛群基　周　廉　徐惠彬

总　主　编：蹇锡高

常务副总主编：张立群

丛书副总主编(按姓氏汉语拼音排序)：

　　陈祥宝　李光宪　李仲平　瞿金平　王锦艳　王玉忠

丛书编委(按姓氏汉语拼音排序)：

　　董　侠　傅　强　高　峡　顾　宜　黄发荣　黄　昊
　　姜振华　刘孝波　马　劲　王笃金　吴忠文　武德珍
　　解孝林　杨　杰　杨小牛　余木火　翟文涛　张守海
　　张所波　张中标　郑　强　周光远　周　琼　朱　锦

总　序

　　自 20 世纪初,高分子概念被提出以来,高分子材料越来越多地走进人们的生活,成为材料科学中最具代表性和发展前途的一类材料。我国是高分子材料生产和消费大国,每年在该领域获得的授权专利数量已经居世界第一,相关材料应用的研究与开发也如火如荼。高分子材料现已成为现代工业和高新技术产业的重要基石,与材料科学、信息科学、生命科学和环境科学等前瞻领域的交叉及结合,在推动国民经济建设、促进人类科技文明的进步、改善人们的生活质量等方面发挥着重要的作用。

　　国家"十三五"规划显示,高分子材料作为新兴产业重要组成部分已纳入国家战略性新兴产业发展规划,并将列入国家重点专项规划,可见国家已从政策层面为高分子材料行业的大力发展提供了有力保障。然而,随着尖端科学技术的发展,高速飞行、火箭、宇宙航行、无线电、能源动力、海洋工程技术等的飞跃,人们对高分子材料提出了越来越高的要求,高性能高分子材料应运而生,作为国际高分子科学发展的前沿,应用前景极为广阔。高性能高分子材料,可替代金属作为结构材料,或用作高级复合材料的基体树脂,具有优异的力学性能。这类材料是航空航天、电子电气、交通运输、能源动力、国防军工及国家重大工程等领域的重要材料基础,也是现代科技发展的关键材料,对国家支柱产业的发展,尤其是国家安全的保障起着重要或关键的作用,其蓬勃发展对国民经济水平的提高也具有极大的促进作用。我国经济社会发展尤其是面临的产业升级以及新产业的形成和发展,对高性能高分子功能材料的迫切需求日益突出。例如,人类对环境问题和石化资源枯竭日益严重的担忧,必将有力地促进高效分离功能的高分子材料、生态与环境高分子材料的研发;近 14 亿人口的健康保健水平的提升和人口老龄化,将对生物医用材料和制品有着内在的巨大需求;高性能柔性高分子薄膜使电子产品发生了颠覆性的变化等。不难发现,当今和未来社会发展对高分子材料提出了诸多新的要求,包括高性能、多功能、节能环保等,以上要求对传统材料提出了巨大的挑战。通过对传统的通用高分子材料高性能化,特别是设计制备新型高性能高分子材料,有望获得传统高分子材料不具备的特殊优异性质,进而有望满足未来社会对高分子材料高性能、多功能化的要求。正因为如此,高性能高分子材料的基础科学研究和应用技术发展受到全世界各国政府、学术界、工业界的高度重视,已成为国际高分子科学发展的前沿及热点。

因此，对高性能高分子材料这一国际高分子科学前沿领域的原理、最新研究进展及未来展望进行全面、系统地整理和思考，形成完整的知识体系，对推动我国高性能高分子材料的大力发展，促进其在新能源、航空航天、生命健康等战略新兴领域的应用发展，具有重要的现实意义。高性能高分子材料的大力发展，也代表着当代国际高分子科学发展的主流和前沿，对实现可持续发展具有重要的现实意义和深远的指导意义。

为此，我接受科学出版社的邀请，组织活跃在科研第一线的近三十位优秀科学家积极撰写"高性能高分子材料丛书"，其内容涵盖了高性能高分子领域的主要研究内容，尽可能反映出该领域最新发展水平，特别是紧密围绕着"高性能高分子材料"这一主题，区别于以往那些从橡胶、塑料、纤维的角度所出版过的相关图书，内容新颖、原创性较高。丛书邀请了我国高性能高分子材料领域的知名院士、"973"计划项目首席科学家、教育部"长江学者"特聘教授、国家杰出青年科学基金获得者等专家亲自参与编著，致力于将高性能高分子材料领域的基本科学问题，以及在多领域多方面应用探索形成的原始创新成果进行一次全面总结归纳和提炼，同时期望能促进其在相应领域尽快实现产业化和大规模应用。

本套丛书于2018年获批为"十三五"国家重点出版物出版规划项目，具有学术水平高、涵盖面广、时效性强、引领性和实用性突出等特点，希望经得起时间和行业的检验。并且希望本套丛书的出版能够有效促进高性能高分子材料及产业的发展，引领对此领域感兴趣的广大读者深入学习和研究，实现科学理论的总结与传承，以及科技成果的推广与普及传播。

最后，我衷心感谢积极支持并参与本套丛书编审工作的陈祥宝院士、李仲平院士、瞿金平院士、王玉忠院士、张立群院士、李光宪教授、郑强教授、王笃金研究员、杨小牛研究员、余木火教授、解孝林教授、王锦艳教授、张守海教授等专家学者。希望本套丛书的出版对我国高性能高分子材料的基础科学研究和大规模产业化应用及其持续健康发展起到积极的引领和推动作用，并有利于提升我国在该学科前沿领域的学术水平和国际地位，创造新的经济增长点，并为我国产业升级、提升国家核心竞争力提供理论支撑。

蹇锡高
中国工程院院士
大连理工大学教授

前 言

当今社会中，高分子材料，如塑料、橡胶和合成纤维等，被广泛应用于众多领域，随处可见。据统计，2021 年我国塑料制品产量高达 8000 万吨，产量和消费量均居世界第一。巨量的高分子材料生产与消费，既消耗了大量化石资源，又因弃用后的不当处置给环境造成了压力甚至危害（如"白色污染"）。如何对弃用高分子材料实现高值化回收再利用，减少焚烧和泄漏到环境中的负面影响，降低生产高分子材料的化石资源消耗及其整个生命周期中产生的碳排放，将助力实现"碳中和"，已成为全球广泛关注的焦点。

"碳"是元素 carbon 的汉语名称，而"炭"是指以碳元素为主的物质和材料。碳化/炭化反应是指通过裂解或者干馏等方法将有机物质转化为碳或含碳残余物的过程，但是两者又略有不同。"炭化"是指生成以碳元素为主的物质和材料的过程，而"碳化"则是指生成碳元素含量很高或者石墨化程度较高的以碳元素为主的物质的过程。"成碳"与"成炭"具有类似差别。为了便于读者理解，除了习惯用法使用"炭"字相关名词，如"活性炭"、"木炭"、"成炭聚合物"、"炭层"等，本书统一使用"碳"字相关名词，如"碳化"、"碳材料"、"成碳（率）"、"催化成碳"、"成碳催化剂"。根据聚合物转变成碳材料的产率，一般将聚合物分为成炭聚合物和非成炭聚合物。开展聚合物碳化反应的研究在以下三方面具有重要意义：第一，为弃用高分子材料的回收再利用提供新方法，促进节能减排与可持续发展；第二，为制备高性能碳材料（如富勒烯、碳纳米管、石墨烯等）提供新途径，并促进在能源存储与转换、环境修复等领域的应用；第三，在提高聚合物阻燃性能方面和高技术领域（如航天体外壳保护）具有重要的应用价值。

中国科学院长春应用化学研究所从 2003 年就开展了聚合物碳化反应基础研究及其应用研究的工作，并于 2005 年获得国家杰出青年科学基金项目的资助（批准号：50525311）。本书是基于作者团队近 20 年创新研究成果的总结，同时汇集了国际最新相关研究进展。本书由唐涛、龚江、宋荣君负责策划、拟定思路和撰稿，共 8 章。第 1 章是绪论。第 2 章总结了典型的聚合物碳化反应实施方法，如高温分解碳化法、水热碳化法、组合催化碳化法、裂解/化学气相沉积碳化法、预交联/高温碳化法等，论述每种碳化方法原理与适用范围，阐述碳化过程中降解反应和碳化反应的协同机理，以及碳材料的织态结构和表面化学结构的调节机制。第 3 章介绍了利用聚合物碳化反应制备不同维数的碳材料，包括零维的碳纳米点、碳球、富勒烯等，一维的碳纳米纤维、碳纳米管、杯叠碳纳米管等，二维的石墨烯和碳纳米薄片，以及三维的碳分子筛膜、碳泡沫和碳/碳复合材料等；以碳材料的结构和形貌调控为切入点，着重介绍控制聚合物的碳化反应来精确调控碳材料生长的机制。第 4 章介绍了催化聚合物成碳阻燃的研究进展，即通过添加纳米粒子催化聚合物的碳化反应从而原位构筑致密、均匀、连续的炭保护层，实现高分子材料阻燃的目的。第 5 章到第 7 章介绍聚合物基碳材料在超级电容器、锂离子电池和吸附与分离中的应用，阐述碳材料结构形貌与相关性能的关系。第 8 章为总结与展望。本书适合于从事聚合物降解与回收、聚合物改性与阻燃、碳材料制备与应用领域的科研人员阅读，也可作为高校相关专业教师教学与学生学习的参考用书。

  本书在撰写过程中得到了"高性能高分子材料丛书"总主编蹇锡高院士及编委会专家的大力支持，在组织和编写过程中得到了科学出版社责任编辑翁靖一女士的大力帮助，在出版过程中得到了科学出版社的相关领导与编辑的大力支持与帮助，在此深表感谢！衷心感谢高分子领域同行和朋友们长期的关心、鼓励与支持，感谢中国科学院长春应用化学研究所多年来为作者团队提供的优越工作条件与大力支持，感谢曾经和目前在作者团队中工作与学习的所有老师和研究生的辛勤付出与努力！

  衷心感谢国家自然科学基金委员会多年来以不同项目形式对作者团队的大力支持与资助，包括重大项目（批准号：51991353、51991350）、重点项目、面上项目和青年科学基金项目。感谢 863 计划项目的支持与资助，感谢中国科学院"百人计划"项目的支持与资助，感谢吉林省科学技术厅的项目支持与资助，感谢湖北省"百人计划"项目的支持与资助，感谢华中科技大学人才引进基金的支持与资助。最后，衷心感谢国家科学技术学术著作出版基金的资助。得益于上述项目的大力支持，作者团队取得本书中所涉及的成果并最终出版发行本书！

  本书是全面介绍国内外有关聚合物碳化反应及其应用的第一部专著。尽管我们已付出最大努力，但限于水平和经验有限，书中难免有疏漏或不妥之处，敬请广大读者批评指正。

唐 涛
2023 年 11 月

目　录

第1章　绪论 1
　参考文献 5

第2章　聚合物碳化方法 8
　2.1　聚合物碳化方法概述 8
　2.2　聚合物碳化方法介绍 9
　　2.2.1　高温分解碳化法 9
　　2.2.2　水热碳化法 18
　　2.2.3　组合催化碳化法 21
　　2.2.4　裂解/化学气相沉积碳化法 28
　　2.2.5　预交联/高温碳化法 36
　　2.2.6　高温高压碳化法 41
　　2.2.7　裂解/气化碳化法 43
　　2.2.8　裂解/燃烧碳化法 47
　　2.2.9　快速碳化法 48
　　2.2.10　模板碳化法 50
　参考文献 60

第3章　聚合物碳化制备不同维数的碳材料 79
　3.1　聚合物碳化制备不同维数的碳材料概述 79
　3.2　聚合物碳化制备零维的碳材料 80
　　3.2.1　碳颗粒 80
　　3.2.2　碳纳米点 82
　　3.2.3　实心碳球 86
　　3.2.4　中空碳球 91
　　3.2.5　核壳结构碳球 95
　　3.2.6　富勒烯和金刚石 98

3.3 聚合物碳化制备一维的碳材料 ·· 99
   3.3.1 碳纳米纤维和碳纤维 ·· 99
   3.3.2 碳纳米管 ·· 104
   3.3.3 杯叠碳纳米管 ·· 114
   3.3.4 螺旋碳纳米管 ·· 122
3.4 聚合物碳化制备二维的碳材料 ·· 128
   3.4.1 石墨烯 ·· 128
   3.4.2 碳纳米薄片 ··· 132
3.5 聚合物碳化制备三维的碳材料 ·· 137
   3.5.1 碳分子筛膜 ··· 137
   3.5.2 纳米孔碳膜、大孔碳膜和等级孔碳膜 ··· 142
   3.5.3 碳泡沫、多孔碳和整体式碳材料 ··· 144
   3.5.4 碳/碳复合材料 ··· 147
参考文献 ·· 149

第4章 聚合物催化成碳阻燃研究进展   166

4.1 聚合物催化成碳阻燃研究概述 ·· 166
   4.1.1 聚合物材料的分解和燃烧 ··· 166
   4.1.2 聚合物材料的阻燃机理 ·· 167
4.2 聚合物催化成碳阻燃方法介绍 ·· 169
   4.2.1 黏土类催化剂及其组合催化剂 ·· 169
   4.2.2 过渡金属化合物及其组合催化剂 ··· 173
   4.2.3 层状双氢氧化物及其组合催化剂 ··· 174
   4.2.4 金属-有机框架材料及其组合催化剂 ··· 176
   4.2.5 二硫化钼及其组合催化剂 ··· 179
   4.2.6 富勒烯及其组合催化剂 ·· 182
   4.2.7 碳纳米管及其组合催化剂 ··· 186
   4.2.8 石墨烯及其组合催化剂 ·· 196
   4.2.9 炭黑及其组合催化剂 ·· 199
参考文献 ·· 205

第5章 聚合物基碳材料在超级电容器中的应用   211

5.1 超级电容器 ·· 211
   5.1.1 超级电容器简介 ··· 211

5.1.2 超级电容器的组成 ·················· 212
5.1.3 超级电容器的分类及工作原理 ·············· 213
5.1.4 超级电容器的特点 ·················· 217
5.1.5 影响超级电容器性能的因素 ·············· 217
5.1.6 超级电容器的性能指标及计算公式 ············ 219
5.2 碳材料基超级电容器 ···················· 220
5.2.1 碳球 ························ 220
5.2.2 中空碳材料 ····················· 224
5.2.3 碳纳米管 ······················ 231
5.2.4 碳纳米纤维 ····················· 233
5.2.5 碳纳米薄片 ····················· 236
5.2.6 碳膜 ························ 248
5.2.7 多孔碳 ······················· 251
参考文献 ···························· 262

第6章 聚合物基碳材料在锂离子电池中的应用 266

6.1 锂离子电池 ························ 266
6.1.1 锂离子电池简介 ··················· 266
6.1.2 锂离子电池的结构 ·················· 267
6.1.3 锂离子电池的工作原理 ················ 267
6.1.4 锂在无定形碳材料中的存储机理 ············ 269
6.1.5 碳基锂离子电池负极材料的改性策略 ·········· 270
6.2 碳基锂离子电池负极材料 ·················· 271
6.2.1 碳球 ························ 271
6.2.2 中空碳球 ······················ 273
6.2.3 碳纳米管 ······················ 275
6.2.4 碳纳米纤维 ····················· 275
6.2.5 石墨烯和石墨 ···················· 278
6.2.6 核壳结构碳材料 ··················· 281
6.2.7 多孔碳 ······················· 285
6.3 锂-硫电池 ························· 290
6.3.1 锂-硫电池介绍 ···················· 290
6.3.2 碳基锂-硫电池 ···················· 292
参考文献 ···························· 294

第 7 章 聚合物基碳材料在吸附与分离中的应用 … 297

7.1 聚合物基碳材料在有机染料污染治理中的应用 … 297
- 7.1.1 有机染料污染及治理介绍 … 297
- 7.1.2 吸附动力学和热力学介绍 … 307
- 7.1.3 碳球/中空碳球 … 311
- 7.1.4 碳纳米管/碳纳米纤维 … 313
- 7.1.5 杯叠碳纳米管 … 316
- 7.1.6 碳纳米薄片 … 319
- 7.1.7 介孔碳 … 323
- 7.1.8 多孔碳/活性炭 … 325
- 7.1.9 催化降解有机染料污染物 … 329

7.2 聚合物基碳材料在有机污染物治理中的应用 … 334
- 7.2.1 有机物溶液 … 334
- 7.2.2 有机物蒸气 … 335
- 7.2.3 有机物油 … 337
- 7.2.4 混合有机物 … 339

7.3 聚合物基碳材料在吸附重金属污染物中的应用 … 341

7.4 聚合物基碳材料在吸附与分离气体中的应用 … 348
- 7.4.1 二氧化碳 … 348
- 7.4.2 氢气 … 360

参考文献 … 365

第 8 章 总结与展望 … 371

参考文献 … 373

关键词索引 … 375

第1章

绪 论

　　碳化/炭化反应是指通过裂解或者干馏等方法将有机物质转化为碳或含碳残余物的过程,但是两者又略有不同。"炭化"是指生成以碳元素为主的物质和材料的过程,而"碳化"则是指生成碳元素含量很高或者石墨化程度较高的以碳元素为主的物质的过程。"成碳"与"成炭"具有类似差别。为了便于读者理解,除了习惯用法使用"炭"字相关名词,如"活性炭"、"木炭"、"成炭聚合物"、"炭层"等,本书统一使用"碳"字相关名词,如"碳化"、"碳材料"、"成碳(率)"、"催化成碳"、"成碳催化剂"。聚合物碳化反应(polymer carbonization reaction)是以聚合物为原料进行的碳化反应过程[1]。这个过程实际上是由若干基本反应组成的一个集合,典型的基本反应包括环化、异构化、交联、脱氢和芳构化。通常,不同类型或者种类聚合物的碳化反应由上述这些基本反应的几种或者全部组合而成。一般地,根据碳化后得到的碳材料的产率高低,聚合物可以分为非成炭聚合物和成炭聚合物,前者没有或者几乎没有残炭,而后者往往形成不同含量的残炭。

　　一般认为煤是远古时代的繁盛的植物及其堆积物在地壳变迁中被埋在地下,经过长期高温、高压的复杂碳化过程而形成的。因此,煤的形成可以看成是一个天然聚合物的碳化反应过程。近代的聚合物碳化反应是在研究聚合物的热稳定性过程中发展起来的,可以追溯到20世纪50年代,当时研究人员开始探索聚氯乙烯、聚偏二氯乙烯、苯乙烯-二乙烯苯共聚物等成炭聚合物的碳化反应。20世纪60年代初,研究人员发现将聚丙烯腈纤维经热处理可以制成碳化聚丙烯腈纤维。这种色黑、耐火的纤维在惰性气体氛围下继续缓慢升温到1400℃后可变成高强度的碳纤维。当反应温度升高到3000℃后,可制备高模量碳纤维。碳纤维与树脂结合使用,可制备相对密度小而力学强度高的聚合物复合材料。此外,伴随着航天工业的发展,亟需耐高温、耐腐蚀、相对密度小的合成材料,这也使得聚合物碳化反应研究更加活跃[2-4]。20世纪70年代,由于活性炭不能满足科研和工业上的要求,开展了以碳化高分子材料代替活性炭的研究,获得了吸附性能良好的碳化高分子吸附剂。到了2001年,水热碳化法被首次用于生物质的碳化反应制备碳球,该碳球具有优良的超级电容器性能[5]。在此基础上,利用天然聚合物水热碳化制备功能碳材料的研究则引起了研究者的广泛关注[6-8]。随后，2005 年中国科学院长春应用化学研究所唐涛课题组在国际上提出"组合催化剂"的策略，将聚烯烃高效转化为碳纳米管[9]，从而激发了更多研究机构和研究人员投入到利用聚合物碳化反应来实现废弃聚合物升级化学回收的探索[10-19]。

概括起来，开展聚合物碳化反应的研究在以下三方面具有重要意义。第一，为废弃高分子材料的回收再利用提供新方法，实现"变废为宝"和节能减排，推动可持续发展。第二，为制备高性能碳材料(如富勒烯、碳纳米管、石墨烯等)提供新途径，并促进在能量存储与转换、环境修复等领域的应用。第三，在提高聚合物阻燃性能方面和高技术领域(如航天体外壳保护)具有重要的应用价值。

首先，聚合物碳化反应为废弃高分子材料的升级化学回收提供新策略。众所周知，当今社会中，高分子材料(如塑料、橡胶和合成纤维等)被广泛应用于众多领域，推动人类文明的发展。以塑料为例，1950~2017 年全球塑料累计产量为 92 亿吨，约 70 亿吨塑料变成废弃塑料。2021 年我国塑料制品产量高达 8000 万吨，产量和消费量均居世界第一，而回收的废弃塑料仅为 1900 万吨。大量废弃塑料进入土壤和海洋，形成视觉、土壤、水体污染(图 1.1)，对气候变化和人体健康都存在较大影响[20-23]。面对日益严峻的废弃塑料污染问题，我国不断加强废弃塑料的回收利用，积极发展塑料循环经济，从生产、消费、流通、处置各环节推行全生命周期管理，加快构建从塑料设计生产、流通消费到废弃后处置的闭合式循环发展模式(图 1.1)。2010~2020 年，我国回收再利用废弃塑料总量达到 1.7 亿吨，相当于累计减少了 5.1 亿吨原油消耗和 6120 万吨二氧化碳排放。目前，对废弃高分子材料高值化利用已成为全球广泛关注的焦点[24-31]，这将助力实现"碳中和"。传统的物理回收废弃高分子材料存在产品附加值低，回收次数有限的问题；而以往采用的高温裂解废弃高分子材料得到的产物往往是混合物，分离纯化成本高。

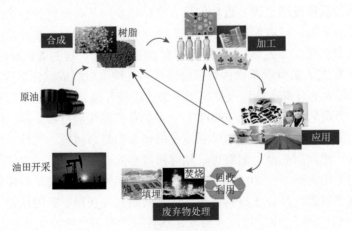

图 1.1　塑料生命周期示意图[22]

绝大多数的聚合物中碳元素含量较高,如聚烯烃的碳元素含量高达 87.5wt%[①]。因此,将聚合物转化为碳材料,实现碳氢分离,是一种极具潜力的升级化学回收废弃聚合物材料的方式[32-40]。碳是世界上含量极广的一种元素,以碳为主要元素的碳材料具有各式各样的性质,如导电性、耐酸碱、耐有机溶剂等。传统的碳材料包括活性炭、碳(炭)黑、石墨等。随着社会的发展,合成新型碳材料一直是材料、化学、工程等诸多领域的前沿科学问题,以富勒烯、碳纳米纤维、碳纳米管和石墨烯为代表的新型碳材料的每一次发现都引发了材料学家的研究热潮。1985 年,Robert F. Curl、Harold W. Kroto 和 Richard E. Smalley 发现 C_{60},并于 1996 年获得诺贝尔化学奖。2004 年,Andre K. Geim 和 Konstantin Novoselov 从石墨中分离出石墨烯,在 2010 年获得诺贝尔物理学奖。利用合成聚合物或者废弃聚合物为前驱体制备新型碳材料的研究始于 1997~2005 年,俄罗斯科学家 Kukovitskii 等率先做了大量探索研究[41],发现了多种类型聚合物可以在适当的条件下转化成碳纳米材料,包括碳纳米纤维和碳纳米管。这一阶段的研究以表征碳材料的形貌并试图揭示碳材料生长机理为主,但是碳化反应条件比较苛刻,碳材料的产率较低、形貌较差且难以调控,碳化反应机理也不清楚。尽管如此,这些研究为后面深入探索聚合物或者废弃聚合物的碳化反应及其应用奠定了坚实的基础。随后,中国科学院长春应用化学研究所、中国科学技术大学、清华大学、美国西北大学、英国利兹大学、美国普渡大学、美国莱斯大学、英国剑桥大学、英国牛津大学、东北林业大学、华中科技大学等国内外众多研究机构开展了利用废弃聚合物制备新型碳纳米材料的研究,极大地推动了废弃聚合物的升级化学回收发展。

值得指出的是,近年来碳纳米材料在能量转化与存储(如锂离子电池和超级电容器)、环境污染治理等诸多领域中发挥着重要和多样化的作用。这得益于碳材料的良好物理和化学稳定性、导电性、可调的孔结构等性质。在此背景下,将合成聚合物或者废弃聚合物基碳纳米材料应用于能源、环境领域则会达到一箭双雕的目的,不仅推动城市和工业废弃聚合物的升级化学回收、为"白色污染"治理提供新方法,还为新型功能碳材料的制备提供新途径,实现"以废治废"和"变废为宝"的可持续发展[42-50]。尽管如此,目前废弃聚合物基碳纳米材料的制备仍然停留在实验室阶段,还没有实现利用废弃聚合物大规模制备碳纳米材料。因此,未来亟需进一步研究探索,建立高效、低成本的废弃聚合物碳化新方法,实现碳材料生长的精确调控以及规模化制备,尽快形成产业化示范,探索废弃聚合物基碳纳米材料的下游应用。

此外,聚合物碳化反应在提高聚合物阻燃性能和高技术领域等方面同样具有重要的应用价值[51]。众所周知,聚合物燃烧时如果能在其表面快速形成碳化层,

---

① wt%表示质量分数。

由于组成碳化层的主要材料为碳材料,其极限氧指数(LOI)达到 60%以上,防火性能好,且具有阻隔热量与质量传递的作用,因此能起到阻止或者减缓热量向材料内部传递、降低可燃性气体向火焰区释放量以及阻止氧气向材料内部扩散的作用,从而达到提高阻燃性能,实现防火的目的(图 1.2)。利用聚合物的碳化反应将聚合物自身降解产生的产物原位快速转化为碳材料,根据质量守恒定律可知,将大幅度减少扩散到火焰区域中聚合物的降解产物质量,从而降低聚合物在燃烧过程中释放的热量[52]。同时,原位生成的碳材料具有阻隔作用,起到隔离氧气作用,从而保护聚合物基体避免或减缓发生热氧化降解,提高聚合物的热稳定性和阻燃性能[53]。因此,利用聚合物碳化反应的原理,设计和制备高性能阻燃聚合物复合材料是提高聚合物阻燃性能的一种极具潜力的新方法。然而,这种方法仍然面临一些挑战,例如,如何在低温下促进聚合物的交联,如何加快碳化反应,如何大幅度提高聚合物基体的碳化效率,如何构筑完整而稳定的炭保护层等。

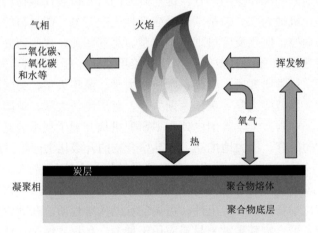

图 1.2　炭层阻燃作用模型示意图[51]

鉴于利用聚合物碳化反应制备高性能的碳纤维研究已有多种国内外书籍进行介绍,在本书中,我们主要介绍除碳纤维以外的其他类型碳材料所涉及的聚合物碳化反应及其最新进展与应用。首先,从总结典型的聚合物碳化方法开始,针对每种主要碳化方法,论述该方法的反应原理、特点与适用范围,例如,针对组合催化碳化法,详细分析了这种方法中聚合物所发生的降解反应以及降解产物所经历的碳化反应,阐述了降解反应与碳化反应之间协同作用与机理,讨论了这种碳化方法在制备碳材料过程中调控碳材料的织态结构和表面化学结构的机制。其次,系统介绍了利用聚合物为原料,通过各种碳化方法制备不同维数的碳材料,包括零维的碳纳米点、碳球、富勒烯等,一维的碳纳米纤维、碳纳米管、杯叠碳纳米管等,二维的石墨烯和碳纳米薄片,以及三维的碳分子筛膜、碳泡沫和碳/碳复合材料等。以碳材料的结构和形貌调控为切入点，着重介绍通过控制聚合物的碳化反应来精确调控碳材料生长的机制。最后，本书系统介绍了通过聚合物自身发生碳化反应提高阻燃性能的进展与面临的问题，特别是利用催化方法促进聚合物成碳提高阻燃性能方面，例如，通过添加具有催化作用的纳米粒子催化聚合物的碳化反应，从而构筑致密、均匀、连续的炭保护层，实现高分子材料阻燃的目的。在此基础上，本书介绍了聚合物基碳材料在超级电容器、锂离子电池、吸附与分离中的研究进展与应用探索，阐述碳材料结构、形貌与其潜在性能的关系。最后，本书展望了聚合物碳化反应进一步发展所面临的机遇与问题，分析了这一方法在未来社会发展中可能发挥的重要作用。

参 考 文 献

[1] 龚江, 陈学成, 闻新, 等. 聚合物的碳化反应: 基本问题与应用. 中国科学: 化学, 2018, 48(8): 829-843.

[2] Ishikawa T, Tanaka F, Kurushima K, et al. Wavy graphene-like network forming during pyrolysis of polyacrylonitrile into carbon fiber. J Am Chem Soc, 2023, 145(22): 12244-12254.

[3] Khayyam H, Jazar R N, Nunna S, et al. PAN precursor fabrication, applications and thermal stabilization process in carbon fiber production: Experimental and mathematical modelling. Prog Mater Sci, 2020, 107: 100575.

[4] Jang D, Lee M E, Choi J, et al. Strategies for the production of PAN-based carbon fibers with high tensile strength. Carbon, 2022, 186: 644-677.

[5] Wang Q, Li H, Chen L, et al. Monodispersed hard carbon spherules with uniform nanopores. Carbon, 2001, 39(14): 2211-2214.

[6] Titirici M M, Antonietti M. Chemistry and materials options of sustainable carbon materials made by hydrothermal carbonization. Chem Soc Rev, 2010, 39: 103-116.

[7] Hu B, Wang K, Wu L, et al. Engineering carbon materials from the hydrothermal carbonization process of biomass. Adv Mater, 2010, 22: 813-828.

[8] Funke A, Ziegler F. Hydrothermal carbonization of biomass: A summary and discussion of chemical mechanisms for process engineering. Biofuel Bioprod Bior, 2010, 4(2): 160-177.

[9] Tang T, Chen X, Meng X, et al. Synthesis of multiwalled carbon nanotubes by catalytic combustion of polypropylene. Angew Chem Int Ed, 2005, 44: 1517-1520.

[10] Zhuo C, Hall B, Richter H, et al. Synthesis of carbon nanotubes by sequential pyrolysis and combustion of polyethylene. Carbon, 2010, 48: 4024-4034.

[11] Wu C, Nahil M A, Miskolczi N, et al. Processing real-world waste plastics by pyrolysis-reforming for hydrogen and high-value carbon nanotubes. Environ Sci Technol, 2014, 48: 819-826.

[12] Yao D, Yang H, Chen H, et al. Co-precipitation, impregnation and so-gel preparation of Ni catalysts for pyrolysis-catalytic steam reforming of waste plastics. Appl Catal B: Environ, 2018, 239: 565-577.

[13] Zhang H, Zhou X L, Shao L M, et al. Hierarchical porous carbon spheres from low-density polyethylene for high-performance supercapacitors. ACS Sustain Chem Eng, 2019, 7(4): 3801-3810.

[14] Jie X, Li W, Slocombe D, et al. Microwave-initiated catalytic deconstruction of plastic waste into hydrogen and high-value carbons. Nat Catal, 2020, 3: 902-912.

[15] Choi J, Yang I, Kim S S, et al. Upcycling plastic waste into high value-added carbonaceous materials. Macromol Rapid Commun, 2021, 43: 2100467.

[16] Cao Q, Dai H C, He J H, et al. Microwave-initiated MAX Ti$_3$AlC$_2$-catalyzed upcycling of polyolefin plastic wastes: Selective conversion to hydrogen and carbon nanofibers for sodium-ion battery. Appl Catal B: Environ, 2022, 318: 121828.

[17] Tang Y, Cen Z, Ma Q, et al. A versatile sulfur-assisted pyrolysis strategy for high-atom-economy upcycling of waste plastics into high-value carbon materials. Adv Sci, 2023, 10(15): 2206924.

[18] Juan C, Lan B, Zhao C, et al. From waste plastics to layered porous nitrogen-doped carbon materials with excellent HER performance. Chem Commun, 2023, 59(41): 6187-6190.

[19] Li S, Cho M K, Lee K B, et al. Diamond in the rough: Polishing waste polyethylene terephthalate into activated carbon for CO_2 capture. Sci Total Environ, 2022, 834: 155262.

[20] Jambeck J R, Geyer R, Wilcox C, et al. Plastic waste inputs from land into the ocean. Science, 2015, 341: 768-771.

[21] Bergmann M, Mützel S, Primpke S, et al. White and wonderful? Microplastics prevail in snow from the Alps to the Arctic. Sci Adv, 2019, 5(8): eaax1157.

[22] 王琪, 瞿金平, 石碧, 等. 我国废弃塑料污染防治战略研究. 中国工程科学, 2021, 23(1): 160-166.

[23] Wang M, Li Q, Shi C, et al. Oligomer nanoparticle release from polylactic acid plastics catalysed by gut enzymes triggers acute inflammation. Nat Nanotechnol, 2023, 18(4): 403-411.

[24] 刘雪辉, 徐世美, 张帆, 等. 高分子材料的化学升级回收. 高分子学报, 2022, 53(9): 1005-1022.

[25] Jehanno C, Alty J W, Roosen M, et al. Critical advances and future opportunities in upcycling commodity polymers. Nature, 2022, 603(7903): 803-814.

[26] Zhao X, Boruah B, Chin K F, et al. Upcycling to sustainably reuse plastics. Adv Mater, 2022, 34(25): 2100843.

[27] 高彦山, 唐勇. 聚烯烃降解转化与循环利用. 中国材料进展, 2022, 41(1): 1-6.

[28] Zheng K, Wu Y, Hu Z, et al. Progress and perspective for conversion of plastic wastes into valuable chemicals. Chem Soc Rev, 2023, 52: 8-29.

[29] Zhang W, Kim S, Wahl L, et al. Low-temperature upcycling of polyolefins into liquid alkanes via tandem cracking-alkylation. Science, 2023, 379(6634): 807-811.

[30] Ahrens A, Bonde A, Sun H, et al. Catalytic disconnection of C—O bonds in epoxy resins and composites. Nature, 2023, 617(7962): 730-737.

[31] Zhou J, Hsu T G, Wang J. Mechanochemical degradation and recycling of synthetic polymers. Angew Chem Int Ed, 2023, 62(27): e202300768.

[32] Luong D X, Bets K V, Algozeeb W A, et al. Gram-scale bottom-up flash graphene synthesis. Nature, 2020, 577(7792): 647-651.

[33] Barbhuiya N H, Kumar A, Singh A, et al. The future of flash graphene for the sustainable management of solid waste. ACS Nano, 2021, 15(10): 15461-15470.

[34] Dai L, Karakas O, Cheng Y, et al. A review on carbon materials production from plastic wastes. Chem Eng J, 2022, 453: 139725.

[35] Vieira O, Ribeiro R S, de Tuesta J L D, et al. A systematic literature review on the conversion of plastic wastes into valuable 2D graphene-based materials. Chem Eng J, 2022, 428: 131399.

[36] Xu J, Duan X, Zhang P, et al. Processing poly(ethylene terephthalate) waste into functional carbon materials by mechanochemical extrusion. ChemSusChem, 2022, 15(22): e202201576.

[37] Zhang B, Song C, Liu C, et al. Molten salts promoting the "controlled carbonization" of waste polyesters into hierarchically porous carbon for high-performance solar steam evaporation. J Mater Chem A, 2019, 7: 22912-22923.

[38] Song C, Hao L, Zhang B, et al. High-performance solar vapor generation of Ni/carbon nanomaterials by controlled carbonization of waste polypropylene. Sci China Mater, 2020, 63(5): 779-793.

[39] Chen B, Ren J, Song Y, et al. Upcycling waste poly(ethylene terephthalate) into a porous carbon cuboid through a MOF-derived carbonization strategy for interfacial solar-driven water-thermoelectricity cogeneration. ACS Sustainable Chem Eng, 2022, 10(49): 16427-16439.

[40] Liu N, Hu Z, Hao L, et al. Trash into treasure: Converting waste polyester into C_3N_4-based intramolecular donor-acceptor conjugated copolymer for efficient visible-light photocatalysis. J Environ Chem Eng, 2022, 10(1): 106959.

[41] Kukovitskii E F, Chernozatonskii L A, L'vov S G, et al. Carbon nanotubes of polyethylene. Chem Phys Lett, 1997, 266: 323-328.

[42] Gong J, Chen X, Tang T. Recent progress in controlled carbonization of (waste) polymers. Prog Polym Sci, 2019, 94: 1-32.

[43] Zhang F, Wang F, Wei X, et al. From trash to treasure: Chemical recycling and upcycling of commodity plastic waste to fuels, high-valued chemicals and advanced materials. J Energy Chem, 2022, 69: 369-388.

[44] Jiang M, Wang X, Xi W, et al. Upcycling plastic waste to carbon materials for electrochemical energy storage and conversion. Chem Eng J, 2023, 461: 141962.

[45] Song C, Zhang B, Hao L, et al. Converting poly(ethylene terephthalate) waste into N-doped porous carbon as CO_2 adsorbent and solar steam generator. Green Energy Environ, 2022, 7: 411-422.

[46] Liu N, Hao L, Zhang B, et al. Rational design of high-performance bilayer solar evaporator by using waste polyester-derived porous carbon-coated wood. Energy Environ Mater, 2022, 5: 617-626.

[47] Bai H, Liu N, Hao L, et al. Self-floating efficient solar steam generators constructed using super-hydrophilic N, O dual-doped carbon foams from waste polyester. Energy Environ Mater, 2022, 5(4): 1204-1213.

[48] Bai H, He P, Hao L, et al. Waste-treating-waste: Upcycling discarded polyester into metal-organic framework nanorod for synergistic interfacial solar evaporation and sulfate-based advanced oxidation process. Chem Eng J, 2023, 456: 140994.

[49] Fan Z, Ren J, Bai H, et al. Shape-controlled fabrication of MnO/C hybrid nanoparticle from waste polyester for solar evaporation and thermoelectricity generation. Chem Eng J, 2023, 451: 138534.

[50] Yuan X, Wang J, Deng S, et al. Recent advancements in sustainable upcycling of solid waste into porous carbons for carbon dioxide capture. Renew Sust Energ Rev, 2022, 162: 112413.

[51] Wang X, Kalali E N, Wan J T, et al. Carbon-family materials for flame retardant polymeric materials. Prog Polym Sci, 2017, 69: 22-46.

[52] Wang D, Wen X, Chen X, et al. A novel stiffener skeleton strategy in catalytic carbonization system with enhanced carbon layer structure and improved fire retardancy. Compos Sci Technol, 2018, 164: 82-91.

[53] Tang T, Chen X, Chen H, et al. Catalyzing carbonization of polypropylene itself by supported nickel catalyst during combustion of polypropylene/clay nanocomposite for improving fire retardancy. Chem Mater, 2005, 17: 2799-2802.

第 2 章

聚合物碳化方法

2.1 聚合物碳化方法概述

聚合物种类繁多，根据聚合物转变成碳材料的产率，一般可以将聚合物分为非成炭聚合物和成炭聚合物。非成炭聚合物是指在氮气氛围中受热后没有任何碳化产物生成的聚合物，如非交联的聚烯烃和聚苯乙烯(PS)。相对而言，成炭聚合物一般指在氮气氛围中受热后有碳化产物生成的聚合物，如常见的酚醛树脂、废弃轮胎和聚酰亚胺(PI)。这是一种广义的粗略分类，是从最终碳化产物的产率的角度出发来分类聚合物的，无法准确反映聚合物碳化反应的本质。聚合物碳化反应实际上是一个由若干个基本反应组成的集合，包括环化、异构化、交联、脱氢、芳构化等反应，不同聚合物的碳化反应包括这些不同类型的几种或者一些基本反应。我们可以将这些反应归为降解反应和成碳反应两大类。

从本质上讲，聚合物碳化反应实际上是碳元素重新组合的过程。例如，组成最简单的聚合物——聚乙烯(PE)，其中碳元素和氢元素含量分别为 87.5 wt%和 12.5 wt%，利用 PE 制备碳材料的过程可以看成是将这些大量的碳元素从"链"结构重新转化成五边形或者六边形为主的"环"结构的过程。在这个过程中必定有降解反应，降解反应是改变原有"链"结构的基础，值得指出的是这里说的降解反应并不是要求聚合物主链结构必须断裂，而是凡是改变原有"链"结构的反应都是降解反应，如 C—H 键断裂，或者 C—H 氧化生成 COOH。而成碳反应就是构建新型碳原子"秩序"的必需环节，如交联反应等。显然，降解反应必须和成碳反应具有协同性才能促进聚合物的碳化反应。另外，同一反应在不同反应历程中既可以看成是降解反应，又可以看成是成碳反应。例如，C—H 键断裂反应在 PE 降解过程中是降解反应，但是在石墨化过程中的 C—H 键断裂反应实现脱氢实际上是碳化反应。

本章总结了典型的聚合物碳化方法，包括高温分解碳化法、水热碳化法、组合催化碳化法、裂解/化学气相沉积碳化法、预交联/高温碳化法、高温高压碳化法、裂解/气化碳化法、裂解/燃烧碳化法、快速碳化法和模板碳化法等。本章分析了每种碳化方法的适用范围，从新的角度阐述碳化过程中降解反应和碳化反应的协同机理，以及碳材料的织态结构、电子云结构和表面化学结构的调节机制，为从事聚合物碳化和碳材料合成等相关领域的科研工作者提供帮助。对于其他不常用的聚合物碳化方法，如激光烧蚀法[1-3]和电弧放电法[4]，这里不做过多介绍。

2.2 聚合物碳化方法介绍

2.2.1 高温分解碳化法

高温分解碳化是直接合成碳材料最传统、最简单的方法之一。一般在隔绝空气的情况下，使整个体系处于惰性气体（如氮气或者氩气）的氛围中，使前驱体材料在高温加热的过程中分解，形成以碳元素为主的碳材料。当碳化温度在 500℃以下时，通常主要发生脱羧、脱羰基、脱水、脱氯化氢和交联等反应。随着碳化温度升高到 500～750℃时，杂原子（如 N、O 和 S）以及其他挥发性成分将以 CO、CO_2 和 NH_3 等形态释放出来，所占含量因此逐渐减少。当碳化温度超过 750℃时，原料中的挥发性成分几乎为零。若碳化温度继续升高至 900～1200℃及其以上时，体系内主要发生脱氢反应，碳材料的石墨化程度增加。

高温分解碳化法制备多孔碳材料的原料极为丰富，如小分子有机物和生物质等。此外，原料还包括传统的成碳型高分子，如聚丙烯腈（PAN）纤维高温碳化制备碳纤维[5-8]、PI 膜高温碳化制备碳分子筛膜[9]、天然高分子高温碳化制备功能碳材料[10, 11]等，以及一些新的成碳型高分子，如聚乙炔手性材料高温碳化制备形貌保持的手性碳材料[12-14]，以及有机微孔聚合物和共轭聚合物的高温碳化制备多孔碳材料[15, 16]等。

本节重点介绍废弃轮胎、聚对苯二甲酸乙二醇酯（PET）和聚碳酸酯（PC）高温分解碳化制备多孔碳材料，以及聚离子液体高温分解碳化制备杂原子掺杂的多孔碳材料和等级孔碳膜材料。2014 年，Naskar 等[17]将废弃轮胎或者经过浓硫酸预处理的废弃轮胎在氮气氛围中，以 10℃/min 速率升温到 1000℃，保温 15 min 后制备碳材料（图 2.1）。该碳材料可以应用于锂电池阴极材料，如浓硫酸预处理制备的碳材料在循环 100 次后，可逆比电容为 390 mA·h/g，高于未经浓硫酸预处理的样品的可逆比电容（357 mA·h/g）。

图 2.1　废弃轮胎高温分解碳化制备多孔碳材料示意图[17]

香港科技大学 McKay 课题组做了大量关于废弃轮胎高温分解碳化制备多孔碳材料的研究。2008 年，他们根据热重分析结果，考察了天然橡胶、丁二烯橡胶和丁苯橡胶的碳化反应动力学，发现 Runge-Kutta 模型分析/求解方法拟合实验轮胎热解数据更准确[18]。之后，他们探索了碳化温度(400～900℃)、碳化时间(1～4 h)、加热速率(1～20℃/min)和橡胶颗粒大小(1～2 mm 或者 0.5～0.71 mm)对橡胶高温分解碳化制备的碳材料的产率和孔结构的影响[19]。首先，当碳化时间为 2 h，加热速率为 5℃/min，颗粒大小为 1～2 mm 时，随着碳化温度从 400℃增加到 900℃，碳材料的产率从 50.10 wt%减少到 32.34 wt%，比表面积从 10 m^2/g 增加到 156 m^2/g(700℃)，之后减少到 87 m^2/g。其次，当碳化温度为 500℃，加热速率为 5℃/min，颗粒大小为 1～2 mm 时，随着碳化时间从 1 h 增加到 4 h，碳材料的产率从 38.45 wt%减少到 35.66 wt%，比表面积从 86 m^2/g 增加到 156 m^2/g(2 h)，之后减少到 94 m^2/g。当碳化温度为 500℃，加热时间为 2 h，颗粒大小为 1～2 mm 时，随着加热速率从 1℃/min 增加到 20℃/min，碳材料的产率从 38.7 wt%减少到 36.8 wt%，比表面积从 122 m^2/g 增加到 156 m^2/g(5℃/min)，之后减少到 94 m^2/g。当颗粒尺寸为 1～2 mm 时，碳材料的产率和比表面积较大，分别为 37.15 wt%和 156 m^2/g，高于颗粒尺寸为 0.5～0.71 mm 时制备的碳材料的产率和比表面积(分别为 35.15 wt%和 117 m^2/g)。

显然，废弃轮胎高温分解碳化制备的碳材料的比表面积通常较低(<200 m^2/g)[20]，一般还需要进一步的活化处理，以优化碳材料的孔隙结构，使其具有更好的应用前景。活化的作用在于调节优化碳材料的内部结构，改善材料的孔体积，从而提高其物理化学等性能。一般活化的方法包括物理活化法、化学活化法以及物理/化学活化联用法。

物理活化法也称气体活化法，指采用空气、水蒸气、CO_2 等气体或者混合气体作为活化剂，在高温(通常大于 600℃)作用下，它们会与碳材料内部的碳原子发生反应，以一种扩孔、开孔和创造新孔的方式来构建丰富的孔结构，从而获得孔隙结构发达的碳材料。物理活化法的能耗大、用时长、活化温度高，但该方法所需的反应环境较简单，对后处理所用的设备要求不高，且对环境几乎不造成危害。影响物理活化的主要因素包括活化条件(如活化温度、活化时间和活化剂种类及用量等)和原料自身的性质(如石墨化程度等)。目前工业上常将 CO_2 和水蒸气作为物理活化剂使用。

化学活化法[21]需要先将碳材料浸渍在一定量的化学活性剂(如 KOH、NaOH、Na_2CO_3、$ZnCl_2$、H_3PO_4 和 H_2SO_4 等)中，之后再将其置于惰性气体氛围中，并在一定的温度(通常大于 500℃)下活化，使活化剂与原料中的碳发生充分反应，原料中的大部分碳被消耗掉，从而形成有序的空间网状互连结构。此方法能改变碳材料表面官能团的类型，并调控官能团的数量，最终使碳材料的性能得到进一步的提高。化学活化法制备多孔碳材料的能耗低、用时短、活化温度低、产率高，制备的碳材料的比表面积和孔径都很大。不足之处在于对环境有一定的污染、对设备有一定的腐蚀、活化剂的用量较大，且碳材料中会残留部分活化剂。

McKay 课题组[22, 23]将废弃轮胎橡胶在氮气氛围中 450~550℃下碳化 2 h，再经过盐酸处理，除掉其中含有的钙、锌和磷等无机物，最后采用水蒸气活化的方法制备多孔碳。活化时，水蒸气流速为 0.45 mL/min，氮气流速为 100 mL/min，活化温度为 900~950℃，活化时间为 3~6 h。升高活化温度和延长活化时间，多孔碳材料的比表面积、孔体积和孔尺寸增加，比表面积最高可达 962 m^2/g，但产率减少。制备的多孔碳材料在吸附污染物中有较好的性能，如苯酚的最大吸附量可达 148 mg/g。San Miguel 等[24]将废弃轮胎在氮气(流速为 500 mL/min)氛围中 700℃下碳化后，在 925~1100℃利用 CO_2(流速为 500 mL/min)活化或者水蒸气(水蒸气和氮气体积比为 80∶20)活化，发现水蒸气活化比 CO_2 活化生成更多尺寸较小的微孔。因此，水蒸气活化制备的多孔碳材料适合于吸附尺寸较小的污染物，如苯酚。而 CO_2 活化制备的多孔碳材料适合于吸附尺寸较大的污染物分子，如有机染料。

美国 Drexel 大学 Gogotsi 课题组[25]通过高温分解碳化与 KOH 活化结合的方式将废弃轮胎转化成高比表面积的多孔碳材料，即在氮气氛围中，以 1℃/min 升温到 400℃，然后以 2℃/min 升温到 1000℃，之后按照 1∶4 的质量比将碳化产物和 KOH 混合均匀，再以 2℃/min 升温到 800℃，保温 1 h 即可制备多孔碳材料，其比表面积为 1625 m^2/g，高于未经 KOH 活化的碳材料(190 m^2/g)。此外，他们通过原位聚合方式制备多孔碳材料/聚苯胺复合材料。在扫描速率为 1 mV/s 下，复合材料的比电容高达 480 F/g，高于多孔碳材料(135 F/g)和未经活化的碳材料(65 F/g)。

PET 和 PC 是最常见的聚酯，广泛应用于包装材料、建筑材料以及电学和电子器件中。高温分解碳化是最常见的聚酯碳化制备多孔碳材料的方式[26, 27]。Bratek 等[28]将 PET 在 825℃下碳化，之后在 940℃下 CO_2 活化 5 h 制备多孔碳材料，比表面积高达 1830 m^2/g，产率为 40.8 wt%。Adibfar 等[29]首先通过浸渍法将 PET 与活化剂(KOH、H_3PO_4、$ZnCl_2$ 和 H_2SO_4)混合均匀，然后在 400℃碳化 1 h，最后在 800℃下活化 1 h 制备多孔碳材料，其比表面积分别为 1338 m^2/g、1223 m^2/g、682 m^2/g 和 583 m^2/g，对染料亚甲基蓝的最大吸附量分别为 230 mg/g、200 mg/g、147 mg/g 和 124 mg/g。Mendoza-Carrasco 等[30]比较了 KOH 和水蒸气活化对于 PET 碳化制备的多孔碳的孔结构和产率的影响。水蒸气活化温度为 600~900℃，水蒸气流速为 1.95 mL/min，活化时间为 0.25~2 h，产率为 3 wt%~17.9 wt%，制备的碳材料的比表面积为 4~1235 m^2/g。提高活化温度和水蒸气流速显著增加碳材料的比表面积、降低碳材料的产率，而活化时间对比表面积和产率的影响较小。KOH 活化温度为 700~850℃，KOH/PET 质量比为 4∶1，活化时间为 0.25~2 h，产率为 24.62 wt%~32.00 wt%，比表面积为 566~1002 m^2/g。随着活化温度的增加，产率略有减少，但是比表面积显著增加；而随着活化时间增加，产率略有减少，但是比表面积变化不大。因此，水蒸气活化后，多孔碳材料的产率较低而比表面积较高，生成的孔主要是微孔和介孔，水蒸气活化一般需要较高的温度，如 800℃。而 KOH 活化产率较高，多孔碳材料的比表面积略低，生成的孔主要是介孔和大孔。这可能是由 PET 没有经过碳化，直接和 KOH 活化导致的。

此外，PET 碳化产物/KOH 质量比对多孔碳材料的比表面积有显著影响。Kaur 等[31]将 PET 在 700℃下碳化，之后将其与 KOH 按照碳材料/KOH 质量比为 1∶1、1∶2、1∶3 和 1∶4 进行混合，在 700℃下活化 2 h 后制备多孔碳材料，其比表面积从 591 m^2/g 增加到 1320 m^2/g 和 1690 m^2/g，随后降低至 1280 m^2/g。PET 碳化制备的多孔碳材料经过后处理后可制备氮掺杂的多孔碳材料。Sangeetha 等[32]将 PET 先在 380℃碳化 2 h，再将其与 KOH 按照 1∶3 的质量比混合均匀后在 800℃下活化 2 h 制备多孔碳材料，随后利用尿素作为氮源，通过水热碳化制备氮掺杂的多孔碳材料，比表面积为 980 m^2/g，氮元素的含量为 20 wt%。Liu 等[33]先将 PET 在 500℃碳化，之后在 700℃下按照 KOH/碳材料质量比为 6∶1 活化 1 h，多孔碳材料的比表面积可达 2644 m^2/g(图 2.2)。有意思的是，如果 PET 在高温 700℃碳化，之后采用类似的 KOH 活化条件，则制备的多孔碳材料的比表面积只有 909 m^2/g。作者认为，700℃高温碳化后生成的碳材料中含有大量 sp^2 结构，稳定性较高，难以被 KOH 刻蚀，因此比表面积难以显著提高。但是 PET 在 500℃低温碳化后，生成的碳材料中含有大量的 sp^2/sp^3 结构，相对更容易被 KOH 刻蚀，从而大幅度提高碳材料的比表面积。得益于此，制备的多孔碳材料在超级电容器中表现出不错的性能。表 2.1 总结了 PET 经过碳化/活化联用制备多孔碳材料的工艺、比表面积和产率。

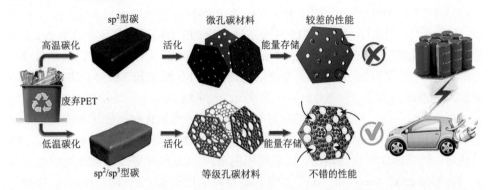

图 2.2　废弃 PET 在 500℃或者 700℃碳化后经过 KOH 活化制备多孔碳材料并用于超级电容器的示意图[33]

表 2.1　PET 经过碳化/活化联用制备多孔碳材料的工艺、比表面积和产率

编号	碳化温度/℃	活化剂	活化温度/℃	活化时间/h	比表面积/(m^2/g)	产率/wt%	文献编号
1	825	CO_2	940	0.25	1830	40.8	[28]
2	400	KOH	800	1	1338	31	[29]
3	400	H_3PO_4	800	1	1223	26	[29]
4	400	$ZnCl_2$	800	1	682	25	[29]
5	400	H_2SO_4	800	1	583	20	[29]
6	850	KOH	850	2	1002	24.6	[30]
7	900	H_2O	900	2	1235	7.8	[30]
8	700	KOH	700	2	1690	—	[31]
9	380	KOH	800	2	980	—	[32]
10	500	KOH	700	1	2644	—	[33]
11	800	CO_2	1000	4	851	10.8	[34]
12	800	H_2O	900	1.5	1254	—	[35]
13	750	H_2O	900	—	1190	—	[36]
14	750	H_2O	900	1.5	1443	—	[37]
15	—	CO_2	925	43.3	2468	—	[38]
16	750	H_2O	900	1.5	1170	9	[39]
17	925	CO_2	925	76	2176	—	[40]

相比而言，PC 高温分解碳化制备碳材料，或者进一步利用物理活化或者化学活化制备多孔碳材料的研究相对较少。2015 年 Choma 等[41]将废弃 CD 和 DVD 光

盘(主要成分是 PC)在 500℃碳化 1 h,之后采用 KOH 活化或者 CO_2 活化制备多孔碳材料。KOH 活化时,活化温度为 700℃,活化时间为 1 h。随着 KOH/碳材料质量比从 1∶1 增加到 2∶1、3∶1 和 4∶1,多孔碳材料的比表面积从 730 m^2/g 增加到 1620 m^2/g、1800 m^2/g 和 2710 m^2/g,继续增加 KOH/碳材料质量比到 5∶1 和 6∶1,比表面积则略微减少到 2540 m^2/g 和 2480 m^2/g。CO_2 活化时,活化温度为 920℃,CO_2 流速为 25 mL/min。随着活化时间从 1 h 增加到 3 h、5 h 和 8 h,比表面积从 500 m^2/g 增加到 1200 m^2/g、1320 m^2/g 和 1840 m^2/g。不论是 KOH 活化还是 CO_2 活化,孔尺寸均随着 KOH/碳材料质量比或者活化时间的增加而变大。对于比表面积为 2710 m^2/g 的多孔碳材料,0℃时 CO_2 吸附量高达 5.8 mmol/g。CO_2 活化时,随着活化温度的增加,比表面积也增加。Farzana 等[42]发现随着活化温度从 700℃增加到 800℃和 900℃,多孔碳材料的比表面积从 602.94 m^2/g 增加到 1033.83 m^2/g 和 1214.25 m^2/g。

聚离子液体又称聚合离子液体,指在聚合物骨架重复单元上包含离子液体的高分子聚电解质材料[43, 44]。按照离子液体的组成和聚合物链连接方式,常见的聚离子液体可以大致分为三类(图 2.3):聚阳离子型,阴、阳离子共聚型和聚阴离子型。聚离子液体不仅保留了离子液体的强导电性、高热稳定性和不易燃性,同时也结合了聚合物的可加工性、易回收性、高机械稳定性等优异特性。聚离子液体被广泛地用于催化剂、碳材料、热敏材料、分离和吸附材料。因其阴、阳离子结构的多样性,聚合物链的可调变性以及引入官能团的可设计性,聚离子液体被认为是一种制备杂原子掺杂的碳材料的新型前驱体。

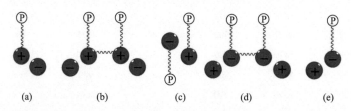

图 2.3　几种常见的聚离子液体的结构示意图:聚阳离子型(a、b);阴、阳离子共聚型(c);聚阴离子型(d、e)

聚离子液体高温分解碳化制备氮掺杂的多孔碳材料的研究可以追溯到 2010 年德国马克斯-普朗克胶体与界面研究所 Yuan 和 Antonietti 等[45]利用自由基聚合合成咪唑类聚离子液体,然后利用 $FeCl_2$ 作为催化剂在 900℃或者 1000℃下碳化制备氮掺杂的介孔碳材料,其产率为 28.6 wt%,氮元素的含量为 20 wt%,比表面积为 170 m^2/g。随后,他们合成了聚(3-烯丙基-1-乙烯基咪唑双氰胺)和聚(1-烯丙基-4-乙烯基吡啶双氰胺),然后通过静电纺丝制备聚离子液体纤维布,之后在 280℃空气氛围中保温 2 h 使得聚离子液体的氰基发生交联反应稳定纤维形貌(机理类似 PAN 的预氧化过程),最后在氮气氛围中 1000℃下碳化 5 h,制备氮掺杂的碳纤维布(图 2.4)[46]。碳纤维的直径为 0.4~2 μm,氮元素的含量为 6.33 wt%~8.0 wt%,产率为 16 wt%~19 wt%,电子电导率高达 200 S/cm。

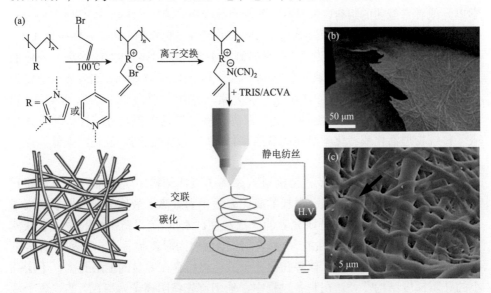

图 2.4 (a)聚离子液体合成、静电纺丝以及碳化制备氮掺杂碳纤维的示意图;(b、c)制备的氮掺杂碳纤维的扫描电子显微镜(SEM)图像[46]

随后,Zhao 等[47]通过自由基聚合和离子交换反应合成了聚[3-氰基甲基-1-乙烯基咪唑双(三氟甲磺酰)酰亚胺](PCMVImTf$_2$N),将其作为碳源制备氮掺杂的多孔碳材料,考察了碳化温度(350~1000℃)对于氮掺杂多孔碳材料的产率、氮元素的含量和比表面积的影响,发现保持升温速率为 10℃/min,随着碳化温度从 350℃增加到 1000℃,产率从 55 wt%降至 21 wt%,而比表面积和氮元素的含量随着碳化温度从 350℃增加到 600℃,分别从<10 m^2/g 和 11.6 wt%增加到 754 m^2/g 和 23.9 wt%,之后随着温度增加到 1000℃,则分别降至 35 m^2/g 和 7.4 wt%。他们分析在 350℃左右,氰基发生交联反应生成三嗪环结构,而阴离子 Tf$_2$N$^-$被包裹其中,进一步升高温度,一方面促进碳材料的生成,另一方面则移除 Tf$_2$N$^-$,从而产生大量的微孔。倘若温度升高到 1000℃,部分碳骨架的坍塌则导致氮元素的含量和比表面积显著降低。这与美国橡树岭国家实验室戴胜教授课题组在利用离子液体碳化制备高比表面积的氮掺杂的碳材料时发现的结果一致[48,49]。此外,聚离子液体的自模板作用可以用于辅助生物质的碳化,如将乳白色甲虫变成功能碳"虫"[50],将纤维素过滤纸和棉纤维转变成形貌保持的氮掺杂多孔碳[51,52],或者制备整体式氮掺杂多孔碳材料[53]。

2017 年,Grygiel 等[54]以丙酮醛、甲醛、乙酸和多种二胺为原料,通过改进的 Debus-Radziszewski 反应制备主链型聚离子液体，然后通过离子交换，引入双氰胺阴离子。该聚离子液体具有很高的热稳定性，在氮气氛围中 600℃和 900℃下处理后，剩余部分仍然保持在 72.9 wt%和 66.2 wt%。这归因于该聚离子液体中化学单元或者官能团的组合，如氰基、苯基和咪唑环。随后，Gong 等[55]将这种含双氰胺阴离子的主链型聚离子液体与 KOH 混合后在 450℃和 900℃分别碳化 1 h，一步将其转化成高比表面积、高产率的氮掺杂多孔碳材料。KOH/聚离子液体的质量比为 2、4 和 6 时，产率分别为 58 wt%、54 wt%和 47 wt%，比表面积分别为 1216 m^2/g、1742 m^2/g 和 1141 m^2/g，氮元素的含量分别为 7.2 wt%、5.4 wt%和 3.7 wt%。这种利用高热稳定性主链型聚离子液体作为碳源制备碳材料的方式克服了传统物理活化或者化学活化制备的碳材料的比表面积高，但是产率低、氮元素含量低的缺点。

多孔聚离子液体是将多孔结构引入聚离子液体结构中所制备的新型功能材料。多孔聚离子液体兼具多孔材料的高比表面积和聚离子液体的导电性以及离子交换等特性，引起了国内外研究者的广泛关注。Zhao 等以疏水性的聚离子液体（如 PCMVImTf$_2$N）与亲水性的含羧酸结构化合物为原料制备了一系列具有溶剂响应性的多孔聚离子液体。该多孔聚离子液体材料存在明显的上层孔大、下层孔小的孔隙梯度结构[56-59]。在制备过程中，他们首先将阴离子为 Tf$_2$N$^-$的聚离子液体与带有多个羧酸基团的化合物(如聚丙烯酸、对苯二甲酸、均苯四甲酸和羧酸化柱芳烃等)在 N,N-二甲基甲酰胺(DMF)中共混，并涂布在玻璃板上，烘干后，将玻璃板浸泡于稀氨水溶液中，制备具有梯度多孔结构的聚离子液体。亲水的羧酸结构与疏水的离子液体的相分离作用，以及负电性的羧酸根与正电性的离子液体的静电作用的动态平衡，促使了材料多孔结构的形成。共混物在溶液中浸泡时，溶液对共混物的相分离作用是由上层至下层逐步进行的，从而导致了孔结构的梯度变化。这种微观上孔隙密集且呈梯度分布的多孔结构使得多孔聚离子液体膜材料接触溶剂蒸气后，在 0.4 s 内即可发生不同程度的孔收缩(上层孔隙较大，收缩明显；下层孔小，收缩程度较小)，最终导致多孔聚离子液体膜在宏观上迅速收缩卷曲。这些特性使得该多孔聚离子液体膜在有机溶剂蒸气的智能传感领域存在巨大的潜在应用价值。

随后，Wang 等[60]以此含有等级孔的多孔聚离子液体膜为前驱体，通过高温分解碳化的方式制备保持形貌且含有等级孔的多孔氮掺杂碳膜材料[图 2.5(a~c)]。他们发现，PCMVImTf$_2$N 与中等分子量 PAA(100000~250000)络合制备的多孔聚离子液体膜是制备保持形貌且含有等级孔的多孔氮掺杂碳膜材料的关键。采用分子量为 100000 的 PAA 制备的多孔氮掺杂碳膜材料的孔尺寸由上到下从 1.5 μm 逐渐减小到 900~550 nm[图 2.5(d)]。采用分子量为 250000 的 PAA 时，制备的多孔氮掺杂碳膜材料的孔尺寸由上到下依次为(250±10)nm、(75±8)nm

和(32±6)nm[图 2.5(e~h)]。这是因为当 PAA 的分子量较低时(如 2000)，PAA 的羧酸基团和聚离子液体的交联密度较低，在 300℃预交联处理时，多孔网络骨架容易坍塌，因此制备的碳材料难以保持多孔聚离子液体膜的形貌。当 PAA 分子量太高时(如 450000~3000000)，PAA 的羧酸基团和聚离子液体的交联密度过高，导致在 300℃预交联处理时，多孔网络骨架的内应力过高，从而导致碳材料中产生大的缺陷孔洞。当碳化温度从 800℃升高到 900℃和 1000℃时，碳膜材料的比表面积从 354 m^2/g 增加到 632 m^2/g 和 907 m^2/g，氮元素的含量从 11.7 wt%减少到 8.27 wt%和 5.7 wt%，电子电导率从 32 S/cm 增加到 147 S/cm 和 200 S/cm。

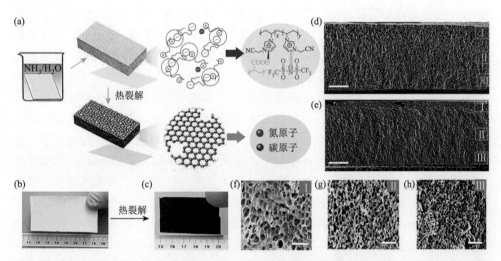

图 2.5 PCMVImTf$_2$N 与 PAA 络合制备多孔聚离子液体膜后碳化制备含有等级孔的多孔氮掺杂碳膜材料：(a)制备示意图；(b)碳化前多孔聚离子液体膜的照片(尺寸为 7.2 cm×3.3 cm)；(c)碳化后制备的含有等级孔的多孔氮掺杂碳膜材料的照片(尺寸为 5.2 cm×2.5 cm)；(d)PAA 为 100000 时制备的多孔氮掺杂碳膜材料的横截面的 SEM 图像(标尺为 20 μm)；(e)PAA 为 250000 时制备的多孔氮掺杂碳膜材料的横截面的 SEM 图像(标尺为 20 μm)；(f~h)放大的 SEM 图像(标尺为 500 nm)[60]

在随后的研究中，他们将碳纳米管(CNT)添加到 PCMVImTf$_2$N/PAA 分散液中均匀分散后作为前驱体制备多孔聚离子液体膜/CNT 复合物，将其高温分解碳化后则可以制备含有等级孔的多孔氮掺杂碳/CNT 复合膜材料[61, 62]，比表面积和电子电导率分别为 432 m^2/g 和 134 S/cm。他们还将 Co^{2+}分散到 PCMVImTf$_2$N/PAA 分散液中作为前驱体制备 Co/多孔聚离子液体膜复合物，将其高温分解碳化和磷化后可以制备含有 Co/CoP 纳米粒子的等级孔的氮掺杂碳膜材料[63]。将 Se 分散到 PCMVImTf$_2$N/PAA 分散液中作为前驱体制备 Se/多孔聚离子液体膜复合物，将其在 800℃、900℃和 1000℃高温分解碳化后可以制备含有单原子 Se 的等级孔的氮掺杂碳膜材料，其比表面积分别为 25 m^2/g、330 m^2/g 和 450 m^2/g，Se 元素的含量分别为 5.90 wt%、5.06 wt%和 3.23 wt%[64]。

2.2.2 水热碳化法

水热碳化工艺历史悠久，但直到最近几十年才受到足够的重视。它的传统定义是指在一个密闭的体系中，以碳水化合物为原料，以水为反应媒介，在一定的温度(130～250℃)及自产生的压力下，原料经过一系列复杂反应而转化成碳材料的过程。其研究可追溯至 1913 年，Bergius 运用该技术在 250～310℃下碳化处理纤维素。1960 年，Schuhmacher 等[65]指出 pH 显著影响水热碳化过程。水热碳化法虽然已有上百年发展历史，但其研究目的一直停留在通过该方法制备特定的液态和气态产物上，固相产物通常被视为副产物。直到 2001 年，Wang 等[66]首次通过该方法制得均匀的碳球，并发现该碳球具有优良的超级电容器性能，水热碳化法才再度引起了研究者的广泛关注。

水热碳化法操作简单，反应条件温和，以生物质为原材料，水为反应媒介，是一种优于其他工艺的绿色、可持续的制备碳材料的途径。且其较好地适应了高产率、低成本这一发展需求，因而是未来制备新型碳材料的很有潜力的方法。天然聚合物的水热碳化已成为制备碳材料的重要途径。Sevilla 和 Fuertes[67]把水热碳化过程分为三个阶段：①前驱体水解成单体，体系 pH 下降；②单体脱水并诱发聚合反应；③芳构化反应导致最终产物形成。而关于水热碳化产物的形成，目前一般采用 Lamer "成核扩散控制"模型的晶核生长理论[68]。换言之，产物形成主要包括成核和生长两个阶段，前阶段芳核浓度达到临界饱和值时便会产生晶核，后阶段则是晶核在扩散和吸附共同作用下生长。德国马克斯-普朗克胶体与界面研究所 Antonietti 教授课题组[69-71]和中国科学技术大学俞书宏院士团队[72-74]在生物质的水热碳化制备功能性碳材料方面做了大量突出的研究。

水热碳化法也是一种聚合物碳化制备碳化聚合物点的重要方法[75]。碳点一词由美国 Clemson 大学 Sun 课题组在 2006 年将碳靶进行激光烧蚀热处理制备碳纳米点的工作中首次提出[76]。碳点是一个对于各种各样纳米尺寸碳材料的笼统归类。从广义上来说，所有纳米尺寸且主要成分为碳的材料都可以称为碳点。碳点通常是具有荧光且尺寸小于 10 nm 的碳颗粒，其化学结构含有 sp^2/sp^3 碳、氧/氮基官能团或者聚合物聚集体。碳点主要包括石墨烯量子点、碳纳米点和碳化聚合物点三大类[77]。

吉林大学杨柏教授课题组在碳化聚合物点制备、形成机理及功能化应用中做了大量开创性的研究[78-81]。碳化聚合物点通常是由具有多官能团的小分子或者大分子通过交联聚合及碳化过程制备且具有一定碳化程度的交联聚合物纳米粒子(图 2.6)。一般碳化聚合物点具有很好的荧光及磷光性质，碳化程度越高其碳晶格结构越明显。制备碳化聚合物点的原料来源广泛，如具有丰富反应基团(如氨基、羟基和羧基等)的有机小分子(如葡萄糖、甘氨酸和丙酮等)、天然聚合物(如多糖和蛋白质等)和合成聚合物(如聚乙烯醇、聚乙烯亚胺、聚乙二醇和聚丙烯酰胺等)[82]。

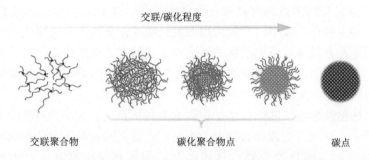

图 2.6　聚合物水热碳化制备碳化聚合物点示意图[78]

在水热碳化合成碳化聚合物点时，只有少部分的文献报道单独使用聚合物作为原料，大部分工作往往是使用聚合物和小分子共同合成碳化聚合物点。使用聚合物和小分子共同作为反应原料时，小分子在其中起到交联剂的作用，用以连接聚合物链从而形成更大的网络结构。值得指出的是，与小分子前驱体不同，聚合物前驱体的特点主要反映在缠绕和交联的反应进程中。随着反应的进行，提升的运动活性导致聚合物链之间更大的接触可能性，折叠和弯曲更容易在高分子链段中发生，因此就会形成大量的随机的簇状物。此外，由于官能团之间的距离变短，交联反应更容易发生，结构也因此变得更稳定。分子链中的结构单元会有更强的聚集，簇状物的体积会进一步减小。之后在高温环境中，部分片段会平行排列，碳化过程也会开始产生。

碳化聚合物点同时具备聚合物和碳材料的特性[78]。一方面，在不完全的碳化反应后，大量的官能团和一些短的聚合物链都得以保留。这些具有高度反应活性的位点使得碳化聚合物点拥有更多的功能。由于大量官能团的存在，碳化聚合物点拥有很好的修饰能力和生物相容性，结合其相对更低的毒性和更好的光稳定性，在光电及生物等相关领域具有很强的潜在应用价值，并有望替代传统的有机染料和无机量子点。另一方面，聚合物特性还体现在其高度交联的网络结构上。碳化聚合物点中的聚合物链、聚合物簇和最终形成的高度交联的网络结构是在反应的不同阶段产生的。经过进一步碳化，其中一部分转变成了具有特征石墨晶格结构的碳点，而另一部分仍保持原来的结构。

碳点中荧光产生的微观物理过程可以简单地概括为，单线激发态电子跃迁至基态同时释放光子。碳点的发光机制包括碳核态、表面态、分子态和交联增强发射效应四种类型[83]。这里重点介绍交联增强发射效应。碳点表面通常具有 C=O

和 C=N 等官能团，它们是潜在的荧光中心。在交联聚合物的结构中，这些不具有大共轭结构的非传统有机发光中心的能级结构可能发生变化，导致发射红移，产生了位于可见区的荧光发射，同时非辐射跃迁受到抑制，产生荧光发射增强的现象，即为交联增强发射效应[84]。该效应由杨柏教授课题组总结并提出，旨在研究清楚非共轭聚合物体系为何具有荧光性质[85, 86]。例如，以支化的非共轭聚合物——聚乙烯亚胺作为模型，分别采用四氯化碳共价交联、水热交联，或者将聚合物分别固定在有晶格以及无晶格的碳点表面四种方式交联固定，可以观察到聚乙烯亚胺的荧光增强现象。这种增强主要是由交联导致的振动和转动受限，进而减少非辐射跃迁而产生的[85]。

之后，杨柏课题组又陆续报道了聚丙烯酰胺体系（图 2.7）[87]和聚丙烯酸与乙二胺体系[88, 89]，证明了交联增强发射效应对碳点发光的重要作用。在利用聚丙烯酰胺水热碳化制备碳化聚合物点过程中[87]，当水热碳化温度从 150℃增加到 250℃，碳化聚合物点中的 C—C/C=C 的含量从 72.33%增加到 81.89%。因此，聚合物的性质减少、碳材料性质增加，而交联程度也增加，荧光量子产率从 10.20%增加到 25.57%，导致荧光强度增加。在另一个工作中，他们利用聚丙烯酸和乙二胺为原料水热法合成了碳化聚合物点，它的荧光量子产率高达 44.18%[88, 89]。研究者发现碳化聚合物点的强荧光来自酰胺或者酰亚胺类基团，以及胺氧化产生的荧光中心。而聚合物链的交联作用对荧光发射的增强也有着显著的影响。一方面，交联固定作用可减少荧光中心的振动和转动，抑制非辐射跃迁过程，提高荧光量子产率。另一方面，聚合物链对荧光中心起到包裹环绕的作用，为其提供了新的稳定的化学环境，使荧光峰位红移，峰形展宽（类似于溶剂化效应）。

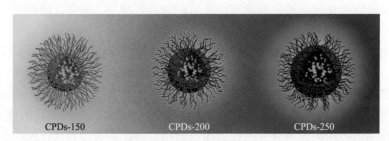

图 2.7　不同温度下（150～250℃）聚丙烯酰胺水热碳化制备的碳化聚合物点的交联增强发射效应示意图[87]

目前，塑料的水热碳化制备碳材料的研究不多。Hu 等[90]报道了在 H_2O_2 溶液（0～5.0 wt%）中，废弃聚乙烯（PE）水热碳化制备碳纳米量子点（图 2.8）。当温度为 180℃，H_2O_2 为 2 wt%时，碳纳米量子点的产率最大，为 42 wt%，尺寸主要集中在 40～50 nm。作者分析碳纳米量子点的生长过程，包括热氧化降解、聚合、碳化和钝化。首先，由于 H_2O_2 的氧化性，在高温高压中 PE 链发生热氧化降解生成含有羟基、羰基和羧基等丰富官能团的小分子化合物，之后这些降解产物通过氢键发生组装，并且通过脱水和羟醛缩合发生聚合生成核，随着分子间的进一步脱水、环化和芳构化反应生成碳核中心，而外界的降解产物持续进入碳核中心，使得碳纳米量子点不断长大直至反应结束。研究者也发现制备的碳纳米量子点在检测 Fe^{3+} 和细胞成像中表现出不错的性能。此外，Poerschmann 等[91]报道了在 180～260℃下聚氯乙烯（PVC）的水热碳化，发现当温度高于 235℃时，PVC 可以完全脱氯生成多烯结构，经过交联后变成碳材料。

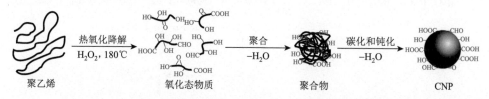

图 2.8　水热碳化法处理 PE 制备碳纳米量子点的反应机理示意图[90]

2.2.3　组合催化碳化法

催化聚合物的碳化反应的核心问题是调控聚合物降解反应使其生成更容易碳化的小分子化合物。实际上，对于聚烯烃而言，成碳反应包括两步串联反应过程，第一步为聚烯烃的降解反应，第二步为降解产物在成碳催化剂作用下形成碳材料的反应。两步反应的速率匹配至关重要。如果第一步反应速率慢，则中间降解产物过少，无法得到大量的碳化产物。如果第一步反应速率太快，第二步反应慢，则大量降解产物无法转化为碳材料。因此，聚烯烃转化为纳米碳材料的关键科学问题就是要控制聚烯烃的降解以及降解产物的气相沉积这两步反应的速率及其比值，使聚烯烃降解生成的产物更有效地转化为形貌可控的碳材料。

针对这一过程，中国科学院长春应用化学研究所唐涛课题组提出了降解催化剂/成碳催化剂的组合催化剂策略来调控聚烯烃的碳化反应，其中降解催化剂起到调节聚合物降解反应的作用，生成有利于碳材料生长的小分子化合物，而成碳催化剂起到原位催化这些降解产物碳化生成碳材料的作用。除了催化剂的结构与性质外，反应温度、聚合物的结构和组成以及聚合物中的杂原子等均能影响聚合物的降解反应和降解产物的成碳反应，因而都是影响聚合物碳化反应的重要因素。本节重点介绍三类组合催化体系，即固体酸/镍化合物或者钴化合物催化体系，碳材料/氧化镍催化体系，以及卤化物/氧化镍催化体系。

固体酸是唐涛课题组在聚烯烃的组合催化碳化体系中最早使用的降解催化剂。2005 年，他们首次发现有机改性蒙脱土（OMMT）与负载镍催化剂可以协同催化聚丙烯（PP）碳化生成多壁 CNT[92]。单独加入 OMMT 或者负载镍催化剂，碳材料的产率均低于 6 wt%。二者组合时，CNT 的产率显著增加，最高可达 41.2 wt%。

CNT 的长度为几微米,直径为 20~40 nm,石墨层排列与轴向大致平行。通过对比实验发现,当采用钠离子交换的蒙脱土或者 ZSM-5 为催化剂时,成碳率只有 10 wt%。这说明 OMMT 表面的质子酸为催化 PP 降解生成小分子碳氢化合物的活性中心。在 OMMT 催化作用下,PP 的降解反应是按照碳正离子机理进行的[93]。OMMT 能够原位促进 Ni_2O_3 还原生成的单质镍催化 C_4 及以上碳氢化合物的碳化,大幅度提高 CNT 的产率(图 2.9)。

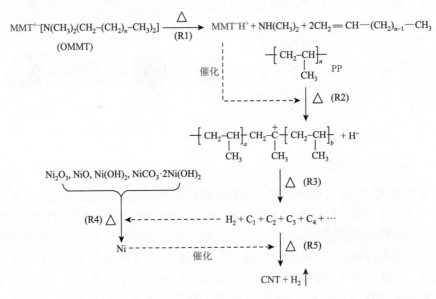

图 2.9 OMMT/镍化合物协同催化 PP 碳化制备 CNT 的反应机理示意图[93]

另外,在碳化反应中,第二步的碳化反应通常需要较高的温度(高于 600℃),而聚烯烃则在 300℃左右就开始降解。当加热聚合物与催化剂的混合物时,热从表面逐渐扩散到中心。当外层达到碳化温度而内层温度高于聚合物降解温度时,内部聚合物的降解产物就会向外扩散,其中的一部分就会在外层生成 CNT。OMMT 的片层结构能够减缓 PP 的降解产物扩散到外面,延长其参与碳化反应的时间,相当于在基体中起到了微型反应器的作用,从而提高 CNT 的产率[94]。除了负载镍催化剂外,其他镍化合物[94,95],如 Ni_2O_3、$Ni(OH)_2$、$NiCO_3 \cdot 2Ni(OH)_2$ 和 $Ni(HCOO)_2 \cdot 2H_2O$,均能与固体酸组合催化 PP 碳化生成 CNT,产率最高可达 55.6 wt%。

降解催化剂的含量会影响聚合物降解产物的组成和分布,进而对 CNT 的产率和形貌也起到决定性的作用。采用 HZSM-5/镍催化剂组合催化 PP 和线型低密度聚乙烯(LLDPE)的碳化反应时,当 HZSM-5 含量较低时(如 1 wt%),产生较少的小分子碳氢化合物,从而导致生成少量的弯曲碳纳米纤维(CNF)。加入较多的

HZSM-5 时(如 5 wt%)，生成了较多的小分子碳氢化合物和少量的芳烃化合物，从而促进较长、平直的 CNT 的生成。当 HZSM-5 含量继续增加时(如 10 wt%)，小分子碳氢化合物产量减少，芳烃化合物产量显著增加，从而导致较短、弯曲且表面粗糙的 CNF 和无定形碳生成[96]。

聚合物碳化反应的第二步实质上是碳氢化合物的气相沉积反应，铁、钴和镍是常见的气相沉积法制备 CNT 的催化剂，因此也被用作碳化反应的成碳催化剂。上述研究中，虽然初始时加入的催化剂是 Ni_2O_3，但其在反应中被原位还原为单质 Ni，即单质 Ni 才是真正的催化碳化反应的活性中心。通过选择不同的过渡金属化合物，不仅可以调控碳化反应速率，还能控制碳产物的形貌。尽管均为氧化镍催化剂，在相同的条件下，Ni_2O_3 和 NiO 生成的 CNT 完全不同。Ni_2O_3 生成的是普通的多壁 CNT。而纳米 NiO 生成的是杯叠碳纳米管(CS-CNT)[图 2.10(a)]，其石墨层排列与轴向存在 20°~25° 的夹角[97]，这使得在它的表面和内部有大量暴露的和反应性的边缘[图 2.10(b)]。

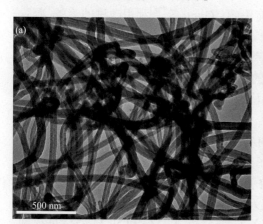
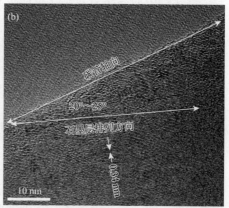
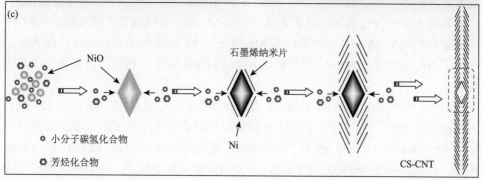

图 2.10 CS-CNT 的 TEM 图像(a)、高分辨 TEM(HR-TEM)图像(b)以及生长机理示意图(c)[97]

这种差异与催化剂的形貌、颗粒尺寸和晶格氧含量均有关系[97-99]。在碳化反应过程中，NiO 催化剂纳米粒子会发生熔结和重建生成双锥结构[图 2.10(c)]，之后被还原成单质镍，碳原子从其两端析出，逐渐生长成 CS-CNT 结构，直到反应结束。较小颗粒尺寸和较高晶格氧含量的纳米粒子催化剂有利于双锥结构的形成。另外，大量的小分子碳氢化合物和少量的芳烃化合物的组合也有利于催化剂的熔结和重建，而大量的芳烃化合物则会导致无定形碳生成，降低催化剂的活性。

催化剂的颗粒尺寸会影响聚合物碳化产物的产率和形貌。Gong 等[99]采用溶胶-凝胶-燃烧法制备了平均颗粒尺寸为 18 nm、26 nm、40 nm、96 nm、128 nm 和 227 nm 的 NiO 催化剂，发现催化剂颗粒尺寸越小，PP 在 700℃下的成碳率越高，CS-CNT 的最高产率为 51.9 wt%。同时，颗粒尺寸较小的 NiO 促进较长且表面平整的 CS-CNT 的生成，而较大尺寸的 NiO 促进较短且表面弯曲的 CNF 的生长。经对比发现，40 nm 的 NiO 催化剂最适合于 CS-CNT 的生长，直径和长度分别为 57 nm 和 17.9 μm。

催化剂中的晶格氧对碳化反应也有影响。Gong 等[98]利用改进的溶胶-凝胶-燃烧法，通过控制溶胶中硝酸镍与柠檬酸的比值制备了不同晶格氧含量但是尺寸接近的镍催化剂，发现碳材料的产率随着晶格氧含量的增加而增加。当晶格氧含量很低时，得到的是较粗、弯曲的盘子状的碳纤维。增加晶格氧后，得到的是较细、弯曲且较短的 CNF。当晶格氧含量很高时，得到的是较长且表面平整的 CS-CNT。

在镍催化剂中掺杂或者复合一定的助催化剂，不仅有助于提高镍的分散度和稳定性，还能改变镍催化剂表面的电子云结构，从而调控碳化反应。Shen 等[100]制备了 NiO-Al_2O_3 负载催化剂，NiO 粒子尺寸为 20～30 nm。将该催化剂用于 PP 碳化，产率最高可达 85.5 wt%。他们认为 NiO-Al_2O_3 的强相互作用对于 CNT 的形貌有重要影响。宋荣君课题组[101-103]制备了 Ni-Mo、Ni-Mg 和 Ni-Mo-Mg 催化剂，并将其用于 PP、PE 和 PS 的碳化反应。Ni-Mo-Mg 催化剂可以将难以碳化的 PS 的成碳率提高至 46 wt%。这是由于 Mo 降低了 Ni 活性相的颗粒尺寸，而 Mg 则改变了 NiC 溶解性。Nahil 等[104]则认为金属和载体间的弱相互作用有利于提高成碳率。

另外，采用 PS 为碳源，OMMT 为降解催化剂，Co_2O_3、Co_3O_4 或者 Co(Ac)$_2$ 为成碳催化剂时，在 700℃下碳化得到的碳材料为介孔中空碳球(HCS)，直径分别为 60～90 nm、60～85 nm 和 20～40 nm，壁的厚度分别为 6～12 nm、5～12 nm 和 2～8 nm，产率分别为 11.1 wt%、9.8 wt%和 4.8 wt%[105]。OMMT 能够促进 Co_2O_3 在 PS 基体中分散，其还原生成的单质钴是催化碳化的活性中心。有趣的是，将单质钴作为催化剂使用时，生成的并不是 HCS，这表明 Co_2O_3、Co_3O_4 或者 Co(Ac)$_2$ 原位还原成单质钴是 HCS 生长的重要一步。另外，OMMT/Co_3O_4 组合催化剂在 700℃下可以催化混合塑料(PP、PE 和 PS)碳化制备尺寸可控的 HCS[106]。通过调节 Co_3O_4 含量,不仅可以提高 HCS 的产率(最高可达 49 wt%),还能精确调控 HCS 的尺寸(48.7～96.1 nm)。

碳材料也可以作为降解催化剂,如活性炭(AC)[107, 108]在 820℃下可以催化 PP 大分子自由基降解,生成小分子碳氢化合物和芳烃化合物,尤其是双环和多环芳烃化合物。AC 表面的含氧官能团是协同催化的关键因素。AC 一方面促进小分子碳氢化合物与芳烃化合物反应生成中间芳烃化合物或者多环芳烃化合物。另一方面,AC 原位协助单质 Ni 催化中间芳烃化合物或者多苯环化合物的脱氢和芳构化反应。然后在 Ni 催化剂表面"层层组装"形成 CNT 的"芽",接着逐渐生长,直到反应结束。添加 10 wt% AC 和 7.5 wt% Ni_2O_3 后,制备的 CNT 的直径为 15～40 nm,长度为 1～2 μm,产率为 48.5 wt%。炭黑也可以作为降解催化剂,起到了类似调控自由基的作用。唐涛课题组利用炭黑/Ni_2O_3 组合催化剂在 700℃下催化混合塑料(PP、PE 和 PS)碳化制备 CNT[109],当添加 5 wt%炭黑和 5 wt% Ni_2O_3 后,CNT 的产率为 31.6 wt%,直径为 50～70 nm。这是因为炭黑能够促进混合塑料裂解生成芳烃化合物,这些降解产物在镍催化剂的作用下生成 CNT。

固体酸和碳材料都属于固体催化剂,能够提高聚合物碳化反应的产率,但是在提纯碳材料的过程中,需要额外的烦琐步骤除去这些固体催化剂,且往往需要使用具有强烈腐蚀性的化学物质(如氢氟酸)。鉴于此,唐涛课题组提出了卤化物/镍化合物组合催化剂[110-112]。他们以 PP 为碳源,卤化物/NiO 为组合催化剂,在 700℃下考察了卤化物的种类与添加量对纳米碳材料的产率和形貌的影响[110]。如图 2.11 所示,当加入氟化物 NH_4F 或者聚偏氟乙烯(PVDF)到 PP/NiO 混合物中,通过碳化反应制备的碳材料产率并没有显著增加,证明了氟化物/NiO 组合催化剂不能协同催化 PP 碳化制备纳米碳材料。但是,当加入氯化物(NH_4Cl 或者 CuCl)、溴化物(NH_4Br 或者 CuBr)或者碘化物(NH_4I 或者 CuI),微量的卤素就可以使碳产率有明显的增加。卤素的含量进一步升高,碳产率则先升高后下降。卤素含量和对应的碳产率最大值分别为 93.5 μmol/g PP 和 54.5 wt%(NH_4Cl),75.8 μmol/g PP 和 56.9 wt%(CuCl),12.8 μmol/g PP 和 51.7 wt%(NH_4Br),8.7 μmol/g PP 和 55.9 wt%(CuBr),8.6 μmol/g PP 和 44.0 wt%(NH_4I),以及 6.6 μmol/g PP 和 60.6 wt%(CuI)。显然,不同卤素与 NiO 组合获得最大成碳率时的含量有所不同,最大成碳率时所需加入卤素量的顺序依次为 Cl>Br>I。卤素的含量还对 CNT 的形貌有显著的影响,卤素含量低时,有利于生成长的、直的、表面平整的 CS-CNT,长度为 9～10 μm,直径为 50～70 nm;卤素含量高时,则容易生成短的、弯曲的、表面粗糙的 CNF。此外,含卤聚离子液体也是一种较好的卤素来源,研究表明含卤聚离子液体与 NiO 的组合催化剂也可以高效催化 PP 碳化得到形貌规则的 CS-CNT[113]。

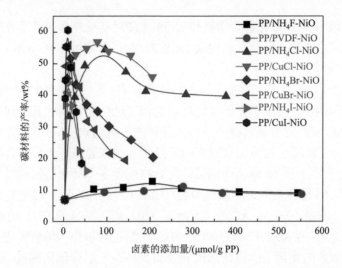

图 2.11　卤素的种类和添加量与 PP 碳化产物的产率之间的关系[110]

在高温碳化反应过程中，体系中卤化物在反应中会分解生成卤素自由基。卤素自由基可以促进 PP 大分子自由基的脱氢和芳构化反应，在经过环化、异构化等反应后，生成小分子碳氢化合物和芳烃化合物。卤素自由基与氢自由基结合生成卤化氢和在卤化氢催化作用下 PP 大分子自由基脱氢生成 C═C 是速率决定步骤。氟化物、氯化物、溴化物和碘化物的热稳定性逐渐降低。这使得氟化物/NiO、氯化物/NiO、溴化物/NiO 和碘化物/NiO 组合催化剂的活性依次增加。而卤素含量的不同导致聚合物降解产物中小分子碳氢化合物和芳烃化合物含量的不同，则是所形成碳材料形貌存在差异的主要原因。

当采用不同链结构的 PE 作为碳源时，包括具有大量短支链的线型低密度聚乙烯(LLDPE)，大量长、短支链共存的低密度聚乙烯(LDPE)和几乎没有支链的高密度聚乙烯(HDPE)，CuBr/NiO 组合催化体系均表现出相似的碳化反应规律[114]。如图 2.12(a) 和 (b) 所示，单独加入 CuBr 或者 NiO，PE 碳化后的碳材料产率小于 1 wt% 或者 7.5 wt%；但是，不论 PE 的链结构如何，当二者同时加入后，随着 CuBr 含量的增加，碳材料的产率都是先增加，达到最大值，之后逐渐减少。以 LLDPE 为例，加入 0.1 wt% CuBr 和 7.5 wt% NiO，产率为 36.8 wt%，显著高于只加 CuBr 或者 NiO 时碳材料的产率，随后产率增加到最大值 56.5 wt%。当 LDPE 和 HDPE 作为碳源时，产率的最大值分别为 36.8 wt%和 30.9 wt%。然而，在 CuBr/NiO 组合催化体系中，PE 分子链结构显著影响碳材料的形貌和产率。例如，LLDPE 为碳源时，碳产物是较长且表面光滑的 CS-CNT，直径为 92 nm[图 2.12(c)]，而 LDPE 和 HDPE 作为碳源时制备的碳材料是较短且表面粗糙的 CNF，直径为 50~200 nm[图 2.12(d) 和 (e)]。

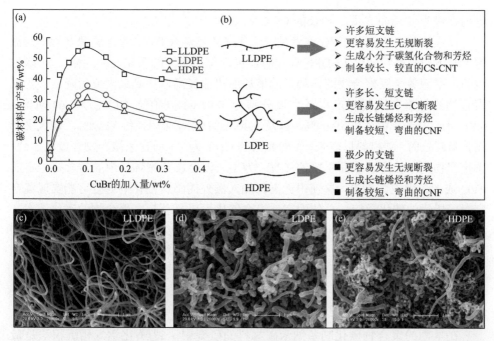

图 2.12 不同链结构的 PE 制备的碳材料的产率比较(a)，不同链结构的 PE 结构比较以及降解机理和反应产物分析(b)，以及碳材料的 SEM 图像(c～e)[114]

对于 LDPE 而言，它同时含有大量的长支链和短支链，在加热时易于断裂。此外，它还有大量的叔氢，其热稳定性低于伯氢和仲氢。这使得 LDPE 更容易发生无规断链生成大量的长链烯烃，即便是 Br 自由基存在时也是如此。因此，卤化物催化 LDPE 降解，其降解产物以长链烯烃为主，芳烃含量也有一定增加。HDPE 几乎不含有支链结构，叔氢含量很少，相比 LDPE，无规断链程度较低，端基断裂倾向增加，从而生成大量的气态降解产物和少量的长链烯烃；而芳烃主要是通过 C_2～C_4 烯烃经过环化、脱氢等反应生成的。因此，HDPE 降解产物中芳烃含量比 LDPE 体系高。加入 CuBr 后，由于 Br 的拔氢作用，HDPE 有更多的断裂位点，从而加速 HDPE 的无规断裂，因而降解产物中长链烯烃的含量增加，但气体组分和芳烃产物的含量减少。长链烯烃和芳烃转化成 CS-CNT 的难度较大，但是更容易转化成弯曲的 CNF。因此，LDPE 和 HDPE 虽然降解机理不同，但是降解产物类似，长链烯烃含量较多，而气态小分子和芳烃含量较少，从而导致产物形貌类似，都是以表面粗糙、弯曲的 CNF 为主。与 LDPE 有一定程度的相似性，LLDPE 具有大量的短支链，因此主链上有更多的叔氢。相比 HDPE，LLDPE 的无规断链更容易进行，产生大量的长链烯烃和少量的气体和芳烃产物。溴自由基的存在可以显著促进氢自由基生成，提高脱氢和芳构化反应程度，从而大幅度提高气态降解产物含量，芳烃化合物的量也有所增加，进而促进生成表面光滑、较长的 CS-CNT。

以颗粒 PVC、糊状 PVC 或者颗粒氯化聚氯乙烯(CPVC)等含氯聚合物作为氯源，与 Ni_2O_3 协同催化 LLDPE 碳化时，也表现出相同的碳化反应规律[115]。碳材料的产率随着含氯聚合物的添加量的增加而快速提高，达到最大值后降低。含氯聚合物添加量和碳材料产率最大值分别为 0.81 wt%(颗粒 CPVC)和 64 wt%、0.81 wt%(颗粒 PVC)和 59 wt%，以及 0.40 wt%(糊状 PVC)和 54 wt%。含氯聚合物含量较低时，碳材料以较长、表面光滑的 CNT 为主，而含氯聚合物含量增加后，碳化产物则以较短、表面粗糙的 CNF 为主。混合废弃聚烯烃中通常含有一定的 PVC 或者含卤阻燃剂等，这使得无需再加入额外的降解催化剂就有可能实现混合废弃聚烯烃的碳化反应。总体而言，组合催化可以显著提高聚合物的碳化效率，且催化剂的加入量较低(5 wt%～10 wt%)。同时，组合催化剂种类繁多，可以制备多种形貌的碳材料。存在的问题是催化效率和碳材料生长在一定程度上会受到聚合物中杂质的影响。

2.2.4 裂解/化学气相沉积碳化法

在早期的聚合物碳化制备纳米碳材料的研究中，裂解/化学气相沉积法是最常用方法之一。这阶段主要集中在 1997～2005 年，俄罗斯科学家 Kukovitskii、Chernozatonskii、Muastov、Kiselev、Maksimova、Krivoruchko 和法国科学家 Sarangi 做了大量基础研究工作。这是聚合物碳化反应的研究初期阶段，主要发现了多种类型聚合物可以在适当的条件下转化成纳米碳材料，包括 CNF 和 CNT。

例如，Kukovitskii 等在 1997 年首次利用 PE 作为碳源制备 CNT。他们先将 PE 在 420～450℃下裂解，之后将裂解产物在石英管中经过 Ni 板催化作用转化成弯曲的 CNT，直径为 10～40 nm，产率为 0.003 g/(cm^2·h)。但是制备的 CNT 在空气中的最大热失重温度为 420℃，表明其中含有很多杂质和缺陷[116]。之后，Chernozatonskii 等将反应温度提高到 820℃，发现制备的 CNT 中包含了锥形的石墨层结构，其表面和内部都有开口的石墨层边缘[117]。这种特殊的结构赋予了其较好的电子发射性能，使其可以用于电子发射器、光子发射和光电转换过程。此外，他们证明了这种锥形结构的 CNT 具有金属导电性[118]。在随后的研究中，他们采取类似办法制备 CNT，考察了热处理和化学处理后 CNT 结构的变化，分析了 CNT 的生长机理，认为 PE 的降解产物先是分解生成原子碳，然后溶解在 Ni 催化剂颗粒表面形成单层石墨烯环，接着逐渐生长，形成轴，同时直径逐渐变小，形成 CNT 帽。在轴向方向，伴随着催化剂颗粒和第一层之间形成新的石墨烯层，CNT 开始生长[119]。与此同时，Maksimova 等利用 LDPE 作为碳源、Fe(OH)$_3$ 作为催化剂制备了薄壁的 CNT[120]。他们采用的升温速率为 150℃/h，然后在 250℃、400℃、600℃ 或者 750℃下保持 2 h。当反应温度低于 600℃时，没有碳材料生成；反应温度为

600℃时，得到的碳材料是无序结构的无定形碳；反应温度继续增加到 700℃时才得到薄壁 CNT，其平均直径和长度分别为 20 nm 和 300 nm，壁厚为 3 nm。之后，他们采用类似的方法将 PE 与聚乙烯醇(PVA)混合物[121]以及单独的 PVA[122, 123]转化成了薄壁的 CNT，并且试图分析其中的机理。在另一个工作中[123]，他们考察了催化剂的尺寸对 CNT 直径的影响，发现催化颗粒的流动、烧结和再分散对所形成 CNT 的形貌至关重要。在 700℃时，催化剂是固态，因而催化剂颗粒的尺寸和 CNT 的直径基本一致，但是当温度升高后，催化剂颗粒开始熔化，当吸附碳原子达到饱和后就析出，CNT 就开始生长。故而，到 800℃时，催化剂颗粒的尺寸与 CNT 并不一致。后来，Blank 等[124]系统考察了反应温度(500～700℃)对催化剂的形貌(球形、橄榄形和锥形)以及碳材料的形貌的影响。另外，Sarangi 等[125]考察了 Ni 催化剂的用量对 PE 碳化产物的影响。

值得指出的是，Chung 和 Jou 在利用 PP 作为碳源，尺寸为 17 nm 的单质铁纳米粒子作为催化剂制备 CNT 中，也发现了类似的催化剂纳米粒子的熔结现象[126]。当反应温度增加到 700℃后，铁纳米粒子开始聚集并熔结成较大颗粒。他们认为催化剂的熔结和 CNT 的生长是同时发生的，在 700℃时，前者小于后者，故而 CNT 能够很好生长，而在 900℃时，前者远大于后者，不利于 CNT 的生长，此时只有较小尺寸的催化剂才能生长出 CNT，而较大尺寸的催化剂颗粒只能生长碳壳。他们还尝试分析了聚合物的种类对 CNT 形貌的影响。由于 PE 和 PP 的主要降解产物是烯烃，而 PVA 和 PS 的主要降解产物是芳烃，他们认为在 PE 或者 PP 作为碳源时，烯烃和催化剂的反应能够促进较长 CNT 的生长，而 PVA 和 PS 降解生成的芳烃会在 CNT 表面裂解沉积生成残炭，从而使得制备的 CNT 变粗。然而，上述结论缺乏直接的证据。总的来说，这阶段的研究以表征碳材料的形貌并试图揭示碳材料生长机理为主，但由于当时实验条件的限制以及缺乏对聚合物的降解产物的全面分析，这些研究也存在明显的不足。例如，制备条件比较苛刻、碳材料的形貌单一(以 CNT 为主)、产率较低、形貌较差且难以调控，碳化反应机理不清楚。尽管如此，这阶段的研究为后面深入探索聚合物的碳化反应机理奠定了坚实的基础。

之后，清华大学魏飞课题组、中国科学院长春应用化学研究所唐涛课题组、台湾中兴大学 Wey 课题组、美国 Rice 大学 Tour 课题组和埃及石油研究所 Aboul-Enein 课题组都在聚合物或者废弃聚合物裂解/化学气相沉积法制备纳米碳材料方面做了大量研究探索。魏飞课题组[127]采用裂解/化学气相沉积法将 PP、PE 和 PVC 转化成阵列的 CNT，二茂铁催化剂的添加速率为 0.1～0.8 g/min，裂解温度为 450℃，化学气相沉积温度为 800℃。例如，以 PP 作为碳源时，二茂铁的添加速率为 0.4 g/min，反应 40 min 后，阵列的 CNT 的长度可达 500 μm，是目前用聚合物作为碳源制备的形貌最好、长度最长的 CNT，其直径为 28 nm。二茂铁的添加速率影响阵列 CNT 的直径，从 0.1 g/min 增加到 0.8 g/min 后，CNT 的直径从 36 nm 减少到 22.6 nm。PE 和 PVC 作为碳源时也能制备阵列 CNT，但是 PVC 分解生成的氯会影响 CNT 的结晶性质，生成一些无定形结构。此外，还可以采用陶瓷球、石英颗粒和石英纤维作为阵列 CNT 生长的基体。

唐涛课题组[128]在国际上首次提出了利用废旧 PP 同时制备 CNT 和氢气的思想。他们设计了螺旋裂解器和移动床组合的两步方法(图 2.13)，从而将聚烯烃的催化降解和 CNT 气相沉积生长两段反应实现分段调控，使裂解温度不受 CNT 生长温度的控制，同时避免了废旧聚合物中的无机填料和杂原子对气相沉积催化剂的毒化作用，开创了废弃塑料裂解同时制备 CNT 和氢气的全新方法。第一步反应在单螺杆挤出机中进行，PP 中加入 HZSM-5 催化剂，PP 的进料速度为 80 g/h，在 550～750℃下催化裂解生成小分子碳氢化合物。第二步反应采用移动床反应器，溶胶-凝胶-燃烧法制备的 NiO 为催化剂，移动速度为 0.025 g/cm，小分子碳氢化合物在 500～800℃发生催化分解生成 CNT，尾气主要是 H_2 和 CH_4，还有少量的 C_2～C_5 烷烃。裂解温度和分解温度影响裂解气的体积和组成，进而影响 CNT 的产率。当催化裂解温度为 650℃，催化分解温度为 700℃时，CNT 的产率为 37.6 wt%。类似地，Borsodi 等[129]采用带有螺杆的管式反应器与半连续旋转反应器的结合方式，利用废弃 PE、PP、PS、聚酰亚胺、PVC 以及城市混合废塑料为碳源，负载 Co 或者 Fe 的 SiO_2/Al_2O_3 为催化剂，制备 CNT。

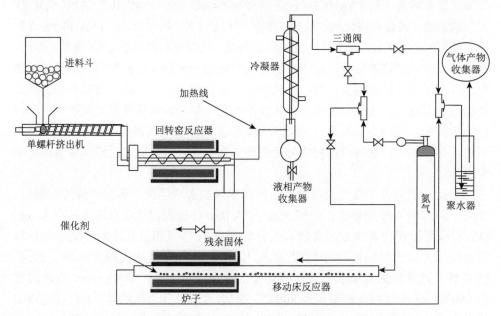

图 2.13　聚合物两步反应同时制备 CNT 和氢气的工艺示意图[128]

Wey 教授课题组[130]采用流化床催化裂解器和固定床催化分解器结合技术催化废弃塑料(PP 和 PE)碳化同时制备 CNT 和 H_2(图 2.14)。流化床温度为 600℃,固定床管式反应器温度为 600~750℃,内径为 10 mm。他们首先考察了 Ni/Al_2O_3 催化剂的制备方法对于 PP 和 PE 碳化制备的 CNT 的产率和形貌的影响。Al_2O_3 催化剂在经过溶液浸渍法负载镍催化剂后,分别在空气、氮气和 5%氢气/氩气氛围中 500℃下煅烧 3 h 后得到三种催化剂,依次标记为 $A-Ni/Al_2O_3$、$N-Ni/Al_2O_3$ 和 $H-Ni/Al_2O_3$。使用 $H-Ni/Al_2O_3$ 时,CNT 的产率最高,为 22 wt%,外径为 12~20 nm。这是由于 $H-Ni/Al_2O_3$ 催化剂中 Ni 纳米粒子的尺寸最小,为 6.4 nm。随着反应温度增加到 750℃,CNT 的产率增加到 30.5 wt%。之后,他们利用溶液浸渍法和多元醇还原法制备了 Ni/Al-SBA-15 催化剂,后者可以促进 Ni 纳米粒子的分散、减少团聚,因此催化剂的活性更高,CNT 的产率也更高,为 52.9 wt%,长度为 20~22 nm[131]。在另一个工作中[132],他们考察了不同反应温度(500~700℃)和当量比(0.1~0.2,即实际空气供给量除以完全燃烧所需的化学计量空气的比率)对于 CNT 的产率和形貌的影响。当碳化温度为 600℃时,CNT 的产率最高,为 26.8 wt%,高于 700℃或者 500℃时 CNT 的产率(分别为 14.1 wt%和 12.2 wt%)。

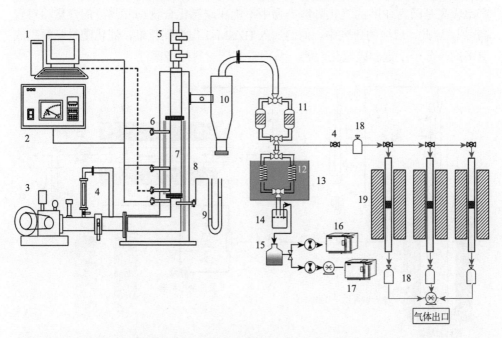

图 2.14 流化床催化裂解器和固定床催化分解器结合技术催化废弃塑料(PP 和 PE)碳化制备 CNT 和 H_2 示意图[130]

1-计算机;2-TIC;3-鼓风机;4-流量计;5-进料机;6-热电偶;7-砂床;8-电阻;9-U 形压力计;10-旋风分离器;11-柱过滤器;12-捕集管;13-冷却器;14-气体洗涤瓶;15-备用吸收器;16-GC/TCD;17-GC/FID;18-取样地点;19-催化反应器

当碳化温度为 700℃时，CNT 的直径为 33 nm，表面光滑，而碳化温度为 500℃时，CNT 的直径为 10～12 nm。随着当量比的增加，空气量增加，促进塑料氧化反应，不利于生成小分子碳氢化合物，因此 CNT 的产率从 22 wt%（当量比为 0.1）显著降低至 16 wt%（当量比为 0.2）。

埃及石油研究所 Aboul-Enein 课题组在裂解和化学气相沉积联用将塑料转化成碳材料中也做了不少研究。他们的装置（图 2.15）[133]和唐涛课题组提出的两段法装置类似，也是首先将塑料在裂解反应器加热分解，液相降解产物被冷凝收集，而后气态降解产物参与化学气相沉积反应制备碳材料。2017 年，他们以废弃 LDPE 为碳源，Ni-Mo/Al$_2$O$_3$ 为催化剂，裂解温度为 500～800℃，碳化温度 600～800℃，制备碳材料。研究发现裂解温度为 700℃、碳化温度为 650℃时，制备的碳材料为 CS-CNT，其形貌最好，直径为 10～35 nm[134]。随后，他们以 NiO/CaO-Ca(OH)$_2$-CaCO$_3$ 为催化剂，裂解温度和碳化温度分别为 500℃和 800℃，考察 LDPE、PP、PS 和 PET 作为碳源时，碳材料的形貌和产率的变化。他们发现 PS 和 PET 作为碳源时，并没有碳材料生成，而 LDPE 和 PP 作为碳源时则生成 CNT，产率分别为 31 wt%和 21 wt%。他们进一步分析，认为 PP 作为碳源时 CNT 产率较高是因为 PP 的气相降解产物中不饱和碳氢化合物（如丙烯）的含量相对较高[135]。因此，后续的研究中，他们加入 HZSM-5 作为催化剂，催化塑料降解生成更多的小分子不饱和碳氢化合物，从而提高碳材料的产率。

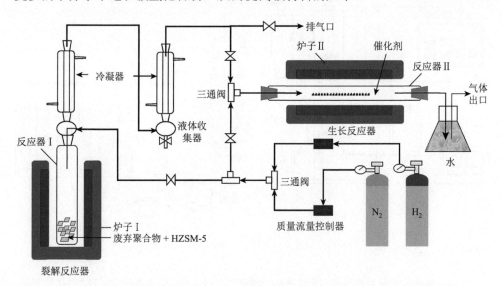

图 2.15　裂解和化学气相沉积技术联用将塑料转化成碳材料的装置示意图[133]

他们以 HZSM-5 催化 LDPE 降解生成的气相降解产物为碳源，发现 Fe-Mo/MgO 催化剂中的 Fe/Mo 摩尔比对于碳材料的产率和形貌有显著影响。Mo 相对摩尔含量为 0.6～0.8 时，Fe_2O_3 和 MoO_3 生成新的催化活性位点 $FeMoO_x$，从而显著提高碳材料的产率，改善碳材料的形貌，所获得的产物主要是 CNT[133]。采用双金属催化剂还能降低金属纳米粒子的熔点，生成较大尺寸的合金纳米粒子，调控碳材料的形貌。以 Ni-Cu/La_2O_3 为例[136]，加入 10%的 Cu 导致 Ni 纳米粒子的尺寸从 22 nm 增加到 32 nm，生成的 CNT 的直径从 10～65 nm 增加到 10～140 nm，CNT 的产率从 34.8 wt%增加到 51.9 wt%。采用 Co-Mo/MgO(Co = 40 wt%，Mo = 10 wt%)作为催化剂，PP 作为碳源时，随着碳化温度从 700℃提高到 750℃和 800℃，CNT 的产率从 26.8 wt%增加到 28.5 wt%和 32.6 wt%，直径从 11 nm 增加到 13 nm 和 21 nm。继续增加温度到 850℃，CNT 的产率减少到 30.6 wt%，直径增加到 30 nm[137]。进一步优化 Co/Mo 摩尔比，发现 Co/Mo 摩尔比为 0.4～1 时，$CoMoO_4$ 和 $MgMoO_4$ 是活性位点，Co/Mo 摩尔比为 0.65 时催化效率最高，此时获得的 CNT 的直径为 21 nm[138]。

除了研究废旧聚合物碳化反应外，通过裂解/化学气相沉积将聚合物转化为碳材料的研究也引起了国内外科研人员的浓厚兴趣。相比利用传统小分子作为碳源，利用聚合物作为碳源制备碳材料的一个优势在于碳源的总量易于控制。美国 Rice 大学 Tour 课题组在 SiO_2/Si 基体上镀一层厚度为 25 μm 的 Cu 膜，之后在其表面旋涂一层厚度为 100 nm 的聚甲基丙烯酸甲酯(PMMA)，在氢气/氩气氛围低压中(总压小于 30 Torr，1 Torr = 1.33322×10^2 Pa) 800～1000℃下退火、碳化 10 min 就可以生成大面积、高质量的石墨烯[139]。在退火的过程中，PMMA 先分解生成碳原子，然后溶解、扩散到催化剂基体中。在快速冷却的过程中，碳原子从催化剂基体中析出，从而生成石墨烯。可以控制氢气/氩气的流速来控制石墨烯的厚度，如单层、两层和几层。在 1000℃时，氢气和氩气的流速分别为 500 mL/min 和 10 mL/min 时，可以制备双层石墨烯。保持氩气的流速，而氢气的流速降至 3～5 mL/min 时，可以制备几层石墨烯。保持氩气的流速，氢气的流速高于 50 mL/min 时，可以制备单层石墨烯。在 Raman 谱图中，I_G/I_{2D} 比值<0.4，表明制备的单层石墨烯具有很高的质量。他们认为氢气起到了载气和还原剂的作用，从而可以带走 PMMA 降解产物中的碳原子，当 H_2 流速较低时，相对较多的碳原子可以用于多层石墨烯的生长。值得指出的是，Cu 中碳的浓度和溶解性较低，因此，当碳原子较多时，往往得到的是单层石墨烯。

此外，Tour 课题组利用含有厚度为 400 nm 镍膜的 SiO_2 基体作为载体和催化剂(图 2.16)[140]，旋涂上一层 PMMA、PS 或者丙烯腈-丁二烯-苯乙烯三元共聚物(ABS)聚合物膜，随后在氢气/氩气(7 Torr)氛围中 1000℃下退火、碳化 10 min，成功制备两层石墨烯，其面积可以达到 100 μm×100 μm。在 Raman 谱图中，所制备石墨烯的 I_D/I_G 比值<0.1，I_D/I_{2D} 比值在 0.7～1.3，说明获得的两层石墨烯具有很高的质量。两层石墨烯的生长机理和单层石墨烯类似，不同之处

在于 Ni 催化剂中，碳原子的浓度和溶解性较高，因此在快速冷却析出的过程中析出的碳原子较多，从而生成两层石墨烯。采用 PS 为碳源制备的也是两层石墨烯，而采用 ABS 作为碳源可以制备氮掺杂的两层石墨烯，氮元素的含量为 2.9 wt%。另外，聚(2-苯基丙基)甲基硅氧烷也可以用作碳源制备两层石墨烯[141]，如在 400 nm 的 Ni 膜表面旋涂 4 nm 的聚合物膜，在氢气/氩气氛围中 1000℃下退火、碳化 10 min，就可以制备两层石墨烯，面积可达 112 μm×112 μm。从 Raman 谱图可知，I_D/I_G 比值<0.1，且 I_D/I_{2D} 比值在 0.7~1.3，说明制备的两层石墨烯也具有很高的质量。调控旋涂液中聚(2-苯基丙基)甲基硅氧烷的浓度可以控制聚合物膜厚度，从而制备不同层数的石墨烯。当聚(2-苯基丙基)甲基硅氧烷的浓度为 0.025 wt%、0.1 wt%、0.5 wt%和 1 wt%时，聚合物膜的厚度为 1.5 nm、4 nm、10 nm 和 20 nm。当聚合物膜厚度为 1.5 nm 时，没有足够的碳源，因此没有连续的大面积石墨烯生成。当聚合物膜厚度为 10 nm 或者 20 nm 时，碳源过多，大大超过了 Ni 的溶解能力，因此生成的是多层石墨烯和无定形碳，而不是三层或者四层石墨烯。除了 SiO_2 外，h-BN、Si_3N_4 和 Al_2O_3 等绝缘基体也可以作为支撑 Ni 膜的材料。

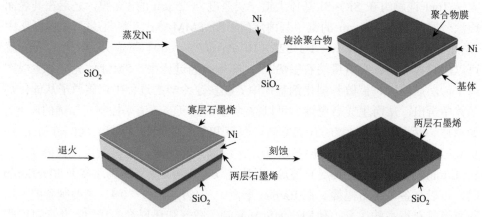

图 2.16 以 Ni/SiO_2 为载体和催化剂将聚合物膜转化成石墨烯的示意图[140]

在随后的研究中，Tour 课题组继续优化催化剂和载体，提出了利用铜箔作为催化剂和模板(图 2.17)，将废弃塑料转化成高质量的单层石墨烯的新方法[142]。他们将废弃塑料 PS 放置在略有弯折的半圆形铜箔上，在 1050℃下，氢气/氩气(流速分别为 100 mL/min 和 500 mL/min)氛围中退火 15 min，铜箔的背面即有单层石墨烯生成，面积可达 100 μm×100 μm。在 Raman 谱图中，I_D/I_G 比值<0.1，且 I_D/I_{2D} 比值>1.8，表明制备的单层石墨烯具有很高的质量。这种方法也可以将生物高分子(如草)转化成高质量大面积单层石墨烯，它们在场效应晶体管中有不错的性能[143]。

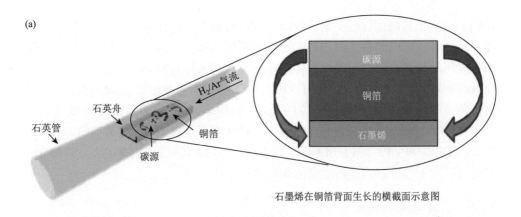

石墨烯在铜箔背面生长的横截面示意图

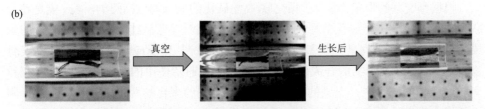

图 2.17 利用铜箔作为催化剂和模板，通过裂解/化学气相沉积法将聚合物转化成单层高质量石墨烯：(a)装置示意图；(b)制备过程中铜箔的变化[142]

中国科学技术大学曾长淦课题组在相同时期独立采用了类似的裂解/化学气相沉积的方式，将 PS 和 PMMA 转化成单层石墨烯[144]。他们将 PMMA 或者 PS 放置在裂解管式炉中，在氢气氛围(流速 50 mL/min)中加热到 140℃或者 260℃，降解产物在管式炉的另一端中的铜箔(厚度为 25 μm)上 300～1000℃下分解、碳化，从而生成单层石墨烯，面积可达 76 μm×76 μm。在 Raman 谱图中，I_D/I_G 比值<0.1，且 I_D/I_{2D} 比值为 0.5。该团队将石墨烯生长过程分为三个阶段。在第一阶段中，当前驱体分子碰撞到表面，或者吸附在表面，或者弹射回气相，或者直接进行下一阶段的反应；在第二阶段中，碳源分子脱氢或者部分脱氢，形成活性表面物种；在第三个阶段，这些活性物种结合成核并生长为石墨烯。Kwak 等[145]也得到类似的结论，石墨烯的生长并不是聚合物前驱体直接石墨化得来的，而是通过聚合物降解生成的小分子产物碳化得来的。

以上这些早期的利用固态聚合物原料制备石墨烯的研究极大地推动了高质量的层数可控的石墨烯的制备[146-149]。通过类似方法，PAN[150]、聚二甲基硅氧烷[151]、PE[152]、聚酰亚胺[153]和水溶性高分子[如聚乙烯吡咯烷酮(PVP)、PVA 和聚乙二醇(PEG)][154]也可以作为碳源制备单层石墨烯。Sharma 等[155]以固体废塑料 PE/PS 为碳源，采用常压化学气相沉积工艺，在多晶铜箔上、氢气氛围中(流速为 100 mL/min)、1020℃下退火 30 min 合成了高质量的单晶石墨烯，尺寸可达 90～

100 μm。废塑料热解过程中聚合物组分的注射速率对晶体生长有很大影响。注射速率较低时，可以制备大尺寸的六边形和圆形石墨烯单晶。当注射速率较大时，则生成两层或者几层的石墨烯晶体。此外，等离子体技术的应用也有助于单层石墨烯的制备[156]。制备的石墨烯可以用于负载 Ag 纳米粒子[157]。北京理工大学曲良体教授课题组利用 Ni 箔(厚度为 40 μm)作为催化剂和模板，在氢气/氩气(流速分别为 25 mL/min、150 mL/min)氛围中、1050℃下退火 30 min，将 PET、HDPE、PVC、LDPE、PP、PS 和 PMMA 转化成多层石墨烯，其电子电导率高达 3824 S/cm，并且可以用于可折叠的锂离子电池和柔性的电加热器[158]。

2.2.5 预交联/高温碳化法

根据预交联的形式，适合于预交联/高温碳化的聚合物包括两类，第一类是超交联聚合物，第二类是碳化前原位形成交联结构从而保证后续的碳化能够进行的聚烯烃。超交联聚合物是一类基于 Friedel-Crafts 烷基化反应制备的多孔有机聚合物[159]。超交联聚合物的合成借鉴了材料合成中通常使用的"交联"概念。在超交联聚合物的制备中，交联的程度更大，所得到的聚合物网络具有高度刚性，阻止了聚合物链的紧密收缩，在分子链间形成了永久空隙[160]。一般该类聚合物具有更加稳定的孔结构、较高的比表面积和较大的微孔体积。

超交联聚合物的合成方法主要分为以下三类：含超交联官能团前体的后交联[161]、官能化小分子单体一步法自缩聚[162]，以及通过外交联剂"编制"刚性的芳香族单体[163]。含超交联官能团前体的后交联法典型代表是 Davankov 树脂，先通过自由基反应得到聚合物前驱体，然后利用 Friedel-Crafts 烷基化反应交联成孔。这一限制条件使得单体必须含两种不同类型的官能团，因而单体种类极为有限[161]，因此，极大地限制了可选择的单体种类以及超交联聚合物的性能。官能化小分子单体一步法自缩聚方法扩展了单体选择范围，然而该方法仍存在一定的局限性。例如，含有可消除官能团的小分子单体种类稀少且合成方法复杂，这都显著提高了超交联聚合物的制备成本，同时副产物 HCl 对生产设备和环境存在一定危害。

基于此，华中科技大学谭必恩课题组提出一种新的合成策略[163]，即采用外交联剂二甲氧基甲烷，通过 Friedel-Crafts 反应"编织"低官能度刚性芳香族化合物，一步高效地合成高比表面积的超交联聚合物(图 2.18)。用此方法制备的超交联聚合物的比表面积、孔径和孔径分布都能通过调节单体和外交联剂之间的比例进行调控，而且聚合物网络的功能性能够通过引入不同的功能性单体调节。外交联"编织"法具有以下明显的优点：①构筑单体无需含有特定反应官能团，来源广泛；②原料廉价，合成条件温和，可大规模生产；③所得聚合物具有高的比表面积和丰富的微孔结构；④通过改变构筑单元可以获得不同孔结构和功能化的交联网络。

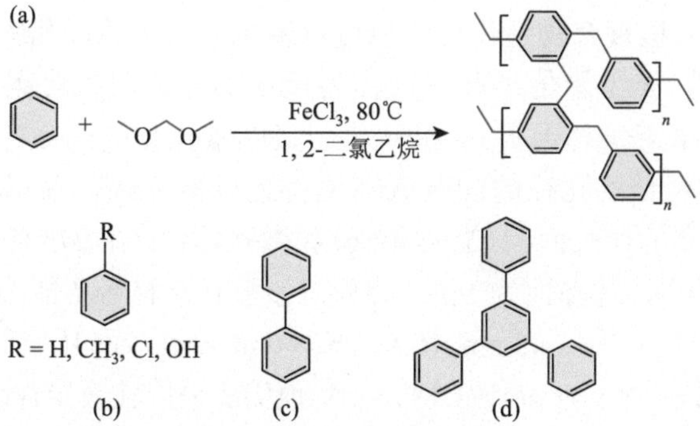

图 2.18 "编织"法制备超交联聚合物的示意图(a)以及常见的三种芳香族化合物单体(b~d)[163]

近年来,由超交联聚合物作为前驱体碳化制备的多孔碳材料引起了许多研究者的兴趣,目前主要有两种方法。第一种方法是超交联聚合物在氮气或者氩气氛围下进行高温碳化制备多孔碳材料。2010 年,中山大学吴丁财课题组[164]将线型 PS 作为聚合物原料,在无水 $AlCl_3$ 催化作用下,通过 Friedel-Crafts 反应制得了超交联聚合物,随后将其直接碳化得到了与超交联前驱体比表面积($S_{BET} = 642$ m^2/g)相当的多孔碳材料($S_{BET} = 679$ m^2/g)。这表明在碳化过程中,微孔骨架能够很好地保持。他们进一步采用二乙烯基苯与苯乙烯进行共聚[165],增强了聚合物骨架稳定性,在形貌的设计和碳化保持上取得了好的效果,获得了单分散的多孔碳球。这些材料可应用于超级电容器[166, 167]等领域。谭必恩课题组[168]通过改变共聚物二乙烯基苯比例,很好地调节了超交联聚合物的孔结构(图 2.19),经直接碳化获得了孔结构和形貌均可控的空心微孔碳球,空腔和壳层厚度可通过交联度以及碳化条件控制。将该材料用于超级电容器的电极材料,相比于同等比表面积的碳材料,其除了具有较好的电容外,稳定性也得到了明显提高,在循环 10000 次后,比电容依然能保留 95.4%。

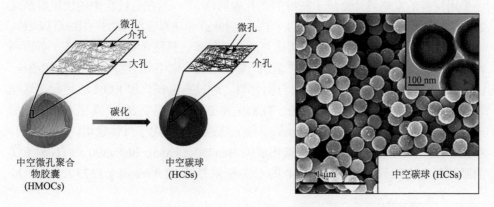

图 2.19 超交联聚合物中空微球碳化制备孔结构可控的中空碳球[168]

超交联微孔有机聚合物杂化材料也可以碳化从而制备多孔碳材料。吴丁财课题组[169]以八苯基-笼型聚倍半硅氧烷作为反应单体,四氯化碳作交联剂,在路易斯酸催化下制备了一种无机-有机杂化超交联微孔有机聚合物,经碳化、刻蚀后,在保持原有聚合物孔径的同时成功地将无机部分转化为了微孔孔道。该多孔碳材料具有很高的比表面积(2264 m^2/g)和微孔体积,在 273 K 时 CO_2 吸附量为 4.28 mmol/g,CO_2/N_2 选择性为 9.9。此外,该多孔碳材料还能选择性吸附有机染料亚甲基蓝分子(尺寸为 1.43 nm×0.61 nm×0.40 nm),而几乎不吸附维生素 B_{12} 分子(尺寸为 1.84 nm×1.41 nm×1.14 nm)。他们还采用乳液聚合制备聚合物微球,通过高温碳化得到了多功能的高度分散的碳球,并将所得碳球应用在药物缓释和有机蒸气的吸附上[170]。随后,他们将其改进,利用超交联的微孔有机聚合物微球表面残留的氯甲基进行引发,将甲基丙烯酸-2-(二甲氨基)乙酯在微球表面进行聚合,从而形成保护层,再进行高温碳化[171]。该改进方法解决了碳化过程中碳球易烧结的问题。谭必恩课题组[172]利用超交联聚合物丰富的孔径效应将纳米钯分散于微孔中,后经碳化成功获得负载钯纳米粒子,并将其用于 Heck 反应的多相催化,其具有高效的催化性能。相对于含 P 和 N 作为配体的均相催化方法,该方法有效地实现了 Heck 反应在常规反应条件(无氧体系)下进行。另外,催化剂的稳定性也比传统的 5 wt% Pd/C 催化剂提高了 20%。谭必恩课题组[173]将超交联聚合物材料作为前驱体经过高温碳化,得到多孔碳材料骨架负载氯化钯,再经过低温还原获得负载钯纳米粒子,并将其应用在催化氧还原反应中。结果证明,高的电催化性能除了得益于稳定的碳材料骨架外,主要归功于杂原子的引入。

第二种方法是将超交联聚合物作为唯一碳源,KOH 等作为活化剂,在惰性气体氛围下进行煅烧制备多孔碳材料。2013 年,吴丁财教授课题组[167]将聚苯乙烯基超交联聚合物通过低温成型和高温 KOH 活化的方法制备了超微孔为主的多孔碳,其微孔比例高达 97%,在有机分子的选择性吸附上体现出巨大的优势。他们还采用同样的策略设计合成了三维的多孔碳网络[174],其在有机相中的比电容高达 210 F/g,且具有高的能量密度(21.4~41.8 W·h/kg)和功率密度(67.5~10800 W/kg)。通过活化法将超交联聚合物材料碳化是改进其气体选择性吸附的有效途径。英国利物浦大学 Cooper 课题组[175]采用"编织"策略将苯、吡咯和噻吩合成了 HCP-Ben、HCP-Th 和 HCP-Py 三类超交联聚合物材料。经过高温碳化和 KOH 活化后,这些聚合物转变为多孔碳材料(Ben750、Th850 和 Py800)(图 2.20),其比表面积分别为 3105 m^2/g、2682 m^2/g 和 4334 m^2/g。他们将碳材料应用于气体吸附,结果表明,相比于碳化前的超交联聚合物,碳化后的 Ben750、Th850 和 Py800 对 H_2 和 CO_2 的吸附量都有明显的提高,Py800 的 CO_2 吸附量是 22.0 mmol/g (273 K/1 bar[①]),

---

① 1 bar = 10^5 Pa。

H_2 的吸附量是 3.6 wt%(77 K/1 bar)，为三者中最高。在此工作中，他们不仅合成了较高比表面积的碳材料，还将杂原子引入到碳材料的网络结构中，这为基于其他功能单体(如苯胺[176])的碳材料的应用提供了新的可能。除了"编织"法外，利用 1,2-二氯乙烷和四氯化碳等交联剂，废弃 PS 经过 Friedel-Crafts 反应后也能制备超交联聚合物，经过碳化后制备高比表面积的多孔碳材料[177]。

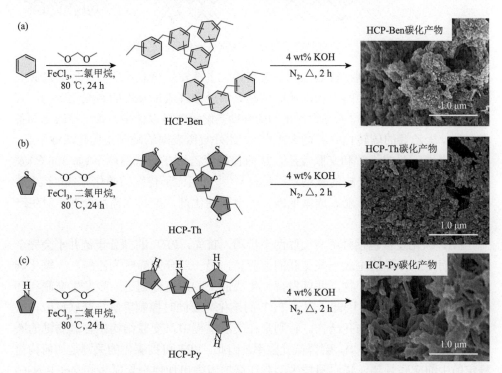

图 2.20 HCP-Ben(a)、HCP-Th(b) 和 HCP-Py(c) 三类超交联聚合物的合成、碳化和 KOH 活化后制备多孔碳材料的示意图及其对应的 SEM 图像[175]

预交联/高温碳化法还适合于聚烯烃碳化。未改性的聚烯烃在氮气氛围下裂解往往不会有碳化产物生成。有三种策略可以使聚烯烃发生高温碳化。第一，聚烯烃(如 PE 和 PP)经过磺酸化处理引入大量的磺酸基，之后在 150~200℃下进行热处理，磺酸基脱除生成大量的双键，这些双键交联可以稳定聚烯烃主链，再经过高温碳化制备碳材料[178-181]。这种策略与 PAN 的热氧交联稳定、高温碳化的方法类似。

第二，聚烯烃在空气中经过低温(230~330℃)热氧处理，引入大量的含氧基团(如羧基和羟基)，有助于实现分子链间的交联，再经过环化、脱氢、芳构化等反应生成梯形结构，从而形成交联的碳骨架，最后升温至 500~2400℃进一步碳化和石墨化，即可制备碳材料(图 2.21)[182,183]。

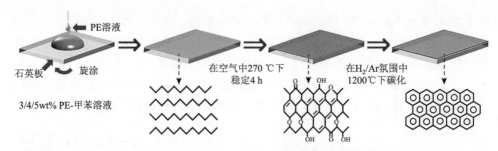

图 2.21　PE 薄膜热氧交联后碳化制备碳材料的示意图[183]

第三，采用交联剂在较低温度下与聚烯烃主链发生交联反应，然后通过脱氢和交联生成热稳定的中间产物，从而抑制聚烯烃分解成挥发性的碳氢化合物，有利于生成碳材料。吴丁财课题组提出的硫辅助热解策略可以使聚乙烯可控碳化制备多孔碳，聚乙烯的碳转化率高达 85%[184]。此外炭黑表面的缺陷是催化活性中心，可以促进聚乙烯的降解和交联反应，从而使得聚乙烯在较低温度下（如 300℃）发生碳化反应制备核壳结构的碳纳米颗粒材料[185]。相比于传统的碳化方式，该"碳生碳"策略具有低温节能、成本低廉、无金属催化剂、产物无需后处理、对生产设备要求低等优点。

PET 碳化过程包括降解与交联两个步骤。首先，PET 的高分子链并不会完全断裂，而是部分降解生成一些交联的前驱体，另一部分则降解为乙醛、一氧化碳和二氧化碳等小分子产物，并挥发掉。生成的交联前驱体则进一步发生交联和环化等反应形成碳骨架。因此，对于 PET 的碳化需要同时控制降解与交联反应，从而调控碳材料的形貌与孔结构。特别是在交联过程中，交联结构中含氧弱键的断裂导致碳骨架的部分坍塌，会降低孔隙率。因此，PET 可控碳化的关键是如何构建稳定的中间交联骨架。华中科技大学龚江课题组提出使用三聚氰胺和 $ZnCl_2$/NaCl 熔融盐在 550℃下将 PET 转化为氮掺杂多孔碳的"逐步交联"策略[186, 187]。即首先三聚氰胺与 PET 降解产物反应形成交联结构，随后 $ZnCl_2$/NaCl 促进交联结构的脱水和脱羧，生成更稳定的交联碳结构，再经过脱氢、芳构化等反应后生成氮掺杂多孔碳（图 2.22）。两个串联交联反应的协调对于控制氮掺杂多孔碳的微观结构至关重要。氮掺杂多孔碳具有高比表面积（1173 m^2/g）及丰富的含氮、氧基团。

值得指出的是，将碳化温度降低至 360℃时，二氧化碳和水等小分子副产物起到发泡剂作用，从而形成超亲水的氮氧掺杂碳泡沫[188]。氮氧掺杂碳泡沫的产率为 35.9 wt%，孔径为 0.5～1 μm，氮和氧元素含量分别为 17.2 wt%和 9.0 wt%。相比而言，单独使用三聚氰胺或者熔融盐进行 PET 碳化，得到的碳材料呈现颗粒状态。因此，氮氧掺杂碳泡沫中三维互连的孔结构的形成与熔融盐的物理模板效应和在降解与交联过程中原位形成的小分子化合物（如水和二氧化碳）的发泡效应有关。进一步研究表明，碳化温度和三聚氰胺/PET 质量比是氮氧掺杂碳

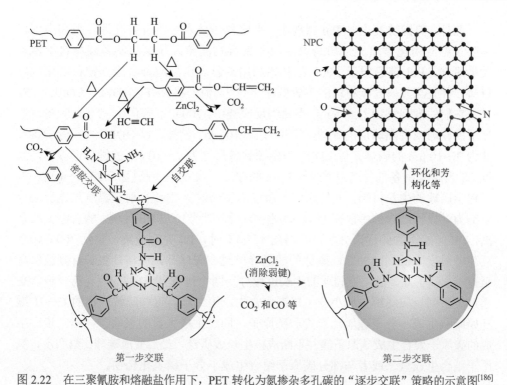

图 2.22 在三聚氰胺和熔融盐作用下，PET 转化为氮掺杂多孔碳的"逐步交联"策略的示意图[186]

泡沫生长的关键因素。例如，当碳化温度低于 340 ℃或者三聚氰胺/PET 质量比低于 0.5 时，PET 仍保留在碳材料中，这意味着 PET 并没有完全碳化。将碳化温度提高到 400 ℃以上后，得到的是氮氧掺杂碳纳米颗粒，这表明较低的碳化温度有利于发泡过程。

2.2.6 高温高压碳化法

2007 年，Zhang 等最先采用聚合物高温高压碳化制备碳材料[189]。他们将 2.0 g PE、0.5 g 接枝马来酸酐的 PP 以及 0.5 g 二茂铁催化剂加入 20 mL 不锈钢反应釜中，在 700 ℃下反应 12 h 后制备 CNT，其直径为 20~60 nm。二茂铁分解生成的铁原子是 CNT 生长的催化剂。类似地，以 PP 作为碳源也可以制备 CNT，长度在 5.5~7.5 μm，直径为 35~55 nm[190]。随后，他们采用高温高压碳化的方法，通过添加第二组分的催化剂(如碳酸铵和 NaN_3)制备不同形貌的金属/碳复合材料，包括一维的 Fe_3O_4@C 核壳材料、松树叶状 Fe_3O_4@C 核壳材料和烟花状 Fe_3O_4@C 核壳材料[191-196]。延续此思路，Wang 等[197-203]通过高温高压碳化法，利用 PE、聚四氟乙烯(PTFE)或者 PVC 为碳源，添加不同无机反应物(如 Mg_2Si、Cr_2O_3、单质 Mg、MoS_2、$ZnCl_2$、单质 Na、ZrO_2、单质 Li 和 $MgCl_2$)，制备金属碳化物纳米粒子，包括 SiC、Cr_3C_2、Cr_2AlC、Mo_2C、$ZnCCo_3$、$ZnCNi_3$、ZrC 和 $MgCNi_3$。

此外，美国普渡大学 Pol 课题组、中国科学技术大学陈乾旺课题组和中国科学院长春应用化学研究所唐涛课题组在聚合物高温高压碳化制备碳材料中做了大量研究。Pol 课题组于 2009 年开始利用高温高压反应釜将废弃塑料转化成碳材料，并且深入研究碳材料的生成机理[204, 205]。他们将 PET、HDPE、LDPE、PS，以及它们的混合物加入到 5 mL 不锈钢反应釜中，700℃下碳化 1～3 h 后制备表面光滑的碳球或者椭球形的碳球，尺寸为 1～10 μm。例如，以 HDPE 为碳源制备尺寸为 3～10 μm 的碳球，以 LDPE 为碳源制备尺寸为 2～10 μm 的椭球形碳球，而以 PS 为碳源制备的是尺寸为 1～5 μm 的碳球，尺寸不规整[图 2.23（a～d）]。为了揭示碳球的生长机制，他们采用了原位同步辐射 X 射线衍射和温度加速反应分子动力学模拟结合的手段研究碳球的生长过程[206, 207]。以 PE 为例，随着温度的升高，PE 开始熔融并逐渐分解，升温到 467.5℃时，PE 完全分解，直到 700℃，之后随着温度降低到 350℃，碳球的结晶峰出现，碳球开始成核、生长直到温度降至室温。基于此，他们把碳球的生长过程分为四个过程[图 2.23（e）]：第一步，PE 通过一系列反应降解生成小分子短链化合物；第二步，这些降解产物的 C—H 键开始断裂生成小分子碳氢化合物和碳原子，同时生成大量的氢原子；第三步，生成的碳原子聚合生成碳原子簇并不断成核生长成碳链，最后变成碳球；第四步，氢原子结合生成氢气或者与部分碳原子结合生成小分子碳氢化合物。

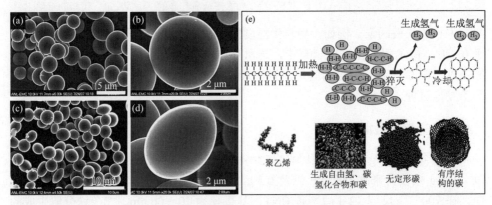

图 2.23　HDPE（a、b）和 LDPE（c、d）高温高压碳化合成碳球的 SEM 图像[205]，以及 PE 高温高压碳化制备碳球的模拟结果（e）[207]

值得指出的是，在不加入催化剂时得到的是碳球材料，而加入催化剂乙酸钴则生成 CNT[208, 209]。以 HDPE 为例，制得的 CNT 的长度为 2～3 μm，直径约为 80 nm。他们通过表征不同温度下 HDPE/乙酸钴降解产物的类型，发现在 300～600℃时产物为水蒸气、CO_2 和 $C_2～C_5$ 的碳氢化合物，升温到 600～700℃，产物为少量氢气、水蒸气和大量的小分子碳氢化合物，而温度高于 700℃时，C—H 键和 C—C 键基本断裂，分子量大于 36 的碳氢化合物消失，主要是 1～3 个碳原子组成的原子簇和氢气。而乙酸钴降解生成的钴原子可以不断地溶解 HDPE 分解生成的碳原子，这些碳原子随后在钴原子表面组装生成管状结构，最终形成 CNT。制备的碳球和 CNT 在锂离子电池[208, 209]和钠离子电池[210]中表现出较好性能。类似地，Fonseca 等[211]将废弃的 PS 杯子在高温高压反应釜中 600～700℃下反应 3 h 得到微米碳球，该碳球在钠离子电池中有较好的性能。

陈乾旺课题组报道了 PET 在超临界 CO_2 氛围下在 500～650℃下反应 3～9 h 制备微米碳球，产率高达 47.5 wt%[212]。通过表征不同温度下 PET 的降解产物，他们推断 PET 首先降解生成 CO_2、H_2O 和多种芳烃化合物，这些芳烃化合物进一步缩聚成核，并逐渐生长成碳球。制备的碳球在锂离子电池[212]和超疏水材料[213]中有突出的性能。而结合高温高压碳化和超临界 CO_2 技术，他们将 PE 和 PET 转化成 3C-SiC 纳米线和 Ni/CNT 复合材料[214, 215]。唐涛课题组结合高温高压碳化法和片层 MgO 模板法，将废弃 PP、PE、PS、PVC 和 PET 转化成多孔碳纳米薄片(PCNS)，比表面积和孔体积分别为 713 m^2/g 和 5.27 cm^3/g[216]。经过 KOH 活化后，PCNS 的比表面积可以进一步增加到 2788 m^2/g，染料亚甲基蓝的最大吸附量为 980.4 mg/g[217]。

2.2.7 裂解/气化碳化法

裂解/气化碳化法是英国 Leeds 大学 Williams 教授课题组于 2012 年提出的[218]，包括四个部分：氮气供应系统、两段不锈钢管式反应器、水蒸气连续供应系统，以及气体冷凝和收集系统(图 2.24)。两段不锈钢管式反应器的第一段为裂解反应器，

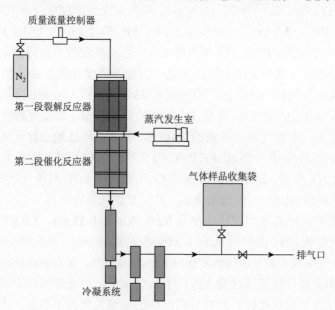

图 2.24 裂解/气化碳化法将塑料或者废弃塑料转化成碳材料的装置示意图[218]

高度为 20 cm，直径为 4 cm；第二段为催化反应器，高度为 30 cm，直径为 2.2 cm。催化剂放置于第二反应器，温度维持在 800℃，水蒸气通过微量注射泵在第一和第二反应器间注入，维持在 6 g/h。之后将 1 g 塑料放置于第一裂解反应器，快速升温至 500℃，聚合物开始裂解，产生的降解产物进入第二反应器，发生水蒸气催化重整和碳化反应，在催化剂表面生成 CNT，伴随而生的重整产物被冷凝和收集。

实际上，裂解/气化碳化法被用于催化聚合物碳化制备 CNT 以前，该方法被 Williams 课题组从 2009 年开始用于催化废弃聚合物降解制备氢气或者合成气(即一氧化碳和氢气混合气)，而 CNT 被认为是副产物或者积碳出现在催化剂中，如 Ni/Al_2O_3、Ni-Al 和 Ni/CeO_2 催化 PP 裂解/气化反应制备氢气[219]，Ni-Mg-Al 催化 PP、PS、HDPE 及其混合物裂解/气化反应制备氢气[220-223]，$Ni/CeO_2/ZSM-5$ 催化 PP 裂解/气化反应制备氢气[224]，Ni-Mg-Al、$Ni/CeO_2/Al_2O_3$、Ni/Al_2O_3 和 Ni/白云石催化废弃轮胎、天然橡胶、丁苯橡胶和丁二烯橡胶裂解/气化反应制备氢气[225-228]，Ni/Al_2O_3 催化废弃电气和电子设备中的高抗冲 PS 和 ABS 塑料，以及木屑/PP 混合物裂解/气化反应制备氢气[229, 230]，在 CO_2 氛围下 Ni-Mg-Al 或者 Cu、Mg、Co 掺杂的 Ni-Al 催化剂催化 LDPE、HDPE、PS、PET 和 PP 裂解/气化反应制备合成气[231-234]。这些研究中，水蒸气或者 CO_2 的存在会减少积碳或者 CNT 生成，从而提高氢气或者合成气的产率[235, 236]。

从 2012 年开始，Williams 课题组开始利用聚合物裂解/气化碳化法同时制备氢气和 CNT。Wu 等[237]利用 Ni-Mn-Al 作为催化剂，催化废弃汽车油箱(含有 68.3 wt% HDPE，13.3 wt% LDPE，9.5 wt% PP 和 1.1 wt% PS)、HDPE，以及 HDPE/PVC 混合物裂解/气化制备氢气和 CNT。水蒸气的加入会降低 CNT 的产率、提高 CNT 的纯度、减少无定形碳的生成。例如，当废弃汽车油箱和 HDPE 作为碳源时，加入水蒸气后，CNT 的产率分别从 33.8 wt%和 32.6 wt%降低至 16.8 wt%和 16.6 wt%，同时 CNT 的长度从 1 μm 增加到 10 μm，表面变得平整。这是因为 800℃高温下，水蒸气是一种弱的氧化剂，可以选择性地去除无定形碳，有利于保持催化剂的稳定性。当 HDPE/PVC 混合物作为碳源时，无论是否加入水蒸气，都没有 CNT 生成，这是由于微量的 Cl 元素(0.3 wt%)对催化剂的毒化作用。Acomb 等[238]利用 Ni/Al_2O_3 作为催化剂，发现水蒸气的速率对于 CNT 的产率和形貌均有显著影响。随着水蒸气的速率从 0 g/h 增加到 0.25 g/h、1.9 g/h 和 4.74 g/h，LDPE 碳化制备的 CNT 的产率从 18.8 wt%减少到 7.6 wt%、1.6 wt%和 0 wt%，无定形碳从 2.3 wt%减少到 0.67 wt%、0.23 wt%和 0 wt%。聚合物降解产物在催化剂表面的沉积和催化剂保持活性是 CNT 生长的关键，少量的水可以和无定形碳反应，有利于保持催化剂活性，此时对碳沉积的减弱效果并不明显，因此少量水蒸气的加入整体上对 CNT 的生长是有利的(图 2.25)。但是，大量的水蒸气的存在会显著消耗碳原子生成合成气，不利于碳沉积和 CNT 的生长，故而整体上对 CNT 生长是不利的。因此，适宜的水蒸气速率是制备高产率和高纯度的 CNT 的关键，0.25 g/h 的水蒸气速率是最适宜的。

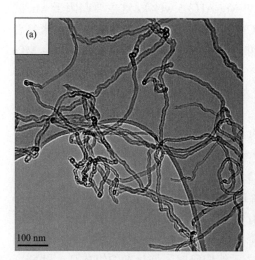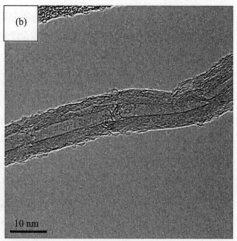

图 2.25　裂解/气化碳化 LDPE 制备 CNT 的低倍 (a) 和高倍 (b) TEM 图像 (水蒸气的速率为 0.25 g/h)[238]

之后，Acomb 等[239]以 Fe/Al_2O_3 为催化剂，LDPE 为碳源，探索了水蒸气重整温度和塑料/催化剂比值对于 CNT 的产率和形貌的影响。当温度从 700℃增加到 800℃和 900℃时，CNT 的产率从 2 wt%增加到 17.9 wt%和 21.3 wt%，同时 CNT 的纯度大幅度提高，结晶性也提高，而无定形碳含量减少。因此，升高温度可以促进高质量的 CNT 的生长。固定催化剂为 0.5 g，LDPE 添加量从 0.5 g 增加到 0.75 g、1.0 g 和 1.25 g 时，CNT 的产量从 146 mg 增加到 160 mg、179 mg 和 164 mg，因此 CNT 的产率为 29.2 wt%、21.3 wt%、17.9 wt%和 13.1 wt%。CNT 的产量增加是由于碳源充足，有利于 CNT 的生长。但是，太多的碳源容易使得催化剂失活，产生无定形碳，CNT 的产率降低。因此，控制适宜的碳源也是 CNT 生长的一个关键因素。此后，Acomb 等[240]以 LDPE 为碳源，进一步研究催化剂的种类(Fe、Co、Ni 和 Cu-Al_2O_3)对于 CNT 的产率和形貌的影响。Fe-Al_2O_3 和 Ni-Al_2O_3 作为催化剂时，CNT 的产率分别为 18 wt%和 4.8 wt%，远高于 Co-Al_2O_3 和 Cu-Al_2O_3 催化剂(产率分别为 0.5 wt%和 0 wt%)，而且 Fe-Al_2O_3 和 Ni-Al_2O_3 作为催化剂时无定形碳产率也低于后者(分别为 0.8 wt%和 5 wt%)。这是由于 Co 与 Al_2O_3 相互作用太强，阻止了 Co 纳米粒子烧结成适宜大小的纳米粒子，不利于 CNT 的生长。而 Cu 与 Al_2O_3 相互作用太弱，Cu 纳米粒子易于烧结成较大的粒子，且不利于 CNT 生长。相比而言，Fe 和 Ni 与 Al_2O_3 相互作用不太强也不太弱，介于 Co 和 Cu 之间，易于烧结成适宜尺寸的纳米粒子。在此基础上，Nahil 等[104]考察了 Ni-Al$_2$O$_3$ 催化剂中掺杂第三组分的金属元素(Zn, Mg, Ca, Ce 和 Mn)对于废弃 PP 碳化制备 CNT 的影响。CNT 的产率从高到低依次为 Ni-Mn-Al(23 wt%)＞Ni-Zn-Al(10 wt%)＞Ni-Ca-Al(9.5 wt%)＞Ni-Ce-Al(8 wt%)＞Ni-Mg-Al(3.5 wt%)。这主要归因于 Mn 或者 Ni 与 Al$_2$O$_3$ 较弱的相互作用。制备的 CNT 可填充到 PE 中制备聚合物纳米复合材料，如添加 2 wt% CNT 时，PE 的拉伸强度和抗弯强度从 11.4 MPa 和 8.4 MPa 分别提高至 13.1 MPa 和 9.8 MPa[241]。

Liu 等[242]发现 SiO$_2$ 表面负载尺寸较大的 13 nm Ni 和 85 nm Fe 纳米粒子更有利于 CNT 的生长，负载尺寸较小的 8 nm Ni 和 29 nm Fe 纳米粒子则易于生成小直径的 CNT 和无定形碳。尺寸为 85 nm 的 Fe 纳米粒子比 13 nm 的 Ni 纳米粒子溶解能力更强，因此前者制备的 CNT 的产率更高，达到 29 wt%。Yao 等[243]研究了负载不同双金属 Ni-Fe 含量的 Ni-Fe/Al$_2$O$_3$ 催化废弃混合塑料(主要成分为 40 wt% HDPE 瓶子、35 wt% LDPE 袋子、20 wt% PP 保鲜盒和 5 wt% PS 午餐盒)碳化制备 CNT。当 Ni/Fe 摩尔比为 1∶3 时，CNT 的产率最高为 50.9 wt%，直径为 10~40 nm。随着 Ni/Fe 摩尔比的增加，CNT 的产率降低，直径变大。这是因为 Fe 与 Al$_2$O$_3$ 的相互作用弱于 Ni 与 Al$_2$O$_3$ 的相互作用。之后他们研究了催化剂的组成(Fe 和 Ni)、载体的类型(α-Al$_2$O$_3$ 和 γ-Al$_2$O$_3$)和反应温度(700℃、800℃和 900℃)对于 CNT 的产率和形貌的影响[244]。CNT 的产率从高到低依次为 Ni-Fe/γ-Al$_2$O$_3$(28.7 wt%)＞Fe/γ-Al$_2$O$_3$(20 wt%)＞Fe/α-Al$_2$O$_3$(19 wt%)＞Ni/γ-Al$_2$O$_3$(14 wt%)＞Ni/α-Al$_2$O$_3$(12 wt%)。这是由于相比于 α-Al$_2$O$_3$，γ-Al$_2$O$_3$ 与 Fe 和 Ni 相互作用较强。而温度从 700℃增加到 800℃和 900℃后，CNT 的产率从 25.8 wt%增加到 28.7 wt%和 36 wt%，无定形碳含量从 17.4 wt%减少到 12 wt%和 8 wt%。换言之，温度升高能促进 CNT 的生长，同时抑制无定形碳的形成。但在 900℃时，催化剂容易发生团聚，碳沉积加速，不利于 CNT 的稳定生长。此外，Al$_2$O$_3$ 陶瓷膜[245]和阴极 Al$_2$O$_3$ 膜[245]均可以作为载体负载 Ni，催化塑料裂解/气化碳化制备 CNT。

裂解/气化碳化法也适用于废弃轮胎碳化制备 CNT。2015 年，Zhang 等[246]利用 Co/Al$_2$O$_3$、Cu/Al$_2$O$_3$、Fe/Al$_2$O$_3$ 和 Ni/Al$_2$O$_3$ 催化废弃轮胎碳化。Ni/Al$_2$O$_3$ 的活性最高，产物以 CNT 为主(图 2.26)，而 Co/Al$_2$O$_3$、Cu/Al$_2$O$_3$ 和 Fe/Al$_2$O$_3$ 活性较低，产物以无定形碳为主。类似地，反应温度(700~900℃)、轮胎/催化剂质量比(1∶0.5、1∶1 和 1∶2)，以及水蒸气速率(0 mL/h、2 mL/h 和 5 mL/h)均对 CNT 的生长有显著影响[247]。升高温度和增加轮胎/催化剂质量比均可提高 CNT 的产量，减少无定形碳生成。反应温度为 900℃、轮胎/催化剂质量比 1∶1 时，CNT 的产率最高。增加水蒸气速率则减少 CNT 的产率。此外，催化剂载体的组成也影响 CNT 的生长[248]。Ni-Al$_2$O$_3$/SiO$_2$ 中 Al$_2$O$_3$/SiO$_2$ 质量比为 1∶1 时，CNT 的产率最高为 27.3 wt%，高于其他比例下的 CNT 的产率(质量比 3∶5 时为 23.3 wt%，3∶2 时为 25.9 wt%，2∶1 时为 25.3 wt%)。

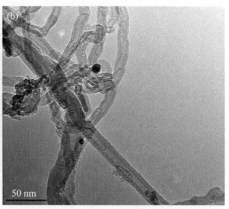

图 2.26　Ni/Al$_2$O$_3$ 作为催化剂，裂解/气化碳化废弃轮胎制备 CNT 的 SEM 图像(a)和 TEM 图像(b)[246]

2.2.8　裂解/燃烧碳化法

裂解/燃烧碳化法是美国西北大学 Levendis 教授课题组于 2010 年提出的[249,250]，装置包括三部分：聚合物裂解室、文氏管/燃烧室，以及 CNT 生长室[图 2.27(a)]。首先，将聚合物样品放置在瓷舟上，氮气氛围下，样品裂解生成裂解产物，再通过文氏管，与空气或者富氧气体充分混合。混合气体燃烧生成 CNT 的前驱体，包括 CO、CO$_2$ 以及小分子碳氢化合物。这些燃烧气体产物经过碳化硅蜂窝过滤器过滤掉生成的颗粒烟尘，然后进入 CNT 生长室，与催化剂(如不锈钢金属网或者负载金属 Co 或 Ni 的不锈钢金属网)反应生成 CNT。以 HDPE 为例，裂解温度为 800℃，CNT 的生长温度为 750℃，文氏管中 O$_2$ 摩尔分数为 50%，不锈钢 304 为催化剂和载体时，制备的 CNT 的长度为 1~5 μm，直径为 (43.6±16.6) nm。随着 O$_2$ 摩尔分数从 17%增加到 25%，CNT 的平均直径从 82 nm 减少到 38 nm，产率为 10 wt%。采用负载 4 nm 的 Co 纳米粒子不锈钢金属网格作为催化剂时，产物中出现直的、弯曲的和螺旋的 CNT，而采用没经修饰的或者负载 4 nm 的 Ni 纳米粒子的不锈钢金属网格作为催化剂，产物则主要是直的 CNT。

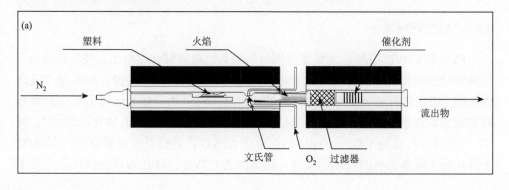

 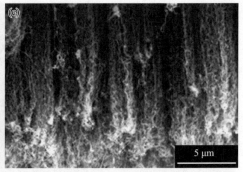

图 2.27　(a)裂解/燃烧装置示意图[249]；(b、c)阵列 CNT 的 SEM 图像[251]

此外，不锈钢金属网格的预处理可以除掉表面的惰性层，这对于 CNT 的生长非常重要。例如，不锈钢金属网格在空气氛围中 800℃下处理 10 min 后可以制备阵列 CNT[图 2.27(b、c)]，长度为 20 μm，直径为(20±9.3)nm[251]。这是由于预处理后，不锈钢网格表面产生许多凸起结构，能够促进 CNT 的生长。将不锈钢金属网格先经过盐酸处理，然后再经过空气煅烧除掉表面惰性层，可以大幅度提高表面的粗糙度，产生更多凸起，进一步促进阵列 CNT 的生成[252]。而在氮气或者氩气氛围下煅烧则生成较大颗粒的凸起，不利于阵列 CNT 的生长。不锈钢网格的类型也影响 CNT 的生长，SS-316L 和 SS-316S 类型比 S-304 更适合于 CNT 的生长，这是因为相同处理条件下，后者表面粗糙度较低、颗粒尺寸较大。

类似地，丁苯橡胶[253]、废弃轮胎[254]和废弃 PET[254]均可以作为碳源制备阵列 CNT，长度和直径分别为 30 μm 和 30～100 nm、40 μm 和 100 nm，以及 20 μm 和 200 nm。聚合物裂解产物的差异导致了阵列 CNT 的密度和长度的不同。PTFE 作为碳源时，并没有 CNT 生成[252]。为了连续制备 CNT，他们将不锈钢网格设计为"卷对卷盒式磁带"形式，然后作为催化剂和载体，可以让其持续与燃烧气体产物接触，从而连续制备阵列 CNT[252]。CNT 生长后的尾气点燃后产生蓝色火焰，可以作为清洁能源用于发电[255]。裂解/燃烧碳化法也适用于生物质作为碳源制备 CNT，如生物乙醇和甘蔗渣[256-259]。

2.2.9　快速碳化法

PVC 和 CPVC 虽然是成炭聚合物，但与其他成炭聚合物相比，成碳率较低。如何调控成炭聚合物的降解反应是将其高效转化为碳材料的关键。在利用"组合催化剂"催化非成炭聚合物碳化制备 CNT 的基础上，唐涛课题组提出了成炭聚合物的新型碳化策略——"快速碳化法"，从而调控成炭聚合物的碳化反应[260]。例如，选择微球尺寸为 100～200 μm 的商业化 CPVC 作为模型成炭聚合物，在 700℃下碳化后生成海绵状的碳化聚集体。这是因为 CPVC 微球在初始的碳化阶段发生了熔融黏结，之后 CPVC 微球的内部发生碳化，从而逐渐形成碳化聚集体。有趣的是，他们考察多种常见的金属和非金属化合物后，发现只有加入能够分解生成含铁的氧化物的前驱体 [如 Fe_2O_3、Fe_3O_4 或者 $Fe(OH)_3$] 后，才能促使 CPVC 快速碳化制备独立分散的微米碳球，这与海绵状的碳化聚集体完全不同(图 2.28)。例如，加入 0.5 wt%的 Fe_2O_3 就能得到分散的微米碳球(CMS)，与 CPVC 原料形貌类似。增加 Fe_2O_3 含量(如 5 wt%)后，生成的微米碳球的形貌并没有明显变化，同样表现出"形状复制"的碳化反应现象[260]。

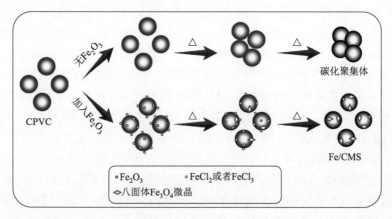

图 2.28 Fe_2O_3 催化 CPVC 微球快速碳化制备 Fe/CMS 复合材料的示意图[260]

经过分析，发现加入 Fe_2O_3 后，CPVC 脱 HCl 生成多烯结构的反应速率极大提高，使得 CPVC 表面得以快速碳化。这一步反应甚至在 CPVC 熔融之前就发生了，从而避免了 CPVC 颗粒的熔融黏结，有利于形成分散的微米碳球。与此同时，大部分 Fe_2O_3 被还原成 Fe_3O_4，少部分 Fe_2O_3 与 HCl 反应生成 $FeCl_3/FeCl_2$。$FeCl_3/FeCl_2$ 是较强的 Lewis 酸，有利于促进 CPVC 脱 HCl 以及多烯结构的交联成碳。因此，可以通过 Fe_2O_3 催化 CPVC 微球表面快速碳化制备表面负载大量 Fe_3O_4 八面体微晶的微米碳球(Fe/CMS)。

根据这个独特的"形状复制"碳化反应原理，唐涛课题组利用静电纺丝制备了 Fe_3O_4/CPVC 微米纤维复合物，然后用其作为碳源，在 Fe_3O_4 纳米粒子作为催化剂的情况下一步制备了 Fe_3O_4/微米碳纤维复合物[261]。Fe_3O_4 纳米颗粒可以催化 CPVC 纤维的表面快速碳化，从而避免了纤维表面的熔融黏结，在经过一系列脱氯化氢、环化和交联等反应后，生成了微米碳纤维。而少部分 Fe_3O_4 与 HCl 反应生成 $FeCl_3$，其余的则重结晶生成八面体的 Fe_3O_4 微晶，并镶嵌在微米碳纤维表面。快速碳化的优势在于碳材料保持了聚合物前驱体的形貌(如球形或者纤维)，方法简便，以及催化剂效率高(催化剂添加量为 0.5 wt%~5 wt%)。缺点是该方法目前只适合于 CPVC 的碳化反应，催化剂则仅限于能够生成含铁的氧化物的前驱体。

2.2.10 模板碳化法

根据在聚合物碳化过程中模板的稳定性，可以将模板分为硬模板、软模板和分子模板。而根据在碳化过程模板的反应性质，可以将模板分为活性模板和惰性模板。活性模板参与聚合物的降解反应和碳化反应的调控，而惰性模板不参加这些反应调控。通常废旧聚烯烃中不可避免地含有少量卤素化合物等，如何使废旧聚烯烃变成形貌均一的碳产物是一个亟待解决的问题。组合催化的效率高，但是容易受到卤化物的影响，如当卤素含量较高时（>5 wt%），得到的碳产物通常为较粗的碳纤维，形貌差，无定形碳较多。这是由于镍催化剂受卤素的影响很大。

针对此问题，2014 年唐涛课题组提出了"活性模板"的策略（图 2.29），采用 OMMT 或者 MgO 作为模板，催化聚合物碳化，得到的碳材料能够复制模板的形貌，不受卤素的含量和聚合物的组成的影响，不使用过渡金属氧化物，进一步降低了成本[262]。例如，他们利用片层结构的 OMMT 作为模板和催化剂，以废旧保险杠和仪表盘（主要成分为 PP）作为碳源，制备碳纳米薄片（CNS）。随着 OMMT/废旧 PP 质量比的增加，CNS 的产率逐渐增加，最高达到 86.6 wt%。碳源的种类并没有显著影响 CNS 的产率。CNS 具有褶皱的形貌，石墨层数为几层到十几层；此外，石墨层并不连续而具有很多缺陷。OMMT 不仅充当了聚合物降解催化剂，催化 PP 降解生成小分子碳氢化合物和芳烃化合物，还起到了模板作用，原位催化这些降解产物碳化生成 CNS。因此，OMMT 不同于未改性的蒙脱土或者黏土。未改性的蒙脱土或者黏土在碳化过程中仅仅起到模板的作用，而且碳化以前碳源必须插层到蒙脱土或者黏土的层间，如聚丙烯腈[263]、密胺[264]、聚糠醇[265]、蔗糖[266]、聚乙烯醇[267]和纤维素[268]。因此，制备过程复杂，操作较为烦琐。

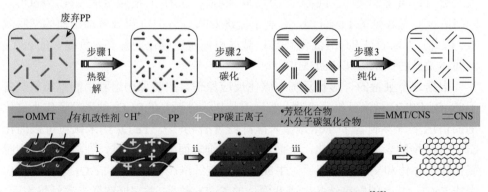

图 2.29 OMMT 催化废旧 PP 碳化制备 CNS 的示意图[262]

将单组分废弃 PET[269]、三组分废弃聚合物 PP/PE/PS[270]、五组分聚合物 PP/PE/PS/PET/PVC[271]或者五组分废弃聚合物 PP/PE/PS/PET/PVC[272]在 OMMT 上

700℃碳化时，CNS 的产率均可达到 60 wt%以上。PVC 和 PET 的存在没有影响 CNS 的产率和形貌。即便采用 KOH 在 850℃活化后，得到的多孔 CNS(PCNS) 的产率仍高达 40 wt%，比表面积为 1734～2315 m^2/g，孔体积为 2.441～3.319 cm^3/g。制备的 PCNS 在 CO_2 吸附[271]、氢气储存[271]、染料吸附[270]和超级电容器[269,272]等诸多应用中表现出优异的性能。类似地，Pandey 等[273]利用纳米膨润土作为模板，在高温高压反应釜中将三组分 PP/PE/PS 转化成褶皱的石墨烯。此外，将 OMMT 片层结构和 Fe_3O_4 单分散纳米颗粒自组装可以制备 OMMT/Fe_3O_4 复合模板，在 700℃下可以将 PP 转化为 HCS/PCNS 杂化材料，比表面积为 717 m^2/g，该复合材料在锂离子电池阳极材料中表现出不错的性能[274]。

尽管采用 OMMT 为活性模板时，碳产率很高，但是 OMMT 需要用氢氟酸来去除。而 MgO 价格更为便宜，形貌较为丰富，且可以用稀酸除去。于是，唐涛课题组采用片层结构的 MgO 为模板，PS 作为碳源，在 700℃制备了 PCNS[275,276]。PCNS 的产率随着 MgO/PS 质量比的增加而增加。MgO 不仅促进 PS 的降解，还起到模板的作用，同时可以很容易被稀盐酸除去。研究者对一步法和两步法降解产物进行分析，发现含有三个或者更多苯环数的芳香族化合物是 CNS 生长的主要碳源[275]。在没有 KOH 活化的情况下，MgO 与 PS 的质量比为 10 时，PCNS 的比表面积为 854 m^2/g。随后，为了提高碳产率，该课题组在高压反应釜中进行了混合聚合物的碳化反应，温度为 500℃。PP、HDPE、LDPE 和 PS 在片状 MgO 上的成碳率相差不大，而 PET 和 PVC 的成碳率略低[216]。这是由于 PET 和 PVC 中含有较多的杂原子。MgO 与混合聚合物的质量比对成碳率也有一定的影响，比例为 6 时，成碳率接近 30 wt%。分析不同反应时间的物料平衡和气体及液体组成，发现芳香化合物是模板碳化反应的主要碳源。进一步采用不同的芳香化合物作为模型碳源，发现多环芳烃作为碳源时，成碳率最高。制备的 PCNS 可以用来负载金属纳米粒子。例如，Min 等[276]利用废弃 PS 泡沫为碳源，MgO 作为模板制备多孔碳薄片(PCF)，比表面积为 1087 m^2/g，孔体积高达 4.42 cm^3/g，再通过浸渍和热分解的方式，负载 37 wt% MnO_2 后制备 PCF-MnO_2 复合材料，其比表面积和孔体积仍保持在较高数值(911 m^2/g 和 4.19 cm^3/g)，该复合材料在超级电容器中表现出较好的性能(图 2.30)。

此外，模板法和物理/化学活化结合，可以进一步提高 PCNS 的比表面积。唐涛课题组利用 MgO 作为模板，在高温高压反应釜中，将 PS 转化为 PCNS，比表面积为 1082 m^2/g[277]。在 700℃下、氮气氛围中经过 KOH 活化 1 h 后，比表面积增加到 1933 m^2/g。当活化温度从 700℃增加到 900℃时，比表面积进一步增加到 2794 m^2/g。类似地，受热可以生成 MgO 的前驱体也可以作为模板制备多孔碳材料，如 $4MgCO_3·Mg(OH)_2·5H_2O$ 和 $Mg(OH)_2$。北京理工大学杨文教授课题组[278]利用 $4MgCO_3·Mg(OH)_2·5H_2O$ 为模板，PE 为碳源，制备的多孔碳的比表面积为

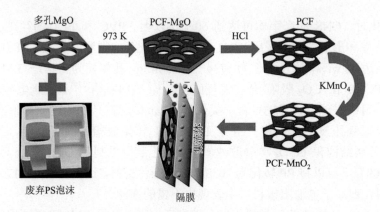

图 2.30　MgO 催化废弃 PS 碳化制备 PCF 之后负载 MnO_2 制备 PCF-MnO_2 复合材料并用于超级电容器的示意图[276]

767 m^2/g，之后经过氨气在 900℃下活化 2 h 后，比表面积增加到 1219 m^2/g。河北科技大学陈爱兵教授课题组[279]在管式炉中氮气氛围下加热 PE 和镁条，原位生成的 $Mg(OH)_2$、Mg_3N_2 和 MgO 起到模板作用，制备的多孔碳比表面积和孔体积分别为 1434 m^2/g 和 1.42 cm^3/g。Cheng 等[280]利用 $Mg(OH)_2$ 作为模板，PVC 作为碳源，制备的碳壳结构的多孔碳的壳的厚度为 3~4 nm，比表面积为 958.6 cm^2/g，负载 MnO_2/Mn_3O_4 纳米粒子后比表面积保持在 608.6 m^2/g。该材料具有较好的超级电容器性能，在 1 A/g 的充电电流下，比电容高达 751.5 F/g。最近，中国科学院上海硅酸盐研究所黄富强研究员课题组利用 PVC 作为碳源制备多孔碳[281]，发现纳米 MgO 不仅可以促进孔结构的形成，还能促进 PVC 在其表面脱氢，从而有利于生成多环芳烃化合物，并且充当其成核位点，因此生成的多孔碳材料是具有丰富的晶界、缺陷边缘和涡轮层畴的"软"碳。"软"碳具有更多的 sp^2 结构，在高温下更容易石墨化。此外，"软"碳具有更多的缺陷，可以更为有效地引入掺杂原子。以掺杂氮为例，经过 NH_3 处理后，氮掺杂的多孔碳表现出优异的电容器性能，在 1 A/g 的充电电流密度下，比电容为 251 F/g。

除了常见的塑料外，MgO 及其前驱体作为模板还适用于其他聚合物的碳化制备多孔碳材料[282]，如废弃轮胎[283]、醌胺聚合物[284]、聚乙烯醇[285]和聚丙烯酸酯[286]等。其他常见的模板还包括纳米碳酸钙[287-289]、纳米氧化锌[290]、纳米锌单质[291]、管状的阴极氧化铝[292,293]、氯化钠[294]、二氧化硅[177]、二氧化锰[295]和二维的层状双氢氧化物[296]。模板的孔结构以及聚合物碳源的物理化学性质在很大程度上决定了制备的碳材料的织态结构，如比表面积。2011 年日本国家先进工业科学技术研究所徐强教授课题组[297]首次利用金属-有机骨架(MOF)作为模板，聚糠醇作为碳源，制备多孔碳，其比表面积高达 3405 m^2/g(图 2.31)，开启了利用高比表面积的 MOF 作为模板制备多孔碳材料的途径[298-301]。

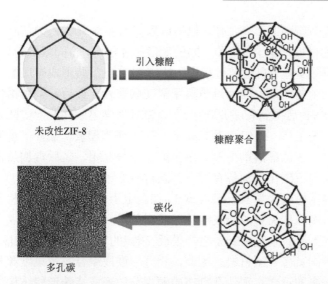

图 2.31 ZIF-8 作为模板、聚糠醇作为碳源制备高比表面积多孔碳材料的示意图[297]

模板碳化的优势是模板价格便宜，产物形貌均一可控，可以通过选择模板制备多种形貌的碳材料，基本不受聚合物中杂质的影响。但是，在碳化反应后需要额外的步骤除去模板，过程较为烦琐，且模板使用与消耗量大，催化效率相比组合催化方法较低。因此，近年来聚合物模板碳化法的研究有以下四个研究热点和发展趋势。

第一，开发具有热分解性质的模板，如 PMMA 和 PS 纳米球[302, 303]，二维的 C_3N_4 片层模板，以及软模板，或者将热分解的分子模板引入到聚合物链中制备包括模板-碳源的嵌段聚合物，从而碳化后一步制备碳材料，无需后处理纯化或者物理化学活化步骤。德国马克斯-普朗克胶体与界面研究所 Antonietti 课题组采用 C_3N_4 薄片作为自分解模板，聚离子液体作为碳源，在 750℃下碳化后一步制备氮掺杂的 PCNS，其比表面积和孔体积分别为 1120 m^2/g 和 2.28 cm^3/g，氮元素的含量为 17.4 wt%，亚甲基蓝的最大吸附量为 962.1 mg/g[304]。

此外，软模板法是一种利用嵌段共聚物作为模板、酚醛树脂作为碳源合成有序介孔碳材料的重要方法。这归功于酚醛树脂低聚物和嵌段共聚物的氢键相互作用以及酚醛树脂本身的特殊性质。酚醛树脂低聚物含有丰富的羟基，它们可与三嵌段共聚物聚环氧乙烷-聚环氧丙烷-聚环氧乙烷或者聚苯乙烯-聚 4-乙烯基吡啶等形成较强的氢键，从而引导复合液晶相的形成与组装。另外，酚醛树脂低聚物可以通过简单的热聚合转化为高度交联的酚醛树脂。这种高度交联的酚醛树脂具有以苯环为交联点的共价键相连的三维网络结构，具有较高的结构稳定性。因此，在脱除模板后，有序的介观结构可以得到很好的保持。通过高温碳化，便可转化为有序介孔碳材料。在这类介孔碳材料的合成方面，橡树岭国家实验室戴胜教授课题组做了较多新颖的研究工作，他们以聚苯乙烯-b-聚 2-乙烯基吡啶嵌段共聚物(PS-b-PVP)为模板，通过和间苯二酚的氢键相互作用，将间苯二酚负载在嵌段上。然后，在溶剂挥发诱导自组装过程中，PS-b-PVP 自组装形成有序的二维液晶复合结构，该结构中的间苯二酚通过熏蒸甲醛交联聚合。最后，采用惰性气氛在高温下脱除 PS-b-PVP 后得到有序介孔碳[305]。复旦大学赵东元院士团队则做出了开创且系统性的研究工作，他们利用 Pluronic F127 作为模板，低分子量的酚醛树脂预聚物为前驱体，在乙醇溶剂中自组装生成复合液晶相，之后再加热使酚醛聚合，最后在氮气氛围下碳化，制备有序介孔碳材料[306-308]。

美国卡内基梅隆大学 Matyjaszewski 课题组于 2002 年提出了相分离嵌段聚合物碳化法制备多孔碳材料的新策略(图 2.32)[309, 310]。该方法的特点是将热分解的分子模板引入到聚合物链中制备包括模板−碳源的具有相分离的嵌段聚合物，然后一步碳化即可制备多孔碳材料。因此，相分离嵌段聚合物是集碳源和致孔剂于一体，通过相分离的形式实现致孔剂在碳源中分散形成特殊形貌结构，这与软模板法的机制有本质区别。在后者中，溶剂挥发诱导自组装中胶束模板与聚合物碳源

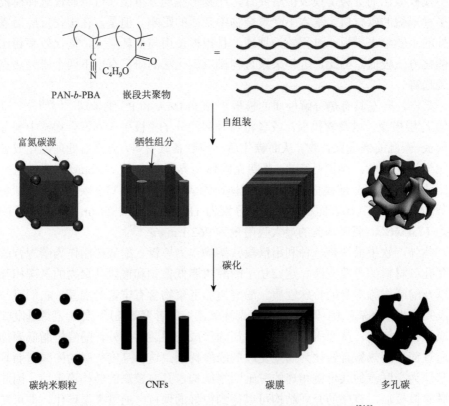

图 2.32 相分离嵌段聚合物碳化法制备碳材料的示意图[310]

前驱体在溶液中自组装形成碳化前驱体。以相分离嵌段聚合物 PAN-b-PBA 为例，研究者首先利用原子转移自由基聚合(ATRP)，以丙烯腈(AN)和丙烯酸正丁酯(BA)为单体，制备组成为$(AN)_{45}$-$(BA)_{530}$-$(AN)_{45}$、分子量分布指数为 $M_w/M_n = 1.26$ 的 PAN-b-PBA，溶解于 DMF 后经过旋涂成膜、退火处理，发现 PAN-b-PBA 发生相分离，通过原子力显微镜表征发现生成间隔为 30 nm 左右的球状凸起形貌，其中凸起为 PAN 相，间隔为 PBA 相。之后将发生相分离的 PAN-b-PBA 嵌段聚合物在空气氛围中 200~230℃热氧处理，使得 PAN 交联，然后在氮气氛围中 600℃下碳化。与此同时 PBA 相分解生成孔结构，从而制备多孔碳材料。由此可见，相分离嵌段聚合物碳化法制备多孔碳材料的关键在于以下三个因素：①通过 ATRP 或者可逆加成断裂链转移聚合(RAFTP)等聚合方法合成结构明确的嵌段聚合物；②嵌段聚合物两嵌段由于极性或者亲疏水性不同形成相分离；③在碳化过程中，充当致孔剂的嵌段分解而碳源相形貌保持不坍塌，因此碳源相主要包括 PAN 等。

相分离嵌段聚合物碳化法经过 Matyjaszewski 课题组以及其他课题组近二十年的不断发展[311-315]，碳源相已经从 PAN 扩展到交联或者超交联 PS[316,317]以及聚二氯乙烯(PVDC)[318]，相分离嵌段聚合物也已经扩展到多种类型，如 PAN-b-PAA[319]，PAN-b-PMMA[320-322]，PAN-b-PS[322]和 PAN-b-poly(t-butyl acrylate)[323]，PAN-b-poly(ε-caprolactone)[324]，PVDC-b-PAA[318]，PS-b-poly(2-vinylpyridine)[316,325,326]和 PS-b-PLA[317]。可以调控相分离嵌段聚合物的形貌从而制备不同类型的氮掺杂的碳材料，包括碳纳米颗粒[319]、CNF[310]、碳膜[327-330]、块状多孔碳[310,323,331]和金属纳米粒子/碳复合物[323,332,333]等。值得指出的是，弗吉尼亚理工大学 Liu 教授课题组[334,335]首先将 PAN-b-PMMA 嵌段聚合物通过静电纺丝制备聚合物微米纤维，再经过碳化后得到具有贯穿的微孔和介孔的多孔碳纤维(图 2.33)，其比表面积为 503 m^2/g，远高于 PAN 纤维或者 PAN/PMMA 共混物纤维碳化制备的碳纤维(比表面积分别为 213 m^2/g 和 245 m^2/g)。这种具有特殊孔结构的多孔碳纤维在超级电容器中表现出突出的性能。

第二，开发容易去除或者容易回收再利用的模板，如熔融盐，经简单的水洗即可去除模板，还可以进一步回收模板。单一无机盐的熔点较高，而将两种不同的无机盐经过一定比例混合后，其在较低的温度下就可以转化为液态(表 2.2)，并且这种状态在温度升高之后也可以稳定存在，用熔融盐作为模板制备碳材料的方法即为熔融盐模板法。由于熔融盐具有在高温下为反应提供稳定的液态环境的特性，反应物可以进行充分的混合。不仅如此，这种液态的环境还有利于热和反应物质的传递，因此可以加快反应速率，缩短反应时间。

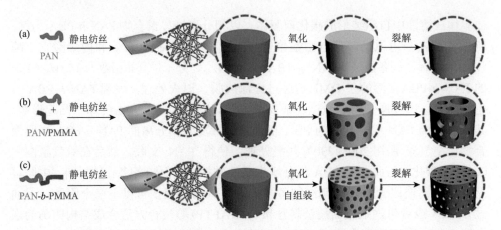

图 2.33 PAN(a)，PAN/PMMA 共混物(b)和 PAN-b-PMMA 嵌段聚合物(c)经过静电纺丝、碳化后制备碳纤维或者多孔碳纤维的示意图[335]

表 2.2 一些常用金属氯化物、氢氧化物以及含氧酸熔盐的最低共熔点

盐体系		摩尔比	熔点/℃
氯化物	LiCl/KCl	59/41	352
	NaCl/KCl	50/50	658
	AlCl$_3$/NaCl	50/50	154
	LiCl/ZnCl$_2$	23/77	294
	NaCl/ZnCl$_2$	42/58	270
	KCl/ZnCl$_2$	48/52	228
	LiF/NaF/KF	46.5/11.5/42	459
	LiI/KI	63/37	286
氢氧化物和含氧酸盐	NaOH/KOH	51/49	170
	LiNO$_3$/KNO$_3$	43/57	132
	Li$_2$SO$_4$/K$_2$SO$_4$	71.6/28.4	535
	Li$_2$CO$_3$/K$_2$CO$_3$	50/50	503

Antonietti 课题组在 2013 年首次提出"熔融盐模板法"制备多孔碳材料[336,337]。他们以离子液体作为前驱体为例，与不同体系的熔融盐在室温下进行混合，再进行高温碳化，得到具有不同孔结构的硼、氮共掺杂多孔碳材料，其比表面积能够达到 2000 m^2/g。研究者还分析了熔融盐在碳化过程中对于材料孔结构的影响(图 2.34)，由于不同熔融盐体系的最低共熔点不同，因此最低共熔点最高的 LiCl-ZnCl$_2$ 体系(294℃)在碳化过程中其"盐团簇"作为模板，得到具有微孔结构的多孔碳；最低共熔点稍低的 NaCl-ZnCl$_2$ 体系(270℃)在碳化过程中形成稍大的

"盐团簇"作为模板，因此得到具有微孔和介孔结构的多孔碳；而最低共熔点最低的 KCl-ZnCl$_2$ 体系（228℃）中，碳球之间形成间歇孔，导致最终形成的产物为大孔结构。

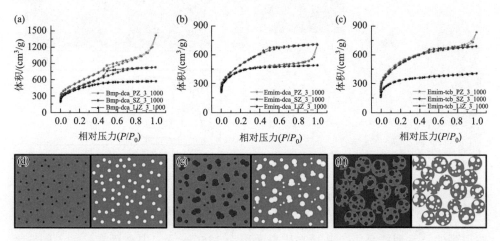

图 2.34　LiCl-ZnCl$_2$ 体系（a、d）、NaCl-ZnCl$_2$ 体系（b、e）、KCl-ZnCl$_2$ 体系（c、f）作为模板得到不同孔结构的多孔碳的氮气吸附与脱附曲线以及孔结构形成示意图[336]

除了对孔结构进行调节外，熔融盐体系对于产物形貌的形成也具有诱导作用。Antonietti 课题组在熔融盐体系中将葡萄糖进行碳化的研究中[338]，发现得到的多孔碳产物为超薄的片状结构（图 2.35），经原子力显微镜（AFM）表征，其厚度在 0.6~5 nm 之间。不仅如此，这种方法还可以实现 PCNS 的大量制备，且通过调节加入前驱体葡萄糖与熔融盐的质量比，可以达到调节所得 PCNS 的厚度的目的。利用这种方法制备的 PCNS 对多种有机溶剂都具有优异的吸附性能，是在非熔融盐体系下处理所得到的产物对有机溶剂吸附量的数倍，这充分说明了这种熔融盐法在制备多孔碳材料中的优势。

进一步，通过调节使用熔融盐的种类[339, 340]，在其中加入含碳、氮、硫和氯的无机盐，如 NaBO$_2$、KH$_2$PO$_4$、KOH、K$_2$CO$_3$、KNO$_3$、K$_2$SO$_4$、KClO$_3$ 和 Na$_2$S$_2$O$_3$，可以实现氮、硫和氯的掺杂，得到氮、硫和氯掺杂的 PCNS。而加入的这类无机盐对于得到的产物还可能会有一定的活化作用，可以大大提高 PCNS 的比表面积，

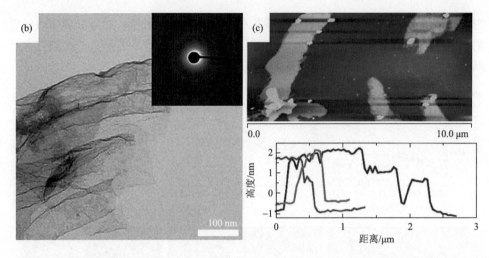

图 2.35　不同葡萄糖添加量时利用熔融盐法得到的不同形貌的碳产物(a)，以及利用葡萄糖在熔融盐中合成 PCNS 的 TEM 图像(b)和 AFM 图像及 PCNS 的厚度分布图(c)[338]

在得到的一系列样品中，其最高比表面积为 3250 m²/g。具体而言，加入硼或者磷的无机盐（$NaBO_2$ 和 KH_2PO_4）可以制备硼或者磷掺杂的 PCNS，但是几乎没有活化作用，对孔结构和形貌没有促进作用。KOH 在高温下具有氧化性质，因此加入 KOH 后可以显著提高孔结构，调控形貌。K_2CO_3、KNO_3、K_2SO_4、$KClO_3$ 和 $Na_2S_2O_3$ 可以显著促进孔的生成，同时还能调控碳材料形貌。这主要是由于无机盐与碳的反应活性不同。2016 年浙江大学刘小峰教授课题组总结了熔融盐在碳材料制备过程中的应用，并对制备的碳材料的应用进行了介绍，展望了熔融盐的发展方向[341]。

2019 年，华中科技大学龚江课题组首次将熔融盐碳化法用于废弃聚酯的可控碳化制备具有微孔-介孔-大孔的等级孔碳材料[342]。他们发现 $ZnCl_2$/NaCl 熔融盐不仅可以在低温下（如 280℃下）促进 PET 的脱水和脱羧基生成端基为苯氧自由基或者乙烯基的中间降解产物，从而促进 PET 的碳化反应，还充当分子模板的作用，显著增加碳材料的介孔和大孔（图 2.36）。制备的多孔碳材料的比表面积为 776.2 m²/g，产率为 24.9 wt%。熔融盐促进废弃聚酯碳化的关键在于熔融盐的熔点要略低于聚酯的熔点，如 $ZnCl_2$/NaCl 熔融盐的熔点约为 270℃，与 PET 的熔点（265～280℃）接近，从而能够保证熔融盐与 PET 熔体良好混合。为了进一步提高多孔碳的比表面积，他们提出 ZnO 作为活性模板，催化 PET 在 550℃下低温可控碳化制备多孔碳的新方法[343]。该方法具有低温、低能耗、工艺简单等优点，未经传统的物理/化学活化，多孔碳的比表面积高达 1164 m²/g。研究表明，ZnO 的 Lewis 酸位点促进 PET 脱羧基，从而生成含有端乙烯基和芳香环的中间降解产物。这些降解产物通过交联或者分子间聚合形成碳材料的骨架，有利于形成丰富的微孔(0.4~2 nm)。与此同时，ZnO 还起到物理模板作用，促进生成大量介孔(2~50 nm)和大孔(50~100 nm)。值得指出的是，ZnO 可以催化废弃聚碳酸酯碳化制备具有仿生蛇皮状的多孔碳[344]。

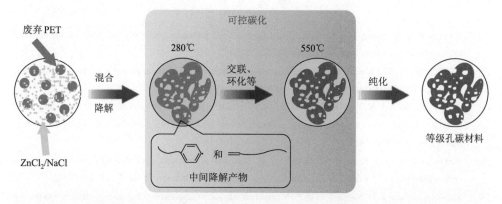

图 2.36　熔融盐催化 PET 可控碳化制备具有相互连接的纳米孔的等级多孔碳的示意图[342]

第三，开发功能性模板，碳化后保留模板，制备先进模板@碳复合材料。同济大学杨金虎教授课题组[345]将聚乙烯亚胺插层到二维 MoS_2 层间制备聚合物/MoS_2 复合物，在 800℃碳化后制备夹层结构的 MoS_2/氮掺杂石墨烯复合物(图 2.37)。这种特殊的夹层架构赋予了稳定的离子扩散通道和电子在 MoS_2 之间的快速传输，而层间的石墨烯结构的炭层提供了更多的氧化还原位点以及新的离子和电子传输途径。因此，MoS_2/氮掺杂石墨烯复合物表现出优异的电化学性能。

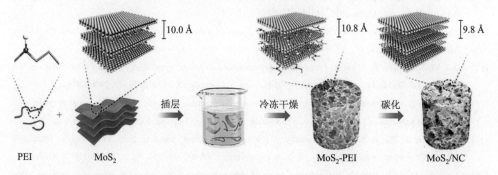

图 2.37　聚乙烯亚胺插层到 MoS_2 层间再碳化后制备夹层结构的 MoS_2/氮掺杂石墨烯复合物[345]

第四，利用碳材料作为模板，如炭黑[346]、CNT[347]、氧化石墨烯(GO)[348-350]，从而制备核壳结构的碳/碳复合材料。该方法显然简单，易于操作，无需后处理除掉模板。例如，Antonietti 课题组利用商业化的多孔碳纤维(CF)为模板[351]，通过溶液浸渍的方式将聚离子液体负载在表面，经过热处理后制备具有异质结结构的氮掺杂多孔碳@多孔碳纤维复合材料，其比表面积高达 1476.3 m^2/g。大连理工大学陆安慧教授课题组利用 GO 为模板(含量为 1.1 wt%～6.2 wt%),将酚醛树脂前驱体插入到 GO 层间,经过聚合和碳化后制备尺寸和厚度可控的 PCNS[352-354]。

参 考 文 献

[1] Singh S P, Li Y, Zhang J, et al. Sulfur-doped laser-induced porous graphene derived from polysulfone-class polymers and membranes. ACS Nano, 2018, 12(1): 289-297.

[2] Yu Y, Joshi P C, Wu J, et al. Laser-induced carbon-based smart flexible sensor array for multiflavors detection. ACS Appl Mater Interfaces, 2018, 10(40): 34005-34012.

[3] Jung C H, Sohn J Y, Kim H S, et al. Preparation and electrical-property characterization of poly(vinyl chloride)-derived carbon nanosheet by ion beam irradiation-induced carbon clustering and carbonization. Appl Surf Sci, 2018, 439: 968-975.

[4] Berkmans A J, Jagannatham M, Priyanka S, et al. Synthesis of branched, nano channeled, ultrafine and nano carbon tubes from PET wastes using the arc discharge method. Waste Manage, 2014, 34(11): 2139-2145.

[5] Khayyam H, Jazar R N, Nunna S, et al. PAN precursor fabrication, applications and thermal stabilization process in carbon fiber production: Experimental and mathematical modelling. Prog Mater Sci, 2020, 107: 100575.

[6] Newcomb B A. Processing, structure, and properties of carbon fibers. Compos Part A, 2016, 91: 262-282.

[7] Yusof N, Ismail A F. Post spinning and pyrolysis processes of polyacrylonitrile (PAN)-based carbon fiber and activated carbon fiber: A review. J Anal Appl Pyrol, 2012, 93: 1-13.

[8] Muhannad A A, Jehnichen D, Fischer D, et al. On the morphology and structure formation of carbon fibers from polymer precursor systems. Prog Mater Sci, 2018, 98: 477-551.

[9] Cao Y, Zhang K, Sanyal O, et al. Carbon molecular sieve membrane preparation by economical coating and pyrolysis of porous polymer hollow fibers. Angew Chem Int Ed, 2019, 58: 12149-12153.

[10] Zhang Z, Yang S, Li H, et al. Sustainable carbonaceous materials derived from biomass as metal-free electrocatalysts. Adv Mater, 2018, 31(13): 1805718.

[11] Bazaka K, Jacob M V, Ostrikov K. Sustainable life cycles of natural-precursor-derived nanocarbons. Chem Rev, 2016, 116(1): 163-214.

[12] Goh M, Matsushita S, Akagi K. From helical polyacetylene to helical graphite: Synthesis in the chiral nematic liquid crystal field and morphology-retaining carbonisation. Chem Soc Rev, 2010, 39(7): 2466-2476.

[13] Matsushita S, Yan B, Kyotani M, et al. Morphology-controlled carbonaceous and graphitic materials prepared from conjugated polymers as precursors through solid-state carbonization. Synthetic Met, 2016, 216: 103-112.

[14] Matsushita S, Akagi K. Macroscopically aligned graphite films prepared from iodine-doped stretchable polyacetylene films using morphology-retaining carbonization. J Am Chem Soc, 2015, 137(28): 9077-9087.

[15] Xu F, Wu D, Fu R, et al. Design and preparation of porous carbons from conjugated polymer precursors. Mater Today, 2017, 20(10): 629-656.

[16] Wang K W, Tan B E. Synthesis of porous carbons from microporous organic polymers. New Carbon Mater, 2016, 31(3): 232-242.

[17] Naskar A K, Bi Z, Li Y, et al. Tailored recovery of carbons from waste tires for enhanced performance as anodes in lithium-ion batteries. RSC Adv, 2014, 4(72): 38213-38221.

[18] Mui E L K, Lee V K C, Cheung W H, et al. Kinetic modeling of waste tire carbonization. Energ Fuel, 2008, 22(3): 1650-1657.

[19] Mui E L K, Cheung W H, McKay G. Tyre char preparation from waste tyre rubber for dye removal from effluents. J Hazard Mater, 2010, 175: 151-158.

[20] Williams P T, Besler S, Taylor D T. The pyrolysis of scrap automotive tyres: The influence of temperature and heating rate on product composition. Fuel, 1990, 69(12): 1474-1482.

[21] Bello A, Momodu D Y, Madito M J, et al. Influence of $K_3Fe(CN)_6$ on the electrochemical performance of carbon derived from waste tyres by K_2CO_3 activation. Mater Chem Phys, 2018, 209: 262-270.

[22] Chan O S, Cheung W H, McKay G. Preparation and characterisation of demineralised tyre derived activated carbon. Carbon, 2011, 49(14): 4674-4687.

[23] Chan O S, Cheung W H, McKay G. Single and multicomponent acid dye adsorption equilibrium studies on tyre demineralised activated carbon. Chem Eng J, 2012, 191: 162-170.

[24] San Miguel G, Fowler G D, Sollars C J. A study of the characteristics of activated carbons produced by steam and carbon dioxide activation of waste tyre rubber. Carbon, 2003, 41(5): 1009-1016.

[25] Boota M, Paranthaman M P, Naskar A K, et al. Waste tire derived carbon-polymer composite paper as pseudocapacitive electrode with long cycle life. ChemSusChem, 2015, 8(21): 3576-3581.

[26] Yuan X, Lee J G, Yun H, et al. Solving two environmental issues simultaneously: Waste polyethylene terephthalate plastic bottle-derived microporous carbons for capturing CO_2. Chem Eng J, 2020, 397: 125350.

[27] Yuan X, Kumar N M, Brigljević B, et al. Sustainability-inspired upcycling of waste polyethylene terephthalate plastic into porous carbon for CO_2 capture. Green Chem, 2022, 24(4): 1494-1504.

[28] Bratek W, Swiatkowski A, Pakula M, et al. Characteristics of activated carbon prepared from waste PET by carbon dioxide activation. J Anal Appl Pyrol, 2013, 100: 192-198.

[29] Adibfar M, Kaghazchi T, Asasian N, et al. Conversion of poly(ethylene terephthalate) waste into activated carbon: Chemical activation and characterization. Chem Eng Technol, 2014, 37(6): 979-986.

[30] Mendoza-Carrasco R, Cuerda-Correa E M, Alexandre-Franco M F, et al. Preparation of high-quality activated carbon from polyethyleneterephthalate (PET) bottle waste. Its use in the removal of pollutants in aqueous solution. J Environ Manage, 2016, 181: 522-535.

[31] Kaur B, Gupta R K, Bhunia H. Chemically activated nanoporous carbon adsorbents from waste plastic for CO_2 capture: Breakthrough adsorption study. Micropor Mesopor Mater, 2019, 282: 146-158.

[32] Sangeetha D N, Santosh M S, Selvakumar M. Flower-like carbon doped MoS_2/activated carbon composite electrode for superior performance of supercapacitors and hydrogen evolution reactions. J Alloy Compd, 2020, 831: 154745.

[33] Liu X, Wen Y, Chen X, et al. Co-etching effect to convert waste polyethylene terephthalate into hierarchical porous carbon toward excellent capacitive energy storage. Sci Total Environ, 2020, 723: 138055.

[34] Esfandiari A, Kaghazchi T, Soleimani M. Preparation and evaluation of activated carbons obtained by physical activation of polyethyleneterephthalate (PET) wastes. J Taiwan Insti Chem E, 2012, 43(4): 631-637.

[35] László K, Bóta A, Nagy L G, et al. Porous carbon from polymer waste materials. Colloid Surface A, 1999, 151(1): 311-320.

[36] László K, Tombácz E, Josepovits K. Effect of activation on the surface chemistry of carbons from polymer precursors. Carbon, 2001, 39(8): 1217-1228.

[37] Podkościelny P, László K. Heterogeneity of activated carbons in adsorption of aniline from aqueous solutions. Appl Surf Sci, 2007, 253(21): 8762-8771.

[38] Parra J B, Ania C O, Arenillas A, et al. Textural development and hydrogen adsorption of carbon materials from

PET waste. J Alloy Compd, 2004, 379(1): 280-289.

[39] László K, Szücs A. Surface characterization of polyethyleneterephthalate (PET) based activated carbon and the effect of pH on its adsorption capacity from aqueous phenol and 2, 3, 4-trichlorophenol solutions. Carbon, 2001, 39(13): 1945-1953.

[40] Moura P A S, Vilarrasa-Garcia E, Maia D A S, et al. Assessing the potential of nanoporous carbon adsorbents from polyethylene terephthalate (PET) to separate CO_2 from flue gas. Adsorption, 2018, 24(3): 279-291.

[41] Choma J, Marszewski M, Osuchowski L, et al. Adsorption properties of activated carbons prepared from waste CDs and DVDs. ACS Sustainable Chem Eng, 2015, 3(4): 733-742.

[42] Farzana R, Rajarao R, Bhat B R, et al. Performance of an activated carbon supercapacitor electrode synthesised from waste compact discs (CDs). J Ind Eng Chem, 2018, 65: 387-396.

[43] Yuan J, Antonietti M. Poly(ionic liquid)s: Polymers expanding classical property profiles. Polymer, 2011, 52: 1469-1482.

[44] Yuan J, Mecerreyes D, Antonietti M. Poly(ionic liquid)s: An update. Prog Polym Sci, 2013, 38: 1009-1036.

[45] Yuan J, Giordano C, Antonietti M. Ionic liquid monomers and polymers as precursors of highly conductive, mesoporous, graphitic carbon nanostructures. Chem Mater, 2010, 22: 5003-5012.

[46] Yuan J, Márquez A G, Reinacher J, et al. Nitrogen-doped carbon fibers and membranes by carbonization of electrospun poly(ionic liquid)s. Polym Chem, 2011, 2: 1654-1657.

[47] Zhao Q, Fellinger T P, Antonietti M, et al. A novel polymeric precursor for micro/mesoporous nitrogen-doped carbons. J Mater Chem A, 2013, 1: 5113-5120.

[48] Lee J S, Wang X, Luo H, et al. Fluidic carbon precursors for formation of functional carbon under ambient pressure based on ionic liquids. Adv Mater, 2010, 22: 1004-1007.

[49] Lee J S, Wang X, Luo H, et al. Facile ionothermal synthesis of microporous and mesoporous carbons from task specific ionic liquids. J Am Chem Soc, 2009, 131: 4596-4597.

[50] Ambrogi M, Täuber K, Antonietti M, et al. Microstructure replication of complex biostructures via poly(ionic liquid)-assisted carbonization. J Mater Chem A, 2015, 3: 5778-5782.

[51] Men Y, Siebenbürger M, Qiu X, et al. Low fractions of ionic liquid or poly(ionic liquid) can activate polysaccharide biomass into shaped, flexible and fire-retardant porous carbons. J Mater Chem A, 2013, 1: 11887-11893.

[52] Ambrogi M, Sakaushi K, Antonietti M, et al. Poly(ionic liquid)s for enhanced activation of cotton to generate simple and cheap fibrous electrodes for energy applications. Polymer, 2015, 68: 315-320.

[53] Kuzmicz D, Coupillaud P, Men Y, et al. Functional mesoporous poly(ionic liquid)-based copolymer monoliths: From synthesis to catalysis and microporous carbon production. Polymer, 2014, 55: 3423-3430.

[54] Grygiel K, Kirchhecker S, Gong J, et al. Main-chain polyimidazolium polymers by one-pot synthesis and application as nitrogen-doped carbon precursors. Macromol Chem Phys, 2017, 218(18): 1600586.

[55] Gong J, Lin H, Grygiel K, et al. Main-chain poly(ionic liquid)-derived nitrogen-doped micro/mesoporous carbons for CO_2 capture and selective aerobic oxidation of alcohols. Appl Mater Today, 2017, 7: 159-168.

[56] Zhao Q, Yin M, Zhang A P, et al. Hierarchically structured nanoporous poly(ionic liquid) membranes: Facile preparation and application in fiber-optic pH sensing. J Am Chem Soc, 2013, 135: 5549-5552.

[57] Zhao Q, Dunlop J W C, Qiu X, et al. An instant multi-responsive porous polymer actuator driven by solvent molecule sorption. Nat Commun, 2014, 5: 4293.

[58] Zhao Q, Heyda J, Dzubiella J, et al. Sensing solvents with ultrasensitive porous poly(ionic liquid) actuators. Adv

Mater, 2015, 27: 2913-2917.

[59] Täuber K, Zhao Q, Antonietti M, et al. Tuning the pore size in gradient poly (ionic liquid) membranes by small organic acids. ACS Macro Lett, 2015, 4: 39-42.

[60] Wang H, Min S, Ma C, et al. Synthesis of single-crystal-like nanoporous carbon membranes and their application in overall water splitting. Nat Commun, 2017, 8: 13592.

[61] Wang H, Jia J, Song P, et al. Efficient electrocatalytic reduction of CO_2 by nitrogen-doped nanoporous carbon/carbon nanotube membranes: A step towards the electrochemical CO_2 refinery. Angew Chem Int Ed, 2017, 56(27): 7847-7852.

[62] Wang H, Wang L, Wang Q, et al. Ambient electrosynthesis of ammonia: Electrode porosity and composition engineering. Angew Chem Int Ed, 2018, 57(38): 12360-12364.

[63] Wang H, Min S, Wang Q, et al. Nitrogen-doped nanoporous carbon membranes with Co/CoP janus-type nanocrystals as hydrogen evolution electrode in both acid and alkaline environment. ACS Nano, 2017, 11(4): 4358-4364.

[64] Wang H, Wang T, Wang Q, et al. Atomically dispersed semi-metallic selenium on porous carbon membrane as excellent electrode for hydrazine fuel cell. Angew Chem Int Ed, 2019, 58: 13466-13471.

[65] Schuhmacher J P, Huntjens F J, Krevelen D W V. Chemical structure and properties of coal. XXVI. Studies on artificial coalification. Fuel, 1960, 39: 223-234.

[66] Wang Q, Li H, Chen L, et al. Monodispersed hard carbon spherules with uniform nanopores. Carbon, 2001, 39(14): 2211-2214.

[67] Sevilla M, Fuertes A B. The production of carbon materials by hydrothermal carbonization of cellulose. Carbon, 2009, 47(9): 2281-2289.

[68] Sun X, Li Y. Colloidal carbon spheres and their core/shell structures with noble-metal nanoparticles. Angew Chem Int Ed, 2004, 43(5): 597-601.

[69] Titirici M M, Thomas A, Yu S H, et al. A direct synthesis of mesoporous carbons with bicontinuous pore morphology from crude plant material by hydrothermal carbonization. Chem Mater, 2007, 19: 4205-4212.

[70] Zhao L, Fan L Z, Zhou M Q, et al. Nitrogen-containing hydrothermal carbons with superior performance in supercapacitors. Adv Mater, 2010, 22: 5202-5206.

[71] Titirici M M, Antonietti M. Chemistry and materials options of sustainable carbon materials made by hydrothermal carbonization. Chem Soc Rev, 2010, 39: 103-116.

[72] Yu S H, Cui X, Li L, et al. From starch to metal/carbon hybrid nanostructures: Hydrothermal metal-catalyzed carbonization. Adv Mater, 2004, 16(18): 1630-1640.

[73] Hu B, Yu S H, Wang K, et al. Functional carbonaceous materials from hydrothermal carbonization of biomass: An effective chemical process. Dalton Trans, 2008, 40: 5414-5423.

[74] Hu B, Wang K, Wu L, et al. Engineering carbon materials from the hydrothermal carbonization process of biomass. Adv Mater, 2010, 22: 813-828.

[75] Xia C, Zhu S, Feng T, et al. Evolution and synthesis of carbon dots: From carbon dots to carbonized polymer dots. Adv Sci, 2019, 6: 1901316.

[76] Sun Y P, Zhou B, Lin Y, et al. Quantum-sized carbon dots for bright and colorful photoluminescence. J Am Chem Soc, 2006, 128(24): 7756-7757.

[77] Zhu S, Song Y, Zhao X, et al. The photoluminescence mechanism in carbon dots (graphene quantum dots, carbon nanodots, and polymer dots): Current state and future perspective. Nano Res, 2015, 8(2): 355-381.

[78] Tao S, Feng T, Zheng C, et al. Carbonized polymer dots: A brand new perspective to recognize luminescent carbon-based nanomaterials. J Phy Chem Lett, 2019, 10(17): 5182-5188.

[79] Zhu S, Meng Q, Wang L, et al. Highly photoluminescent carbon dots for multicolor patterning, sensors, and bioimaging. Angew Chem Int Ed, 2013, 52: 3953-3957.

[80] Zhu S, Zhang J, Wang L, et al. A general route to make non-conjugated linear polymers luminescent. Chem Commun, 2012, 48(88): 10889-10891.

[81] Zhu S, Zhang J, Song Y, et al. Fluorescent nanocomposite based on PVA polymer dots. Acta Chim Sinica, 2012, 70(22): 2311-2315.

[82] Song Y, Zhu S, Shao J, et al. Polymer carbon dots: A highlight reviewing their unique structure, bright emission and probable photoluminescence mechanism. J Polym Sci Part A-Polym Chem, 2017, 55(4): 610-615.

[83] Tao S, Zhu S, Feng T, et al. The polymeric characteristics and photoluminescence mechanism in polymer carbon dots: A review. Mater Today Chem, 2017, 6: 13-25.

[84] Tao S, Zhu S, Feng T, et al. Crosslink-enhanced emission effect on luminescence in polymers: Advances and perspectives. Angew Chem Int Ed, 2020, 59(25): 9826-9840.

[85] Zhu S, Wang L, Zhou N, et al. The crosslink enhanced emission (CEE) in non-conjugated polymer dots: From the photoluminescence mechanism to the cellular uptake mechanism and internalization. Chem Commun, 2014, 50(89): 13845-13848.

[86] Zhu S, Song Y, Shao J, et al. Non-conjugated polymer dots with crosslink-enhanced emission in the absence of fluorophore units. Angew Chem Int Ed, 2015, 54(49): 14626-14637.

[87] Xia C, Tao S, Zhu S, et al. Hydrothermal addition polymerization for ultrahigh-yield carbonized polymer dots with room temperature phosphorescence via nanocomposite. Chem Eur J, 2018, 24(44): 11303-11308.

[88] Tao S, Song Y, Zhu S, et al. A new type of polymer carbon dots with high quantum yield: From synthesis to investigation on fluorescence mechanism. Polymer, 2017, 116: 472-478.

[89] Tao S, Lu S, Geng Y, et al. Design of metal-free polymer carbon dots: A new class of room-temperature phosphorescent materials. Angew Chem Int Ed, 2018, 57(9): 2393-2398.

[90] Hu Y, Yang J, Tian J, et al. Green and size-controllable synthesis of photoluminescent carbon nanoparticles from waste plastic bags. RSC Adv, 2014, 4(88): 47169-47176.

[91] Poerschmann J, Weiner B, Woszidlo S, et al. Hydrothermal carbonization of poly(vinyl chloride). Chemosphere, 2015, 119: 682-689.

[92] Tang T, Chen X, Meng X, et al. Synthesis of multiwalled carbon nanotubes by catalytic combustion of polypropylene. Angew Chem Int Ed, 2005, 44: 1517-1520.

[93] Song R, Jiang Z, Bi W, et al. The combined catalytic action of solid acids with nickel for the transformation of polypropylene into carbon nanotubes by pyrolysis. Chem Eur J, 2007, 13: 3234-3240.

[94] Jiang Z, Song R, Bi W, et al. Polypropylene as a carbon source for the synthesis of multi-walled carbon nanotubes via catalytic combustion. Carbon, 2007, 45: 449-458.

[95] Chen X, He J, Yan C, et al. Novel *in situ* fabrication of chestnut-like carbon nanotube spheres from polypropylene and nickel formate. J Phys Chem B, 2006, 110: 21684-21689.

[96] Gong J, Feng J, Liu J, et al. Striking influence about HZSM-5 content and nickel catalyst on catalytic carbonization of polypropylene and polyethylene into carbon nanomaterials. Ind Eng Chem Res, 2013, 52: 15578-15588.

[97] Gong J, Liu J, Jiang Z, et al. Effect of the added amount of organically-modified montmorillonite on the catalytic carbonization of polypropylene into cup-stacked carbon nanotubes. Chem Eng J, 2013, 225: 798-808.

[98] Gong J, Liu J, Jiang Z, et al. New insights into the role of lattice oxygen in the catalytic carbonization of polypropylene into high value-added carbon nanomaterials. New J Chem, 2015, 39: 962-971.

[99] Gong J, Liu J, Chen X, et al. Striking influence of NiO catalyst diameter on the carbonization of polypropylene into carbon nanomaterials and their high performance in the adsorption of oils. RSC Adv, 2014, 4: 33806-33814.

[100] Shen Y, Gong W, Zheng B, et al. Ni-Al bimetallic catalysts for preparation of multiwalled carbon nanotubes from polypropylene: Influence of the ratio of Ni-Al. Appl Catal B: Environ, 2016, 181: 769-778.

[101] Song R, Ji Q. Synthesis of carbon nanotubes from polypropylene in the presence of Ni/Mo/MgO catalysts via combustion. Chem Lett, 2011, 40: 1110-1112.

[102] Cui J, Tan S, Song R. Universal Ni-Mo-Mg catalysts combined with carbon blacks for the preparation of carbon nanotubes from polyolefins. J Appl Polym Sci, 2017, 134: 44647.

[103] Li G, Tan S, Song R, et al. Synergetic effects of molybdenum and magnesium in Ni-Mo-Mg catalysts on the one-step carbonization of polystyrene into carbon nanotubes. Ind Eng Chem Res, 2017, 56(41): 11734-11744.

[104] Nahil M A, Wu C, Williams P T. Influence of metal addition to Ni-based catalysts for the co-production of carbon nanotubes and hydrogen from the thermal processing of waste polypropylene. Fuel Process Technol, 2015, 130: 46-53.

[105] Gong J, Liu J, Chen X, et al. Synthesis, characterization and growth mechanism of mesoporous hollow carbon nanospheres by catalytic carbonization of polystyrene. Micropor Mesopor Mater, 2013, 176: 31-40.

[106] Gong J, Liu J, Jiang Z, et al. Converting mixed plastics into mesoporous hollow carbon spheres with controllable diameter. Appl Catal B: Environ, 2014, 152-153: 289-299.

[107] Gong J, Liu J, Wan D, et al. Catalytic carbonization of polypropylene by the combined catalysis of activated carbon with Ni_2O_3 into carbon nanotubes and its mechanism. Appl Catal A: Gen, 2012, 449: 112-120.

[108] Gong J, Tian N, Liu J, et al. Synergistic effect of activated carbon and Ni_2O_3 in promoting the thermal stability and flame retardancy of polypropylene. Polym Degrad Stabil, 2014, 99: 18-26.

[109] Wen X, Chen X, Tian N, et al. Nanosized carbon black combined with Ni_2O_3 as "universal" catalysts for synergistically catalyzing carbonization of polyolefin wastes to synthesize carbon nanotubes and application for supercapacitors. Environ Sci Technol, 2014, 48: 4048-4055.

[110] Gong J, Feng J, Liu J, et al. Catalytic carbonization of polypropylene into cup-stacked carbon nanotubes with high performances in adsorption of heavy metallic ions and organic dyes. Chem Eng J, 2014, 248: 27-40.

[111] Yu H, Jiang Z, Gilman J W, et al. Promoting carbonization of polypropylene during combustion through synergistic catalysis of a trace of halogenated compounds and Ni_2O_3 for improving flame retardancy. Polymer, 2009, 50: 6252-6258.

[112] Yu R, Wen X, Liu J, et al. A green and high-yield route to recycle waste masks into CNTs/Ni hybrids via catalytic carbonization and their application for superior microwave absorption. Appl Catal B: Environ, 2021, 298: 120544.

[113] Song C, Hao L, Zhang B, et al. High-performance solar vapor generation of Ni/carbon nanomaterials by controlled carbonization of waste polypropylene. Sci China Mater, 2020, 63(5): 779-793.

[114] Gong J, Liu J, Jiang Z, et al. Striking influence of chain structure of polyethylene on the formation of cup-stacked carbon nanotubes/carbon nanofibers under the combined catalysis of CuBr and NiO. Appl Catal B: Environ, 2014, 147: 592-601.

[115] Gong J, Yao K, Liu J, et al. Catalytic conversion of linear low density polyethylene into carbon nanomaterials under the combined catalysis of Ni_2O_3 and poly(vinyl chloride). Chem Eng J, 2013, 215-216: 339-347.

[116] Kukovitskii E F, Chernozatonskii L A, L'vov S G, et al. Carbon nanotubes of polyethylene. Chem Phys Lett, 1997, 266: 323-328.

[117] Chernozatonskii L A, Kukovitskii E F, Musatov A L, et al. Carbon crooked nanotube layers of polyethylene: Synthesis, structure and electron emission. Carbon, 1998, 36: 713-715.

[118] Musatov A L, Kiselev N A, Zakharov D N, et al. Field electron emission from nanotube carbon layers grown by CVD process. Appl Surf Sci, 2001, 183: 111-119.

[119] Kiselev N A, Sloan J, Zakharov D N, et al. Carbon nanotubes from polyethylene precursors: Structure and structural changes caused by thermal and chemical treatment revealed by HREM. Carbon, 1998, 36: 1149-1157.

[120] Maksimova N I, Krivoruchko O P, Chuvilin A L, et al. Preparation of nanoscale thin-walled carbon tubules from a polyethylene precursor. Carbon, 1999, 37: 1657-1661.

[121] Maksimova N I, Krivoruchko O P, Mestl G, et al. Catalytic synthesis of carbon nanostructures from polymer precursors. J Mol Catal A: Chem, 2000, 158: 301-307.

[122] Krivoruchko O P, Maksimova N I, Zaikovskii V I, et al. Study of multiwalled graphite nanotubes and filaments formation from carbonized products of polyvinyl alcohol via catalytic graphitization at 600—800℃ in nitrogen atmosphere. Carbon, 2000, 38: 1075-1082.

[123] Kukovitsky E F, L'vov S G, Sainov N A, et al. Correlation between metal catalyst particle size and carbon nanotube growth. Chem Phys Lett, 2002, 355: 497-503.

[124] Blank V D, Alshevskiy Y L, Belousov Y A, et al. TEM studies of carbon nanofibres formed on Ni catalyst by polyethylene pyrolysis. Nanotechnology, 2006, 17: 1862-1866.

[125] Sarangi D, Godon C, Granier A, et al. Carbon nanotubes and nanostructures grown from diamond-like carbon and polyethylene. Appl Phys A, 2001, 73: 765-768.

[126] Chung Y H, Jou S. Carbon nanotubes from catalytic pyrolysis of polypropylene. Mater Chem Phys, 2005, 92: 256-259.

[127] Yang Z, Zhang Q, Luo G, et al. Coupled process of plastics pyrolysis and chemical vapor deposition for controllable synthesis of vertically aligned carbon nanotube arrays. Appl Phys A, 2010, 100: 533-540.

[128] Liu J, Jiang Z, Yu H, et al. Catalytic pyrolysis of polypropylene to synthesize carbon nanotubes and hydrogen through a two-stage process. Polym Degrad Stabil, 2011, 96: 1711-1719.

[129] Borsodi N, Szentes A, Miskolczi N, et al. Carbon nanotubes synthetized from gaseous products of waste polymer pyrolysis and their application. J Anal Appl Pyrol, 2016, 120: 304-313.

[130] Yang R X, Chuang K H, Wey M Y. Effects of nickel species on Ni/Al_2O_3 catalysts in carbon nanotube and hydrogen production by waste plastic gasification: Bench- and pilot-scale tests. Energ Fuel, 2015, 29(12): 8178-8187.

[131] Yang R X, Chuang K H, Wey M Y. Carbon nanotube and hydrogen production from waste plastic gasification over Ni/Al-SBA-15 catalysts: Effect of aluminum content. RSC Adv, 2016, 6(47): 40731-40740.

[132] Yang R X, Chuang K H, Wey M Y. Effects of temperature and equivalence ratio on carbon nanotubes and hydrogen production from waste plastic gasification in fluidized bed. Energ Fuel, 2018, 32(4): 5462-5470.

[133] Aboul-Enein A A, Awadallah A E. Production of nanostructured carbon materials using Fe-Mo/MgO catalysts via mild catalytic pyrolysis of polyethylene waste. Chem Eng J, 2018, 354: 802-816.

[134] Aboul-Enein A A, Abdel-Rahman A A H, Haggar A M, et al. Simple method for synthesis of carbon nanotubes over Ni-Mo/Al_2O_3 catalyst via pyrolysis of polyethylene waste using a two-stage process. Fuller Nanotub Car N, 2017, 25(4): 211-222.

[135] Veksha A, Giannis A, Chang V W C. Conversion of non-condensable pyrolysis gases from plastics into carbon nanomaterials: Effects of feedstock and temperature. J Anal Appl Pyrol, 2017, 124: 16-24.

[136] Aboul-Enein A A, Awadallah A E. Production of nanostructure carbon materials via non-oxidative thermal degradation of real polypropylene waste plastic using La_2O_3 supported Ni and Ni-Cu catalysts. Polym Degrad Stabil, 2019, 167: 157-169.

[137] Aboul-Enein A A, Awadallah A E. A novel design for mass production of multi-walled carbon nanotubes using Co-Mo/MgO catalyst via pyrolysis of polypropylene waste: Effect of operating conditions. Fuller Nanotub Car N, 2018, 26(9): 591-605.

[138] Aboul-Enein A A, Awadallah A E. Impact of Co/Mo ratio on the activity of CoMo/MgO catalyst for production of high-quality multi-walled carbon nanotubes from polyethylene waste. Mater Chem Phys, 2019, 238: 121879.

[139] Sun Z, Yan Z, Yao J, et al. Growth of graphene from solid carbon sources. Nature, 2010, 468: 549-552.

[140] Peng Z, Yan Z, Sun Z, et al. Direct growth of bilayer graphene on SiO_2 substrates by carbon diffusion through nickel. ACS Nano, 2011, 5(10): 8241-8247.

[141] Yan Z, Peng Z, Sun Z, et al. Growth of bilayer graphene on insulating substrates. ACS Nano, 2011, 5(10): 8187-8192.

[142] Ruan G, Sun Z, Peng Z, et al. Growth of graphene from food, insects, and waste. ACS Nano, 2011, 5(9): 7601-7609.

[143] Yan Z, Yao J, Sun Z, et al. Controlled ambipolar-to-unipolar conversion in graphene field-effect transistors through surface coating with poly(ethylene imine)/poly(ethylene glycol) films. Small, 2012, 8(1): 59-62.

[144] Li Z, Wu P, Wang C, et al. Low-temperature growth of graphene by chemical vapor deposition using solid and liquid carbon sources. ACS Nano, 2011, 5(4): 3385-3390.

[145] Kwak J, Kwon T Y, Chu J H, et al. In situ observations of gas phase dynamics during graphene growth using solid-state carbon sources. Phys Chem Chem Phys, 2013, 15(25): 10446-10452.

[146] Seo H K, Lee T W. Graphene growth from polymers. Carbon Lett, 2013, 14(3): 145-151.

[147] Liang T, Kong Y, Chen H, et al. From solid carbon sources to graphene. Chinese J Chem, 2016, 34(1): 32-40.

[148] Kairi M I, Khavarian M, Bakar S A, et al. Recent trends in graphene materials synthesized by CVD with various carbon precursors. J Mater Sci, 2018, 53(2): 851-879.

[149] Deng B, Liu Z, Peng H. Toward mass production of CVD graphene films. Adv Mater, 2019, 31(9): 1800996.

[150] Gao H, Guo L, Wang L, et al. Synthesis of nitrogen-doped graphene from polyacrylonitrile. Mater Lett, 2013, 109: 182-185.

[151] Wang C, Zhou Y, He L, et al. In situ nitrogen-doped graphene grown from polydimethylsiloxane by plasma enhanced chemical vapor deposition. Nanoscale, 2013, 5: 600-606.

[152] He B, Ren Z, Yan S, et al. Large area uniformly oriented multilayer graphene with high transparency and conducting properties derived from highly oriented polyethylene films. J Mater Chem C, 2014, 2(30): 6048-6055.

[153] Jo H J, Lyu J H, Ruoff R S, et al. Conversion of Langmuir-Blodgett monolayers and bilayers of poly(amic acid) through polyimide to graphene. 2D Mater, 2016, 4(1): 014005.

[154] Chen Q, Zhong Y, Huang M, et al. Direct growth of high crystallinity graphene from water-soluble polymer powders. 2D Mater, 2018, 5(3): 035001.

[155] Sharma S, Kalita G, Hirano R, et al. Synthesis of graphene crystals from solid waste plastic by chemical vapor deposition. Carbon, 2014, 72: 66-73.

[156] Huang M, Zhang Y, Wang C, et al. Growth of graphene films on Cu catalyst in hydrogen plasma using

polymethylmethacrylate as carbon source. Catal Today, 2015, 256: 209-214.

[157] Wu T, Shen H, Sun L, et al. Facile synthesis of Ag interlayer doped graphene by chemical vapor deposition using polystyrene as solid carbon source. ACS Appl Mater Interfaces, 2012, 4(4): 2041-2047.

[158] Cui L, Wang X, Chen N, et al. Trash to treasure: Converting plastic waste into a useful graphene foil. Nanoscale, 2017, 9(26): 9089-9094.

[159] Tan L X, Tan B. Hypercrosslinked porous polymer materials: Design, synthesis, and applications. Chem Soc Rev, 2017, 46(11): 3322-3356.

[160] Xu S J, Luo Y L, Tan B E. Recent development of hypercrosslinked microporous organic polymers. Macromol Rapid Commun, 2013, 34(6): 471-484.

[161] Ahn J H, Jang J E, Oh C G, et al. Rapid generation and control of microporosity, bimodal pore size distribution, and surface area in Davankov-type hyper-cross-linked resins. Macromolecules, 2006, 39(2): 627-632.

[162] Wood C D, Tan B, Trewin A, et al. Hydrogen storage in microporous hypercrosslinked organic polymer networks. Chem Mater, 2007, 19(8): 2034-2048.

[163] Li B Y, Gong R N, Wang W, et al. A new strategy to microporous polymers: Knitting rigid aromatic building blocks by external cross-linker. Macromolecules, 2011, 44(8): 2410-2414.

[164] Zou C, Wu D, Li M, et al. Template-free fabrication of hierarchical porous carbon by constructing carbonyl crosslinking bridges between polystyrene chains. J Mater Chem, 2010, 20(4): 731-735.

[165] Zeng Q, Wu D, Zou C, et al. Template-free fabrication of hierarchical porous carbon based on intra-/inter-sphere crosslinking of monodisperse styrene-divinylbenzene copolymer nanospheres. Chem Commun, 2010, 46(32): 5927-5929.

[166] Xu F, Cai R, Zeng Q, et al. Fast ion transport and high capacitance of polystyrene-based hierarchical porous carbon electrode material for supercapacitors. J Mater Chem, 2011, 21(6): 1970-1976.

[167] Zhong H, Xu F, Li Z, et al. High-energy supercapacitors based on hierarchical porous carbon with an ultrahigh ion-accessible surface area in ionic liquid electrolytes. Nanoscale, 2013, 5(11): 4678-4682.

[168] Wang K W, Huang L, Razzaque S, et al. Fabrication of hollow microporous carbon spheres from hyper-crosslinked microporous polymers. Small, 2016, 12(23): 3134-3142.

[169] Li Z, Wu D, Liang Y, et al. Synthesis of well-defined microporous carbons by molecular-scale templating with polyhedral oligomeric silsesquioxane moieties. J Am Chem Soc, 2014, 136(13): 4805-4808.

[170] Ouyang Y, Shi H, Fu R, et al. Highly monodisperse microporous polymeric and carbonaceous nanospheres with multifunctional properties. Sci Rep, 2013, 3: 1430.

[171] Mai W, Sun B, Chen L, et al. Water-dispersible, responsive, and carbonizable hairy microporous polymeric nanospheres. J Am Chem Soc, 2015, 137(41): 13256-13259.

[172] Song K P, Liu P, Wang J Y, et al. Controlled synthesis of uniform palladium nanoparticles on novel micro-porous carbon as a recyclable heterogeneous catalyst for the Heck reaction. Dalton Trans, 2015, 44(31): 13906-13913.

[173] Song K P, Zou Z J, Wang D L, et al. Microporous organic polymers derived microporous carbon supported Pd catalysts for oxygen reduction reaction: Impact of framework and heteroatom. J Phys Chem C, 2016, 120(4): 2187-2197.

[174] Liang Y, Liang F, Zhong H, et al. An advanced carbonaceous porous network for high-performance organic electrolyte supercapacitors. J Mater Chem A, 2013, 1(24): 7000-7005.

[175] Lee J S M, Briggs M E, Hasell T, et al. Hyperporous carbons from hypercrosslinked polymers. Adv Mater, 2016, 28(44): 9804-9810.

[176] Lee J S M, Briggs M E, Hu C C, et al. Controlling electric double-layer capacitance and pseudocapacitance in heteroatom-doped carbons derived from hypercrosslinked microporous polymers. Nano Energy, 2018, 46: 277-289.

[177] Zhang Y, Shen Z, Yu Y, et al. Porous carbon derived from waste polystyrene foam for supercapacitor. J Mater Sci, 2018, 53(17): 12115-12122.

[178] Younker J M, Saito T, Hunt M A, et al. Pyrolysis pathways of sulfonated polyethylene, an alternative carbon fiber precursor. J Am Chem Soc, 2013, 135(16): 6130-6141.

[179] Barton B E, Patton J, Hukkanen E, et al. The chemical transformation of hydrocarbons to carbon using SO_3 sources. Carbon, 2015, 94: 465-471.

[180] Behr M J, Landes B G, Barton B E, et al. Structure-property model for polyethylene-derived carbon fiber. Carbon, 2016, 107: 525-535.

[181] Li C, Zhu H, Salim N V, et al. Preparation of microporous carbon materials via in-depth sulfonation and stabilization of polyethylene. Polym Degrad Stabil, 2016, 134: 272-283.

[182] Choi D, Jang D, Joh H I, et al. High performance graphitic carbon from waste polyethylene: Thermal oxidation as a stabilization pathway revisited. Chem Mater, 2017, 29(21): 9518-9527.

[183] Choi D, Yeo J S, Joh H I, et al. Carbon nanosheet from polyethylene thin film as a transparent conducting film: "Upcycling" of waste to organic photovoltaics application. ACS Sustainable Chem Eng, 2018, 6(9): 12463-12470.

[184] Tang Y, Cen Z, Ma Q, et al. A versatile sulfur-assisted pyrolysis strategy for high-atom-economy upcycling of waste plastics into high-value carbon materials. Adv Sci, 2023, 10(15): 2206924.

[185] Jia M, Bai H, Liu N, et al. Upcycling waste polyethylene into carbon nanomaterial via a carbon-grown-on-carbon strategy. Macromol Rapid Commun, 2022, 43(18): 2100835.

[186] Song C, Zhang B, Hao L, et al. Converting poly(ethylene terephthalate) waste into N-doped porous carbon as CO_2 adsorbent and solar steam generator. Green Energy Environ, 2022, 7: 411-422.

[187] Hao L, Liu N, Zhang B, et al. Waste-to-wealth: Sustainable conversion of polyester waste into porous carbons as efficient solar steam generators. J Taiwan Inst Chem Eng, 2020, 115: 71-78.

[188] Bai H, Liu N, Hao L, et al. Self-floating efficient solar steam generators constructed using super-hydrophilic N, O dual-doped carbon foams from waste polyester. Energy Environ Mater, 2022, 5(4): 1204-1213.

[189] Kong Q, Zhang J. Synthesis of straight and helical carbon nanotubes from catalytic pyrolysis of polyethylene. Polym Degrad Stabil, 2007, 92: 2005-2010.

[190] Zhang J, Du J, Qian Y, et al. Synthesis, characterization and properties of carbon nanotubes microspheres from pyrolysis of polypropylene and maleated polypropylene. Mater Res Bull, 2010, 45: 15-20.

[191] Kong Q, Zhang J, Liu H, et al. Synthesis of one-dimensional Fe_3O_4@C composites from catalytic pyrolysis of waste polypropylene. J Nanosci Nanotechnol, 2012, 12: 8055-8060.

[192] Zhang J, Yan B, Zhang F. Synthesis of carbon-coated Fe_3O_4 composites with pine-tree-leaf structures from catalytic pyrolysis of polyethylene. CrystEngComm, 2012, 14: 3451-3455.

[193] Zhang J, Yan B, Wan S, et al. Converting polyethylene waste into large scale one dimensional Fe_3O_4@C composites by a facile one-pot process. Ind Eng Chem Res, 2013, 52: 5708-5712.

[194] Zhang J, Yan B, Wu H, et al. Self-assembled synthesis of carbon-coated Fe_3O_4 composites with firecracker-like structures from catalytic pyrolysis of polyamide. RSC Adv, 2014, 4: 6991-6997.

[195] Zhang J, Zhang L, Yang H, et al. Sustainable processing of waste polypropylene to produce high yield valuable Fe/carbon nanotube nanocomposites. CrystEngComm, 2014, 16: 8832-8840.

[196] Kong Q, Yang L, Zhang J, et al. Converting waste plastics into high yield and quality carbon-based materials. Gen Chem, 2017, 3(3): 155-158.

[197] Wang L, Cheng Q, Qin H, et al. Synthesis of silicon carbide nanocrystals from waste polytetrafluoroethylene. Dalton Trans, 2017, 46(9): 2756-2759.

[198] Wang L, Dai W, Zhang K, et al. One step conversion of waste polyethylene to Cr_3C_2 nanorods and Cr_2AlC particles under mild conditions. Inorg Chem Front, 2018, 5(11): 2893-2897.

[199] Dai W, Lu L, Han Y, et al. Facile synthesis of Mo_2C nanoparticles from waste polyvinyl chloride. ACS Omega, 2019, 4(3): 4896-4900.

[200] Wang L, Dai W, Cheng Q, et al. Converting waste polyethylene into $ZnCCo_3$ and $ZnCNi_3$ by a one-step thermal reduction process. ACS Omega, 2019, 4(13): 15729-15733.

[201] Wang L, Zhang F, Dai W, et al. One step transformation of waste polyvinyl chloride to tantalum carbide@carbon nanocomposite at low temperature. J Am Ceram Soc, 2019, 102(11): 6455-6462.

[202] Wang L, Zhang F, Dai W, et al. The synthesis of zirconium carbide nanoparticles by lithium thermal reduction of zirconium dioxide and waste plastic. Chem Lett, 2019, 48(6): 604-606.

[203] Wang L, Dai W, Yang T, et al. One-step chemical synthesis of $MgCNi_3$ nanoparticles embedded in carbon nanosheets utilizing waste polyethylene as carbon source. Mater Res Express, 2020, 6(12): 126003.

[204] Pol S V, Pol V G, Sherman D, et al. A solvent free process for the generation of strong, conducting carbon spheres by the thermal degradation of waste polyethylene terephthalate. Green Chem, 2009, 11: 448-451.

[205] Pol V G. Upcycling: Converting waste plastics into paramagnetic, conducting, solid, pure carbon microspheres. Environ Sci Technol, 2010, 44: 4753-4759.

[206] Deshmukh S A, Kamath G, Pol V G, et al. Kinetic pathways to control hydrogen evolution and nanocarbon allotrope formation via thermal decomposition of polyethylene. J Phys Chem C, 2014, 118: 9706-9714.

[207] Pol V G, Wen J, Lau K C, et al. Probing the evolution and morphology of hard carbon spheres. Carbon, 2014, 68: 104-111.

[208] Pol V G, Thackeray M M. Spherical carbon particles and carbon nanotubes prepared by autogenic reactions: Evaluation as anodes in lithium electrochemical cells. Energy Environ Sci, 2011, 4: 1904-1912.

[209] Pol V G, Wen J, Miller D J, et al. Sonochemical deposition of Sn, SnO_2 and Sb on spherical hard carbon electrodes for Li-ion batteries. J Electrochem Soc, 2014, 161(5): A777-A782.

[210] Pol V G, Lee E, Zhou D, et al. Spherical carbon as a new high-rate anode for sodium-ion batteries. Electrochim Acta, 2014, 127: 61-67.

[211] Fonseca W S, Meng X, Deng D. Trash to treasure: Transforming waste polystyrene cups into negative electrode materials for sodium ion batteries. ACS Sustainable Chem Eng, 2015, 3(9): 2153-2159.

[212] Wei L Z, Yan N, Chen Q W. Converting poly(ethylene terephthalate) waste into carbon microspheres in a supercritical CO_2 system. Environ Sci Technol, 2011, 45: 534-539.

[213] Hu H, Gao L, Chen C, et al. Low-cost, acid/alkaline-resistant, and fluorine-free superhydrophobic fabric coating from onionlike carbon microspheres converted from waste polyethylene terephthalate. Environ Sci Technol, 2014, 48(5): 2928-2933.

[214] Gao L, Zhong H, Chen Q. Synthesis of 3C-SiC nanowires by reaction of poly(ethylene terephthalate) waste with SiO_2 microspheres. J Alloy Compd, 2013, 566: 212-216.

[215] Gao L, Zhou F, Chen Q, et al. Generation of Pd@Ni-CNTs from polyethylene wastes and their application in the electrochemical hydrogen evolution reaction. ChemistrySelect, 2018, 3(19): 5321-5325.

[216] Ma J, Liu J, Song J, et al. Pressurized carbonization of mixed plastics into porous carbon sheets on magnesium oxide. RSC Adv, 2018, 8(5): 2469-2476.

[217] Zhang L, Liu J, Yang X, et al. Synthesis of porous carbons from aromatic precursors on MgO under autogenic pressure in a closed reactor. Micropor Mesopor Mater, 2018, 268: 189-196.

[218] Wu C, Wang Z, Wang L, et al. Sustainable processing of waste plastics to produce high yield hydrogen rich synthesis gas and high quality carbon nanotubes. RSC Adv, 2012, 2: 4045-4047.

[219] Wu C, Williams P T. Hydrogen production by steam gasification of polypropylene with various nickel catalysts. Appl Catal B: Environ, 2009, 87: 152-161.

[220] Wu C, Williams P T. Investigation of Ni-Al, Ni-Mg-Al and Ni-Cu-Al catalyst for hydrogen production from pyrolysis-gasification of polypropylene. Appl Catal B: Environ, 2009, 90(1): 147-156.

[221] Wu C, Williams P T. Investigation of coke formation on Ni-Mg-Al catalyst for hydrogen production from the catalytic steam pyrolysis-gasification of polypropylene. Appl Catal B: Environ, 2010, 96(1): 198-207.

[222] Wu C, Williams P T. Pyrolysis-gasification of plastics, mixed plastics and real-world plastic waste with and without Ni-Mg-Al catalyst. Fuel, 2010, 89(10): 3022-3032.

[223] Wu C, Williams P T. Pyrolysis-gasification of post-consumer municipal solid plastic waste for hydrogen production. Int J Hydrogen Energ, 2010, 35(3): 949-957.

[224] Wu C, Williams P T. Ni/CeO_2/ZSM-5 catalysts for the production of hydrogen from the pyrolysis-gasification of polypropylene. Int J Hydrogen Energ, 2009, 34(15): 6242-6252.

[225] Elbaba I F, Wu C, Williams P T. Catalytic pyrolysis-gasification of waste tire and tire elastomers for hydrogen production. Energ Fuel, 2010, 24(7): 3928-3935.

[226] Elbaba I F, Wu C, Williams P T. Hydrogen production from the pyrolysis-gasification of waste tyres with a nickel/cerium catalyst. Int J Hydrogen Energ, 2011, 36(11): 6628-6637.

[227] Elbaba I F, Williams P T. High yield hydrogen from the pyrolysis-catalytic gasification of waste tyres with a nickel/dolomite catalyst. Fuel, 2013, 106: 528-536.

[228] Elbaba I F, Williams P T. Deactivation of nickel catalysts by sulfur and carbon for the pyrolysis-catalytic gasification/reforming of waste tires for hydrogen production. Energ Fuel, 2014, 28(3): 2104-2113.

[229] Acomb J C, Nahil M A, Williams P T. Thermal processing of plastics from waste electrical and electronic equipment for hydrogen production. J Anal Appl Pyrol, 2013, 103: 320-327.

[230] Alvarez J, Kumagai S, Wu C, et al. Hydrogen production from biomass and plastic mixtures by pyrolysis-gasification. Int J Hydrogen Energ, 2014, 39(21): 10883-10891.

[231] Saad J M, Nahil M A, Williams P T. Influence of process conditions on syngas production from the thermal processing of waste high density polyethylene. J Anal Appl Pyrol, 2015, 113: 35-40.

[232] Saad J M, Nahil M A, Wu C, et al. Influence of nickel-based catalysts on syngas production from carbon dioxide reforming of waste high density polyethylene. Fuel Process Technol, 2015, 138: 156-163.

[233] Saad J M, Williams P T. Pyrolysis-catalytic-dry reforming of waste plastics and mixed waste plastics for syngas production. Energ Fuel, 2016, 30(4): 3198-3204.

[234] Saad J M, Williams P T. Pyrolysis-catalytic dry (CO_2) reforming of waste plastics for syngas production: Influence of process parameters. Fuel, 2017, 193: 7-14.

[235] Yao D, Yang H, Chen H, et al. Investigation of nickel-impregnated zeolite catalysts for hydrogen/syngas production from the catalytic reforming of waste polyethylene. Appl Catal B: Environ, 2018, 227: 477-487.

[236] Yao D, Yang H, Chen H, et al. Co-precipitation, impregnation and so-gel preparation of Ni catalysts for

[237] Wu C, Nahil M A, Miskolczi N, et al. Processing real-world waste plastics by pyrolysis-reforming for hydrogen and high-value carbon nanotubes. Environ Sci Technol, 2014, 48: 819-826.

[238] Acomb J C, Wu C, Williams P T. Control of steam input to the pyrolysis-gasification of waste plastics for improved production of hydrogen or carbon nanotubes. Appl Catal B: Environ, 2014, 147: 571-584.

[239] Acomb J C, Wu C, Williams P T. Effect of growth temperature and feedstock: Catalyst ratio on the production of carbon nanotubes and hydrogen from the pyrolysis of waste plastics. J Anal Appl Pyrol, 2015, 113: 231-238.

[240] Acomb J C, Wu C, Williams P T. The use of different metal catalysts for the simultaneous production of carbon nanotubes and hydrogen from pyrolysis of plastic feedstocks. Appl Catal B: Environ, 2016, 180: 497-510.

[241] Wu C, Nahil M A, Norbert M, et al. Production and application of carbon nanotubes, as a co-product of hydrogen from the pyrolysis-catalytic reforming of waste plastic. Process Saf Environ Prot, 2016, 103: 107-114.

[242] Liu X, Zhang Y, Nahil M A, et al. Development of Ni- and Fe- based catalysts with different metal particle sizes for the production of carbon nanotubes and hydrogen from thermo-chemical conversion of waste plastics. J Anal Appl Pyrol, 2017, 125: 32-39.

[243] Yao D, Wu C, Yang H, et al. Co-production of hydrogen and carbon nanotubes from catalytic pyrolysis of waste plastics on Ni-Fe bimetallic catalyst. Energ Convers Manage, 2017, 148: 692-700.

[244] Yao D, Zhang Y, Williams P T, et al. Co-production of hydrogen and carbon nanotubes from real-world waste plastics: Influence of catalyst composition and operational parameters. Appl Catal B: Environ, 2018, 221: 584-597.

[245] Liu X, Shen B, Wu Z, et al. Producing carbon nanotubes from thermochemical conversion of waste plastics using Ni/ceramic based catalyst. Chem Eng Sci, 2018, 192: 882-891.

[246] Zhang Y, Wu C, Nahil M A, et al. Pyrolysis-catalytic reforming/gasification of waste tires for production of carbon nanotubes and hydrogen. Energ Fuel, 2015, 29(5): 3328-3334.

[247] Zhang Y, Williams P T. Carbon nanotubes and hydrogen production from the pyrolysis catalysis or catalytic-steam reforming of waste tyres. J Anal Appl Pyrol, 2016, 122: 490-501.

[248] Zhang Y, Tao Y, Huang J, et al. Influence of silica-alumina support ratio on H_2 production and catalyst carbon deposition from the Ni-catalytic pyrolysis/reforming of waste tyres. Waste Manag Res, 2017, 35(10): 1045-1054.

[249] Zhuo C, Hall B, Richter H, et al. Synthesis of carbon nanotubes by sequential pyrolysis and combustion of polyethylene. Carbon, 2010, 48: 4024-4034.

[250] Zhuo C, Levendis Y A. Upcycling waste plastics into carbon nanomaterials: A review. J Appl Polym Sci, 2014, 131: 39931-39944.

[251] Zhuo C, Wang X, Nowak W, et al. Oxidative heat treatment of 316L stainless steel for effective catalytic growth of carbon nanotubes. Appl Surf Sci, 2014, 313: 227-236.

[252] Panahi A, Wei Z, Song G, et al. Influence of stainless-steel catalyst substrate type and pretreatment on growing carbon nanotubes from waste postconsumer plastics. Ind Eng Chem Res, 2019, 58(8): 3009-3023.

[253] Alves J O, Zhuo C, Levendis Y A, et al. Microstructural analysis of carbon nanomaterials produced from pyrolysis/combustion of styrene-butadiene-rubber (SBR). Mater Res, 2011, 14(4): 499-504.

[254] Zhuo C, Alves J O, Tenorio J A S, et al. Synthesis of carbon nanomaterials through up-cycling agricultural and municipal solid wastes. Ind Eng Chem Res, 2012, 51: 2922-2930.

[255] Soheilian R, Davies A, Anaraki S T, et al. Pyrolytic gasification of post-consumer polyolefins to allow for "clean" premixed combustion. Energ Fuel, 2013, 27: 4859-4868.

[256] Hall B, Zhuo C, Levendis Y A, et al. Influence of the fuel structure on the flame synthesis of carbon nanomaterials.

Carbon, 2011, 49: 3412-3423.

[257] Alves J O, Zhuo C, Levendis Y A, et al. Catalytic conversion of wastes from the bioethanol production into carbon nanomaterials. Appl Catal B: Environ, 2011, 101: 433-444.

[258] Alves J O, Tenório J A S, Zhuo C, et al. Characterization of nanomaterials produced from sugarcane bagasse. J Mater Res Technol, 2012, 1(1): 31-34.

[259] Davies A, Soheilian R, Zhuo C, et al. Pyrolytic conversion of biomass residues to gaseous fuels for electricity generation. J Energy Resour Technol, 2014, 136(2): 021101.

[260] Gong J, Yao K, Liu J, et al. Striking influence of Fe_2O_3 on the "catalytic carbonization" of chlorinated poly(vinyl chloride) into carbon microspheres with high performance in the photo-degradation of Congo red. J Mater Chem A, 2013, 1: 5247-5255.

[261] Yao K, Gong J, Zheng J, et al. Catalytic carbonization of chlorinated poly(vinyl chloride) microfibers into carbon microfibers with high performance in the photo-degradation of Congo red. J Phys Chem C, 2013, 117: 17016-17023.

[262] Gong J, Liu J, Wen X, et al. Upcycling waste polypropylene into graphene flakes on organically-modified montmorillonite. Ind Eng Chem Res, 2014, 53: 4173-4181.

[263] Fernandez-Saavedra R, Aranda P, Ruiz-Hitzky E. Templated synthesis of carbon nanofibers from polyacrylonitrile using sepiolite. Adv Funct Mater, 2004, 14(1): 77-82.

[264] Hulicova D, Yamashita J, Soneda Y, et al. Supercapacitors prepared from melamine-based carbon. Chem Mater, 2005, 17(5): 1241-1247.

[265] Santos C, Andrade M, Vieira A L, et al. Templated synthesis of carbon materials mediated by porous clay heterostructures. Carbon, 2010, 48(14): 4049-4056.

[266] Ruiz-Hitzky E, Darder M, Fernandes F M, et al. Supported graphene from natural resources: Easy preparation and applications. Adv Mater, 2011, 23(44): 5250-5255.

[267] Zhang Z, Liao L, Xia Z, et al. Montmorillonite-carbon nanocomposites with nanosheet and nanotube structure: Preparation, characterization and structure evolution. Appl Clay Sci, 2012, 55: 75-82.

[268] Wu X, Gao P, Zhang X, et al. Synthesis of clay/carbon adsorbent through hydrothermal carbonization of cellulose on palygorskite. Appl Clay Sci, 2014, 95: 60-66.

[269] Wen Y, Kierzek K, Min J, et al. Porous carbon nanosheet with high surface area derived from waste poly(ethylene terephthalate) for supercapacitor applications. J Appl Polym Sci, 2020, 137: 48338.

[270] Gong J, Liu J, Chen X, et al. Converting real-world mixed waste plastics into porous carbon nanosheets with excellent performance in the adsorption of an organic dye from wastewater. J Mater Chem A, 2015, 3: 341-351.

[271] Gong J, Michalkiewicz B, Chen X, et al. Sustainable conversion of mixed plastics into porous carbon nanosheet with high performances in uptake of carbon dioxide and storage of hydrogen. ACS Sustainable Chem Eng, 2014, 2: 2837-2844.

[272] Wen Y, Kierzek K, Chen X, et al. Mass production of hierarchically porous carbon nanosheets by carbonizing "real-world" mixed waste plastics toward excellent-performance supercapacitors. Waste Manage, 2019, 87: 691-700.

[273] Pandey S, Karakoti M, Dhali S, et al. Bulk synthesis of graphene nanosheets from plastic waste: An invincible method of solid waste management for better tomorrow. Waste Manage, 2019, 88: 48-55.

[274] Li Q, Yao K, Zhang G, et al. Controllable synthesis of 3D hollow-carbon-spheres/graphene-flake hybrid nanostructures from polymer nanocomposite by self-assembly and feasibility for lithium-ion batteries. Part Part

Syst Charact, 2015, 32(9): 874-879.

[275] Wen Y, Liu J, Song J F, et al. Conversion of polystyrene into porous carbon sheet and hollow carbon shell over different magnesium oxide templates for efficient removal of methylene blue. RSC Adv, 2015, 5: 105047-105056.

[276] Min J, Zhang S, Li J, et al. From polystyrene waste to porous carbon flake and potential application in supercapacitor. Waste Manage, 2019, 85: 333-340.

[277] Ma C, Liu X, Min J, et al. Sustainable recycle of waste polystyrene into hierarchical porous carbon nanosheets with potential application in supercapacitor. Nanotechnology, 2020, 31: 035402.

[278] Lian Y, Ni M, Huang Z, et al. Polyethylene waste carbons with a mesoporous network towards highly efficient supercapacitors. Chem Eng J, 2019, 366: 313-320.

[279] Zhang Y, Yu Y, Liang K, et al. Hollow mesoporous carbon cages by pyrolysis of waste polyethylene for supercapacitors. New J Chem, 2019, 43(27): 10899-10905.

[280] Cheng L X, Zhang L, Chen X Y, et al. Efficient conversion of waste polyvinyl chloride into nanoporous carbon incorporated with MnO_x exhibiting superior electrochemical performance for supercapacitor application. Electrochim Acta, 2015, 176: 197-206.

[281] Liu K, Qian M, Fan L, et al. Dehalogenation on the surface of nano-templates: A rational route to tailor halogenated polymer-derived soft carbon. Carbon, 2020, 159: 221-228.

[282] Morishita T, Tsumura T, Toyoda M, et al. A review of the control of pore structure in MgO-templated nanoporous carbons. Carbon, 2010, 48(10): 2690-2707.

[283] Acevedo B, Barriocanal C. Preparation of MgO-templated carbons from waste polymeric fibres. Micropor Mesopor Mater, 2015, 209: 30-37.

[284] Zhang Y, Qu T, Xiang K, et al. *In situ* formation/carbonization of quinone-amine polymers towards hierarchical porous carbon foam with high faradaic activity for energy storage. J Mater Chem A, 2018, 6(5): 2353-2359.

[285] Liu Q, Zhong J, Sun Z, et al. Cross-linked carbon networks constructed from N-doped nanosheets with enhanced performance for supercapacitors. Appl Surf Sci, 2017, 396: 1326-1334.

[286] Chen X Y, Chen C, Zhang Z J, et al. A general conversion of polyacrylate-metal complexes into porous carbons especially evinced in the case of magnesium polyacrylate. J Mater Chem A, 2013, 1: 4017-4025.

[287] Jiang W, Jia X, Luo Z, et al. Supercapacitor performance of spherical nanoporous carbon obtained by a $CaCO_3$-assisted template carbonization method from polytetrafluoroethene waste and the electrochemical enhancement by the nitridation of $CO(NH_2)_2$. Electrochim Acta, 2014, 147: 183-191.

[288] He X, Sun H, Zhu M, et al. N-doped porous graphitic carbon with multi-flaky shell hollow structure prepared using a green and 'useful' template of $CaCO_3$ for VOC fast adsorption and small peptide enrichment. Chem Commun, 2017, 53(24): 3442-3445.

[289] He X, Liu P, Liu J, et al. Facile synthesis of hierarchical N-doped hollow porous carbon whiskers with ultrahigh surface area via synergistic inner-outer activation for casein hydrolysate adsorption. J Mater Chem B, 2017, 5(46): 9211-9218.

[290] Gong W, Chen W, He J, et al. Substrate-independent and large-area synthesis of carbon nanotube thin films using ZnO nanorods as template and dopamine as carbon precursor. Carbon, 2015, 83: 275-281.

[291] Chen X Y, Cheng L X, Deng X, et al. Generalized conversion of halogen-containing plastic waste into nanoporous carbon by a template carbonization method. Ind Eng Chem Res, 2014, 53: 6990-6997.

[292] Mezni A, Ben Saber N, Alhadhrami A A, et al. Highly biocompatible carbon nanocapsules derived from plastic waste for advanced cancer therapy. J Drug Deliv Sci Tec, 2017, 41: 351-358.

[293] Li J, Zhang G, Chen N, et al. Built structure of ordered vertically aligned codoped carbon nanowire arrays for supercapacitors. ACS Appl Mater Interfaces, 2017, 9(29): 24840-24845.

[294] Kamali A R, Yang J, Sun Q. Molten salt conversion of polyethylene terephthalate waste into graphene nanostructures with high surface area and ultra-high electrical conductivity. Appl Surf Sci, 2019, 476: 539-551.

[295] Tan Y, Xu C, Chen G, et al. Synthesis of ultrathin nitrogen-doped graphitic carbon nanocages as advanced electrode materials for supercapacitor. ACS Appl Mater Interfaces, 2013, 5(6): 2241-2248.

[296] Zhang J, Yang Z, Qiu J, et al. Design and synthesis of nitrogen and sulfur co-doped porous carbon via two-dimensional interlayer confinement for a high-performance anode material for lithium-ion batteries. J Mater Chem A, 2016, 4(16): 5802-5809.

[297] Jiang H L, Liu B, Lan Y Q, et al. From metal-organic framework to nanoporous carbon: Toward a very high surface area and hydrogen uptake. J Am Chem Soc, 2011, 133(31): 11854-11857.

[298] Zhang W, Wu Z Y, Jiang H L, et al. Nanowire-directed templating synthesis of metal-organic framework nanofibers and their derived porous doped carbon nanofibers for enhanced electrocatalysis. J Am Chem Soc, 2014, 136(41): 14385-14388.

[299] Tang J, Salunkhe R R, Liu J, et al. Thermal conversion of core-shell metal-organic frameworks: A new method for selectively functionalized nanoporous hybrid carbon. J Am Chem Soc, 2015, 137(4): 1572-1580.

[300] Salunkhe R R, Kaneti Y V, Kim J, et al. Nanoarchitectures for metal-organic framework-derived nanoporous carbons toward supercapacitor applications. Acc Chem Res, 2016, 49(12): 2796-2806.

[301] Zhu Q L, Xia W, Akita T, et al. Metal-organic framework-derived honeycomb-like open porous nanostructures as precious-metal-free catalysts for highly efficient oxygen electroreduction. Adv Mater, 2016, 28(30): 6391-6398.

[302] Lukens W W, Stucky G D. Synthesis of mesoporous carbon foams templated by organic colloids. Chem Mater, 2002, 14(4): 1665-1670.

[303] Adelhelm P, Hu Y S, Chuenchom L, et al. Generation of hierarchical meso- and macroporous carbon from mesophase pitch by spinodal decomposition using polymer templates. Adv Mater, 2007, 19(22): 4012-4017.

[304] Gong J, Lin H, Antonietti M, et al. Nitrogen-doped porous carbon nanosheets derived from poly(ionic liquid): Hierarchical pore structures for efficient CO_2 capture and dye removal. J Mater Chem A, 2016, 4: 7313-7321.

[305] Liang C, Hong K, Guiochon G A, et al. Synthesis of a large-scale highly ordered porous carbon film by self-assembly of block copolymers. Angew Chem Int Ed, 2004, 43(43): 5785-5789.

[306] Meng Y, Gu D, Zhang F, et al. Ordered mesoporous polymers and homologous carbon frameworks: Amphiphilic surfactant templating and direct transformation. Angew Chem Int Ed, 2005, 44(43): 7053-7059.

[307] Meng Y, Gu D, Zhang F, et al. A family of highly ordered mesoporous polymer resin and carbon structures from organic-organic self-assembly. Chem Mater, 2006, 18(18): 4447-4464.

[308] Deng Y, Liu C, Yu T, et al. Facile synthesis of hierarchically porous carbons from dual colloidal crystal/block copolymer template approach. Chem Mater, 2007, 19(13): 3271-3277.

[309] Kowalewski T, Tsarevsky N V, Matyjaszewski K. Nanostructured carbon arrays from block copolymers of polyacrylonitrile. J Am Chem Soc, 2002, 124(36): 10632-10633.

[310] Zhong M, Kim E K, McGann J P, et al. Electrochemically active nitrogen-enriched nanocarbons with well-defined morphology synthesized by pyrolysis of self-assembled block copolymer. J Am Chem Soc, 2012, 134(36): 14846-14857.

[311] McGann J P, Zhong M, Kim E K, et al. Block copolymer templating as a path to porous nanostructured carbons with highly accessible nitrogens for enhanced (electro)chemical performance. Macromol Chem Phys, 2012,

213(10-11): 1078-1090.

[312] Kopeć M, Yuan R, Gottlieb E, et al. Polyacrylonitrile-*b*-poly(butyl acrylate) block copolymers as precursors to mesoporous nitrogen-doped carbons: Synthesis and nanostructure. Macromolecules, 2017, 50(7): 2759-2767.

[313] Song Y, Wei G Y, Kopec M, et al. Copolymer-templated synthesis of nitrogen-doped mesoporous carbons for enhanced adsorption of hexavalent chromium and uranium. ACS Appl Nano Mater, 2018, 1(6): 2536-2543.

[314] Gottlieb E, Matyjaszewski K, Kowalewski T. Polymer-based synthetic routes to carbon-based metal-free catalysts. Adv Mater 2019, 31(13): 1804626.

[315] Kopeć M, Lamson M, Yuan R, et al. Polyacrylonitrile-derived nanostructured carbon materials. Prog Polym Sci, 2019, 92: 89-134.

[316] Wang Y, Liu J Q, Christiansen S, et al. Nanopatterned carbon films with engineered morphology by direct carbonization of UV-stabilized block copolymer films. Nano Lett, 2008, 8(11): 3993-3997.

[317] He Z D, Wang T Q, Xu Y, et al. Construction of microporous organic nanotubes based on Scholl reaction. J Phys Chem C, 2018, 122(16): 8933-8940.

[318] Yang J, Bao Y Z, Pan P J. Preparation of hierarchical porous carbons from amphiphilic poly(vinylidene chloride-*co*-methyl acrylate)-*b*-poly(acrylic acid) copolymers by self-templating and one-step carbonization method. Micropor Mesopor Mater, 2014, 196: 199-207.

[319] Tang C, Qi K, Wooley K L, et al. Well-defined carbon nanoparticles prepared from water-soluble shell cross-linked micelles that contain polyacrylonitrile cores. Angew Chem Int Ed, 2004, 43(21): 2783-2787.

[320] Yan K, Kong L B, Dai Y H, et al. Design and preparation of highly structure-controllable mesoporous carbons at the molecular level and their application as electrode materials for supercapacitors. J Mater Chem A, 2015, 3(45): 22781-22793.

[321] Yan K, Kong L B, Shen K W, et al. Facile preparation of nitrogen-doped hierarchical porous carbon with high performance in supercapacitors. Appl Surf Sci, 2016, 364: 850-861.

[322] Lazzari M, Scalarone D, Vazquez-Vazquez C, et al. Cylindrical micelles from the self-assembly of polyacrylonitrile-based diblock copolymers in nonpolar selective solvents. Macromol Rapid Commun, 2008, 29(4): 352-357.

[323] Lin Y, Wang X Y, Qian G, et al. Additive-driven self-assembly of well-ordered mesoporous carbon/iron oxide nanoparticle composites for supercapacitors. Chem Mater, 2014, 26(6): 2128-2137.

[324] Ho R M, Wang T C, Lin C C, et al. Mesoporous carbons from poly(acrylonitrile)-*b*-poly(epsilon-caprolactone) block copolymers. Macromolecules, 2007, 40(8): 2814-2821.

[325] Jang Y H, Kochuveedu S T, Jang Y J, et al. The fabrication of graphitic thin films with highly dispersed noble metal nanoparticles by direct carbonization of block copolymer inverse micelle templates. Carbon, 2011, 49(6): 2120-2126.

[326] Kochuveedu S T, Jang Y J, Jang Y H, et al. Visible-light active nanohybrid TiO_2/carbon photocatalysts with programmed morphology by direct carbonization of block copolymer templates. Green Chem, 2011, 13(12): 3397-3405.

[327] Tang C, Tracz A, Kruk M, et al. Long-range ordered thin films of block copolymers prepared by zone-casting and their thermal conversion into ordered nanostructured carbon. J Am Chem Soc, 2005, 127(19): 6918-6919.

[328] Gottlieb E, Kopeć M, Banerjee M, et al. *In-situ* platinum deposition on nitrogen-doped carbon films as a source of catalytic activity in a hydrogen evolution reaction. ACS Appl Mater Interfaces, 2016, 8(33): 21531-21538.

[329] Ju M J, Choi I T, Zhong M, et al. Copolymer-templated nitrogen-enriched nanocarbons as a low charge-transfer

resistance and highly stable alternative to platinum cathodes in dye-sensitized solar cells. J Mater Chem A, 2015, 3(8): 4413-4419.

[330] Zhong M, Jiang S, Tang Y, et al. Block copolymer-templated nitrogen-enriched nanocarbons with morphology-dependent electrocatalytic activity for oxygen reduction. Chem Sci, 2014, 5(8): 3315-3319.

[331] Zhong M, Tang C, Kim E K, et al. Preparation of porous nanocarbons with tunable morphology and pore size from copolymer templated precursors. Mater Horiz, 2014, 1(1): 121-124.

[332] Jang Y J, Jang Y H, Han S B, et al. Nanostructured metal/carbon hybrids for electrocatalysis by direct carbonization of inverse micelle multilayers. ACS Nano, 2013, 7(2): 1573-1582.

[333] Aftabuzzaman M, Kim C K, Zhou H, et al. In situ preparation of Ru-N-doped template-free mesoporous carbons as a transparent counter electrode for bifacial dye-sensitized solar cells. Nanoscale, 2020, 12(3): 1602-1616.

[334] Liu T, Zhou Z, Guo Y, et al. Block copolymer derived uniform mesopores enable ultrafast electron and ion transport at high mass loadings. Nat Commun, 2019, 10(1): 675.

[335] Zhou Z, Liu T, Khan A U, et al. Block copolymer-based porous carbon fibers. Sci Adv, 2019, 5(2): eaau6852.

[336] Fechler N, Fellinger T P, Antonietti M. "Salt templating": A simple and sustainable pathway toward highly porous functional carbons from ionic liquids. Adv Mater, 2013, 25: 75-79.

[337] Liu X, Fechler N, Antonietti M. Salt melt synthesis of ceramics, semiconductors and carbon nanostructures. Chem Soc Rev, 2013, 42: 8237-8265.

[338] Liu X, Giordano C, Antonietti M. A facile molten-salt route to graphene synthesis. Small, 2014, 10(1): 193-200.

[339] Liu X, Antonietti M. Moderating black powder chemistry for the synthesis of doped and highly porous graphene nanoplatelets and their use in electrocatalysis. Adv Mater, 2013, 25: 6284-6290.

[340] Liu X, Antonietti M. Molten salt activation for synthesis of porous carbon nanostructures and carbon sheets. Carbon, 2014 69: 460-466.

[341] Liu X. Ionothermal synthesis of carbon nanostructures: Playing with carbon chemistry in inorganic salt melt. Nano Adv, 2016, 1: 90-103.

[342] Zhang B, Song C, Liu C, et al. Molten salts promoting the "controlled carbonization" of waste polyesters into hierarchically porous carbon for high-performance solar steam evaporation. J Mater Chem A, 2019, 7: 22912-22923.

[343] Liu N, Hao L, Zhang B, et al. Rational design of high-performance bilayer solar evaporator by using waste polyester-derived porous carbon-coated wood. Energy Environ Mater, 2022, 5: 617-626.

[344] Liu N, Hao L, Zhang B, et al. High-performance solar vapor generation by sustainable biomimetic snake-scale-like porous carbon. Sustainable Energy Fuels, 2020, 4: 5522-5532.

[345] Feng N, Meng R, Zu L, et al. A polymer-direct-intercalation strategy for MoS_2/carbon-derived heteroaerogels with ultrahigh pseudocapacitance. Nat Commun, 2019, 10(1): 1372.

[346] Li J, Song Y, Zhang G, et al. Pyrolysis of self-assembled iron porphyrin on carbon black as core/shell structured electrocatalysts for highly efficient oxygen reduction in both alkaline and acidic medium. Adv Funct Mater, 2017, 27(3): 1604356.

[347] An B, Xu S, Li L, et al. Carbon nanotubes coated with a nitrogen-doped carbon layer and its enhanced electrochemical capacitance. J Mater Chem A, 2013, 1(24): 7222-7228.

[348] Zhao Y, Hu C, Hu Y, et al. A versatile, ultralight, nitrogen-doped graphene framework. Angew Chem Int Ed, 2012, 51: 11371-11375.

[349] Zhang X, Ma L, Gan M, et al. Fabrication of 3D lawn-shaped N-doped porous carbon matrix/polyaniline

nanocomposite as the electrode material for supercapacitors. J Power Sources, 2017, 340: 22-31.

[350] Zhuang X, Zhang F, Wu D, et al. Graphene coupled schiff-base porous polymers: Towards nitrogen-enriched porous carbon nanosheets with ultrahigh electrochemical capacity. Adv Mater, 2014, 26(19): 3081-3086.

[351] Gong J, Antonietti M, Yuan J. Poly(ionic liquid)-derived carbon with site-specific N-doping and biphasic heterojunction for enhanced CO_2 capture and sensing. Angew Chem Int Ed, 2017, 56(26): 7557-7563.

[352] Zhang J T, Jin Z Y, Li W C, et al. Graphene modified carbon nanosheets for electrochemical detection of Pb(II) in water. J Mater Chem A, 2013, 1: 13139-13145.

[353] Hao G P, Jin Z Y, Sun Q, et al. Porous carbon nanosheets with precisely tunable thickness and selective CO_2 adsorption properties. Energy Environ Sci, 2013, 6: 3740-3747.

[354] Jin Z Y, Lu A H, Xu Y Y, et al. Ionic liquid-assisted synthesis of microporous carbon nanosheets for use in high rate and long cycle life supercapacitors. Adv Mater, 2014, 26(22): 3700-3705.

第 3 章 聚合物碳化制备不同维数的碳材料

3.1 聚合物碳化制备不同维数的碳材料概述

碳材料的种类繁多，历史悠久，可以追溯到远古时期。例如，煤炭(coal)是古代植物埋藏在地下经历了长期的复杂的物理化学变化逐渐形成的固体可燃性矿物。煤炭被人们誉为黑色的金子、工业的食粮，是18世纪以来人类使用的主要能源之一。其次是木炭(charcoal)，它是木材或者木质原料经过不完全燃烧，或者在隔绝空气的条件下热解，所残留的深褐色或者黑色多孔固体燃料。虽然并不十分清楚人类到底从什么时候开始使用木炭的，但是人类发明取火的同时就与木炭产生了联系的看法应该说是妥当的。另外，木炭是保持木材原来构造和孔内残留焦油的不纯的无定形碳材料。在中国商代的青铜器和春秋战国时代铁器的冶炼都使用了木炭。可以说，碳材料的形成和发展伴随并推动整个人类文明的不断进步。

到了近代，一大批新型功能性碳材料被陆续合成，如碳纤维、碳纳米纤维、金刚石、富勒烯、碳纳米管和石墨烯，还有石墨炔。碳材料是现代科技领域最重要的材料之一，也是化学、生物、物理和化工等学科研究的基础。

聚合物作为碳材料前驱体的优势有三个。第一，相比小分子碳源，聚合物的碳总量易于精确控制，这也是制备层数可控的石墨烯的关键。第二，聚合物链组成与结构的变化丰富多样，可以引入杂原子参与碳化反应，极大丰富了碳源种类，并促进新型功能性碳材料的合成，如聚离子液体为制备氮、硫和磷掺杂的多孔碳提供新的简便方法。第三，为废弃聚合物材料的资源回收再利用提供新的途径，特别是城市废弃塑料的再利用，这对实现碳中和与可持续发展尤为重要。

本章重点介绍聚合物碳化制备不同维数的碳材料，包括零维的碳颗粒、碳纳米点、实心碳球、中空碳球、核壳结构碳球、富勒烯和金刚石，一维的碳纳米纤维、碳纤维、碳纳米管、杯叠碳纳米管和螺旋碳纳米管，二维的石墨烯和碳纳米薄片，以及三维的碳分子筛膜、纳米孔碳膜、大孔碳膜和等级孔碳膜、碳泡沫、多孔碳、整体式碳材料和碳/碳复合材料。本章将从碳材料的结构和形貌入手，着重介绍控制聚合物的碳化反应从而精确调控碳材料的生长。

3.2 聚合物碳化制备零维的碳材料

3.2.1 碳颗粒

广义地讲，碳颗粒包括尺寸小于 100 nm 的碳纳米颗粒和尺寸在 100 nm 到数微米之间的碳颗粒。碳颗粒往往具有较为规整的、近似球形的形貌。本节介绍尺寸较大且没有荧光性质的碳颗粒，有荧光且尺寸小于 10 nm 的碳纳米颗粒是碳纳米点，将在 3.2.2 节中介绍。

聚合物燃烧过程中没有完全燃烧时的"黑烟"产物一般就是碳纳米颗粒，其结构和炭黑类似。Sawant 等[1]将废弃聚丙烯(PP)、低密度聚乙烯(LDPE)、高密度聚乙烯(HDPE)、聚碳酸酯(PC)、聚氯乙烯(PVC)、聚苯乙烯(PS)和聚对苯二甲酸乙二醇酯(PET)在马弗炉中 500℃下空气氛围中不完全燃烧后，发现在马弗炉内壁就有碳纳米颗粒生成(图 3.1)。以 PP 为例，得到碳纳米颗粒的形貌是洋葱碳的聚集体，每个洋葱碳的直径约为 62 nm，石墨层间排列并不规整，层间距为 0.35 nm，略高于石墨的层间距 0.335 nm。

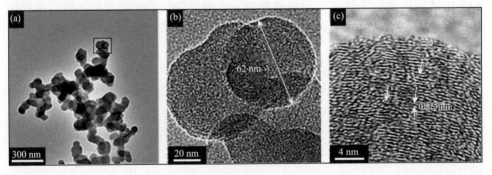

图 3.1　不完全燃烧 PP 制备碳纳米颗粒的 TEM 图像(a、b)和高分辨 TEM(HRTEM)图像(c)[1]

他们进一步通过 Raman 和 X 射线衍射(XRD)表征发现碳纳米颗粒具有较低的石墨化程度。通过红外表征发现，碳纳米颗粒具有丰富的含氧基团，如羟基和羰基。塑料的种类并没有显著影响碳纳米颗粒的尺寸。有意思的是，在氮气氛围中，并没有碳纳米颗粒生成。换言之，在碳纳米颗粒生长过程中，氧气是必需的。他们分析碳纳米颗粒的生长机理包括塑料降解成小分子碳氢化合物，降解产物的氧化和交联聚合生成成核位点，以及生长等过程。Niu 等[2]将 PS 颗粒放置在陶瓷坩埚中并加盖，通过煤气/氧气混合气加热至 700℃后燃烧，发现在坩埚盖子的外壁有碳纳米颗粒，其形貌与"生姜"类似，因此将其命名为"姜型碳"。它的平均长度为$(540±6)$ nm，每个碳颗粒的平均直径为$(55±8)$ nm，比表面积为 279.4 m^2/g，氧元素的含量为 17.8 wt%，表面官能团以羧基、羰基和羟基为主。"姜型碳"的形貌和 Sawant 等制备的碳纳米颗粒类似。通常这些碳纳米颗粒在水溶液或者有机溶剂中的分散性较差。

通过常规的裂解或者燃烧方式制备的碳纳米颗粒的产率一般都较低，小于 10 wt%。Alonso-Morales 等[3-5]利用快速加热半连续进料反应器[图 3.2(a)]将 PE 转化为碳颗粒，产率为 15.3 wt%～49.4 wt%。进一步研究发现，反应温度、氮气流速和 PE 颗粒的停留时间均对碳颗粒的尺寸和产率有影响。当氮气流速为 25 mL/min，停留时间为 63 s 时，反应温度从 776℃增加到 860℃和 944℃后，碳颗粒的尺寸从 750 nm 增加到 1250 nm，产率从 15.3 wt%增加到 46.7 wt%。保持反应温度，降低氮气速率和增加 PE 颗粒的停留时间都能提高碳颗粒的产率，并且促进均匀的碳颗粒生成。

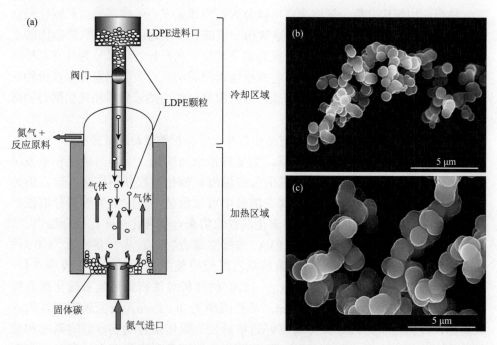

图 3.2 快速加热半连续进料反应器将 PE 转化为碳纳米颗粒的装置示意图(a)和 776℃(b)与 944℃(c)下制备碳纳米颗粒的 SEM 图像[3]

3.2.2 碳纳米点

碳纳米点是指类似球形并且尺寸一般都小于 10 nm 的具有荧光性质的碳颗粒。2004 年，Xu 等[6]在纯化电弧烟尘制备单壁碳纳米管的过程中，发现了一种具有荧光的纳米粒子，其平均尺寸为 (1.02 ± 0.03) nm。遗憾的是，由于其荧光较弱，并未引起广泛的关注。直到 2006 年，美国 Clemson 大学 Sun 课题组[7]合成了具有荧光性质的碳纳米颗粒，其直径为 2 nm，并且首次提出了碳纳米点的概念。

碳纳米点具有诸多优点，如优良的发光性、良好的生物相容性、低毒性、响应性的荧光猝灭/增强性质，以及易于化学修饰和功能集成性。因此，碳纳米点在诸多领域都有着广泛的应用，逐渐成为荧光材料领域的一颗新星，被科学家称为新一代的"碳纳米之光"。碳纳米点的合成方法简单高效，原料来源广泛，包括"自下而上"有机物脱水、交联和碳化法，以及各种碳源的"自上而下"裂解法。不同方法制备的碳纳米点其发光性质差异较大，尺寸依赖性和激发波长依赖性也不尽相同。

按照结构组成分析，碳纳米点可以分为石墨烯量子点、碳纳米点和碳化聚合物点三大类[8]。其中石墨烯量子点通常指一层或者多层边缘连接有修饰基团的石墨烯或者氧化石墨烯薄片。碳纳米点通常是球状纳米颗粒，可以分为具有晶格结构的碳纳米点(即碳量子点)和不具有晶格结构的碳纳米点。碳化聚合物点指物理聚集或者化学交联的聚合物纳米团簇，有时也将一些由纳米碳核和钝化聚合物链组装的结构称为碳化聚合物点[9]。

这里重点介绍碳化聚合物点，它是由吉林大学杨柏教授课题组提出的[10]。碳化聚合物点通常采用自下而上法制得，主要包括水热碳化、溶剂热碳化和微波辅助热解法。由于溶剂的存在和较低的反应温度，碳化过程并不完全。碳点的外侧保留或长或短的残留基团，使其在溶液中可以保持一定的溶解性和分散性。2012 年，杨柏教授课题组采用水热碳化法首次将聚合物转化成碳化聚合物点[10]。如图 3.3 所示，他们以聚乙烯醇(PVA)为模型聚合物，首先制备浓度为 0.4~50 mg/mL 的 PVA 水溶液，然后在聚四氟乙烯反应釜中 200~340℃下反应 0.1~10 h，取出反应产物液体用分子量为 3500 的渗析袋渗析即可制备碳化聚合物点。它的直径主要分布在 2~7 nm，晶格间距为 0.21 nm，表面带有丰富的含氧基团，因此在水溶液中保持着良好的溶解性。碳化聚合物点最好的激发和发射峰分别位于 375 nm 和 475 nm，在手提紫外灯下呈现蓝色发光，发光效率在 1%左右。

杨柏教授课题组对碳化聚合物点的发光机理做了大量深入的研究，提出了交联增强发射效应(crosslink enhanced emission effect，CEE 效应)[11]。在交联聚合物

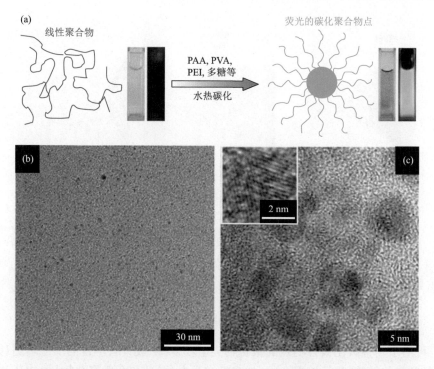

图 3.3 水热碳化 PVA 制备碳化聚合物点的示意图(a)及 TEM 图像(b)和 HRTEM 图像(c)[10]

的结构中,不具有大共轭结构的非传统有机发光中心的能级结构可能发生变化导致发射红移,产生位于可见区的荧光发射,同时非辐射跃迁受到抑制,产生荧光发射增强的现象。他们使用支化的聚乙烯亚胺(PEI)为反应原料研究了一系列 PEI 基碳化聚合物点中存在的 CEE 效应(图 3.4)。其中,交联固定方式分别采用四氯化碳共价交联、水热交联,或者将聚合物分别固定在有晶格以及无晶格的碳点表面四种。这种 PEI 基的碳化聚合物点具有潜在发色团(即二级胺和三级胺),当潜在发色团被碳化聚合物点的交联结构固定时,潜在发色团的振动和转动会受到限制,增加了产生辐射跃迁过程的概率,进而增强荧光。这里的交联包括共价交联、荧光中心耦合、纳米粒子间氢键作用和物理交联等诸多类型[12]。

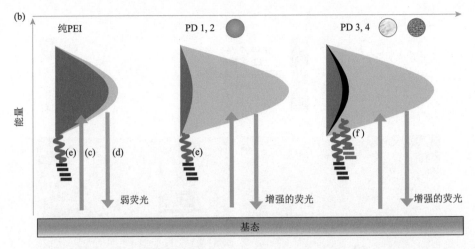

图 3.4 （a）碳化聚合物点形成机理示意图；（b）PEI 和碳化聚合物点（PD 1~4）的荧光发射机制（CEE 效应）的示意图：（c）从基态激发并被基态俘获的电子；（d）被激发的电子通过辐射路径返回基态；（e）被激发的电子通过振动和旋转的非辐射路径返回基态；（f）被激发的电子通过基于碳核的非辐射路径返回基态[11]

可用于制备碳化聚合物点的聚合物类型较多，一般具有丰富的反应基团（如氨基、羟基和羧基等）的天然聚合物（如多糖和蛋白质等）和合成聚合物[如 PVA、PEI、聚乙二醇（PEG）和聚丙烯酰胺等]均可作为原料。例如，Yang 等[13]以乙二胺、柠檬酸和 PEG 为原料，通过水热碳化在 160℃下反应 8 h 制备碳化聚合物点。它的直径主要集中在 4.5~6.5 nm，平均晶格间距为 0.21 nm，表面带有丰富的含氧和含氮基团，最好的激发和发射峰分别在 350 nm 和 450 nm，在 365 nm 手提紫外灯下呈现蓝色发光。Cao 等[14]以聚噻吩苯丙酸为原料，在 240℃下反应 36 h，之后取出并用孔径为 0.22 μm 的滤膜过滤即可制备碳化聚合物点，它的直径主要集中在 6~10 nm，平均晶格间距为 0.21 nm，表面带有丰富的含氧和含硫基团，荧光量子产率达到 2.3%。

值得指出的是，含有大量氨基、羧基、羟基的小分子和聚合物共同作为前驱体时，它们通过缩聚反应相互作用形成小的交联聚合物团簇，并进一步进行交联和碳化反应形成碳化聚合物点。在此过程中，脱水和碳化条件对碳化聚合物点的尺寸和石墨化程度的影响很大，从而导致其发光性能变化。聚合物作为单一前驱体时，往往在溶液中合成碳化聚合物点，缠结的聚合物链转移到碳化聚合物中进行脱水和碳化反应[15]。因此，不论反应原料的类型，脱水反应和碳化反应是形成碳化聚合物点的关键，反应溶剂、溶液的 pH、反应时间和反应温度均影响脱水和碳化反应，从而影响碳化聚合物点的尺寸和性质[15, 16]。Gu 等[17]发现聚丙烯酰胺在 260℃下水热碳化制备碳化聚合物点时，随着反应时间从 24 h 增加到 72 h 和

96 h，碳化聚合物点的尺寸从 5 nm 增加到 20 nm 和 50 nm。

自然界中没有荧光的聚合物通过水热碳化也能得到高光致发光的碳化聚合物点。如图 3.5 所示，Liu 等[18]以草为原料，经过 120℃水热碳化 5 h，然后通过离心，孔径为 0.22 μm 膜过滤，以及柱层析分离后，制备碳化聚合物点。它的尺寸为(2.7±0.7)nm，平均晶格间距为(0.19±0.07)nm，表面带有丰富的酰胺、羟基、醚键和芳香环等基团。在 413 nm 的最佳激发波长和 660 nm 的深红色窗口下，碳化聚合物点在丙酮溶液中发射深红色光，荧光量子产率分别为 45%和 22%。更为重要的是，它在 350~680 nm 的激发光下发射红光。

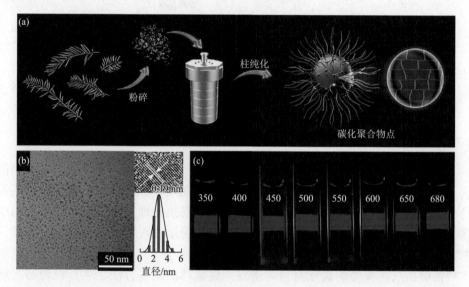

图 3.5　水热碳化草制备碳化聚合物点的合成示意图(a)，TEM 图像、HRTEM 图像和尺寸分布图(b)，以及在 350~680 nm 的激发光下的照片(c)[18]

除了碳化聚合物点外，聚合物还可以用于制备具有荧光效应的碳纳米量子点。如图 3.6 所示，Hu 等[19]报道了在 H_2O_2 溶液中，将废弃聚乙烯（PE）水热碳化制备碳纳米量子点。当水热碳化温度为 180℃，随着 H_2O_2 浓度从 0.2 wt%增加到 2 wt%和 5 wt%，碳纳米量子点的尺寸从 50~60 nm 减少到 40~50 nm 和 20~30 nm。提高 H_2O_2 浓度，水溶液的氧化能力增强，PE 氧化降解生成小分子的速率加快，导致交联缩聚后形成的团簇数目增加，因此碳纳米量子点的尺寸减小。Dubey 等[20]将 PS 在缺氧氛围中燃烧制备碳颗粒，之后经过浓硝酸(70 wt%)回流三天制备碳纳米量子点，其尺寸为 11~20 nm，表面有大量的羧基和羟基，氧元素的含量高达 55.9 wt%，荧光量子产率达到 1.65%。制备的碳纳米量子点的石墨化程度很低，层间距在 0.417~0.423 nm。类似地，废弃聚苯乙烯(PS)在浓硫酸中高温氧化也可以生成具有荧光的碳纳米量子点[21]。

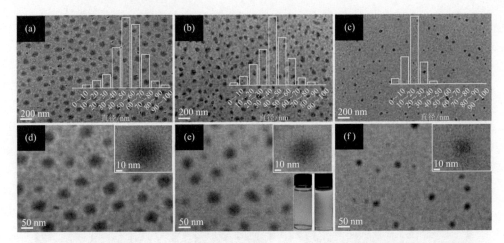

图 3.6 废弃 PE 水热碳化制备碳纳米量子点的 TEM 图像、HRTEM 图像和粒径分布图[19]：(a、d) H_2O_2 浓度为 0.2 wt%；(b、e) H_2O_2 浓度为 2 wt%，(e) 中插入的是在可见光和紫外光下碳纳米量子点溶液的照片；(c、f) H_2O_2 浓度为 5 wt%

3.2.3 实心碳球

球形材料是一种形态可控的颗粒材料，在研究和工业生产中均具有很大的价值。碳球是一种碳元素所构成的球形材料，它是在 20 世纪 60 年代被发现的。人们在研究焦炭的形成过程中发现沥青类化合物在热处理过程中会生成中间相小球。实际上，碳球的形貌众多、类型丰富，按照结构可以笼统分为实心碳球、中空碳球、核壳结构碳球和蛋黄-蛋壳碳球[22]。本节主要介绍用聚合物作为前驱体制备前面三种类型的碳球材料，重点阐述碳球的制备方法、生长机理与发展趋势。

实心碳球（以下简称碳球）的制备方法主要有 Stöber 法、水热碳化合成法和热裂解法等。将高成碳型聚合物球高温裂解碳化是制备碳球最简单的方法，如交联聚苯乙烯[23-26]、酚醛树脂[27,28]、聚吡咯（PPy）与聚苯胺的共聚物[29]、三聚氰胺-甲醛树脂[30]、聚苯并噁嗪[31,32]、聚邻甲基苯胺[33]、聚多巴胺[34]、聚苯胺（PANI）[35]、聚吡咯[36]和聚磷腈[37]等。

通过控制聚合物球前驱体的尺寸可以较为容易地调节实心碳球的尺寸，而如何进一步提高碳球的孔结构则引起了研究者的广泛兴趣。普遍采取的策略是硬模板、软模板和物理/化学活化的方法来提高碳球的孔结构。德国马克斯-普朗克高分子研究所 Müllen 教授课题组开发了一种在 PANI 存在下通过 SiO_2 胶体自组装来制备单分散介孔碳纳米球的策略，从而能够同时进行形态控制和孔径调节（图 3.7）。他们将苯胺分散到尺寸分别为 7 nm、22 nm 和 42 nm 的 SiO_2 胶体溶液中，然后加入过硫酸铵引发聚合制备 SiO_2@PANI 杂化纳米球，之后在 800~1000 ℃

下碳化 2 h，经过 HF 和 NaOH 处理后制备多孔的实心碳纳米球[35]。当 SiO_2 的尺寸从 7 nm 增加到 22 nm 和 42 nm 时，制备的单分散介孔碳纳米球的比表面积从 1117 m^2/g 减少到 926 m^2/g 和 785 m^2/g，尺寸从 98 nm 增加到 222 nm 和 264 nm，孔尺寸从 7 nm 增加到 22 nm 和 42 nm。

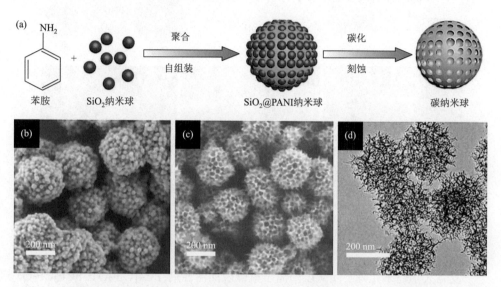

图 3.7 （a）通过自组装胶体 SiO_2 来制备单分散介孔碳纳米球的示意图；（b）SiO_2@PANI 杂化纳米球的 SEM 图像；（c、d）单分散介孔碳纳米球的 SEM 图像和 TEM 图像[35]

Wang 等[38]采取"限域聚合"的策略制备了氮掺杂的多腔体的、含有微孔壳层的微米碳球（图 3.8）。制备聚合物微球的过程包括两步聚合反应，第一阶段是 2,6-二氨基吡啶（DAP）和甲醛（F）在碱性溶液中反应。溶液中添加了十二烷基苯磺酸钠（SDBS）作为表面活性剂调节预聚物（DAP-F）的生长；此外，Pluronic F127（即 $EO_{106}PO_{70}EO_{106}$，其中 EO 为环氧乙烷，PO 为环氧丙烷）表面活性剂则充当位阻稳定剂，防止预聚物微球聚集。DAP 的 NH_2 基团降低了阴离子表面活性剂 SDBS 中带负电基团的静电斥力，通过降低表面活性剂的头基团面积，诱导形成囊泡，进而导致预聚物微球中形成大的空腔。第二阶段的聚合是通过添加乙酸来进行的，它被用作酸催化剂来加速 DAP-F 预聚物的进一步交联。微球内聚合反应的存在导致了大腔室的空间划分，并在其内部形成了丰富的小腔室。制备的聚合物微球在氮气氛围中碳化，并在 800℃下利用 CO_2 活化 2～6 h 进一步提高孔结构。随着 CO_2 活化时间从 2 h 增加到 4 h 和 6 h，碳球的比表面积从 1177 m^2/g 增加到 1406 m^2/g 和 1797 m^2/g，远高于未活化的碳微球（9 m^2/g），但是氮元素的含量从 7.71 wt%减少到 5.99 wt%和 4.58 wt%。

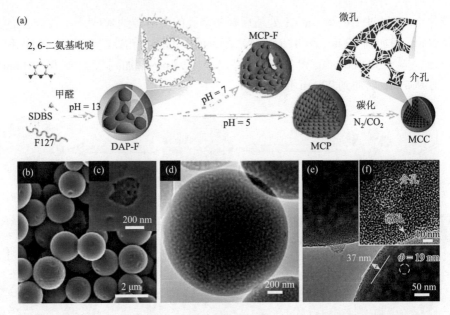

图 3.8　以限域聚合的策略制备氮掺杂的多腔体的、含有微孔壳层的微米碳球的示意图(a)、SEM 图像(b、c)和 TEM 图像(d~f)[38]

复旦大学赵东元院士团队以阳离子氟碳表面活性剂 FC4[$C_3F_7O(CFCF_3CF_2O)_2$ $CFCF_3CONH(CH_2)_3N^+(C_2H_5)_2CH_3S^-$]和三嵌段共聚物 Pluronic F127 为模板剂,乙醇和 1,3,5-三甲基苯(TMB)为有机共溶剂,间苯二酚和甲醛(RF)作为碳前驱体制备介孔纳米碳球(图 3.9)[39]。他们首先通过氢键将 RF 与乳液液滴组装在一起形成介孔酚醛树脂纳米小球,然后在 800℃下在氮气氛围中煅烧得到介孔纳米碳球。所制备的碳球尺寸为 400 nm,比表面积为 857 m^2/g,孔体积为 0.45 cm^3/g,孔尺寸为 3 nm。

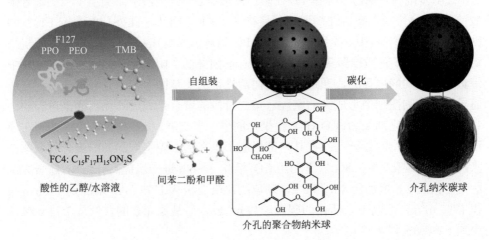

图 3.9　通过介孔聚合物微球的自组装与碳化合成介孔纳米碳球的示意图[39]

此外，该团队利用 1, 3, 5-三甲基苯(TMB)调控 F127 与多巴胺(DA)的界面相互作用，制备独特的 Pluronic F127/TMB/多巴胺纳米乳液，促进高均匀聚合物纳米球及其衍生的氮掺杂碳纳米球的生长(图 3.10)，从而可以制备光滑的无孔纳米球、表面有序介孔的高尔夫球状纳米球、多室介孔纳米球和树枝状介孔纳米球[40]。值得注意的是，获得的均匀树枝状介孔碳纳米球具有从中心到表面的超大介孔(37 nm)、小粒径(128 nm)、高比表面积(635 m^2/g)和高氮含量(6.8 wt%)。TMB 分子调控它们之间的界面相互作用。这促进了各种 PluronicF127/TMB/DA 复合纳米乳液的形成，从而将多巴胺分子聚合成具有不同孔径和结构的介孔聚多巴胺(PDA)纳米球。他们发现低含量的 TMB 不足以与 F127 相互作用从而在水/乙醇体系中形成稳定的 F127/TMB/DA 纳米乳液，但 TMB 分子与 F127 协同作用可以稳定 PDA 聚合物纳米球，从而调节表面两亲性，形成均匀的无孔光滑纳米球[图 3.10(a)]。随着 TMB 含量的增加，少量 F127/TMB/DA 纳米乳液出现，但自组装能力有限，

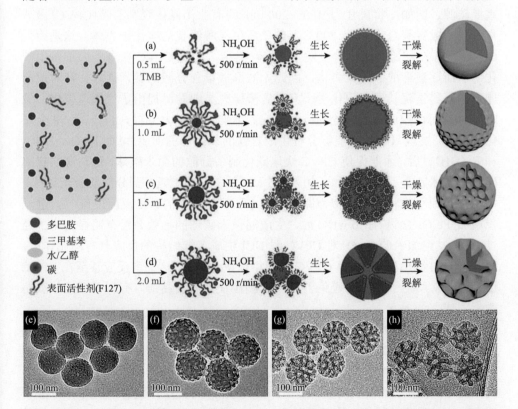

图 3.10 用多功能纳米乳液组装方法制备了不同形貌和介孔结构的氮掺杂介孔碳纳米球及对应的 TEM 图像：(a、e)氮掺杂的无孔光滑纳米球；(b、f)氮掺杂的有序介孔高尔夫球状碳纳米球；(c、g)氮掺杂的多室介孔碳纳米球；(d、h)氮掺杂的树枝状碳纳米球[40]

成为 DA 聚合的成核点。随着反应的进行，PDA 纳米球越来越大，F127/TMB/DA 纳米乳液吸附在表面以防止其聚集，从而形成了表面具有有序介孔的新型高尔夫球状纳米球[图 3.10(b)]。TMB 用量的进一步增加使得 F127/TMB/DA 纳米乳液的形成量大、粒径大，从而通过 PDA 的交联作用，将其组装成能量最低的密排介孔纳米球，形成多室介孔纳米球[图 3.10(c)]。当 TMB 含量较高时，可以形成较大的 F127/TMB/DA 纳米乳液，但稳定性随着尺寸的增大而降低[图 3.10(d)]。在这种情况下，生长过程开始于纳米乳液的组装和 DA 的聚合。随着剧烈搅拌的剪切应力增大，较大的纳米乳液将在预成型 PDA 骨架发生径向变形、合并和融合，从而倾向于通过融合路径形成树枝状结构。PDA 的进一步交联倾向于沿着超大纳米乳液之间的界面聚集，留下开放和可接近的树枝状介孔。最后，在氮气氛围中热解后，合成的 PDA 纳米球很容易转化为相应的氮掺杂碳纳米球。

除了上述高成炭型聚合物外，其他类型的成炭聚合物也是制备实心碳球的重要碳源。例如，将尺寸为 100~200 μm 的商业化氯化聚氯乙烯(CPVC)微球作为模型成炭聚合物，在 700℃下碳化后生成海绵状的碳化聚集体。这是因为 CPVC 微球在初始的碳化阶段发生了熔融黏结，之后 CPVC 微球的内部发生碳化，从而逐渐形成碳化聚集体，因此无法形成单独分散的微米碳球。针对此问题，中国科学院长春应用化学研究所唐涛研究员课题组提出了"快速碳化"策略[41]，从而调控成炭聚合物的碳化反应。他们考察了大量常见的金属和非金属化合物后，发现只有加入能够分解生成含铁的氧化物的前驱体[如 Fe_2O_3、Fe_3O_4 和 $Fe(OH)_3$]后，才能促使 CPVC 快速碳化制备分散的微米碳球，这与海绵状的碳化聚集体完全不同。例如，加入 0.5 wt%的 Fe_2O_3 就能得到分散的微米碳球，与 CPVC 原料颗粒形貌类似，即表现出"形状复制"的碳化反应现象[41]。进一步增加 Fe_2O_3 含量(如 5 wt%)后，生成的微米碳球的形貌并没有明显变化。经过分析，发现加入的 Fe_2O_3 对 CPVC 脱 HCl 生成多烯结构的反应具有催化作用，提高了 HCl 脱出速率，使得 CPVC 表面得以快速碳化。这一步反应甚至在 CPVC 熔融之前就发生了，从而避免了 CPVC 颗粒发生熔融黏结，有利于形成分散的微米碳球。

事实上，非成炭聚合物或回收废塑料也是制备碳球的重要碳源，常见的碳化方法是高温高压法。美国普渡大学 Pol 教授课题组利用高温高压反应釜将废弃塑料转化成碳球[42,43]。他们将 HDPE、LDPE 和 PS 作为碳源，在 700℃下碳化制备的产物与碳源聚合物种类有关。当 HDPE 为碳源时制备的碳球尺寸为 3~10 μm，而 LDPE 为碳源时制备的是尺寸为 2~10 μm 的椭球型碳球，PS 为碳源制备的是尺寸为 1~5 μm 的碳球，但是尺寸不规整。为了揭示碳球的生长机制，他们采用了原位同步辐射 X 射线衍射和温度加速反应分子动力学模拟结合的手段研究碳球的生长过程[44,45]。以 PE 为例，随着温度的升高，PE 熔融并逐渐分解，升温到

467.5℃时，PE 完全分解，直到 700℃，之后随着温度降低到 350℃，碳球的结晶峰出现，碳球开始成核、生长直到温度降至室温。基于此，他们把碳球的生长过程分为四个阶段：第一步，PE 通过一系列反应降解生成小分子短链化合物；第二步，这些降解产物中 C—H 开始断裂生成小分子碳氢化合物和碳原子，同时生成大量的氢原子；第三步，生成的碳原子聚合生成碳原子簇并不断成核生长成碳链，最后变成碳球；第四步，氢原子结合生成氢气或者与部分碳原子结合生成小分子碳氢化合物。

类似地，Sawant 等[46]利用常见的废塑料(包括 PP、HDPE、PVC、LDPE、PS、聚丙烯酸酯和 PET)作为碳源，在高温高压反应釜中制备碳球，产率为 22.4 wt%～41.6 wt%。研究发现，碳化反应温度对于碳球的形成至关重要，在 500℃时，并没有碳球的形成，在 600℃时生成碳颗粒聚集体，只有当温度高于 700℃时才有碳球生成。另外，碳源聚合物的组成与结构对碳球的形貌有显著影响。当采用聚烯烃(PP、HDPE 和 LDPE)或者聚丙烯酸酯作为碳源时，碳产物以球形碳球为主，这是因为这些碳源容易完全降解生成小分子液相和气相碳氢化合物。而含有杂原子或者苯环结构的聚合物作为碳源时，如 PVC、PET 和 PS，碳产物由球形碳球和碳颗粒组成，这是因为这三类聚合物中由于杂原子或者芳香结构的存在，容易导致形成半焦结构，成碳率高一些。延长反应时间有利于碳颗粒进一步成长为球形碳球。Fonseca 等[47]也发现类似的现象，当 PS 作为碳源时，提高反应温度至 700℃，且延长反应时间至 3 h 才能生成碳球。

3.2.4 中空碳球

中空材料的形成机理、结构、制备及其应用是近年来的研究热点。可控的中空碳球因其高比表面积、高化学稳定性、高吸附性等优良的物理化学性质，在电化学、能源、催化和吸附等方面有着重要的作用。中空碳球的制备方法主要是模板法、化学气相沉积法和催化碳化法。模板法首先制备形态尺寸容易控制的球状物质，以此作为核模板，然后通过化学或者物理方法将碳源引入并使碳元素沉积在核上，形成核壳结构，最后通过溶液溶解或者煅烧熔融的方法去除核模板，得到中空碳球。模板法具备核模板易控制、合成过程简单的优点，是制备中空碳球的主流方法。模板法可以分为硬模板法与软模板法。

如图 3.11(a)所示，以硬模板为核，在经过对其表面的修饰加工之后，得到许多反应活性点。碳源引入的碳元素则可在这些反应活性点上进行聚合，形成核壳复合球结构。再通过溶液或者煅烧除去核，则得到尺寸均一可控的中空碳球。硬模板法分为无机模板法与有机模板法。无机模板法一般使用二氧化硅作为模板，因其亲水，常使用表面活性剂和硅烷偶联剂对其表面进行加工。

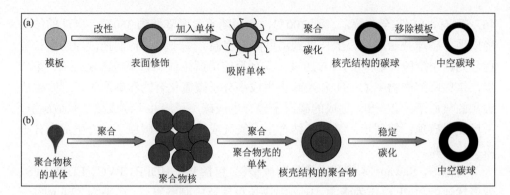

图 3.11　硬模板法(a)和有机模板法(b)合成中空碳球的示意图

Jang 等[48]用二氧化硅作为模板，先用氯化二甲基乙烯基硅烷对其表面进行改性，再利用十二烷基磺酸钠为稳定剂，偶氮二异腈作为引发剂，疏水性的二乙烯基苯单体和甲基丙烯酸酯单体进行聚合，生成二氧化硅/聚二乙烯基苯-聚甲基丙烯酸酯复合物。随后在氮气的保护下碳化后，用氢氟酸除去二氧化硅模板就可得到中空碳球。硬模板法的优点是热稳定性好，碳球形态保持完整；缺点是溶液溶解模板需要的时间过长，延长制备周期，且往往需要使用具有腐蚀性的物质。

采用含有杂原子的聚合物或者共聚物为碳源则能制备杂原子掺杂的中空碳球，如聚(2-噻吩甲基乙醇)[49]、聚多巴胺[50]和聚离子液体[51,52]。例如，美国橡树岭国家实验室戴胜教授课题组[53]提供了一种简单易行的方法合成氮掺杂的单分散中空碳球。他们先将未经表面修饰的二氧化硅球模板浸入多巴胺溶液中，然后原位聚合，在二氧化硅表面形成一层聚多巴胺，之后在 800 ℃下碳化 3 h，去除二氧化硅后即可制得壳层厚度仅为 4 nm 左右的超薄单分散中空碳球。它的尺寸为 400 nm，厚度为 4 nm，产率为 60 wt%。除了 SiO_2 外，常用的硬模板还有碳酸钙[54]、四氧化三铁[55-57]和氧化锌[58]。

有机模板法一般以有机乳胶粒子为模板，常用的有机模板主要有 PS 和聚甲基丙烯酸甲酯(PMMA)[59]等，近年来已经合成了多种不同尺寸和组成的中空碳球。如图 3.11(b)所示，其制备过程分为核壳复合球的制备与碳化两步。与无机模板法相比，有机模板法的模板更容易去除，且表面也容易修饰。在中空碳球的制备过程中如何精确控制碳球尺寸和厚度，同时避免碳球破裂、团聚或者黏结是一个重要挑战。针对这些问题，大连理工大学陆安慧教授课题组提出了"纳米空间限域碳化"的策略来制备中空碳球(图 3.12)，为制备单分散性中空碳球提供了一种行之有效的解决方法[60]。在实验过程中，他们首先利用 PS 乳胶粒为模板，以苯酚和六亚甲基四胺为前驱体，通过水热法在 PS 乳胶粒表面包覆上一层酚醛树脂层(PS@PF 复合球)，然后利用改进的 Stöber 法在 PS@PF 复合球表面形成一层二氧化硅层（PS@PF@SiO$_2$），接着将制备的 PS@PF@SiO$_2$ 置于管式炉中，在氮气保护下升温到 800℃ 热解，温度升高到一定程度后 PS 完全分解，高成炭型的酚醛树脂在二氧化硅内形成一个中空的碳球，最后使用氢氟酸或者氢氧化钠除去外层的二氧化硅便制得单分散中空碳球。他们在研究中还发现，通过改变 PS 乳胶粒粒径的大小和前驱体的浓度可以有效控制中空碳球的内部空腔结构的大小和炭层的厚度。

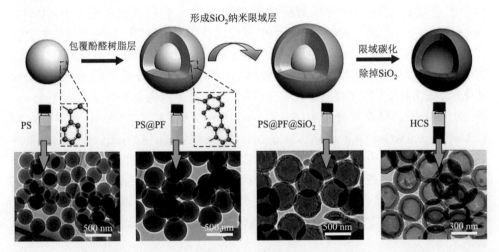

图 3.12　纳米空间限域碳化法制备单分散中空碳球的示意图以及对应的各个步骤过程中的产物的 TEM 图像[60]

综上所述，硬模板法为制备中空碳球提供了一个简单有效的途径，但目前该方法仍存在许多缺陷待改进。首先，使用硬模板法合成步骤偏多，往往需要三个或者更多步骤，这就导致最后中空碳球产物的产率偏低。其次，去除硬模板可能会对碳球壳层的稳定性产生影响，而且移除模板通常使用氢氟酸、氢氧化钠等具有强腐蚀性的化学物质，它们的使用对环境并非绿色友好。

为了克服硬模板法合成中空碳球所带来的弊端，研究人员发明了一种新方法——软模板法。软模板法一般是以表面活性剂胶束、液晶、乳液液滴、聚合物囊泡、气泡等作为模板。首先，在溶液中，模板与溶剂的界面处发生反应，经分离干燥得到中空微球，这是合成中空微球应用最广泛的方法。与硬模板法相比，软模板法制备中空碳球步骤相对较少，且制备中常用的模板主要是表面活性剂、乳液等易去除模板。使用这些模板不仅成本低廉，而且在制备过程中可有效避免硬模板法制备中空碳球时碰到的问题。Li 等[61]报道了一种新的合成方法来制备中空碳球。这个方法的合成过程分为以下三个步骤：①通过无皂乳液聚合法合成粒径均匀的单分散 PS 乳胶粒；②在 PS 乳胶粒表面进行 Fiedel-Crafts 烷基化反应使 PS 乳胶粒表面 PS 之间进行交联;③将表面交联的 PS 球高温碳化制得中空碳球。软模板的缺点是模板的稳定性容易受到反应条件的影响,反应条件一旦有细微的变化就会对最终碳产物形成较大影响,因此整个合成过程对反应条件的控制显得较为苛刻。由此可见,使用软模板法难以实现对中空碳球形貌和结构的精密控制。

催化废弃聚合物碳化制备中空碳球也引起了研究者的广泛兴趣。2008 年中国科学院理化技术研究所贺军辉研究员课题组利用有机改性蒙脱土(OMMT)/$Co(Ac)_2$ 组合催化剂在 900℃下催化 PP 碳化制备中空碳球[62]。但是制备的中空碳球大小不均一(16~30 nm)。随后,中国科学院长春应用化学研究所唐涛研究员课题组采用 PS 为碳源,OMMT 为降解催化剂,Co_2O_3、Co_3O_4 或者 $Co(Ac)_2$ 为成碳催化剂,在 700℃下碳化得到介孔中空碳球,其直径分别为 60~90 nm、60~85 nm 和 20~40 nm,壁厚度分别为 6~12 nm、5~12 nm 和 2~8 nm,产率分别为 11.1 wt%、9.8 wt%和 4.8 wt%[63]。Co_2O_3、Co_3O_4 或者 $Co(Ac)_2$ 还原生成的单质钴是催化碳化的活性中心。有趣的是,将单质钴直接作为催化剂使用时,生成的并不是中空碳球,这表明 Co_2O_3、Co_3O_4 或者 $Co(Ac)_2$ 原位还原成单质钴是中空碳球生长的重要一步。类似地,中国科学技术大学胡源教授课题组利用组合催化剂 OMMT/Co_3O_4 催化 PMMA 在 850℃下碳化制备 Co@C 球,提纯后即可制备中空碳纳米球[64]。

在随后的研究中,唐涛研究员课题组发现 OMMT/Co_3O_4 组合催化剂在 700℃下可以催化混合塑料(PP、PE 和 PS)碳化制备尺寸可控的中空碳球,且通过调节 Co_3O_4 含量,不仅可以提高中空碳球的产率(最高可达 49 wt%),还能精确调控中空碳球的尺寸(48.7~96.1 nm)[65]。进一步研究后,他们提出了 OMMT/Co_3O_4 组合催化混合塑料(PP、PE 和 PS)碳化制备尺寸可控的中空碳球的机理[图 3.13(a)]。首先,当 Co_3O_4 含量较低时,OMMT 促进 Co_3O_4 在混合塑料中的分散。接着,OMMT 促进混合聚合物降解生成小分子碳氢化合物和芳烃化合物。之后,这些降解产物在 Co_3O_4 表面脱氢和芳构化,与此同时 Co_3O_4 催化剂被还原生成单质钴催化剂。而单质钴有一定的溶解碳的能力。随着碳化的继续进行,一旦达到吸附饱和,碳就会从单质钴催化剂表面析出生成核壳结构的 Co@C 球。显然,生成的核壳结构的 Co@C 球对制备中空碳球至关重要,而单质钴起到了模板的作用。最后除去单质钴和 OMMT 后就能得到尺寸较小的中空碳球。当 Co_3O_4 的添加量增加时,Co_3O_4 纳米粒子不可避免会发生团聚生成较大尺寸的粒子,也就导致了较大尺寸的核壳结构的 Co@C 球的生成[图 3.13(b)],最后有利于较大尺寸中空碳球的形成。上述结果说明,可以通过调控 Co_3O_4 的添加量来控制混合塑料的碳化,从而制备大小可控的中空碳球。

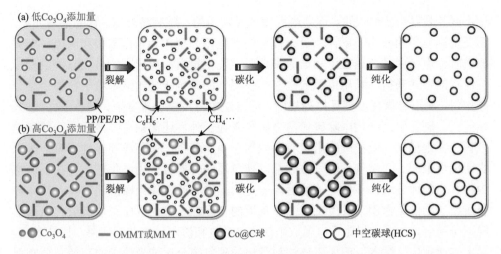

图 3.13 OMMT/Co_3O_4 催化混合塑料碳化制备尺寸可控的中空碳球的示意图：(a) 低 Co_3O_4 添加量；(b) 高 Co_3O_4 添加量[65]

3.2.5 核壳结构碳球

碳纳米材料的研究从最开始的碳纤维到后来的富勒烯、碳纳米管，再到当今研究热门的石墨烯，每一次新型碳材料的发现都会引发科学界的一次研究热潮。除了碳材料外，金属纳米材料的研究也在不断深入。然而，在这些金属纳米粒子的制备和应用过程中，氧化和团聚这两个问题极大地困扰着研究学者。其中，金属纳米粒子的氧化是一个比较严重的问题，由于其尺度在纳米级别，氧化反应很容易发生。一旦金属纳米粒子发生氧化反应，其表面会形成一个氧化层，这层氧化层的存在会使得金属纳米粒子的性能大大降低，极大地影响其实际中的应用。1993 年，Ruoff 等[66]将作为阳极的碳棒中间钻孔后包埋上 La_2O_3，进行直流电弧放电后在沉淀物烟灰中首次发现了碳包覆 LaC_2 纳米粒子。这是一类金属和碳的复合材料，这类材料中碳层包裹着金属，是具有核/壳结构的复合材料，故而将其定义为碳包覆金属纳米粒子。这种材料独特的核/壳结构，一方面可以保持内核金属的独立性，避免发生团聚；另一方面又能保护金属纳米粒子不与环境接触，进而避免发生氧化反应。这种同时拥有金属和碳的性质的新型材料，不仅为金属纳米粒子的氧化、团聚等问题提供了解决思路，而且也拓展了碳材料的应用范围。由于核壳结构的碳包覆金属纳米材料具有的独特性质，它很快便引起了诸多研究学者的关注，碳包覆金属纳米粒子材料如雨后春笋般被发现和制备。传统的制备碳包覆金属纳米粒子材料的方法包括电弧放电法、化学气相沉积法和热解法。本节将针对以上三种主要方法进行介绍，重点介绍热解法。

电弧放电法是一种最早成功应用于制备碳包覆金属纳米粒子的方法，后续通过不断的设备和工艺改进，逐渐成为现今最常用的一种制备方法。它的原理如下，填充金属粒子的较小石墨棒和另一较粗的石墨棒分别作为工作阳极和阴极，电弧放电时，电极中的金属粒子和碳原子蒸发并发生重组，反应产物可在石墨阴极以沉淀物的形式获得。利用电弧放电法制备得到的碳包覆金属纳米粒子粒径小且分布均匀，炭层石墨化度高且排列规则，但方法本身反应装置复杂、制备条件严苛、耗能大，制备出的产物中除碳包覆金属纳米粒子外，还混杂有一些杂质，如碳纳米管、无定形碳、空心碳纳米胶囊和裸露金属，使得产物分离和提纯困难，难以实现批量生产。化学气相沉积法通常以被包覆的金属粒子为催化剂，并在反应室中将其均匀地分散在基板上，然后在一定的温度下通入作为碳源的气体，气体在金属粒子的催化作用下发生反应并在基板的金属粒子表面沉积形成炭层，从而形成碳包覆金属粒子。相比于电弧放电法，化学气相沉积法工艺更简单，且产率高，易于实现规模化制备。但采用该法制备出的碳包覆金属纳米粒子的粒径及分布取决于前期纳米金属颗粒的制备及其在基板上的分散均匀性，后期产物的分离比较复杂，且依然混有较多的副产物，如碳纳米管和无定形碳。热解法包括高温热解法和低温热解法。对高温热解法而言，其原理是将具有可溶性的金属源与合适的碳源进行预混合，然后在保护性气氛下高温热解碳化获得纳米金属粒子被碳基体包覆的复合纳米材料，该法可实现大规模制备碳包覆金属纳米材料，产物中金属含量可控，但是对前驱体和技术条件要求高，且能耗也较高。低温热解法是相对高温热解法而言，在较低的温度条件下，依托金属颗粒本身的催化作用，原位热解碳源获得碳包覆金属纳米材料。该法降低了对反应条件的苛刻要求，克服了高能耗的缺点，因此得以广泛应用。

热解法被用于聚合物前驱体作为碳源制备碳包覆金属纳米粒子的研究，可以追溯到 2005 年，Müllen 教授课题组首先通过树枝状聚苯大分子/钴配合物在受控加热程序下的一锅固态热分解制备出均匀的核/壳的 Co@碳纳米球[67]。然后，他们将线型聚苯金属配合物转化为碳-金属杂化物[68]。此外，Scholz 等[69]将聚(对苯撑二炔)的二氯六羰基络合物在氮气氛围中 650℃下碳化制备 Co@C 球。它的尺寸为 6 μm，钴元素的含量为 30.3 wt%。Yao 等[70]以 PPy 为碳前驱体，制备了具有 Fe_3O_4 核和碳壳的核壳材料。所得材料具有磁性和大的比表面积，是一种很好的金属催化剂的载体。Fe_3O_4@C 核壳材料具有良好的耐酸性，这将扩大其应用范围。由于来自吡咯环的氮原子在煅烧后仍保留在碳壳中，钯纳米粒子可以很容易地锚定在表面而不发生聚集。Huang 等[71]将醋酸镍分散在固化酚醛树脂中，在氮气氛围中 400℃低温下碳化 2.5 h 制备核壳 Ni@C 球[图 3.14(a)]，碳元素的含量为 20 wt%，尺寸为 70 nm，镍核的厚度为 60 nm，碳壳层的厚度为 10 nm，饱和磁化强度为 32 emu/g，矫顽力为 195 Oe。Zhu 等[72]以 PS 为碳源，Ni@NiO 纳米颗粒为催化剂合成铁磁性核壳 Ni@C 球[图 3.14(b)和(c)]，尺寸为 20 nm，碳壳层厚度为 5 nm，镍含量为 45.6 wt%。Ni@NiO 纳米颗粒对 PS 的热解有显著的催化作用，热解途径包括 PS 大分子自由基生成和 β-裂解转变的自由基生成、复合与氢化反应。所制备的核壳纳米碳球具有高比表面积（236.68 m^2/g）、较强的饱和磁化强度（25 emu/g）和较低的矫顽力（15 Oe），因此具有软磁性。另外，核壳 Ni@C 球还具有很强的抗腐蚀性，将其放置在 1 mol/L 的 HCl 溶液浸泡 2 h 没有观察到任何气泡，这得益于外部碳壳层的良好保护作用。

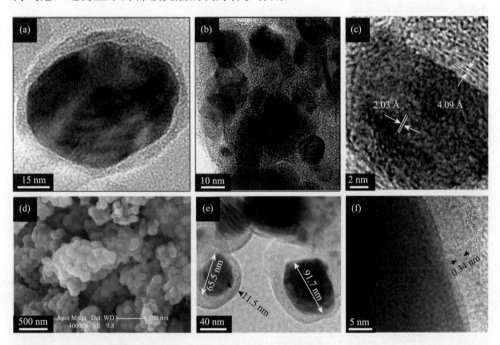

图 3.14 （a）醋酸镍催化酚醛树脂碳化制备核壳 Ni@C 球的 TEM 图像[71]；（b、c）Ni@NiO 催化 PS 碳化制备核壳 Ni@C 球的 TEM 图像[72]；（d~f）Co_3O_4 催化混合塑料碳化制备核壳 Co@C 球的 SEM 图像和 TEM 图像[73]

通过一种简单的方法将混合塑料转化为核壳结构金属@碳复合材料对于废塑料的碳化尤其重要，因为城市废弃塑料通常是以塑料混合物的形式存在的。唐涛课题组提出了一种简便的一锅法，用 Co_3O_4 在 700℃下催化 PP、PE 和 PS 组成的混合塑料碳化制备磁性核壳结构的 Co@C 球[73]。核壳结构的 Co@C 球具有明显的有序和弯曲石墨层结构，它的直径主要分布在 110~130 nm[图 3.14（d~f）]。该材料表现出高饱和磁化强度（85.6~101.6 emu/g）的铁磁性。有趣的是，在 12 mol/L 的 HCl 溶液中浸泡 4 周后，核壳结构的 Co@C 球仍有较强的磁性。对其形成机理研究表明，Co_3O_4 催化剂首先在熔融共混时均匀分散在混合塑料基体中形成网状结构，这为混合塑料碳化成大小均匀的核壳 Co@C 球提供了有利条件。接着，在碳化过程中，混合塑料裂解生成小分子碳氢化合物和芳烃化合物。这些降解产物在 Co_3O_4 催化剂表面进行脱氢和芳构化反应，同时 Co_3O_4 被还原成单质钴。单质钴可以溶解少量的原子碳。随着碳化反应的进行，一旦达到溶解饱和，碳就从单质钴里析出，从而在其表面形成一层炭层，最后得到核壳结构的 Co@C 球。显然，Co_3O_4 的良好分散是一个重要因素，而原位生成的单质钴实际上是炭层生长的模板。

3.2.6 富勒烯和金刚石

利用聚合物或者废弃聚合物制备富勒烯和金刚石的文献很少。2004 年 Jang 等[74]报道了利用 PPy 纳米粒子制备富勒烯[图 3.15(a)和(b)]，尺寸为 0.71 nm，产率为 24 wt%，C_{70}/C_{60} 的数目比为 0.39/1。他们首先以辛基三甲基溴化铵为分散剂，$FeCl_3$ 为催化剂，催化吡咯单体在水溶液中乳液聚合制备聚吡咯纳米粒子，尺寸为 2~6 nm。然后将其在氩气氛围中 800℃下碳化 3 h，之后将其放置到充满氩气的石英管中，在氩气的氛围中 950℃下反应 6 h，碳产物再在 100℃下的甲苯中抽提纯化 12 h，最终获得富勒烯。他们认为 PPy 中残余的少量 Fe 元素(8.4 wt%)是形成富勒烯的关键，因为 Fe 原子会催化 PPy 的脱氢和脱氮反应，从而有利于生成致密的缩聚石墨物种。

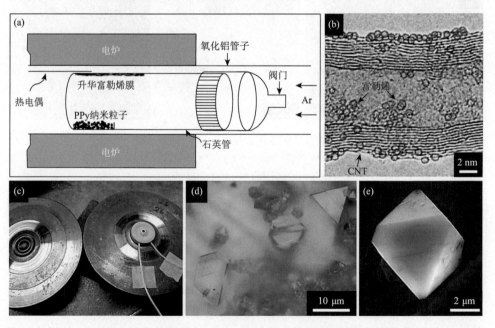

图 3.15 PPy 作为碳源制备富勒烯的装置示意图(a)和 TEM 图像(为了便于 TEM 表征，将富勒烯附着在外加的 CNT 上)(b)[74]；PET 高温高压碳化制备微米金刚石的带容器的环形高压室装置照片(c)及金刚石的光学图片(d)和 SEM 图像(e)[75]

Kondrina 等[75]报道了利用带容器的环形高压装置,在压力为 8～9 GPa、温度为 1370～1900 K 下,将废弃 PET 转化成微米金刚石,尺寸为 5～20 μm[图 3.15(c～e)]。当碳化温度低于 1000 K 时,生成的碳材料是无定形碳,当碳化温度高于 1900 K 时,产物中出现金红石相 TiO_2 杂质。1370 K 时,金刚石的产率为 40 wt%。他们分析,PET 在高压时从 770 K 开始降解,产物包括 CO_2、CH_4、对苯二甲酸和乙二醇等,这些含碳小分子降解产物在高温下分解为碳原子,在高压下进一步组装,从而生成微米金刚石。

3.3 聚合物碳化制备一维的碳材料

3.3.1 碳纳米纤维和碳纤维

碳纤维是一种碳元素含量在 95%以上的高强度、高模量的纤维材料,直径一般为数微米到数十微米,长度可以达到厘米、分米甚至米的级别。它是由片状石墨微晶等纤维沿纤维轴向方向堆砌而成,经碳化及石墨化处理而得到的微晶石墨材料。碳纤维"外柔内刚",密度比金属铝小,但强度高于钢铁,并且具有耐腐蚀、高模量的特性,在国防军工和民用方面都是重要材料。它不仅具有碳材料的固有本征特性,还兼备纺织纤维的柔软可加工性,是一类重要的增强纤维。此外,碳纤维具有许多优良性能,碳纤维的轴向强度和模量高,良好的导电导热性能、电磁屏蔽性好、密度低,无蠕变,非氧化环境下耐超高温,耐疲劳性好,耐腐蚀性好。

碳纳米纤维是由多层石墨片卷曲而成的纤维状纳米碳材料,直径一般在 5～500 nm,长度分布在 0.5～100 μm,是介于碳纳米管和普通碳纤维之间的一维碳材料,具有较高的结晶取向性、较好的导电性和导热性能。除了具备普通碳纤维低密度、高比模量、高强度和热稳定性等特性外,还具有大长径比、高比表面积、高表面能、较强的化学活性、纳米材料特有的小尺寸效应、表面界面效应、量子尺寸效应,以及宏观量子隧道效应等独特的性能优势。碳纳米纤维在物理、化学等方面表现出特异性能,使其成为当前最为前沿的研究领域之一。

目前,碳纳米纤维和碳纤维的制备方法类似,种类也较多,主要的方法包括静电纺丝法、化学气相沉积法和生物质裂解法。因此,本节将碳纳米纤维和碳纤维合并在一起介绍。

静电纺丝的基本原理是聚合物液滴在高压静电场的作用下聚集电荷并发生形变。首先,在纺丝喷头液滴顶端形成泰勒锥,逐渐升高电场的静电电压强度时,泰勒锥体上聚集的静电荷密度也增加;当纺丝液表面的静电斥力大于其表面张力临界值时，就会从其尖端高速喷射出纤维状液流束，液流束喷射过程中经静电场力的再次拉伸撕裂作用，最终沉积在接收装置上形成无纺布纤维膜[76]。与常规制备方法相比，静电纺丝技术可以得到超大长径比的连续纤维材料，还可以通过调节静电电压大小来控制所得纤维的直径，可以方便地制备出纳米级别的纤维材料，使得静电纺丝工艺在纤维制备领域具有广阔的应用前景。另外，静电纺丝因设备结构简便，成本低廉，可以短时间内获得大量纤维等优势，逐渐取得业界人员的青睐。到目前为止，静电纺丝技术是能够直接制备连续碳纳米纤维的唯一方式，已经有超过100种聚合物材料通过静电纺丝技术得到纳米纤维，常用的前驱体聚合物有聚酰亚胺、聚丙烯腈(PAN)和聚乙烯吡咯烷酮(PVP)等。其中PAN是利用最广泛的静电纺丝材料之一，它具有较好的成膜特性、抗老化性以及不易水解等特点，化学稳定性强。利用PAN溶液作为纺丝前驱体，利用静电纺丝得到纳米纤维后，再经过预氧化和高温碳化等步骤，就可以得到碳纳米纤维。还可以在纺丝前驱体溶液内加入成孔剂或者其他材料进行静电纺丝，经后处理可以得到多孔纳米纤维或者复合纳米纤维。目前这方面已经有大量的文献报道，因此这里不再逐一介绍，而重点介绍近年来一些新型聚合物作为前驱体通过静电纺丝制备碳纳米纤维的研究。

德国马克斯-普朗克胶体与界面研究所Antonietti教授课题组合成了新型聚离子液体聚(3-烯丙基-1-乙烯基咪唑双氰胺)和聚(1-烯丙基-4-乙烯基吡啶双氰胺)，然后通过静电纺丝制备聚离子液体纤维布，之后在空气氛围中280℃下保温2 h使得聚离子液体的氰基发生交联反应以稳定纤维形貌，随后在氮气氛围中1000℃下碳化5 h，制备氮掺杂碳纤维布(图3.16)。它的直径为$0.4 \sim 2$ μm，氮元素的含量为6.33 wt%～8.0 wt%，产率为16 wt%～19 wt%，电导率为200 S/cm[77]。唐涛课题组利用静电纺丝制备了Fe_3O_4/CPVC微米纤维复合物，在Fe_3O_4纳米粒子作为催化剂的情况下，一步制备了Fe_3O_4/微米碳纤维复合物[78]。Fe_3O_4纳米粒子催化CPVC纤维的表面快速碳化，从而避免了纤维表面的熔融黏结，再经过一系列脱氯化氢、环化和交联等反应后，生成了微米碳纤维。少部分Fe_3O_4与HCl反应生成$FeCl_3$，其余的则重结晶生成八面体Fe_3O_4微晶，并镶嵌在微米碳纤维表面。

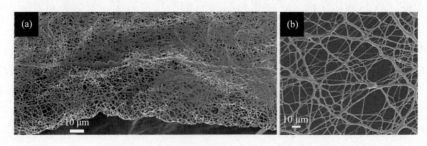

图3.16 聚(1-烯丙基-4-乙烯基吡啶双氰胺)静电纺丝后碳化制备碳纤维布的低倍(a)和高倍(b)SEM图像[77]

弗吉尼亚理工大学 Liu 教授课题组[79]首先将 PAN-*b*-PMMA 嵌段聚合物通过静电纺丝制备聚合物微米纤维,再经过碳化后得到具有贯穿的微孔和介孔的多孔碳纤维(图 3.17)。它的产率为 30.5 wt%,平均直径为 (519±96) nm,比表面积为 503 m^2/g,远高于 PAN 纤维或者 PAN/PMMA 共混物纤维碳化制备的碳纤维(比表面积分别为 213 m^2/g 和 245 m^2/g);同时介孔分布在 4~15 nm,集中在 9.3 nm,而 PAN/PMMA 共混物纤维碳化制备的碳纤维的介孔和大孔分布较宽,在 2~200 nm。

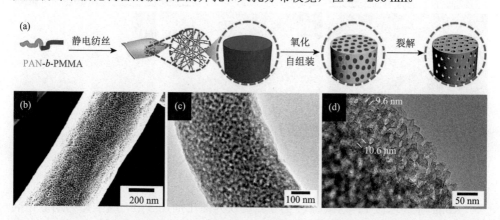

图 3.17 PAN-*b*-PMMA 嵌段聚合物通过静电纺丝、碳化制备具有贯穿的微孔和介孔的多孔碳纤维的示意图(a)、SEM 图像(b)和 TEM 图像(c、d)[79]

化学气相沉积法也是聚合物前驱体制备碳纳米纤维的重要方法,这里的聚合物一般为非成炭聚合物。台湾中正大学 Li 教授课题组[80]利用氯化镍催化 PEG 碳化制备碳纳米纤维(图 3.18)。他们首先将氯化镍溶解到 PEG 的水溶液中,然后在 60℃下搅拌 1 h,之后在氮气氛围中 450℃下处理 1 h,最后在 750℃碳化 1 h 制备了盘子状碳纳米纤维[图 3.18(a~c)]。其中,石墨烯层垂直纳米纤维轴向有序排列,直径为 10~20 nm,比表面积为 113.3 m^2/g,孔体积为 0.21 cm^3/g。由于 Ni(111) 对石墨的结合力最强,因此推测盘子状碳纳米纤维是从 NiC 面心立方结构的 (111) 密堆积面上生长出来的,因此石墨层垂直于纤维轴。有趣的是,保持类似的实验合成条件,将碳化温度从 750℃降低到 600℃时,可以利用氯化镍催化 PEG 碳化制备多孔碳纳米纤维[图 3.18(d~f)]。它的直径为 40~60 nm,孔尺寸为 4~6 nm,比表面积为 302 m^2/g,孔体积为 0.46 cm^3/g[81, 82]。这是因为碳化温度较低时,石墨与催化剂之间的相互作用力较弱。且碳化温度较低时,单质镍催化剂容易形成多晶结构,表面变得粗糙,从而有利于形成多孔碳纳米纤维。与传统碳纳米纤维不同,多孔碳纳米纤维具有较高的比表面积、较大的介孔比和大量开放的边缘,从而有利于电解质的渗透。另外,多孔碳纳米纤维的石墨烯层是一种良好的电子导电介质。

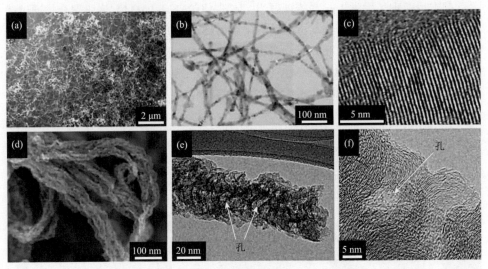

图 3.18 氯化镍催化 PEG 碳化制备盘子状碳纳米纤维(a~c)[80]和多孔碳纳米纤维(d~f)的 SEM、TEM 和 HRTEM 图像[82]

Kong 等[83]以废 PP 为碳源(1 g)，二茂铁为催化剂(0.5 g)，碳酸铵为助催化剂(2 g)，在 20 mL 的高温高压釜中 500℃下加热 12 h 后一步制备一维的 Fe_3O_4@C 核壳结构复合材料[图 3.19(a)和(e)]。其中 Fe_3O_4 纳米粒子自组装成项链状结构，链的直径约为 550 nm，Fe_3O_4 的粒径约为 200~500 nm，碳壳厚度约为 150 nm。室温下的磁性测试表明，由于碳含量、偶极相互作用、产物的尺寸和形貌的不同，Fe_3O_4 纳米颗粒的饱和磁化强度(22.0 emu/g)和矫顽力(171.7 Oe)与 Fe_3O_4 纳米颗粒和块状 Fe_3O_4 显著不同。类似地，在二茂铁(0.5 g)和碳酸铵(2 g)的催化下，由 PE(1 g)作为碳源合成具有复杂松树叶结构的 Fe_3O_4@C 核壳结构复合材料[图 3.19(b)和(f)][84]。二茂铁分解得到的 Fe_3O_4 纳米粒子首先自组装成链状结构，然后被厚度为 150 nm 的碳壳包裹，垂直于中心茎生长的针状松树叶子组织是碳纳米纤维。Fe_3O_4@C 核壳结构复合材料的饱和磁化强度(18.4 emu/g)低于块状 Fe_3O_4，矫顽力(142.3 Oe)高于块状 Fe_3O_4。当 PE 碳源的加入量增加一倍后，所得到的是一维的 Fe_3O_4@C 核壳结构复合材料[图 3.19(c)和(g)][85]。它的直径为 800 nm，长度为数十微米，饱和磁化强度为 22.5 emu/g，矫顽力为 152.9 Oe。而采用聚酰亚胺为碳源(1 g)，二茂铁为催化剂(0.5 g)，碳酸铵为助催化剂(1 g)，制备的是爆竹状的 Fe_3O_4@C 核壳结构复合材料[图 3.19(d)和(h)][86]。其中，一维的爆竹状结构的直径约为 4 μm，碳纳米纤维的直径大约为 620 nm。碳壳中 Fe_3O_4 纳米纤维的直径约为 82 nm，碳壳的厚度约为 265 nm，饱和磁化强度为 19.2 emu/g，矫顽力为 270.1 Oe。

第 3 章 聚合物碳化制备不同维数的碳材料　　103

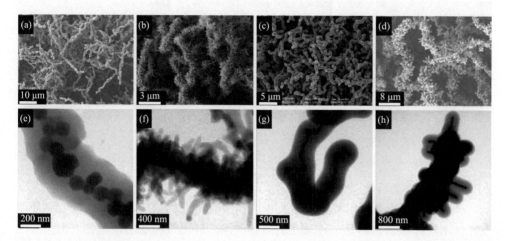

图 3.19　高温高压法将聚合物转化为一维的 Fe_3O_4@C 核壳结构复合材料 SEM 和 TEM 图像 (a、e)[83]，松树叶结构的 Fe_3O_4@C 核壳结构复合材料 SEM 和 TEM 图像[84](b、f)、一维的 Fe_3O_4@C 核壳结构复合材料 SEM 和 TEM 图像(c、g)[85]及爆竹状的 Fe_3O_4@C 核壳结构复合材料 SEM 和 TEM 图像(d、h)[86]

除了合成高分子外，天然高分子或者生物质裂解碳化也是制备碳纳米纤维的重要方法。中国科学技术大学俞汉青院士团队[87]利用 Fe(III)化合物催化锯末快速裂解碳化制备碳纳米纤维。他们首先通过溶液浸渍法将 Fe(III) 负载到锯末中，当管式炉的温度升高到 600～800℃后，在氮气氛围中将负载 Fe(III)的锯末加热碳化 1 h 即可制备碳纳米纤维。它的长度为数微米，直径为 20～30 nm，比表面积为 360～421.4 m^2/g，孔体积为 0.203～0.252 cm^3/g。细菌纤维素是由相互连接的纤维素纳米纤维网络组成，在微生物发酵过程中大量产生。中国科学技术大学俞书宏院士团队利用水热碳化法将细菌纤维素转化为氮掺杂的碳纳米纤维[88,89]，其直径为 10～20 nm，长度为数百微米，具有超轻、柔性和耐火性，并且显示出广泛的应用潜力，如超级电容器[88]和吸附剂[90]。2020 年，他们提出了无机盐催化细菌纤维素(如 $NH_4H_2PO_4$)快速碳化从而制备形貌保持的氮掺杂碳纳米纤维的新方法[图 3.20(a～c)][91]。这是因为无机盐可以和细菌纤维素的—CH_2OH 基团反应，从而抑制左旋葡聚糖的生成，促进左旋葡萄糖酮的生成，进而促进细菌纤维素的碳化反应。

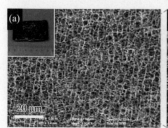  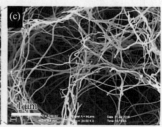

 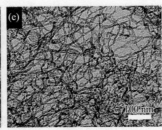 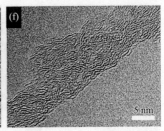

图 3.20 （a～c）无机盐催化细菌纤维素快速碳化制备形貌保持的氮掺杂碳纳米纤维的 SEM 图像，插图为碳纳米纤维的实物图[91]；（d～f）将木屑催化热解转变成碳纳米纤维气凝胶的 SEM 和 TEM 图像[92]

纤维素广泛存在于自然界的植物中，由于其广泛的来源、低成本以及对环境友好，木质纤维素材料是一种理想的制备碳纳米纤维气凝胶的前驱物。但是，因为木质纤维素纳米纤维极小的尺寸使其在热解制备碳纤维过程中剧烈收缩而无法保持纤维的形态，迄今尚没有使用木材为原材料成功制备碳纳米纤维气凝胶的先例。针对这个问题，俞书宏院士团队提出了一种催化热解的方法，使用对甲苯磺酸催化木质纳米纤维素在热解前期迅速脱水，并改变其热解过程和中间产物，使得纳米纤维素在热解后具有高的碳产率的同时，还能够保持很好的三维网状结构[图 3.20（d～f）][92]。由该方法制备的超细碳纳米纤维平均直径为 6 nm，电导率高达 710.9 S/m，比表面积为 553～689 m²/g。该催化热解转化方法可将廉价丰富的自然界中的前驱物材料转化为高附加值的碳纳米纤维材料，对于发展可再生材料的绿色化学合成具有指导意义。

3.3.2 碳纳米管

碳纳米管是继 1985 年发现 C_{60} 后的又一令人振奋的发现。1991 年，日本电镜学家 Iijima 教授[93]利用电子显微镜观察石墨电极直流放电的产物时发现了一种直径 4～30 nm，长达微米量级针状的管形碳单质——碳纳米管(carbon nanotube, CNT)。其由于独特新奇的物理、机械和化学性能，在世界范围内引起了研究 CNT 的热潮。CNT 是由单层、两层或者两层以上、极细小的圆筒状石墨片组成的中空碳笼管。它可定义为将石墨烯片卷成无缝筒状时形成无缺陷的单层管状物质或者将其包裹在内，层层套叠而形成的多层管状物质。

一般地，CNT 的分类如下：第一，按形态分类，由于制备工艺的不同，CNT 的形态和结构多种多样，已经报道的形态就有变径型、洋葱型、海胆型、竹节型、念珠型、纺锤型和螺旋型等。第二，按层数分类，按层数分类可分为单壁 CNT 和多壁 CNT。第三，按手性分类，根据构成 CNT 的石墨层片的螺旋性可将单壁 CNT 分为手性型(不对称)和非手性型(对称)。非手性管是指单壁 CNT 的镜像图像同它本身一致。非手性管包括扶手椅型和锯齿型两种类型。第四，按定向性分类可分为定向 CNT 和非定向 CNT。第五，按导电性分类，CNT 由石墨片卷曲而成，石墨层片的碳原子之间是 sp^2 杂化，每个碳原子有一个未成对的电子，因此它具有良好的导电性，但其导电性能随着结构的不同而不同；按导电性分类，CNT 可以分为金属性管和半导体管。

CNT 具有较大的长径比，可把其看成一维纳米材料。其因为性能奇特，被称为纳米材料中的"乌金"。CNT 的导电性极强，场发射性能优良，兼具金属性和半导体性，韧性很好，强度比钢高 100 倍，密度只有钢的 1/6，被科学家称为未来的"超级纤维"，已成为国际研究热点。正是 CNT 自身的独特优异的性能，决定了它在高新技术领域有着诱人的应用前景。

制备 CNT 的方法种类繁多。传统的方法主要有三种，即石墨电弧法、化学气相沉积法和激光蒸发法。利用聚合物作为碳源制备高附加值碳材料的研究引起了国内外研究人员的广泛关注。本节介绍聚合物碳化制备多壁 CNT 和螺旋 CNT。其他类型的 CNT，如竹节 CNT[94, 95]，报道不多，因此这里不做详细介绍。在聚合物碳化反应早期研究中[96-101]，以俄罗斯科学家 Kukovitskii、Chernozatonskii、Muastov、Kiselev、Maksimova、Krivoruchko 和法国科学家 Sarangi 为代表的研究人员做了大量的研究，主要发现了多种类型聚合物可以在适当的条件下转化成包括 CNT 在内的碳材料。

这个阶段的研究以表征碳材料形貌、试图揭示碳材料生长机理为主。由于当时实验条件的限制，以及缺乏对聚合物降解产物的全面分析，这些研究也存在明显的不足。例如，制备条件比较苛刻、碳材料形貌单一（以 CNT 为主）、产率较低、形貌较差（图 3.21）且难以调控，碳化反应机理也不清楚[101]。尽管如此，这一阶段的研究为后面深入探索合成聚合物碳化反应机理奠定了重要基础。

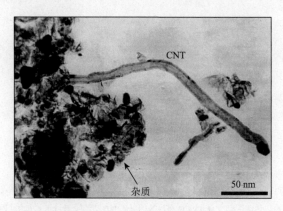

图 3.21　$Fe(OH)_3$ 作为催化剂、PVA 作为碳源制备的 CNT 的 TEM 图像[101]

合成聚合物碳化反应研究的第二个阶段大致从 2005 年开始，直到现在。唐涛研究员课题组于 2005 年在国际上首次提出了"组合催化剂"（降解催化剂/成碳催化剂的组合）的策略来催化非成炭的聚烯烃碳化制备高附加值的 CNT[102]。其中，降解催化剂起到调节聚合物降解过程，生成有利于碳材料生长的小分子化合物的作用，成碳催化剂起到原位催化这些降解产物碳化生成碳材料的作用。首先，他们发现有机改性蒙脱土（OMMT）与负载镍催化剂（Ni-cat）在 700℃下协同催化 PP 碳化生成 CNT。由表 3.1 可知，单独加入 OMMT 或者 Ni-cat，CNT 产率很低；二者组合时，CNT 产率增加，加入 10 wt% OMMT 和 5 wt% Ni-cat 时，产率最高可达到 41.2 wt%。CNT 的长度为几微米，直径为 20~40 nm，石墨层与轴向大致平行（图 3.22）。进一步推测，OMMT 在基体中起到了类似微型反应釜的作用，从而有助于镍催化剂催化 PP 降解产物碳化。这部分工作的意义在于首次将聚烯烃高效转化成 CNT，并且提出了"组合催化剂"的策略。

表 3.1 OMMT 的含量对 PP 碳化制备 CNT 的产率的影响[102]

序号	PP/wt%	PPMA/wt%	OMMT/wt%	Ni-cat/wt%	CNT 产率/wt%
1	85	10	0	5	5.2
2	82.5	10	2.5	5	7.5
3	80	10	5	5	13.8
4	77.5	10	7.5	5	32.7
5	75	10	10	5	41.2

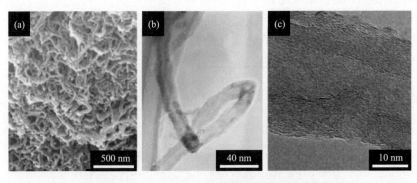

图 3.22 组合催化剂 OMMT/Ni-cat 催化 PP 碳化制备的 CNT 的 SEM 图像(a)、TEM 图像(b) 和 HRTEM 图像(c)[102]

2007 年，唐涛课题组研究了 OMMT/镍组合催化体系，发现 Ni_2O_3、NiO、$Ni(OH)_2$ 和 $NiCO_3·2Ni(OH)_2$ 均能与 OMMT 组合催化 PP 碳化生成 CNT（图 3.23）[103]，产率最高可达 55.6 wt%。OMMT 起到了质子酸的作用，催化 PP 降解生成小分子碳氢化合物，从而有利于在镍催化剂作用下催化生成 CNT。中国科学院理化技术研究所贺军辉研究员课题组利用 OMMT/醋酸镍组合催化剂在 900℃下催化 PP 碳化制备 CNT[104]。添加 10 wt%的 OMMT 和 5 wt%的醋酸镍时，CNT 的产率高达 50 wt%，CNT 的内径和外径分别为 5~10 nm 和 25~50 nm，石墨层排列与轴向近似平行，CNT 以团聚体的形式存在，尺寸为 6~7 μm。在该团队另一个工作中[62]，他们采用二茂铁/醋酸钴（质量比为 70/30）作为成碳催化剂，OMMT 为降解催化剂，在 900℃下催化 PP 碳化制备 CNT，产率为 17 wt%，直径为 10~30 nm。

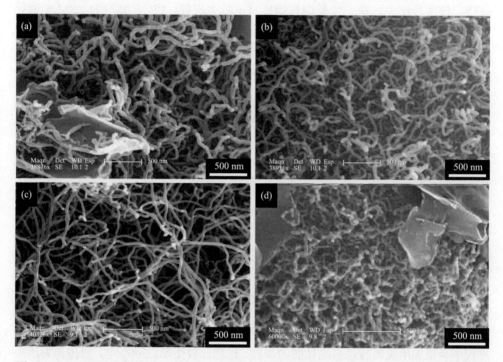

图 3.23　OMMT 与 Ni_2O_3(a)、NiO(b)、$Ni(OH)_2$(c) 和 $NiCO_3·2Ni(OH)_2$(d) 催化 PP 碳化制备 CNT 的 SEM 图像[103]

唐涛课题组从催化的角度进一步阐明了组合催化剂"固体酸/Ni_2O_3"中固体酸的催化反应作用。他们发现在 700℃下，OMMT/Ni_2O_3 和 NH_4-MMT/Ni_2O_3 催化 PP 碳化制备的 CNT 产率分别为 44 wt%和 56 wt%，显著高于 Na-MMT/Ni_2O_3 组合催化剂（产率为 15.6 wt%），从而推断 OMMT 中季铵盐降解后在 MMT 片层表面形成的 Brønsted 酸是真正的催化位点。类似地，他们发现 H-ZSM-5/Ni_2O_3 催化 PP 碳化制备的 CNT 产率高达 42 wt%[图 3.24(a)]，显著高于 Na-ZSM-5/Ni_2O_3 组合催化剂（产率为 10.9 wt%）。接着，通过表征 PP 的降解产物发现在固体酸存在时，PP 降解产物中长链烯烃几乎完全消失，取而代之的是大量小分子碳氢化合物和芳烃化合物。因此，在"固体酸/Ni_2O_3"组合催化剂中，PP 的降解反应是按照碳正离子降解机理进行的，从而生成大量的小分子碳氢化合物和芳烃化合物[图 3.24(b)]。此外，OMMT 还原位协助 Ni_2O_3 催化 C_4 及以上碳氢化合物的碳化，大幅度提高 CNT 的产率。在深入研究固体酸/Ni_2O_3 组合催化剂的基础上，该团队提出了废旧 PP 两段碳化反应法同时制备 CNT 和氢气的思想，开发了相关的催化体系和工艺路线，通过进一步优化反应工艺条件，实现了以 PP 为原料高产率制备 CNT 和氢气，阐明了反应条件及催化剂等对 CNT 的产率和形貌的影响规律。该两段法中，第一步反应在螺旋挤出机中进行，PP 中加入 H-ZSM-5 催化剂，在 550～750℃下催化裂解生成小分子碳氢化合物。第二步反应采用移动床反应器，NiO 为催化剂，催化 PP 降解产物碳化生成 CNT。当催化裂解温度为 650℃，催化分解温度为 700℃时，CNT 的产率为 37.6 wt%，直径为 15～25 nm。

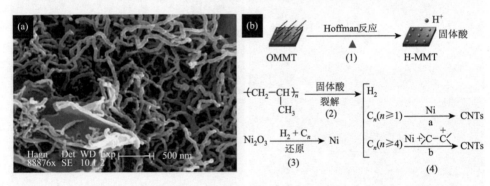

图 3.24 组合催化剂 H-ZSM-5/Ni_2O_3 协同催化 PP 碳化制备 CNT 的 SEM 图像(a)和组合催化机理示意图(b)[105]

使用固体酸(如 OMMT 和 H-ZSM-5)作为聚合物降解催化剂，在提纯 CNT 的过程中会增加用氢氟酸除去固体酸的步骤，过程比较烦琐。2009 年，唐涛课题组提出了新型组合催化剂"微量卤化物/Ni_2O_3"协同催化 PP 碳化生成 CNT 的策略[106]。例如，加入 0.1 wt% NH_4Br 和 5 wt% Ni_2O_3，CNT 的产率最高可达 50.3 wt%。他们证明了溴化物分解生成的溴自由基可以促进 PP 降解产物的芳构化，从而生成大量的芳烃化合物，之后在 Ni_2O_3 催化作用下被转化成 CNT。

之后，他们进一步分析了卤化物含量对于 CNT 的产率和生长形貌的影响[107]。以 CuCl、NH_4Cl 和 $NiCl_2$ 为例，研究了 Cl/Ni 摩尔比对碳材料的产率和形貌的影响，发现 CNT 的产率随着 Cl/Ni 摩尔比的增加而增加，达到最大值后逐渐降低(图 3.25)。例如，对于 CuCl/Ni_2O_3 组合催化剂，当 Cl/Ni 摩尔比从 0 增加到 0.01 时，CNT 产率从 4.5 wt%增加到 29.9 wt%。当 Cl/Ni 摩尔比继续增加到 0.125 时，CNT 的产率达到最大，为 52.9 wt%。继续增加 Cl/Ni 摩尔比则导致 CNT 的产率降低。当采用 NH_4Cl/Ni_2O_3 和 $NiCl_2/Ni_2O_3$ 组合催化剂时,也表现出类似的变化规律,CNT 的产率最大值和对应的 Cl/Ni 摩尔比分别为 56 wt%和 0.167、53.5 wt%和 0.067。当 Cl/Ni 摩尔比较低时(0.01~0.125),生成较长而细的 CNT,长度为 2.7~6.5 μm。当 Cl/Ni 摩尔比较高时(0.125~1.0),得到的是短而弯曲的碳纳米纤维(CNF)。实际上,Cl/Ni 摩尔比对催化剂的还原和 PP 降解产物也有影响,氯自由基不仅影响 Ni_2O_3 还原,还能调控 PP 大分子自由基的脱氢和芳构化反应。少量氯化物(即 Cl/Ni 摩尔比较低时)可以促进 PP 降解生成大量的小分子碳氢化合物和少量的芳烃化合物,这些降解产物促使 Ni_2O_3 能够完全被还原为单质镍,从而参与后续的 CNT 的生长反应。一般地,小分子碳氢化合物被认为是 CNT 生长的主要碳源,芳烃化合物被认为是促进 CNT 生长的协效剂。而大量的氯化物(即 Cl/Ni 摩尔比较高时)会促进 PP 降解生成少量的小分子碳氢化合物和大量的芳烃化合物,这些降解产物会影响 Ni_2O_3 还原为单质镍,导致少部分 Ni_2O_3 不能够被还原为单质镍;其次,大量的芳烃容易产生无定形碳,不利于 CNT 的稳定生长,因此碳材料产物以 CNF 为主。当以颗粒 PVC、糊状 PVC 或者颗粒 CPVC 等含氯聚合物作为氯源,与 Ni_2O_3 协同催化线型低密度聚乙烯(LLDPE)碳化时,也具有相

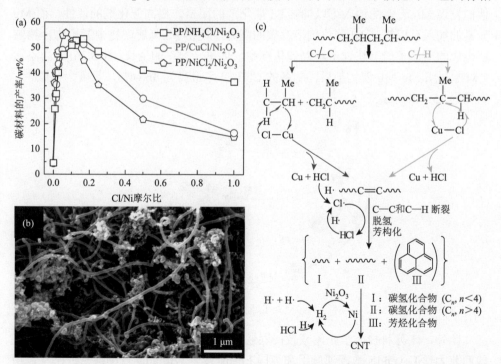

图 3.25 (a)组合催化剂氯化物/Ni_2O_3 催化 PP 碳化制备 CNT 的产率与 Cl/Ni 摩尔比的关系;(b)CNT 的 SEM 图像;(c)组合催化剂氯化物/Ni_2O_3 催化 PP 碳化制备 CNT 的机理示意图[107]

同的碳化反应规律[108]。碳材料的产率随着含氯聚合物的添加量的增加而快速增加，达到最大值后降低。达到最大值时，含氯聚合物的添加量和碳材料的产率分别为 0.81 wt%（颗粒 CPVC）和 64 wt%、0.81 wt%（颗粒 PVC）和 59 wt%，以及 0.40 wt%（糊状 PVC）和 54 wt%。含氯聚合物含量较低时，碳材料以较长、表面光滑的 CNT 为主；而含氯聚合物含量增加后，碳化产物则以较短、表面粗糙的 CNF 为主。

聚合物碳源也显著影响 CNT 的生长。PS 的降解产物以芳烃类化合物为主，这些降解产物作为碳源时容易发生裂解反应生成无定形碳包裹在催化剂粒子表面，从而影响 CNT 的生长。PS 是城市废塑料的主要成分之一，因而将 PS 高效转化成 CNT 的研究非常重要。鉴于此，在"组合催化剂"的基础上，唐涛课题组提出了"炭黑/Ni_2O_3"组合催化剂[109]，在添加 5 wt%炭黑和 5 wt% Ni_2O_3 后，采用 PS 作为碳源时，碳材料的产率达到 32.1 wt%，其中部分是 CNT，长度为 1～2 μm，直径为 50～70 nm。采用 PP/PE/PS 混合物（质量比为 26.9/56.3/16.8）为碳源时，碳材料的产率为 31.6 wt%，其中部分是 CNT。东北林业大学宋荣君课题组从催化剂设计的角度出发[110]，制备了新型高效三元催化剂 Ni-Mo-Mg（摩尔比为 5∶0.1∶1）。他们发现 Mo 元素的加入可以抑制 Ni 催化剂的团聚，提高催化剂的活性，而 Mg 元素的加入可以提高 Ni 催化剂溶解碳的能力，使得 PS 降解产物中芳烃化合物裂解生成的碳原子能够快速溶解到催化剂中，促进 CNT 的生长（图 3.26）。当添加 7 wt%的 Ni-Mo-Mg 催化剂后，制备的 CNT 产率最高为 46 wt%，长度为数微米，直径为 15～20 nm。

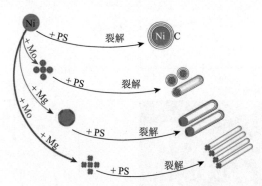

图 3.26 Ni、Ni-Mo、Ni-Mg 和 Ni-Mo-Mg 催化 PS 碳化制备 CNT 的反应机理示意图[110]

此外，江苏科技大学张俊豪教授课题组、美国普渡大学 Pol 教授课题组、美国西北大学 Levendis 教授课题组和英国 Leeds 大学 Williams 教授课题组在聚合物（或者废弃聚合物）碳化制备 CNT 的研究中做了重要贡献。张俊豪教授课题组于 2007 年最先采用聚合物高温高压碳化制备 CNT[111]。他们将 2.0 g PE、0.5 g 接枝马来酸酐的 PP 以及 0.5 g 二茂铁催化剂加入 20 mL 不锈钢反应釜中，700℃下反应 12 h 后制备 CNT，直径为 20～60 nm。二茂铁分解生成的铁原子是 CNT 生长的催化活性中心。类似地，以 PP 作为碳源也可以制备 CNT，长度为 5.5～7.5 μm，直径为 35～55 nm[112]。2010 年 Pol 教授课题组利用高温高压反应釜作为反应器、废弃 HDPE 作为碳源、乙酸钴作为催化剂制备 CNT，并且深入研究 CNT 的生长机理[113]。CNT 的产率为 40 wt%，长度为 2～3 μm，直径为 80 nm。他们通过表征不同温度下 HDPE/乙酸钴降解产物，发现在 300～600℃时，HDPE 的降解产物为水蒸气、CO_2 和 C_2～C_5 的碳氢化合物，升温到 600～700℃时，HDPE 的降解产物为少量氢气、水蒸气和大量的小分子碳氢化合物，而温度高于 700℃时，所有 C—H 和 C—C 断裂，分子量大于 36 的碳氢化合物消失，主要是 1～3 个碳原子组成的原子簇和氢气。与此同时，乙酸钴降解生成的钴原子不断地溶解 HDPE 分解生成的碳原子，这些碳原子随后在钴原子表面组装生成管状结构，最终形成 CNT。采用 LDPE 为碳源、乙酸钴作为催化剂时，CNT 产率为 40 wt%，外径和内径分别为 100 nm 和 30～40 nm，长度达到数微米[114]。

Williams 教授课题组于 2012 年提出裂解/气化碳化法将废弃塑料转化成 CNT 和氢气[115]，所使用的装置包括氮气供应系统、两段不锈钢管式反应器、水蒸气连续供应系统，以及气体冷凝和收集系统四个部分。两段不锈钢管式反应器第一段为裂解反应器，第二段为催化反应器。催化剂放置于第二反应器，水蒸气通过微量注射泵在第一和第二反应器间注入。之后将塑料放置于第一裂解反应器，快速升温，聚合物开始裂解，产生的降解产物进入第二反应器，发生水蒸气催化重整和碳化反应，在催化剂表面生成 CNT，伴随而生的重整产物被冷凝和收集。例如，Wu 等[116]利用 Ni-Mn-Al 作为催化剂，催化废弃汽车油箱(含有 68.3 wt% HDPE、13.3 wt% LDPE、9.5 wt% PP 和 1.1 wt% PS)、HDPE，以及 HDPE/PVC 混合物裂解/气化制备氢气和 CNT。水蒸气的加入会降低 CNT 的产率、提高 CNT 的纯度、减少无定形碳的生成。例如，当废弃汽车油箱和 HDPE 作为碳源时，通入水蒸气后，CNT 的产率分别从 33.8 wt%和 32.6 wt%降低至 16.8 wt%和 16.6 wt%，同时 CNT 的长度从 1 μm 增加到 10 μm，表面也变得平整。这是由于聚合物降解产物在催化剂表面的沉积和催化剂保持活性是 CNT 生长的关键。在 800℃高温下，水蒸气是一种弱的氧化剂，因此少量的水和无定形碳反应有利于保持催化剂活性，此时对碳沉积的减弱并不明显，故而少量水蒸气的加入整体上对 CNT 的生长是有利的。但是，大量的水蒸气的存在会显著消耗碳原子而生成合成气，不利于碳沉积和 CNT 的生长，故而整体上对 CNT 生长是不利的[117]。所以，适宜的水蒸气速率是制备高产率和高纯度的 CNT 的关键。

Acomb 等[118]以 LDPE 为碳源，研究了催化剂的种类(Fe-Al_2O_3、Co-Al_2O_3、Ni-Al_2O_3 和 Cu-Al_2O_3)对于 CNT 的产率和形貌的影响。Fe-Al_2O_3 和 Ni-Al_2O_3 作为

催化剂时，CNT 的长度为几微米，直径为 15~30 nm[图 3.27(a) 和 (b)]，CNT 的产率分别为 18 wt% 和 4.8 wt%，远高于 Co-Al_2O_3 和 Cu-Al_2O_3 催化剂(产率分别为 0.5 wt% 和 0 wt%)。这是由于 Co 与 Al_2O_3 相互作用太强，阻止了 Co 纳米粒子烧结成适宜大小的纳米粒子，不利于 CNT 的生长。而 Cu 与 Al_2O_3 相互作用太弱，Cu 纳米粒子易于烧结成较大的粒子，也不利于 CNT 生长。相比而言，Fe 和 Ni 与 Al_2O_3 相互作用适中，介于 Co 和 Cu 之间，易于烧结成适宜尺寸的纳米粒子。此外，他们发现具有弱的金属-载体相互作用的 Nickel500 催化剂也非常适于 CNT 的生长，长度为几微米，直径为 15~30 nm[图 3.27(c) 和 (d)]。上述结果证实了弱的金属-载体相互作用有利于催化剂的烧结(即熔结)，促进 CNT 的生长。Jia 等也发现了类似的现象[119]，Ni 与基体 MgO 的强相互作用不利于单质 Ni 催化剂的溶出，而 Ni 与基体 SrO 的弱相互作用不利于单质 Ni 催化剂的分散和表面覆盖，Ni 与基体 LaO 的相互作用适中时有利于单质镍催化剂的分散和表面覆盖，因此催化 PP 和 LDPE 碳化制备 CNT 的效率最高。裂解/气化碳化法也适用于废弃轮胎碳化制备 CNT。Zhang 等[120]利用 Co/Al_2O_3、Cu/Al_2O_3、Fe/Al_2O_3 和 Ni/Al_2O_3 催化废弃轮胎碳化。Ni/Al_2O_3 的活性最高，产物以 CNT 为主，而 Co/Al_2O_3、Cu/Al_2O_3 和 Fe/Al_2O_3 活性较低，产物以无定形碳为主。

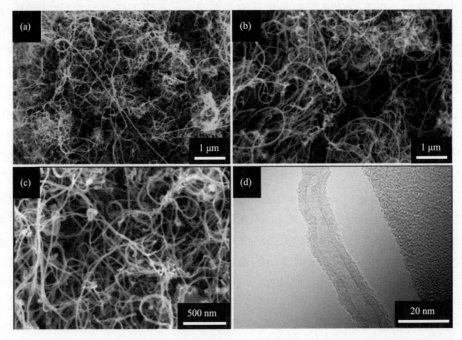

图 3.27　Ni-Al_2O_3(a)、Fe-Al_2O_3(b) 和 Nickel500(c、d) 作为催化剂制备的 CNT 的 SEM 和 HRTEM 图像[118]

Levendis 课题组于 2010 年提出裂解/燃烧碳化法催化废弃聚合物碳化制备 CNT[121]，所用装置包括聚合物裂解室、文氏管/燃烧室，以及 CNT 生长室三部分。首先，聚合物样品放置在瓷舟上，在氮气氛围下，样品裂解生成裂解产物，再通过文氏管，与空气或者富氧气体充分混合，混合气体燃烧生成 CNT 的前驱体，包括 CO、CO_2 以及小分子碳氢化合物，这些燃烧气体产物经过碳化硅蜂窝过滤器过滤掉生成的颗粒烟尘，然后进入 CNT 生长室，与催化剂(如不锈钢金属网或者负载金属 Co 或 Ni 的不锈钢金属网)反应生成 CNT。以 HDPE 为例，裂解温度为 800℃，CNT 的生长温度为 750℃，文氏管中 O_2 摩尔分数为 50%，不锈钢 304 为催化剂和载体时，制备的 CNT 的长度为 1~5 μm，直径为 (43.6±16.6) nm，石墨层排列与 CNT 轴向大致平行(图 3.28)。类似地，丁苯橡胶[122]、废弃轮胎[123]和废弃 PET[123]均可以作为碳源制备阵列 CNT，产物的长度和直径分别为 30 μm 和 30~100 nm、40 μm 和 100 nm，以及 20 μm 和 200 nm。

图 3.28 HDPE 裂解/燃烧碳化后制备 CNT 的 SEM 图像(a~c)和 TEM 图像(d)[121]

宋荣君课题组利用 Ni-Mo-Mg 三元催化剂催化 PP 和硅树脂共混物碳化，合成 Si-CNT 纳米杂化材料[图 3.29(a~c)][124]。固定 Ni-Mo-Mg 催化剂为 5 wt%，当硅树脂的添加量从 0 wt%增加到 12 wt%，CNT 的产率从 39 wt%增加到 56 wt%，石墨层排列与轴向大致平行。继续增加硅树脂的添加量时，CNT 的产率则略有下降。这是因为相比于碳基聚合物，含硅衍生物有很低的表面自由能，因此在高温的条件下 PP/Ni-Mo-Mg/硅树脂共混物中的硅树脂更倾向于迁移到共混物的表面，这些聚集在表面的硅树脂会形成一些硅树脂片层。与此同时，一些由 PP 降解成的碳氢化合物在催化剂 Ni-Mo-Mg 的作用下碳化形成 CNT，而之前形成的硅片层正好为碳化过程形成一个屏障。该屏障有效地抑制了降解气体的扩散、强化了 Ni-Mo-Mg 催化剂的碳化效率，同时还为 CNT 提供了生长基体，最终得到一种 CNT 直接生长在自组装形成的硅片上的 Si-CNT 纳米杂化材料。过量的硅树脂则会干扰或者阻止 PP/Ni-Mo-Mg 体系继续碳化，导致 CNT 的产率降低。此外，他们通过一步热解 PP/Ni-Mo-Mg/纤维素共混物，成功地制备出了纤维素碳基质为母体接枝 CNT 的碳纤维-CNT 杂化材料[125]。研究表明，当纤维素和 Ni-Mo-Mg 的添加量分别为 30 wt%和 5 wt%时，制备的碳纤维-CNT 杂化材料的形貌最佳[图 3.29(d～f)]，CNT 的长度为 5～30 μm，石墨层排列与轴向大致平行。

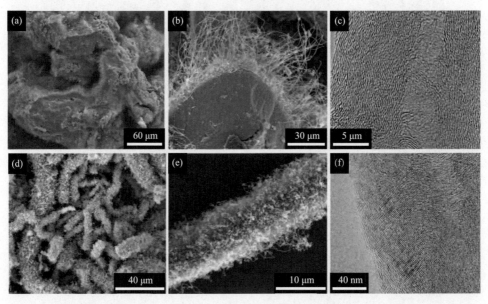

图 3.29　Ni-Mo-Mg 三元催化剂催化 PP 和硅树脂共混物碳化制备 Si-CNT 杂化材料的 SEM 图像(a、b)和 HRTEM 图像(c)[124]，或者催化 PP 和纤维素共混物碳化制备碳纤维-CNT 杂化材料的 SEM 图像和(d、e)HRTEM 图像(f)[125]

3.3.3　杯叠碳纳米管

在过去的十几年中，"杯叠"碳纳米管(CS-CNT)作为独特的功能纳米材料，引起了人们浓厚的兴趣。与传统 CNT 的不同之处在于，它的石墨层排列与轴向存在一定的夹角[126]，从而使得在其表面和内部有大量暴露的和反应性的边缘[127]。因此，对 CS-CNT 的表面改性或者化学修饰使得它在氧化还原反应[128-130]、电化学传感器[131-134]、催化有机反应[135-138]、锂离子电池[139-142]、钠离子电池[143]、超级电容器[144-146]、燃料电池[147-149]、太阳能电池[150-152]、存储氢气[153]、吸附有机染料[154]、药物释放[155, 156]和聚合物纳米复合材料[157-164]等领域有着潜在应用。值得指出的是，Liu 等[165]发现 CS-CNT 可以被剪开从而制备边缘平整且拥有较大比表面积的高质量石墨烯。

目前，小分子碳氢化合物[127]或者含氮有机化合物[166]是利用化学气相沉积法合成 CS-CNT 时普遍使用的碳源。利用聚合物作为碳源大规模制备 CS-CNT 为废旧聚合物回收提供了新的途径。在最近几十年里，国内外众多研究小组开展了聚合物碳化制备 CNT 的研究，利用聚合物来制备 CS-CNT 的研究也不断涌现。严格意义上讲，在聚合物碳化研究的早期(1997～2005 年)文献中，CS-CNT 曾被科学家多次合成出来，如俄罗斯科学家 Chernozatonskii 于 1997 年就提出了这种具有锥管尖端的 CNT 结构示意图[97]，但是受限于实验设备，因而并没有通过实验观察到具体结构。后来，俄罗斯科学家 Kiselev 等通过 HRTEM 清晰地观察到这种石墨层斜着排列的 CS-CNT[98]，更为典型的是 Krivoruchko 等在 2000 年提供的清晰的 CS-CNT 结构图像[99]。遗憾的是，他们并没有对这种特殊结构的 CS-CNT 的性质进行进一步分析，也没有对 CS-CNT 的特殊结构导致的突出性能进行探索。最早研究 CS-CNT 的结构和性质的是日本科学家 Endo 等[126, 127, 167]。他们认为 CS-CNT 表面具有传统 CNT 不具备的大量的石墨层边缘，这些边缘的碳原子更为活泼，因此 CS-CNT 的催化活性更高，他们还将其正式命名为杯叠碳纳米管(cup-stacked carbon nanotube)。

虽然聚合物碳化早期的研究已经发现了 CS-CNT，但是很多时候制备的 CS-CNT 的均一性较差。直到 2011 年，台湾中兴大学 Chen 教授课题组[168]利用废弃酚醛树脂为原料，$NiCl_2$ 为催化剂，900℃下反应 1 h 制备得到了 CS-CNT，石墨层排列与轴向存在 15°～20°夹角，但是 CS-CNT 中杂质较多。2012 年 Ko 等[169]将 8.1～16.2 mmol 的 $NiCl_2$ 催化剂溶于 8.1 mol/L PEG（分子量为 8000）的稀溶液中（PEG/$NiCl_2$ 摩尔比为 500～1000），然后涂覆在硅片上，在氩气氛围中升温到 400℃和 750℃后分别保温 1 h，从而制备 CS-CNT。如图 3.30 所示，制备的 CS-CNT 呈现尺寸为 2～6 μm 的团簇聚集体形貌，单根 CS-CNT 的直径约为 30 nm，石墨层排列与轴向存在 12°的夹角。有意思的是，他们发现 PEG/$NiCl_2$ 摩尔比小于 500 时，得到的碳材料团簇聚集体中并没有 CS-CNT；当 PEG/$NiCl_2$ 摩尔比大于 1000 时，并没有碳材料团簇聚集体或者 CS-CNT 生成。而当 PEG 分子量为 300 或者 2000 时，制备的碳材料团簇聚集体中也没有 CS-CNT。他们猜测 CS-CNT 的生长与 PEG 的熔点和裂解温度相关，但是缺乏证据。另外，他们发现单质镍催化剂呈现锥形结构,但是并没有进一步弄清楚催化剂的变形机制,以及 CS-CNT 的生长机理。

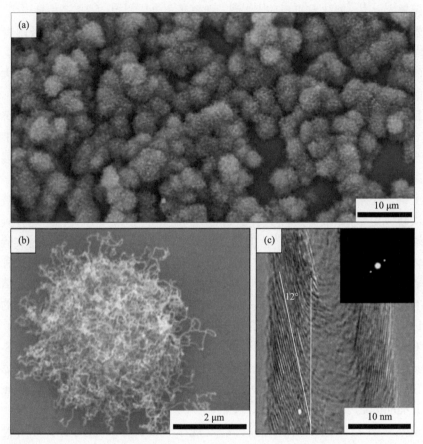

图 3.30　PEG 作为碳源制备的 CS-CNT 的 SEM 图像(a、b)和 HRTEM 图像(c)[169]

随后,Takahashi 等采用类似的方法合成了 CS-CNT,直径约 26 nm[170]。他们进一步分析了 PEG 碳化制备 CS-CNT 的反应机理,并且考察了催化剂的变形机制,发现 PEG 裂解生成的无定形碳可以促进 Ni 纳米粒子分散,尺寸为 26 nm,避免 Ni 纳米粒子过度聚集成较大的颗粒,这对于 CS-CNT 的生长起到决定性作用[171]。这些研究中,CS-CNT 的质量显著改善,杂质含量明显减少,但是也存在一些问题。第一,CS-CNT 的产率普遍较低,如往往低于 5 wt%。第二,催化剂的变形机制不清楚,这是因为催化剂开始的形貌缺乏控制、不均一,而 CS-CNT 的生长需要特殊形貌结构的催化剂,这些催化剂的形貌往往与碳化前的催化剂的形貌不一致,催化剂在 CS-CNT 的生长过程中会有一个包括熔结和重建的变形机制,除了温度和升温速率外,还有没有影响催化剂的变形机制的因素?例如聚合物降解产物。第三，缺乏对聚合物降解产物的全面分析，这是因为聚合物降解产物是 CS-CNT 生长的碳源，到底哪些降解产物有利于 CS-CNT 的生长？然而，搞清楚这个问题比较困难，因为聚合物降解产物本身很复杂，要实现精确调控必须选择合适的催化剂，这对提高 CS-CNT 的产率非常关键。第四，CS-CNT 的生长机理不清楚，特别是对聚合物降解产物、催化剂变形机制以及 CS-CNT 形貌调控机制的对应关系还缺乏深入的研究。因而急需探索一种高效的方法将聚合物转化成 CS-CNT。

针对上述这些问题，唐涛课题组开发了两类组合催化剂"固体酸(如 OMMT 和分子筛 H-ZSM-5)/NiO"和"卤化物/NiO"来实现聚合物高效可控碳化制备 CS-CNT[172-177]。他们首先采用溶胶-凝胶-燃烧法制备形貌均一的 NiO 纳米粒子，尺寸为 (13.5 ± 2.1) nm，将它们用于聚合物碳化的成碳催化剂。在"OMMT/NiO"组合催化剂催化 PP 制备 CS-CNT 中，他们发现 OMMT 的含量对 CS-CNT 的产率和形貌起到决定性的作用[172]。只有当 OMMT 含量较低时(如 1.0 wt%和 2.5 wt%)，才能制备 CS-CNT，产率为 41.0 wt%～49.8 wt%，平均长度为 7.1～7.2 μm，平均直径为 57.8～59.7 nm，且 CS-CNT 的石墨层排列与轴向存在 20°～25°夹角(图 3.31)。有意思的是，催化剂从 NiO 还原成单质镍，并且镶嵌在 CS-CNT 中部，呈现双锥结构，角度为 48°，约为 CS-CNT 的石墨层排列与轴向夹角的两倍，且单质镍催化剂表面的石墨层排列与催化剂的表面平行。当 OMMT 含量增加时(如 5 wt%～10 wt%)，产率增加到 60.1 wt%～63.1 wt%，碳材料中主要是较短、弯曲且表面粗糙的 CNF，长度分布在 0.5～2.5 μm，直径分布在 20～70 nm。

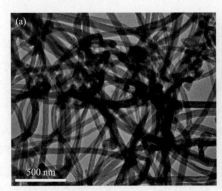 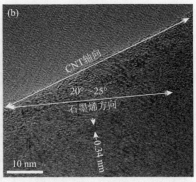

图 3.31　CS-CNT 的 SEM 图像(a)和 HRTEM 图像(b)[172]

通过表征分析不同 OMMT 添加量时 PP 的气相和液相降解产物的组成，他们证明了少量的 OMMT 可以促进 PP 碳正离子的脱氢和芳构化，从而生成大量的小分子碳氢化合物(如丙烯)和少量的芳烃化合物[如苯和甲苯，图 3.32(a)]。这些降解产物一方面促进 NiO 纳米粒子的熔结和重建生成双锥结构的 NiO，此后重建的 NiO 催化剂再催化这些降解产物碳化生成较长、直且表面平整的 CS-CNT[图 3.32(b)]。这部分工作为将混合聚烯烃转化成高附加值的材料奠定了基础,也为 CS-CNT 的制备提供了新的简便方法。

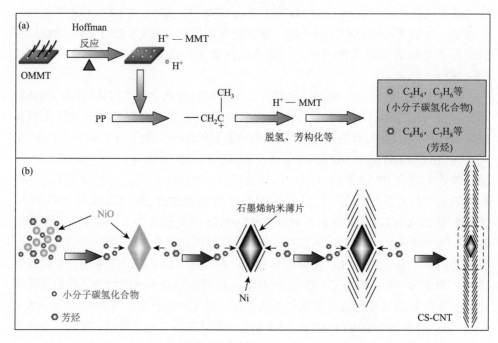

图 3.32　OMMT 催化 PP 降解的示意图(a)和 CS-CNT 生长机理的示意图(b)[172]

在 CNT 提纯过程中,固体酸催化剂需要使用具有强腐蚀性的氢氟酸才能去除。鉴于此,唐涛课题组提出了新的组合催化剂"卤化物/NiO"催化 PP 碳化制备 CS-CNT[173]。当采用氯化物(NH_4Cl 或者 CuCl)、溴化物(NH_4Br 或者 CuBr)或者碘化物(NH_4I 或者 CuI)作为降解催化剂时,微量的卤素就可以与 NiO 组合催化生成 CS-CNT,其长度为 9~10 μm,直径为 50~70 nm。CS-CNT 的产率最大值和对应的卤素含量分别为 93.5 μmol/g PP 和 54.5 wt%(NH_4Cl)、75.8 μmol/g PP 和 56.9 wt%(CuCl)、12.8 μmol/g PP 和 51.7 wt%(NH_4Br)、8.7 μmol/g PP 和 55.9 wt%(CuBr)、8.6 μmol/g PP 和 44.0 wt%(NH_4I),以及 6.6 μmol/g PP 和 60.6 wt%(CuI)。显然,不同卤素与 NiO 组合获得最大成碳率时的含量有所不同,CS-CNT 的产率最大时所需加入卤素量的顺序依次为 Cl>Br>I。因此,组合催化剂的催化效率为氯化物/NiO<溴化物/NiO<碘化物/NiO。体系中卤化物在反应中会分解生成卤素自由基,卤素自由基可以促进 PP 大分子自由基的脱氢和芳构化反应,再经过环化、异构化和芳构化等反应后,生成小分子碳氢化合物和芳烃化合物。卤素自由基与氢自由基结合生成卤化氢和在卤化氢催化作用下 PP 大分子自

由基脱氢生成 C=C 是速率决定步骤。氯化物、溴化物和碘化物的热稳定性逐渐降低，因此卤素自由基催化 PP 大分子自由基的脱氢和芳构化能力为 Cl<Br<I。接着，生成的大量的小分子碳氢化合物和少量的芳烃化合物促进 NiO 纳米粒子熔结与重建生成双锥结构，然后催化小分子碳氢化合物碳化生成 CS-CNT。因此，氯化物/NiO、溴化物/NiO 和碘化物/NiO 组合催化剂的活性依次增加。华中科技大学龚江教授课题组将"卤化物/NiO"组合催化剂扩展到"含卤聚离子液体/NiO"组合催化剂[173]，发现了类似的碳化反应规律。例如，使用含碘聚离子液体/NiO 作为组合催化剂时，CS-CNT 的产率为 42.9 wt%，长度和直径分别为 875.7 nm 和 24.2 nm，石墨层排列和轴向存在 25°～31°的夹角，CS-CNT 的比表面积为 292.4 m^2/g。

在此基础上，讨论了 NiO 的大小和晶格氧含量以及聚合物链结构对于 CS-CNT 的产率和形貌的影响[174]。所用催化剂是先通过溶胶-凝胶-燃烧法合成了尺寸均一的 NiO 纳米粒子，接着在不同温度下煅烧得到不同尺寸(18～227 nm)的 NiO 纳米粒子。通过探索 NiO 尺寸对 CS-CNT 的产率、形貌、微观结构、晶型和热稳定性以及 NiO 催化剂纳米粒子熔结和重建的影响，发现了尺寸较小的 NiO 纳米粒子更易发生熔结和重建生成双锥结构的催化剂，从而有利于 CS-CNT 的生长，产率最高[图 3.33(a)]。而尺寸为 40 nm 的 NiO 最适合于 CS-CNT 的生长，可以用聚合物作为碳源制备出"海绵"状的 CS-CNT。其吸附油的量可达自身质量的五十倍，这表明"海绵"状 CS-CNT 在环境污染治理方面有着潜在应用。

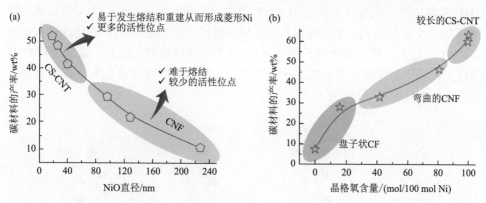

图 3.33　NiO 的尺寸(a)[174]和晶格氧含量(b)[176]对于 PP 碳化反应制备 CS-CNT 的产率的影响

为了研究催化剂中晶格氧含量对于碳化反应的影响，Gong 等采用改进的溶胶-凝胶-燃烧法合成了尺寸均一、大小接近(17～25 nm)，但是晶格氧含量不同(0 mol%、15.6 mol%、41.7 mol%、80.6 mol%、99.6 mol%和 100 mol%)的 Ni/NiO 杂化催化剂[176]。晶格氧的含量较低时(0 wt%～80.6 wt%)，得到的是盘子状纤维或者弯曲的 CNF，产率为 27 wt%～47 wt%，只有当晶格氧含量很高时(99.6 mol%和 100 mol%)，生成的是 CS-CNT，产率最高为 60 wt%～64 wt%[图 3.33(b)]。而且证明了晶格氧不仅可以促进催化剂纳米粒子的熔结和重建，还可以促进聚合物降解产物的碳化，从而为提高聚合物碳化效率和改善碳材料形貌提供理论指导。

此外，Gong 等研究了在 CuBr/NiO 组合催化剂中，PE 的链结构对 CS-CNT 生长的影响[177]。当采用有大量短支链的 LLDPE 作为碳源时，得到的是较长且表面平整的 CS-CNT；而当大量长、短支链的 LDPE 和几乎没有支链的 HDPE 作为碳源时，制备的是较短、弯曲且表面粗糙的 CNF。这是由于不同链结构的 PE 在 CuBr 催化作用下生成了不同的降解产物。例如，CuBr 分解生成的 Br 自由基可以显著促进 LLDPE 主链的断裂而生成氢自由基、促进脱氢和芳构化反应，从而大幅度提高气体降解产物的含量，芳烃化合物的量也有所增加，因而促进表面光滑、较长的 CS-CNT 的生成。但是，在 CuBr 催化作用下，LDPE 和 HDPE 的降解产物中长链烯烃含量较多，而小分子气体和芳烃含量较低，从而导致碳产物的形貌类似，都是以表面粗糙、弯曲的 CNF 为主。

独特的斜着排列的石墨层结构，使得 CS-CNT 有着不同于传统 CNT 的性质。例如，CS-CNT 在超声或者球磨状态下，可以制备杯子状的短碳[127, 155, 178]。此外，CNT 和 CS-CNT 的比表面积普遍较低，往往采用化学活化（如 KOH 活化）刻蚀部分炭层结构，引入微孔和介孔。传统的 CNT 在 KOH 活化过程中，仅仅是 CNT 的表面的少数石墨层被刻蚀掉，或者 CNT 的缺陷较多的端部被刻蚀掉，因此，难以显著提高比表面积[图 3.34(a)][179]。同时，由于 CNT 长径比普遍较大，即便是 CNT 两端被打开也难以有效利用 CNT 的内部丰富的中空结构。为了很好地利用 CNT 的中空管状结构，主要的策略是采用球磨的方法切断 CNT，但是这样就损失了 CNT 的较大长径比的优势。因此，对 CNT 的精确裁剪的研究，既能保持 CNT 的较大长径比的优势，又能提高比表面积、有效利用中空管状结构，具有重要意义，也非常具有挑战性。

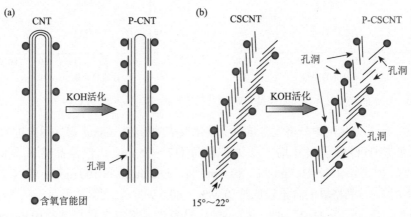

图 3.34　KOH 活化传统 CNT(a)[179]和 CS-CNT(b) 的机理示意图[180]

2015年，唐涛课题组首次发现KOH活化可以刻蚀掉PP碳化制备的CS-CNT的部分斜着的石墨层，从而形成连接表面和内部的直径为几纳米到十几纳米的孔道，制备多孔CS-CNT(P-CSCNT)，如图3.34(b)所示[180]。这与传统CNT完全不同，主要归因于CS-CNT独特的斜着的排列石墨层，活性位点更多，更容易和KOH反应，而一旦反应后，会优先反应同一个石墨层面的碳原子，因此最终会形成连接管内和管外的孔道的P-CSCNT[图3.35(a)和(b)]。这种采取KOH选择性裁剪的方法可以同时提高CS-CNT的比表面积、利用其中空结构、提高孔容和引入表面官能团，而且保持了CS-CNT较大的长径比。如图3.35(c)和(d)所示，当KOH/CS-CNT质量比为6，活化温度为850℃，活化时间为4 h时，制备的P-CSCNT具有较高比表面积(558.7 m^2/g)和较大孔体积(1.993 cm^3/g)，显著高于活化前的CNT的比表面积和孔体积(分别为218.7 m^2/g和0.928 cm^3/g)。与此同时，P-CSCNT还具有大量亲水含氧官能团(如羧基和羟基)。由它的X射线光电子能谱(XPS)分峰结果可知，羟基含量从31.4%(CS-CNT)增加到48.7%(P-CSCNT)。

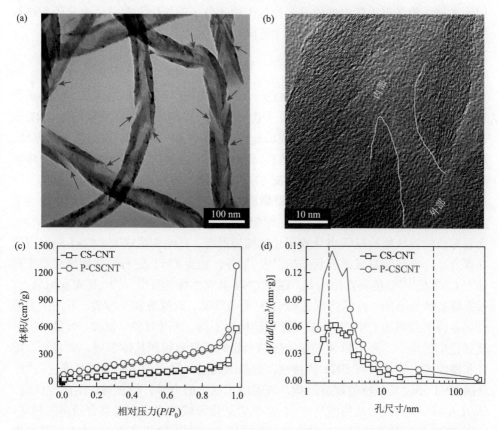

图3.35　P-CSCNT的TEM图像(a)和HRTEM图像(b)，以及CS-CNT和P-CSCNT在77 K时的氮气吸附/脱附曲线(c)和孔径分布图(d)[180]

之后，Li 等[153, 181]利用二茂铁作为催化剂和碳源，单质硫作为助催化剂，在 1100℃下制备了 CS-CNT，然后借鉴 KOH 精确裁剪 CS-CNT 的方法，制备 P-CSCNT，从而引入了许多贯穿管内外的纳米孔道。当活化温度为 800℃，活化时间为 2 h，KOH/CS-CNT 的质量比为 4 时，比表面积和孔体积分别从 48 m^2/g 和 0.136 cm^3/g(CS-CNT)增加到 543 m^2/g 和 0.818 cm^3/g(P-CSCNT)，微孔和介孔的体积分别从 0.017 cm^3/g 和 0.119 cm^3/g(CS-CNT)增加到 0.226 cm^3/g 和 0.593 cm^3/g(P-CSCNT)。P-CSCNT 的成功合成极大地拓展了 CS-CNT 的应用领域，如污染物分子可以通过连接管内外的贯穿的孔道进入 CS-CNT 内部，从而更好地利用 CS-CNT 的中空结构，它在吸附有机污染物(如染料)或者存储氢气中的性能有显著提高。例如，亚甲基蓝的最大吸附量从 50.5 mg/g(CS-CNT)增加到 319.1 mg/g(P-CSCNT)，提高了 5.3 倍[180]；而氢气的吸附量从 0.05 wt%(CS-CNT)增加到 0.55 wt%(P-CSCNT)，提高了 10 倍[153]。如何更好地利用这种特殊孔道的 P-CSCNT，仍然是一个值得研究的重要方向。例如，在光热海水淡化中，能否利用这种独特的贯穿于管内外的纳米孔道促进水分子的传输？此时，水分子在这种受限孔道中的传输机制是否与自由水不同？

3.3.4 螺旋碳纳米管

通常普通 CNT 呈现出的是平直的一维线型结构。随着研究的深入，Dunlap[182] 和 Ihara 等[183]相继通过理论计算、分子模拟等手段推测出具有螺旋结构的 CNT 在热力学上是稳定存在的。1994 年，Zhang 等[184]在观测 CNT 时，发现了一种弯曲、环绕、类似于 DNA 螺旋结构的 CNT，这种结构的 CNT 被称为螺旋 CNT。这也是人类史上首次通过实验观测到螺旋 CNT 的报道。螺旋 CNT 的发现，引发了广大科研工作者的极大关注。研究者对螺旋 CNT 的合成、结构、生长机理、性能等方面开展了细致而又卓越的工作。在螺旋 CNT 中，不仅碳原子组装形成管状结构，而且形成的管状结构呈现出介观尺寸的螺旋形态。在结构组成上，CNT 中出现的非碳六环会导致管形成螺旋状结构[185]。另外，螺旋 CNT 的石墨化程度通常比直线型 CNT 低[186]。值得指出的是，螺旋 CNT 具有手性特征[187, 188]。在微观形貌上，根据螺旋数的不同，可以将螺旋 CNT 分为单螺旋、双螺旋和三螺旋。不同工艺条件制备得到的螺旋 CNT 的形态和微观结构也不同。通过对反应温度、气氛环境以及催化剂的调节，还可以调控螺旋碳纳米管的螺旋形貌和具体参数，如直径、螺径和螺距等。除了具有 CNT 的特性，包括耐高温、耐腐蚀、耐酸碱和强度高等，螺旋 CNT 还因其独特的螺旋结构，表现出了独特的力学、场发射、耐热等性能。例如，CNT 壁上碳六边形网格中由 sp^2 轨道杂化形成的 C=C 键具有较高的强度，因而 CNT 是一种非常坚韧、刚度很高的材料，而螺旋 CNT 在保持 CNT 增强的优势的同时，利用它特有的螺旋结构加强了螺旋 CNT 和聚合物之间的结合，可以大幅度提高聚合物韧性与强度[189]。螺旋 CNT 因其独特的三维螺旋结构而具有丰富和优异的物理及化学性质,可广泛应用于微纳器件[190, 191]、隐身材料[192]、柔性超级电容器[193, 194]、钠离子电池[195]、聚合物纳米复合材料[196, 197]、光催化降解环境污染物[198, 199]和传感器[200-202]等各个领域,所以它具有很高的学术研究及工程应用价值,一直是新材料领域研究的热点。

目前对螺旋 CNT 的生长机理有颇多争议,普遍认为是催化剂颗粒催化的各向异性导致了螺旋结构的产生[203-205]。Amelinckx 等[206]从单颗催化剂的角度解释了螺旋结构 CNT 的生长机理,认为催化剂颗粒的不同晶面会同时析出碳原子并形成 CNT,当催化剂颗粒各个晶面的活性一致时,以相同速率析出碳,产生直线型的 CNT;如果催化剂颗粒各晶面活性出现差异,形成石墨层的速率不相同,这种现象不断加剧就会由于扭曲生长而产生螺旋状的 CNT。而催化剂颗粒各晶面活性的差异主要来自三个方面,即催化剂颗粒自身形貌的差异、其他引入组分诱导产生的差异,以及实验环境、导致单颗颗粒活性不均。目前,在催化剂颗粒参与催化分解反应的具体相态上还存在较大争议,由催化剂颗粒的不同晶面活性差异导致螺旋结构产生的观点已经基本被认同。还有相关报道认为部分复合催化剂体系中的合金颗粒存在相态或者成分的差异[207],第二组分 Sn[208]、Cu[209]等,或者 S[210]、P[211]、N[212, 213]等杂原子的使用也会影响催化剂颗粒的活性,从而影响碳原子在不同晶面的析出速度,这些均导致生成螺旋结构的 CNT。

螺旋 CNT 的制备方法可以分为四种,即石墨电弧法、激光蒸发法、化学气相沉积法和模板法。前面两种方法得到的螺旋 CNT 产量低、纯度不高。目前报道最多的方法还是化学气相沉积法和模板法。化学气相沉积法是以有机气体为碳源,过渡金属颗粒为催化剂,在 600～1200℃温度范围内催化含碳气体裂解合成螺旋 CNT。碳源主要有正己烷、苯、乙炔和二甲苯等[214],催化剂主要使用二茂铁、二茂钴和羰基铁等[202, 213]。南京大学都有为院士团队[186, 215]采用纳米 Ni/Fe 作为催化剂,乙炔作为碳源,在较低温度下成功合成了螺旋 CNT,重现性较好,产物的产量得到提升。利用聚合物作为碳源制备螺旋 CNT,由张俊豪课题组于 2007 年首次发现[111]。它的直径为 30～60 nm,螺距为 150～160 nm。遗憾的是螺旋 CNT 作为副产物,产率只有 5 wt%。宋荣君课题组利用 Ni-Mo-MgO 作为催化剂在 850℃下催化 PP 碳化制备 CNT 的过程中也观察到螺旋 CNT(图 3.36),其长度为数百微米,螺距为 500～800 nm,直径为 30～60 nm[216]。但是螺旋 CNT 也为副产物,产率只有 5 wt%。作者推测是因为 Mo 元素的掺杂影响了 Ni 催化剂活性,使得在 Ni 的不同晶面析出碳原子的能力不同。迄今,催化聚合物碳化制备螺旋 CNT 是一个巨大的挑战,开发活性较高、粒径均匀可控的催化剂成为首要任务。

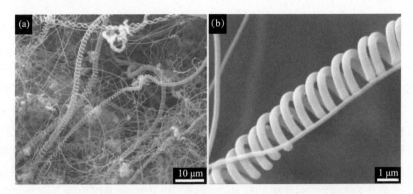

图 3.36　Ni-Mo-MgO 催化 PP 碳化制备碳材料中的螺旋 CNT 的低倍(a)和高倍(b)SEM 图像[216]

目前，采用聚合物作为碳源合成螺旋 CNT 最成熟的方法是模板法，即利用已经构建好的超分子自组装体(有机物结构)作为模板，无机材料可以吸附和聚集在模板的表面，这样有机模板就可以通过煅烧或者有机溶剂溶解的方法除去，而无机物在高温氧化或者有机溶剂的环境中保留下来[217]。超分子自组装体是指两种或两种以上分子依靠分子间相互作用(范德华力、静电力、氢键作用、金属与配体间的配合、疏水作用力、位阻效应以及 π-π 堆积等)结合在一起组成的复杂的、有组织的聚集体，它具有明确的微观结构和宏观特性。

2013 年，苏州大学杨永刚教授课题组[218]首次使用阳离子型两亲小分子为模板，合成单手螺旋的 4,4′-亚联苯基桥联的聚倍半硅氧烷，并在高温 700℃下碳化 2 h 后，通过氢氟酸刻蚀 SiO_2 成分后得到单手螺旋 CNT(图 3.37)。螺旋 CNT 的外径、内径和螺距分别为 80~150 nm、40~100 nm 和 600~800 nm。他们通过漫反射圆二色谱(DRCD)测试发现左手和右手螺旋 CNT 的 DRCD 信号是呈近似镜像对称，表明左右手螺旋 CNT 具有相反的光学活性，DRCD 信号的来源可能是碳化后所形成芳环的 π-π 堆积。当对比由左右手螺旋结构测得的信号时会发现右手螺旋 CNT 的信号较强，这可能是因为右手螺旋 CNT 的螺距较小，纳米尺度的螺旋排列较为紧密，从而使得 DRCD 信号中心向短波长移动。

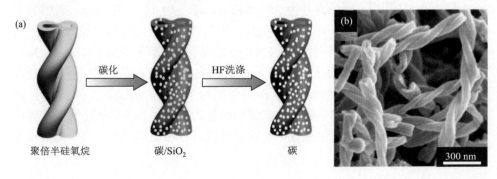

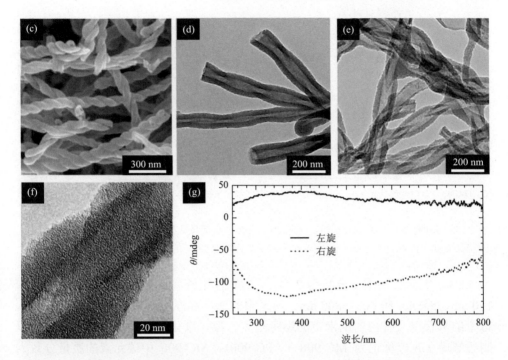

图 3.37 单手螺旋的 4,4′-亚联苯基桥联的聚倍半硅氧烷碳化制备碳/SiO$_2$ 复合物,之后采用氢氟酸处理制备左手或者右手螺旋 CNT 的示意图(a),左手螺旋 CNT(b、d)和右手螺旋 CNT(c、e 和 f)的 SEM 和 TEM 图像,以及左手或者右手螺旋 CNT 的 DRCD 曲线(g)[218]

同济大学车顺爱教授课题组[219]利用吡咯作为单体,在硫酸铵引发剂作用下利用手性两亲小分子 C18-D-Glu 组装形成螺旋胶束并通过静电作用吸附吡咯分子在组装体表面进行原位聚合,从而形成单手螺旋具有导电性的 PPy 高分子。用左手性的模板剂 C18-L-Glu 能够得到对应的左手性的螺旋 PPy 纳米管,右手性的模板剂 C18-D-Glu 得到了对应的右手性的螺旋 PPy 纳米管[图 3.38(a)]。它们的直径约 80 nm,螺距约为 250 nm。最后通过螺旋 PPy 纳米管在高温 550℃或者 900℃碳化可得到单手螺旋 CNT[图 3.38(b~e)]。这样的螺旋 PPy 纳米管和螺旋 CNT 是具有光学活性的,这来源于吡咯环的手性堆积和芳环的手性堆积。

随后,在 2014 年,杨永刚教授课题组[220]又对以两亲小分子为模板形成单手螺旋 CNT 的行为进行了进一步的研究(图 3.39),发现两亲小分子本身在纳米尺度上可以组装成一定的螺旋结构。它在吸附了以四乙氧基硅烷(TEOS)为硅源的预聚物并使其水解缩合后,形成在一定程度上具有稳定框架结构的二氧化硅与有机物的复合物,在高温 550℃或者 900℃下碳化 3 h 后,通过氢氟酸刻蚀 SiO$_2$ 后可形成结构稳定的螺旋 CNT。当碳化温度为 550℃时,螺旋 CNT 标记为 MC-500 和 PC-500。MC-500 中碳元素的质量分数为 80.8%,氮元素的质量分数

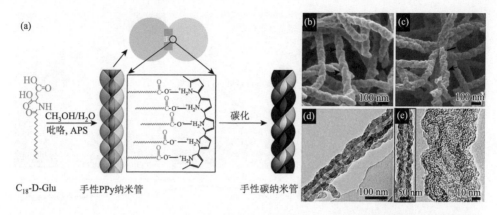

图 3.38 (a) 通过 C18-D-Glu 组装, 之后 PPy 聚合, 最后碳化制备单手螺旋 CNT 的示意图; 550℃ (b、d) 和 900℃ (c、e) 下碳化制备的单手螺旋 CNT 的 SEM 图像和 TEM 图像[219]

为 5.8%, 氢元素的质量分数为 2.7%。CNT 的外径、厚度以及螺距分别为 80~150 nm、5.0 nm 和 600~800 nm。纳米带的宽度和厚度大概是 50 nm 和 25 nm。每个纳米管以及管内的纳米带的螺距基本一致。碳化温度为 900℃时, 也可以制备螺旋 CNT(标记为 MC-900 和 PC-900), MC-900 中碳元素的质量分数为 83.4%, 氮元素的质量分数为 4.1%, 氢元素的质量分数为 1.1%。纳米管的外径、厚度, 以及螺距与 550℃碳化后除去二氧化硅得到的螺旋 CNT 基本一致。纳米带的宽度和厚度大概是 50 nm 和 25 nm。每个纳米管以及管内的纳米带的螺距基本一样。碳化温度升高后, 螺旋 CNT 的石墨化程度增加。对制备的螺旋 CNT 进行圆二色谱 (CD) 测试, 发现样品的 CD 信号是呈镜面对称的, 表明左右手螺旋的样品具有相反的光学活性, 而它们的 CD 信号与单壁 CNT 十分相似, 单壁 CNT 在对应的紫外吸收区域会存在多个 CD 信号。而该 CD 图只出现了两个信号, 原因是碳化后生成了较多的无定形碳, 信号可能来源于碳化所形成芳环的手性堆积。随着碳化温度的提高, CD 信号有所增强, 原因可能是生成了更大的芳环结构。

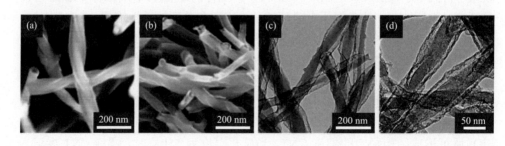

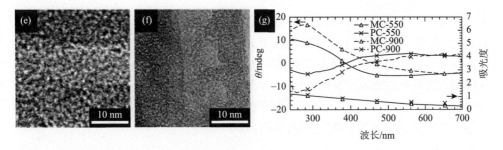

图 3.39　MC-550(a、c)和 PC-550(b、d)的 SEM 图像和 TEM 图像，PC-550 和 PC-900 的 HR-TEM 图像（e、f），以及 MC-550、PC-550、MC-900 和 PC-900 的 CD 与 UV-vis 光谱图(g)[220]

2015 年，杨永刚教授课题组[221]采用 3-氨基苯酚与甲醛制备得到的 3-氨基苯酚-甲醛树脂为碳源，通过两亲小分子与 3-氨基苯酚之间的作用先形成高度交联的有机分子。由 L-16PhgCOOH 为模板剂制得的 3-氨基苯酚-甲醛树脂纳米管为左手螺旋。相对地，由 D-16PhgCOOH 为模板剂制得的 3-氨基苯酚-甲醛树脂纳米管为右手螺旋。纳米管的长度可以达到几微米，外径、内径和螺距分别为 60～100 nm、20～30 nm 和 250～300 nm，纳米管的末端都为矩形。之后，在高温 900℃或者 1400℃下碳化 4 h 后得到单手螺旋 CNT。在 900℃时，得到 MC-900 和 PC-900[图 3.40(a)和(e)，以及图 3.40(b)和(f)]，其螺旋形貌依然可以保持，外径、内径和螺距分别为 50～80 nm、10～25 nm 和 250～300 nm，高温碳化的过程没有破坏其螺旋结构，但其外径和内径都有一定程度的减小，这可能是材料在高温处理过程中热收缩所致。在 1400℃时，得到 MC-1400 和 PC-1400[图 3.40(c)

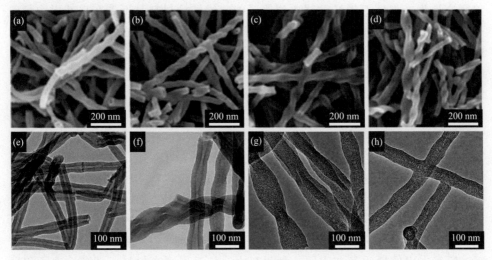

图 3.40　MC-900(a、e)、PC-900(b、f)、MC-1400(c、g)和 PC-1400(d、h)的 SEM 和 TEM 图像[221]

和(g)，以及图 3.40(d)和(h)]。由 SEM 图像可知，其结构依然可以保持，但是由 TEM 图像可以看出，在 1400℃高温下碳化后，其内部结构发生一定的融合。随着高温裂解，氮元素的含量从 4.4 wt%(PC-900)降低到 0.39 wt%(PC-1400)。采用这样的方法得到的螺旋 CNT 中引入了氮元素，这为碳材料在电化学性能方面的应用提供了有利的条件。对于不同温度碳化得到的单手螺旋 CNT 进行 CD 测试，发现其光学活性的来源可能是芳环的堆积。

3.4 聚合物碳化制备二维的碳材料

3.4.1 石墨烯

石墨烯是许多碳材料的基本组成单元，可以堆叠成三维石墨，卷成一维 CNT，或者包裹成零维富勒烯。因此，在某种意义上，石墨、CNT 和富勒烯均可被视为由石墨烯堆叠或者卷曲而成[222]。石墨烯是一种新型碳纳米材料，它是由碳原子以 sp^2 杂化轨道组成的六角形呈蜂巢状晶格的平面薄膜，它也是人类已知最薄的二维材料，只有一个原子层的厚度。在石墨烯中，每个碳原子与其相邻的三个碳原子以 σ 结合，形成稳定的共价键，C=C 键的键长为 1.42 Å，键角为 120°。由于每个碳原子有四个价电子，因此每个碳原子会贡献出一个剩余的 p 电子，这个多出的电子所在的 p 轨道垂直于石墨烯平面，与周围的原子形成未成键的 π 电子，在整个平面内形成大的共轭体系，表现出离域效应。之前的理论研究认为，类似石墨烯这样单层原子的二维结构材料是不能在自然界中稳定存在的。然而，2004 年英国曼彻斯特大学 Andre Geim(安德烈·海姆)和 Konstantin Novoselov(康斯坦丁·诺沃肖诺夫)教授及其同事在实验室中通过用胶带对石墨进行反复剥离的方法，从高度定向的热解石墨中得到只有一个原子厚度的单层石墨片，并将其命名为 graphene[223]。石墨烯的成功剥离在科学界引起了极大震动，它结束了二维材料只能被当作理论模型的历史，使人们能够在实验室中直接对其开展研究。而 Andre Geim 和 Konstantin Novoselov 也因该项发现而被授予 2010 年的诺贝尔物理学奖。由于单原子层的二维纳米结构，石墨烯在众多领域拥有着优异的性质。石墨烯超越传统材料的物理特性，包括极高的力学性能[断裂强度 130 GPa，杨氏模量 1 TPa][224]、高热导率[5000 W/(m·K)][225]、高载流子迁移率[超过 20000 $cm^2/(V·s)$][226]、巨大的比表面积(2630 m^2/g)[227]、高透光性[228]，以及具有超导电性[229]、室温量子霍尔效应[230]等。所有杰出的性质存在于同一种材料中，使石墨烯在材料、能源、电子和生物医药等领域表现出广阔的应用前景。

制备高质量石墨烯是研究其性能并促进其应用的前提，目前人们陆续开发出多种制备石墨烯的方法。石墨烯的制备方法可以分为"自上而下"和"自下而上"两种，前者是以石墨为基础，通过对石墨进行层间剥离，得到石墨烯；而后者从小分子出发，通过小分子化学反应共价连接构建有序的二维石墨烯结构。通过科学家在石墨烯制备方面的不懈努力，石墨烯的制备方法由单一不可控发展到多种可控制备，其制备方法主要包括微机械剥离法、液相剥离法、化学氧化还原法和化学气相沉积法[231]。由于石墨可以看作是石墨烯在范德华力作用下堆叠而成，因此可以通过在石墨晶体上施加机械力的方法来克服石墨层间的范德华力，使石墨的层与层之间发生解离而得到石墨烯。微机械剥离法是最早用于制备石墨烯的方法。微机械剥离法操作简单，得到的石墨烯具有尺寸大和品质高的优点，在早期被广泛应用于石墨烯的本征性能研究。然而，微机械剥离法的产率极低，且制备过程中存在很强的随机性，因此无法用于石墨烯的规模化生产。液相剥离法利用了石墨与液相介质的相互作用，当溶剂的表面能与石墨烯相匹配时，溶剂与石墨烯之间的相互作用可以平衡剥离石墨烯所需的能量，从而可以将石墨剥离，得到缺陷较少的石墨烯。液相剥离法制备的石墨烯单层率较低，产物中混杂了一定比例的石墨细粉，严重限制了石墨烯优异性能的发挥。氧化还原法是将天然石墨通过氧化反应得到间距扩大的氧化石墨，再将得到的氧化石墨通过超声剥离得到氧化石墨烯（GO），最后通过还原反应得到还原氧化石墨烯。氧化石墨的制备方法主要有 Brodie 法[232]、Staudenmaier 法[233]和 Hummers 法[234]，其中 Hummers 法因具有操作简单和安全性高的优点而被广泛采用。氧化还原法具有成本低、产率高的优点，是石墨烯粉体规模化生产的主要方法之一。然而，由于氧化石墨烯难以得到完全还原，该方法得到的石墨烯存在较多的结构缺陷，并常常伴随着某些性能上的损失，尤其是导电能力下降。尽管如此，石墨烯的官能团有利于提高石墨烯的化学活性，因而常以此为基础用于石墨烯的改性。化学气相沉积法是一种"自下而上"制备石墨烯的方法，是将过渡金属薄片（如 Cu、Ni 和 Co 等）置于碳氢化合物气氛中，高温加热下使碳氢化合物裂解，释放出的碳原子按照石墨烯的晶格结构沉积并在过渡金属表面形成石墨烯薄膜[235]。化学气相沉积法制备的石墨烯不仅质量高、尺寸大，适用于电子器件和透明导电薄膜等领域，而且原材料充足、选择范围广。然而，化学气相沉积法制备石墨烯的反应过程容易受到气压、温度、沉淀以及气氛等多个因素影响。

聚合物作为碳源制备石墨烯通常采用化学气相沉积法。与传统的碳氢化合物相比，聚合物作为前驱体制备石墨烯的优势在于易于控制碳原子总数，从而更容易实现石墨烯的精确可控制备。美国 Rice 大学 Tour 教授课题组在 SiO_2/Si 基体上镀一层 Cu 膜，之后在其表面旋涂一层 PMMA 薄膜，在 800～1000℃下退火、碳化 10 min 就可以生成大面积高质量的石墨烯［图 3.41（a～c）］[236]。在 Raman 谱图中，石墨烯的 I_G/I_{2D} 比值<0.4，表明制备的单层石墨烯具有很高的质量［图 3.41（d）］。在退火

的过程中，PMMA 先分解生成碳原子，然后溶解、扩散到催化剂基体中。在快速冷却的过程中，碳原子从催化剂基体中析出，从而生成石墨烯。

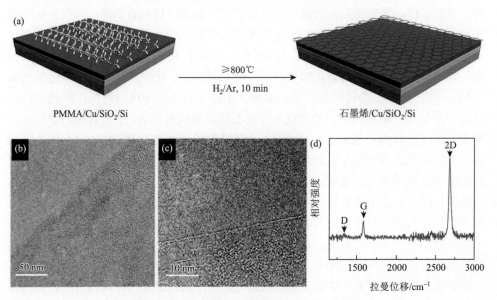

图 3.41　PMMA 在 Cu 表面分解制备石墨烯的示意图(a)、TEM 图像(b、c)和 Raman 谱图(d)[236]

此外，他们利用表面镀有厚度为 400 nm 镍膜的 SiO_2 基体作为载体和催化剂，旋涂上一层 PMMA、PS、丙烯腈-丁二烯-苯乙烯三元共聚物(ABS)或者聚(2-苯基丙基)甲基硅氧烷薄膜，随后在 1000℃下退火、碳化，制备两层石墨烯[图 3.42(a)、(b)][237, 238]。在 Raman 谱图中[图 3.42(c)]，石墨烯的 I_D/I_G 比值<0.1，I_D/I_{2D} 比值在 0.7～1.3，因此制备的两层石墨烯具有很高的质量。两层石墨烯的生长机理和单层石墨烯类似，不同之处在于镍催化剂中，碳原子的浓度和溶解性较高，因此快速冷却析出的过程中析出的碳原子较多，从而生成两层石墨烯。除了 SiO_2 外，h-BN、Si_3N_4 和 Al_2O_3 等绝缘基体也可以作为支撑镍膜的材料。

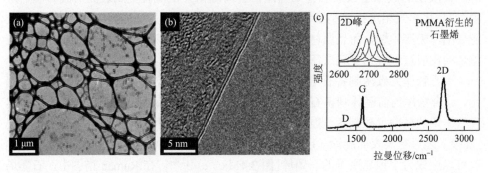

图 3.42　PMMA 作为碳源制备的两层石墨烯的 TEM 图像(a、b)和 Raman 谱图(c)[237]

在随后的研究中，Tour 教授课题组继续优化石墨烯生长，提出了用铜箔作为催化剂和模板，将废弃塑料转化成高质量的单层石墨烯[239]。他们将废弃塑料 PS 放置在略有弯折的半圆形铜箔上，在 1050℃下退火 15 min，铜箔的背面即有单层石墨烯生成[图 3.43(a)]，面积可达 100 μm×100 μm。在 Raman 谱图中[图 3.43(b)]，单层石墨烯的 I_D/I_G 比值<0.1，且 I_D/I_{2D} 比值>1.8，因此制备的单层石墨烯具有很高的质量。这种方法也可以将生物高分子(如草)转化成高质量大面积单层石墨烯。它们在场效应晶体管中有不错的性能[240]。

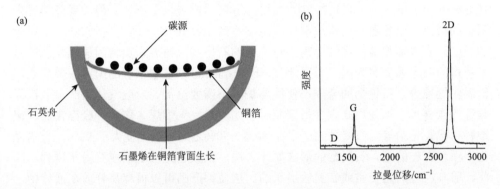

图 3.43 利用铜箔作为催化剂和模板，通过裂解/化学气相沉积联用将聚合物转化成层数可控的高质量石墨烯：(a)石墨烯生长机理示意图；(b)制备的石墨烯的 Raman 谱图[239]

中国科学技术大学曾长淦教授课题组在相同时期独立采用了类似的裂解/化学气相沉积联用的方式将 PS 和 PMMA 转化成单层石墨烯[241]。在第一阶段，聚合物的降解产物分子碰撞到催化剂表面，它们要么吸附在表面，要么反弹回气相，要么直接进行下一阶段的反应。然后，在第二阶段，降解产物分子在催化剂表面发生脱氢或者部分脱氢，形成具有活性表面的中间体。最后，这些中间体结合成核并生长为石墨烯。Kwak 等[242]也得到类似的结论，石墨烯的生长并不是由聚合物前驱体直接石墨化得来，而是通过聚合物降解生成的小分子产物碳化得来。这些早期的利用固态聚合物原料制备单层石墨烯的研究极大地推动了高质量的层数可控的石墨烯的制备[243-246]。通过类似的方法，PAN[247]、聚二甲基硅氧烷[248]、PE[249]、聚酰亚胺[250]和水溶性高分子(如 PVP、PVA 和聚 PEG)[251]也可以作为碳源制备单层石墨烯。Sharma 等[252]以固体混合废塑料 PE/PS 为碳源，采用常压化学气相沉积的工艺，利用多晶 Cu 箔作为催化剂在 1020℃下退火合成了高质量的单晶石墨烯，尺寸可达 90～100 μm。他们发现废塑料热解过程中聚合物组分的注入速率对晶体生长有很大影响。当注射速率较低时，可以制备大尺寸的六边形和圆形石墨烯单晶。当注射速率较大时，制备的是两层或者几层的石墨烯。此外，北京理工大学曲良体教授课题组利用镍箔作为催化剂，在 1050℃下退火、碳化，将 PET、HDPE、PVC、LDPE、PP、PS 和 PMMA 转化成多层石墨烯，它的电子电导率高达 3824 S/cm[253]。

值得指出的是，化学气相沉积法制备的石墨烯与基底往往有较强的相互作用，石墨烯从基底上的转移工艺复杂，限制了化学气相沉积法在石墨烯生产中的大规模使用。2020 年，Tour 教授课题组提出了石墨烯宏量制备的新方法——闪速焦耳加热(flash Joule heating)[254]。如图 3.44(a) 所示，非晶态导电碳粉在两个电极之间轻微压缩，放入石英或者陶瓷管内，气压维持在大气压或者微弱的真空下 [约 10 mmHg(1 mmHg = 1.33322×10² Pa)]。电极材料可以是铜、石墨或者任何导电耐火的材料。电容器组高压放电使碳源在不到 100 ms 的时间内达到 3000 K 以上的温度，有效地将非晶碳转化为涡轮堆叠的石墨烯。研究人员将闪速焦耳加热技术获得的石墨烯命名为闪蒸石墨烯(flash graphene)，层层堆叠的闪蒸石墨烯表现出涡轮层堆叠。石墨烯的合成不使用熔炉，不需要溶剂、反应气体，产量取决于碳源的碳含量。当使用高碳含量碳源时，如炭黑、无烟煤、焦炭、废弃食品、废塑料和橡胶轮胎等，石墨烯的产率在 80%~90% 之间，碳纯度大于 99%，无需净化步骤。有趣的是，石墨烯的形成如此之快，以致它无法堆积成石墨状排列。因此，层与层之间是交错或者涡轮层状的。这使得产品可以很容易分散在液体中，如在水中的分散浓度可达 4 g/L。此外，通过分子动力学模拟发现，在高压放电瞬间，高温可以调节碳原子的运动，形成石墨烯并愈合缺陷，这也进一步解释了所制备的材料缺陷低的原因。如果增大石英管尺寸，就可以放大石墨烯的制备规模。用直径分别为 4 mm、8 mm 和 15 mm 的石英管，每批可以分别合成 30 mg、120 mg 和 1 g 的石墨烯。闪速焦耳加热法将大大降低石墨烯的价格，同时可以实现废物利用，有望实现宏量石墨烯的制备。

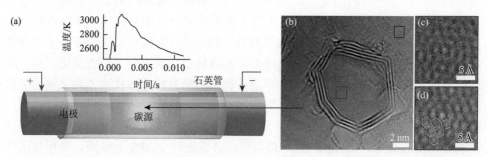

图 3.44　(a)闪速焦耳加热工艺示意图以及闪蒸过程中的温升与时间的关系图(插图)；(b~d)单层石墨烯的 HRTEM 图像[254]

3.4.2　碳纳米薄片

碳纳米薄片(CNS)是一种类似于石墨烯的新型碳材料，近年来引起了研究人员广泛的兴趣。这是由于它具有较大的比表面积、发达的孔结构、丰富的表面官能团和良好的化学和热稳定性,以及其在诸多领域的广泛应用。相比活性炭,碳纳米薄片具有较小的厚度,故而表现出较快的吸附动力学和较大的比表面积与孔结构利用率。相比于石墨烯,碳纳米薄片具有较弱的表面相互作用力,从而避免了石墨烯层间易堆积的缺点。常见的制备方法包括固态脱氯法[255]、裂解法和激光辅助化学气相沉积法[256,257]。但是,这些方法的缺点在于制备过程复杂、需要较长的制备时间、碳源昂贵、使用有机溶剂或者有毒试剂,以及需要真空系统,从而限制其广泛应用。因此,探索环境友好且低成本的制备方法对碳纳米薄片的大规模制备和应用非常关键。从可持续发展的角度而言,将废弃塑料转化成碳纳米薄片不仅具有碳源廉价、来源丰富、环境友好且成本低的优点,也为废弃聚合物回收提供了一种新方法,同时还能缓解目前日益严重的能源危机。

2013 年,唐涛课题组提出了"活性模板"策略,首次利用 OMMT 催化废弃塑料(如废弃 PP)碳化制备碳纳米薄片[258]。当 OMMT/废旧 PP 质量比由 0.5 增加到 8 时,碳纳米薄片的产率由 14.6 wt%增加到 83.8 wt%。这表明 OMMT 的含量对碳纳米薄片的产率有着重要影响。SEM 图像表明碳纳米薄片包含了大量尺寸在几百纳米到几微米的叶子状的薄片[图 3.45(a)]。TEM 图像表明绝大多数的碳纳米薄片呈现典型的褶皱或者重叠的形貌,边缘也较弯曲[图 3.45(b)]。HRTEM 的结果表明碳纳米薄片包含了几层到十几层的石墨层,而这些石墨层是不连续的,有大量的缺陷,石墨层间距为 0.37 nm[图 3.45(c)]。之后通过表征 OMMT 对 PP 降解产物的影响,他们提出了 OMMT 催化废旧 PP 碳化制备碳纳米薄片的生长机理。首先,OMMT 层间的脂肪长链季铵盐(有机改性试剂)发生热降解:$MMT^-[N(CH_3)_2(CH_2-CH_2)_{14}CH_3)_2]$ (OMMT) $\longrightarrow MMT^-H^+ + NH(CH_3)_2 + 2CH_2=CH-(CH_2)_{13}-CH_3$,从而在其表面生成质子酸 MMT^-H^+。这些质子酸可以进攻 PP 主链,形成阳离子活性位点,接着促进 PP 碳正离子的脱氢和芳构化生成小分子碳氢化合物和芳烃化合物。之后,这些降解产物在蒙脱土(MMT)表面发生碳化反应,原位生成碳纳米薄片。最后,除去 MMT 后得到纯化的碳纳米薄片。对比发现,由于未有机改性的 MMT 不能够有效催化 PP 降解生成小分子碳氢化合物和芳烃化合物,而 PP 热降解生成的长链烯烃相比小分子碳氢化合物或者芳烃化合物更难转化成碳纳米薄片,故而 MMT 作为模板时,碳纳米薄片的产率显著低于 OMMT。显然,OMMT 的关键作用在于,不仅可以有效催化废旧 PP 降解生成小分子碳氢化合物和芳烃化合物,还可以起到模板的作用,催化这些降解产物碳化原位生成碳纳米薄片。

值得指出的是,OMMT 还适合于其他类型或者组成的塑料碳化制备碳纳米薄片,如单组分废弃 PET[259]、三组分废弃聚合物 PP/PE/PS[260]、五组分聚合物 PP/PE/PS/PET/PVC[261]或者五组分废弃聚合物 PP/PE/PS/PET/PVC[262]产率均可达到 60 wt%以上。进一步采用 KOH 在 850℃活化后,可以制备多孔碳纳米薄片,

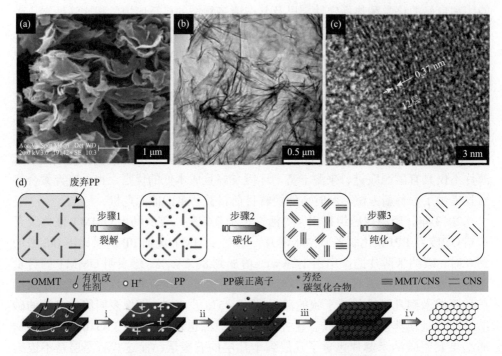

图 3.45　OMMT 催化废弃 PP 碳化制备碳纳米薄片(CNS)的 SEM 图像(a)、TEM 图像(b)和 HRTEM 图像(c)，以及生长机理图(d)[258]

产率高达 40 wt%，比表面积为 1734～2315 m^2/g，孔体积为 2.441～3.319 cm^3/g。此外，唐涛课题组利用 OMMT/Fe_3O_4 催化 PP 碳化制备中空碳球/碳纳米薄片三维复合物(图 3.46)[263]。OMMT 作为模板和催化剂，在其表面原位生成碳纳米薄片；Fe_3O_4 纳米粒子均匀分散在 OMMT 表面，充当了生长 HCS 的模板，从而制备出中空碳球/碳纳米薄片复合材料。随着 Fe_3O_4 的含量从 2.5 wt%增加到 5 wt%、7.5 wt%和 10 wt%时，中空碳球尺寸从 30 nm 减少到 13 nm，比表面积从 272 m^2/g 增加到 602 m^2/g、618 m^2/g 和 718 m^2/g，孔体积从 0.583 cm^3/g 增加到 1.42 cm^3/g。

　　OMMT 需要用氢氟酸来去除，而 MgO 价格更为便宜，形貌较为丰富，且可以用稀酸除去。于是，唐涛课题组探索了第二种活性催化剂——MgO，采用片层结构 MgO 为模板，PS 作为碳源，在 700℃下制备多孔碳纳米薄片[图 3.47(a)和(b)][264, 265]。PCNS 的产率随着 MgO 与 PS 质量比的增加而增加。MgO 不仅促进 PS 的降解，还起到模板的作用。MgO 与 PS 的质量比为 10 时，多孔碳纳米薄片的产率为 16 wt%，比表面积为 854 m^2/g，孔体积为 3.672 cm^3/g，石墨层数为 12～16 层，层间距为 0.35 nm[图 3.47(c)]。随后，为了提高碳产率，唐涛课题组在高压反应釜中进行了混合聚合物的碳化反应研究[266]。当反应温度为 500℃，MgO

与混合聚合物的质量比为 6 时，多孔碳纳米薄片的产率接近 30 wt%。此外，模板法和物理/化学活化结合，可以进一步提高多孔碳纳米薄片的比表面积。Ma 等利用 MgO 作为模板，在高温高压反应釜中，将 PS 转化为多孔碳纳米薄片，比表面积为 1082 m^2/g[267]。在 700℃下氮气氛围中经过 KOH 活化 1 h 后，比表面积增加到 1933 m^2/g。当活化温度从 700℃增加到 900℃时，比表面积进一步增加到 2794 m^2/g。

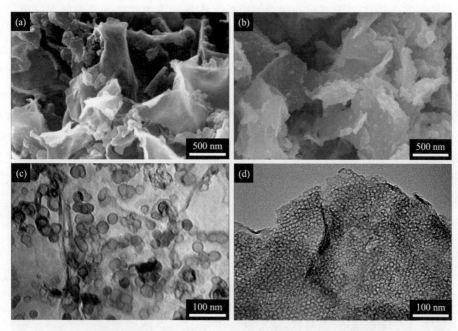

图 3.46　Fe$_3$O$_4$ 的添加量为 2.5 wt%（a、c）和 10 wt%（b、d）时 OMMT/Fe$_3$O$_4$ 催化 PP 碳化制备中空碳球/碳纳米薄片三维复合物的 SEM 图像和 TEM 图像[263]

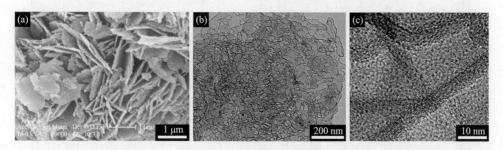

图 3.47　片层结构 MgO 作为活性模板催化 PS 制备多孔碳纳米薄片的 SEM 图像（a）、TEM 图像（b）和 HRTEM 图像（c）[264]

开发具有热分解性质的模板，在碳化后一步制备碳材料，无需后处理纯化或者物理化学活化步骤。Antonietti 教授课题组采用 C$_3$N$_4$ 薄片作为自分解模板，聚离子液体作为碳源,在 750℃下碳化后一步制备氮掺杂的多孔碳纳米薄片[268]。当 C_3N_4/聚离子液体的质量比从 1 增加到 5 和 10 时,多孔碳纳米薄片的产率从 24.4 wt%增加到 26.6 wt%和 30 wt%,氮元素的含量从 14.9 wt%增加到 15.8 wt%和 17.4 wt%,比表面积从 723.5 m^2/g 增加到 965.2 m^2/g 到 1120 m^2/g,孔体积从 1.42 cm^3/g 增加到 1.62 cm^3/g 和 2.28 cm^3/g。

利用碳材料作为模板,如氧化石墨烯,从而制备多孔碳纳米薄片。该方法显然简单,易于操作,无需后处理除掉模板。大连理工大学陆安慧教授课题组借助氧化石墨烯的纳米二维平面结构以及表面电荷性质,使酚醛胺在氧化石墨烯表面发生原位缩聚反应,随后通过碳化过程,得到一系列结构尺寸和厚度可控的多孔碳纳米薄片[269]。如图 3.48(a~c)所示,当聚合物前驱体/氧化石墨烯的质量比从 15.1 增加到 25.3 和 86.5 时,多孔碳纳米薄片的厚度从(9.9±1)nm 增加到(17±2)nm 和(71±3)nm,比表面积从 350 m^2/g 增加到 576 m^2/g 和 610 m^2/g,孔体积从 0.35 cm^3/g 减少到 0.33 cm^3/g 和 0.31 cm^3/g,但是微孔体积从 0.12 cm^3/g 增加到 0.23 cm^3/g 和 0.26 cm^3/g。此外,他们利用离子液体 1-丁基-3-甲基咪唑作为稳定剂,使得氧化石墨烯均匀分散,然后加入间苯二酚和甲醛单体,之后在氧化石墨烯表面聚合,碳化后制备微孔结构、厚度和尺寸可控的多孔碳纳米薄片[270]。如图 3.48(d~f)所示,当聚合物前驱体/氧化石墨烯的质量比从 11.6 增加到 64.2 和 128.4 时,多孔碳纳米薄片的厚度从(12±2)nm 增加到(43±2)nm 和(85±2)nm,比表面积从 791 m^2/g 减少到 765 m^2/g 和 727 m^2/g,孔体积从 0.56 cm^3/g 减少到 0.39 cm^3/g 和 0.36 cm^3/g。

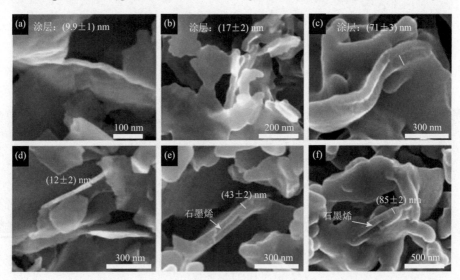

图 3.48 氧化石墨烯为模板制备结构可控的多孔碳纳米薄片的 SEM 图像[269];聚合物前驱体/氧化石墨烯质量比为 15.1(a)、25.3(b)和 86.5(c);离子液体辅助氧化石墨烯为模板制备结构可控的多孔碳纳米薄片的 SEM 图像[270];聚合物前驱体/氧化石墨烯质量比为 11.6(d)、64.2(e)和 128.4(f)

3.5 聚合物碳化制备三维的碳材料

3.5.1 碳分子筛膜

碳膜是一种由固体碳组成的膜状物质，具有优异的耐高温、耐有机溶剂、耐酸碱、耐磨损以及良好的导电导热性和气体分离等性能优点，在散热材料、导电材料、电极材料、电磁屏蔽和氢敏传感器等领域有着广泛的应用。早在远古时代，人们就在取火中不知不觉地得到了碳膜，如部分被加热的物质分解得到的碳原子通过重新结合会形成膜状碳物质。在二十世纪四五十年代初，研究学者测定了碳膜的一些性能，六十年代就将其应用到了宇航领域。有机聚合物基的碳膜研究在探究高聚物的热稳定性基础上发展起来，PVC、PAN、PEG 等碳化物以及玻璃碳相继问世，因其特有的结构与性能，引起了广大研究者的关注，促进了整个碳材料领域的发展。到了二十世纪七十年代，有将碳粉添加到树脂中然后热压成型得到碳膜，也有将合成树脂直接热解碳化得到碳膜。进入九十年代，人们着重研究了碳化前驱体的种类、碳化条件以及成膜的方法对碳膜性能的影响，主要研究了碳膜的磁性能、导电性能以及气体分离性能。进入二十一世纪后，人们借助更加先进的分析检测仪器(如超高分辨扫描电镜等)对碳膜的微观结构有了更深一步的认识。同时，结合超声波、磁控溅射和双轴拉伸等先进手段对成膜的方法进行了改进，制备出性能更加优异的碳膜。碳膜的优异性能和广泛的应用前景使得其从发现至今一直是国内外研究者的研究热点。目前，人们在碳膜的成膜方法、表征手段和应用领域开拓等方面都有着突破性的研究进展。围绕着开发更优异的成膜方法、更精密的表征手段以及拓展更广泛的应用等课题的研究，人们对碳膜的了解将会更加深入，有关碳膜的研究也会更加完善。

根据碳膜的结构组成、原料类别和应用领域等的不同，碳膜有多种分类方法。第一，按碳原子轨道划分，碳膜可以分为类金刚石碳膜(以 sp^3 为主)和类石墨碳膜(以 sp^2 为主)。第二，根据其结构形式、制备方法和性能划分，碳膜可分为四配位非晶碳膜、热解碳膜、无定形碳膜、玻璃状碳膜、纳米管碳膜和高结晶度石墨碳膜。第三，根据应用领域划分，碳膜可以分为刀具用碳膜、气体分离用碳膜、电极材料用碳膜、电磁屏蔽用碳膜、不锈钢防护层用碳膜和机械用碳膜等。第四，从产品的形式上来分，碳膜可以分为平板膜、管状膜、毛细管膜和中空纤维膜。第五，以原料类别划分，制备碳材料的原料有很多种，大致分为天然和人工合成两大类。天然材料中可作为碳材料前驱体的通常是一些天然的植物和矿物，如生物质中的纤维素和木质素以及矿物质中的沥青等。人工合成材料可用作碳膜原材料的一般为各种聚合物材料，由于其组成成分明确，结构比较稳定，碳化后不会存在较多的杂质，因此被优选作为碳化前驱体材料。

这里介绍的聚合物基碳膜主要是以合成聚合物为前驱体在惰性或者真空气氛下经过高温热处理制备而成的。这类聚合物的含碳量一般比较高，且经过热处理后会成为一种不熔融的物质。由于这类聚合物极易分解成小分子或者被空气中的氧气氧化，从而会使得这类聚合物的结构遭到破坏或者其形状会发生改变，因此选择合适的热处理方式对制备碳膜尤为重要。通常在氮气或者氩气环境下，对这类聚合物进行缓慢的升温热处理过程，从而慢慢地释放出分解气体，这样就不会扰乱炭层形成网状结构。另外，为了防止薄膜在碳化过程中发生变形，一般会施加一定的压力，如用两块石墨板将薄膜夹在其中，这样就可以获得表面比较平整且性能优异的碳化薄膜。

聚合物基碳膜除了具有密度小、机械强度高、导热能力强、抗氧化、自润滑、耐烧蚀和耐腐蚀等其他固体材料所不具备的独特性能外，还具有导电性和高传声速率等功能。这类碳膜比导电高分子材料具有更高的本征导电性质，导电性几乎与铜相当。热处理到 3000℃ 以上的碳膜样品具有与高定向热解石墨膜一样的高结晶度，并且沿膜表面石墨层的高度择优取向，具有与金刚石相当的杨氏模量。聚合物基碳膜的传声速率较快，使得其成为提高扬声器音质水准的最佳材料；其由于耐高温、耐腐蚀和消散因子高等特性，被认为可应用在电磁屏蔽领域；其由于密度小、比表面积大和电阻率低等优点使得电子元件更小、更薄、容量更大等成为可能；其与生物体之间有较好的相容度，被认为可做成类生物用膜应用于医学领域；还有其因碳化中气体的逸出会产生孔隙结构，可应用于气体分离膜领域。为了便于更为细致地介绍聚合物基碳膜材料，根据碳膜中孔的大小，将碳膜分为碳分子筛膜(孔尺寸<2 nm)、纳米孔碳膜(孔尺寸为 2～100 nm)、大孔碳膜(孔尺寸在 100 nm～10 μm)和等级孔碳膜。当孔尺寸大于 10 μm 时，一般可以将碳膜看成一类碳泡沫。除了碳膜外，三维碳材料还包括没有规整宏观形貌的多孔碳(如微孔碳和介孔碳等)、具有微观规整孔通道的介孔碳，以及碳/碳复合材料。这部分将逐一介绍这些三维碳材料。

顾名思义，碳分子筛膜是指含有分子级尺寸孔隙的碳膜。因此，它具有碳膜的高稳定性，在非氧化气氛中工作温度可达 400～700℃，且具有较强的机械强度，并可在较高压力下使用。同时它也具有分子筛的性质，如高选择性、高渗透性和高分离能力。碳膜的分离性能与制备条件有很大的关系。相同的原料可以制备出分离不同组分的碳膜，其孔径经过简单的热化学法调控，可以达到最佳的分离目的。一般地，碳膜制备分为六个步骤[271]，即前驱体的选择、高分子膜制作、预处理、热解/碳化处理、后处理和组件化。其中，热解/碳化处理过程是碳膜制备的关键一步，其在很大程度上影响碳膜多孔结构的形成，从而基本上决定着对气体分离的特性。常见的制备碳分子筛膜的合成聚合物前驱体包括聚酰亚胺[272,273]、不饱和聚酯[274]、聚偏二氯乙烯[275]、聚糠醇[276]、聚醚醚酮[277]、酚醛树脂[278],以及本征微孔聚合物[279-281]等。

聚酰亚胺是一类结构中含有酰亚胺基团的高分子,其中以芳香型的聚酰亚胺尤为重要。芳香型聚酰亚胺一般由二元胺与二元酐类单体(两单体中至少有一个含有芳杂环)缩合而成。聚酰亚胺在800℃下热处理后残余量还有60%左右,其黏度可通过二元酐与二元胺的比例来控制从而易于成膜。另外,其在高温处理后仍可保持原薄膜的形状,且易被石墨化。聚酰亚胺被应用于制备分子筛碳膜时还有分子结构可选性多和碳化过程简单等优点,因此,其被认为是非常有潜力的碳膜原材料。早在二十世纪八九十年代,Inagaki 等[282,283]在以高分子材料为基础原料制备碳分子筛膜方面取得了很大的进展。他们曾对多种聚酰亚胺进行了研究。根据对 Kapton 型聚酰亚胺碳化实验中气体释放的不同温度,将碳化过程分为了两个阶段:①在550~650℃,氧元素的释放量比较大,样品薄膜的质量显著下降,同时出现表面收缩现象;②在700℃以上,氮和剩余的氧进一步释放。样品薄膜的电传导率在第二阶段增加迅速。他们在对 Novax 型聚酰亚胺的实验中发现,样品薄膜的质量损失同样存在两个阶段,在 450~600℃温度区间有较大的质量损失。在第一个阶段,主要是 CO 和 CO_2 的释放,在第二阶段是 N_2 的释放,与此同时电性能迅速升高到 200 S/m。

碳分子筛膜对 O_2/N_2、CO_2/CH_4、C_2H_4/C_2H_6 等气体的分离性能超过了聚合物的上限。在工业应用中,将这种性能转换为高效的中空纤维配置对于节省空间和质量非常重要。不幸的是,用于制造碳分子筛膜的聚酰亚胺(如 6FDA:BPDA-DAM)价格昂贵。通过使用低成本材料制备多孔支撑膜,可以降低制备碳分子筛膜的材料成本。尽管如此,在前体纤维上涂覆一层薄的无缺陷层、具有优异分离性能的碳分子筛膜是一项挑战。2019 年,Koros 教授课题组[284]采用浸渍涂层和热解工艺制备了具有优异的气体分离性能的多层不对称碳分子筛中空纤维膜[图 3.49(a)]。他们使用高性能聚酰亚胺(6FDA:BPDA-DAM)涂覆经济的工程支架,以产生具有致密表皮层的前体纤维,与整体前体或者陶瓷支架相比,材料成本降低为原来的1/25。在 550℃热解过程中,涂层中产生了一些渗透孔[图 3.49(b)],但碳分子筛膜仍表现出较高的 CO_2/CH_4 选择性(14.6)。这大概是因为鞘层的顶部与涂层的底层相结合,形成了一层稍密的小缺陷层。在较高的热解温度(670℃和 800℃)下,碳分子筛膜没有明显的渗透缺陷[图 3.49(c)和(d)],因而具有较高的 CO_2/CH_4 选择性。碳化温度为 670℃时制备的碳分子筛中空纤维膜对 CO_2/CH_4(50∶50)混合气体进料的渗透结果表明,在 35℃下 CO_2/CH_4 选择性为 58.8,CO_2 渗透性为 310 GPU。

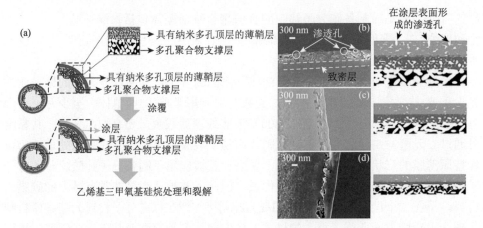

图 3.49　采用浸渍涂层和热解工艺制备具有优异气体分离性能的多层不对称碳分子筛中空纤维膜的示意图(a)，SEM 图像及其对应的结构示意图：(b) 550℃、(c) 670℃ 和 (d) 800℃[284]

分离提纯在生产和生活中均非常重要。生产过程中 40%～60% 的能量用于分离和提纯。通常对于物理性质相近的物质进行分离十分困难，如同分异构体之间的分离。以薄膜为基础的分离方法，如果分离效率能够得到提高，就可以很大程度上减少能源消耗。例如，有机溶液纳米过滤薄膜被用于高价值的产品的提纯，但是由于没有足够的分子特异性，无法有效地分离分子尺寸相近的分子。美国佐治亚理工学院 Lively 教授课题组[285]通过热解交联的不对称聚偏氟乙烯(PVDF)中空纤维制备具有不对称多孔结构的中空纤维碳分子筛膜[图 3.50(a)]。碳分子筛膜是由 PVDF 薄膜交联之后，再经过高温分解即碳化得到。PVDF 在交联后，保持了不对称的渗透结构，即在外层有多孔的中空纤维层。碳分子筛膜具有极窄的双峰孔分布[0.6～0.63 nm 和 0.8～0.84 nm，图 3.50(b) 和 (c)]。在 500℃下碳化后得到的碳分子筛薄膜中，二甲苯同分异构体扩散选择性随着相对压力的增加而轻微下降，在饱和蒸气压附近选择分散性相对值在 10～15 之间。分解温度为 550℃时制备的碳分子筛膜的扩散选择性相对值增加到 25～30。在每一个相对压力下，对二甲苯和邻二甲苯在碳分子筛膜中完全等温吸收的吸收量差别很小，因而分子运动是薄膜选择性的主要来源。

Richter 等[286]通过选择起始聚合物，在规定的热解温度和一定的气氛下控制升温速率，开发了一种氢气选择性碳分子筛膜。该膜具有优异的分离性能，厚度为 125 nm，被支撑在非对称氧化铝管(外直径 10 mm，内直径 7 mm)内部。他们首先将前驱体溶液丙二醇与马来酸酐和邻苯二甲酸酐混合得到不饱和线型聚酯，然后加入苯乙烯作为交联剂。之后，在一个顶层为 γ-Al_2O_3(孔径为 5 nm，厚度为 1.5 μm，图 3.51) 的 10 cm 长的不对称大孔 Al_2O_3 上涂上一层聚合物溶液并进行热分解。HRTEM 图像经过傅里叶变换后发现包含一个 Debye-Scherrer 环，其对应 0.38 nm 处径向电子强度分布的最大值。在涡轮层碳堆中，相邻 sp^2 层中心之间距离为 0.38 nm，略大于石墨中两层

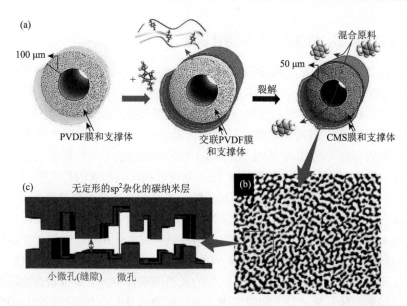

图 3.50 (a) 中空纤维碳分子筛膜形成过程的示意图；(b) 碳分子筛膜双峰微孔尺寸分布的 HRTEM 图像；(c) 具有小微孔(孔径、分子筛尺寸)和微孔(孔道)的狭缝状微观结构的示意图[285]

之间 0.336 nm 的晶格平面距离 ($d_{002} = c_0/2$)。他们估计两个石墨层之间狭缝孔的平均自由距离，从平均层距离中减去约 0.10 nm 的石墨板厚度，由此得到的 0.28 nm 的自由空间略小于氢的 0.29 nm 的临界分子尺寸。换言之，碳分子筛膜由非晶态 sp^2/sp^3 碳网络中含有 sp^2 碳的涡轮层畴组成。

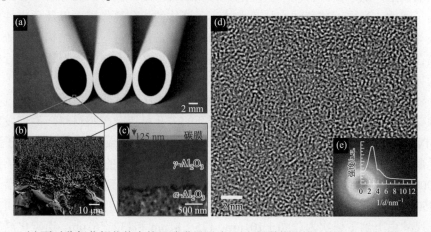

图 3.51 (a) 不对称氧化铝载体内的黑碳膜层照片；(b) 断裂截面的二次电子显微照片；(c) 扫描透射电子亮场显微照片：在具有 γ-Al_2O_3 中间层的梯度多孔氧化铝管的非常光滑的表面上看到 125 nm 厚的碳膜层；(d) 碳膜的 HRTEM 图像；(e) 为图(d)的二维傅里叶光谱，最大径向平均电子密度分布为 $1/d = 2.641/nm^{-1}$，对应于涡轮层叠中 0.38 nm 石墨烯层的距离[286]

3.5.2 纳米孔碳膜、大孔碳膜和等级孔碳膜

纳米孔碳膜、大孔碳膜和等级孔碳膜的主要制备方法包括相分离法和模板法。1960 年，Loeb 和 Sourirajall 以相转化法首次研制出整体皮层的醋酸纤维素不对称膜，开启了不对称膜研究的先河，是膜分离技术发展的一次飞跃。历经近 60 多年的广泛使用和不断改进，相转化成膜法已成为目前大部分商品化膜生产普遍使用的技术。非溶剂致相转化法（L-S 法或 NIPS 法）是最常使用的不对称膜制备方法。相转化成膜过程包括两个阶段[287]：第一阶段为分相过程，当刮制的初生膜浸入非溶剂凝胶浴后，溶剂与非溶剂在膜表面相互扩散，当溶剂与非溶剂交换到一定程度时，铸膜液成为热力学不稳定体系，从而导致铸膜液发生相分离，该阶段是确定孔隙结构的关键步骤。第二阶段为相转化过程，当铸膜液发生分相后，溶剂与非溶剂进一步交换，最终固化并得到不对称膜。这一阶段对最终的聚合物膜的形态有较大影响，但不是成孔的主要因素。影响相转化过程的成膜因素较多，主要有聚合物浓度、溶剂种类、添加剂种类及含量、刮膜厚度、蒸发时间以及非溶剂凝固浴的选择等。

2013 年，Zhao 等以疏水性的聚离子液体（如 $PCMVImTf_2N$）与亲水的含羧酸结构化合物制备了一系列具有溶剂响应性的多孔聚离子液体。该多孔聚离子液体材料存在明显的上层孔大、下层孔小的孔隙梯度结构[288-291]。制备时，将阴离子为 Tf_2N^- 的聚离子液体与带有多个羧酸基团的化合物[如聚丙烯酸（PAA）、对苯二甲酸、均苯四甲酸和羧酸化柱芳烃等]在 N,N-二甲基甲酰胺溶剂中共混，并涂布在玻璃板上，烘干后，将玻璃板浸泡于稀氨水溶液中，制备具有梯度多孔结构的聚离子液体。亲水的羧酸结构与疏水的离子液体的相分离作用，以及负电性的羧酸根与正电性的离子液体的静电作用的动态平衡，促使材料多孔结构的形成。共混物在溶液中浸泡时，溶液对共混物的相分离作用是由上层至下层逐步进行的，从而导致了孔结构的梯度变化。

随后，Wang 等[292]以此含有等级孔的多孔聚离子液体膜为前驱体，通过高温分解碳化的方式制备保持形貌的含有等级孔的多孔氮掺杂碳膜材料。他们发现，$PCMVImTf_2N$ 与中等分子量 PAA（100000～250000）络合制备的多孔聚离子液体膜是制备保持形貌的含有等级孔的多孔氮掺杂碳膜材料的关键。采用分子量为 250000 的 PAA 制备的多孔氮掺杂碳膜材料的孔尺寸由上到下从 1.5 μm 逐渐减小到 550～900 nm。采用分子量为 250000 的 PAA 时，制备的多孔氮掺杂碳膜材料的孔尺寸由上到下依次为(250 ± 10) nm、(75 ± 8) nm 和 (32 ± 6) nm。当碳化温度为 1000℃时，碳膜材料的比表面积为 907 m^2/g，氮元素的含量为 5.7 wt%。此外，他们将 CNT 添加到 $PCMVImTf_2N$/PAA 分散液中均匀分散后作为前驱体制备 CNT/多孔聚离子体复合物，将其高温分解碳化后则可以制备含有等级孔的多孔氮掺杂碳/CNT 复合膜材料[293, 294]。将 Co^{2+} 前驱体分散到 $PCMVImTf_2N$/PAA 分散液中作

第 3 章　聚合物碳化制备不同维数的碳材料　143

为前驱体制备 Co/多孔聚离子体复合物，将其高温分解碳化和磷化后可以制备含有 Co/CoP 纳米粒子的等级孔的氮掺杂碳膜材料[295]。将 Se 前驱体分散到 PCMVImTf$_2$N/PAA 分散液中作为前驱体制备 CNT/多孔聚离子体复合物，其在 1000℃高温分解碳化后可以制备含有单原子 Se 的等级孔的氮掺杂碳膜材料，其比表面积为 450 m^2/g，Se 元素含量为 3.23 wt%[296]。

之后，他们使用带电多孔聚合物膜作为牺牲模板制备等级孔碳膜[图 3.52 (a)][297]。首先，将不含—COOH 的聚离子液体，即聚(1-氰基甲基-3-乙烯基咪唑 X)(PCMVImX，其中 X 表示 Br、PF$_6$ 或者 Tf$_2$N)和含—COOH 的聚离子液体，即聚[1-羧甲基-3-乙烯基咪唑双(三氟甲烷磺酰)酰亚胺](PCAVImTf$_2$N)以 1∶1 摩尔当量比的单体单元混合并完全溶解在二甲基亚砜中。将所得的均相溶液浇铸在玻璃板上，在 80℃下干燥，最后浸入 0.05 mol/L 的氨水溶液中，以形成多孔膜，该

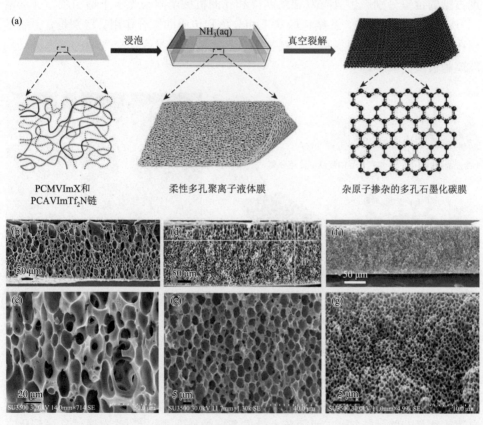

图 3.52　(a)用溶液混合物和一步真空碳化制备等级孔碳膜的工艺流程示意图以及不同聚合物碳源制备的多孔碳膜的 SEM 图像：(b、c)PCMVImBr/PCAVImTf$_2$N；(d、e)PCMVImPF$_6$/PCAVImTf$_2$N；(f、g)PCMVImTf$_2$N/PCAVImTf$_2$N[297]

多孔膜易于剥离。以多孔聚合物膜为原料，在真空条件下通过一步形态保持碳化制备了等级孔碳膜。采用 PCMVImBr/PCAVImTf$_2$N、PCMVImPF$_6$/PCAVImTf$_2$N 和 PCMVImTf$_2$N/PCAVImTf$_2$N 作为前驱体制备的多孔碳膜的孔尺寸分别为大于 20 μm、5 μm 和 0.6 μm，产率分别为 13 wt%、19 wt%和 21 wt%[图 3.52(b~g)]。

Jeon 等[298]将 PIM-1 溶于 1，2-二氯苯(DB)和四氢呋喃(THF)的混合物中，然后通过溶液浇铸法和浸入沉淀实现非溶剂(甲醇)-诱导相分离，随后在 H$_2$/N$_2$ 氛围 1100℃下碳化制备了等级孔，它的碳膜厚度为 20 μm，具有微孔、介孔和大孔(图 3.53)。比表面积和孔体积分别为 1841 m^2/g 和 0.91 cm^3/g。非溶剂-诱导相分离是利用与溶剂可混溶的非溶剂从液相到固相制备聚合物膜的过程。将 DB 和 THF 混合物中的 PIM-1 的均相溶液浇铸在平板玻璃基板上，随后将其浸入含甲醇的凝固浴中。由于溶剂/非溶剂交换导致瞬时沉淀和分离，在最初由 PIM-1 和溶剂占据的位置分别产生具有双连续网络和孔的机械坚固与光学不透明膜。在非溶剂-诱导相分离过程中，孔结构取决于相分离和传质的综合作用。特别是，上述过程在不透明膜中产生了横截面孔径梯度，孔径随着从暴露在空气中的表面移动到玻璃基板上而减小。

图 3.53　(a)等级孔碳膜制备示意图，包括浇铸溶解在 DB 和 THF 中的 PIM-1 溶液、在甲醇(非溶剂)中浸泡和沉淀、从非溶剂中去除 NPIM 膜，以及在 1100℃下在 H$_2$/N$_2$ 氛围中碳化 2 h；(b)等级孔碳膜的 SEM 图像[298]

3.5.3　碳泡沫、多孔碳和整体式碳材料

碳泡沫是一类具有三维互连网络结构的多孔碳材料，广泛应用于电化学电池电极、催化剂载体、热绝缘体、电磁屏蔽和除油等领域。由聚合物制备的商用碳泡沫往往具有脆性特征。江西师范大学侯豪情教授课题组[299]首次通过直接碳化三聚氰胺泡沫制备弹性碳泡沫(图 3.54)。所制备的碳泡沫具有良好的弹性、99.6%以上的高孔隙率、轻质、超疏水性以及对油和有机溶剂的优异吸附性能。

第 3 章 聚合物碳化制备不同维数的碳材料　　145

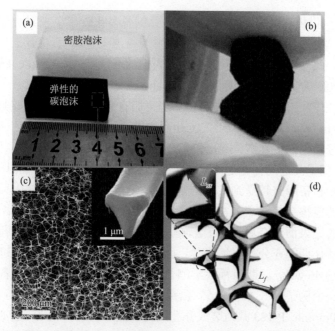

图 3.54　(a) 尺寸为 70 mm×18 mm×20 mm 的三聚氰胺泡沫和尺寸为 46 mm×10 mm×13 mm 的衍生弹性碳泡沫；(b) 用指尖弯曲的弹性碳泡沫的数码照片；(c) 弹性碳泡沫的 SEM 图像，插图是弹性碳泡沫中一种网状纤维的截面图像，呈凹正三角形；(d) 弹性碳泡沫结构模型[299]

另一种常用的制备碳泡沫的聚合物前驱体是棉花[300]。棉花的特点是具有高的绝对孔隙率和各种优异的变形能力，可以压制或者加工成各种形状。原棉是一种典型的含 90%~95%纤维素的天然原料，是制备碳泡沫的理想原料。以毛绒棉为原料，采用简单的热解工艺直接制备碳泡沫。碳泡沫保持了原棉片的原形，但碳泡沫的体积仅为原棉的 20%左右。用液体的体积吸光度测定碳泡沫的孔隙率，接近 99%。另外，聚离子液体可以作为具有自身结构贡献的"活化剂"，通过在聚离子液体溶液中简单地将少量原样的棉花浸泡在表面涂层中，然后真空过滤掉过量的溶液并在高温下碳化，有效地促进棉质碳泡沫的转化和成孔[301]。活性碳泡沫可以切割成不同的形状，也可以变形。它在被自身质量的 2000 倍压缩后很容易恢复。Gong 等[302]介绍了一种简单、通用的自下而上的方法，即"固体盐煮炭法"，以聚离子液体为前驱体，以无机盐 NaCl 为结构模板，制备出分级多孔氮掺杂碳泡沫，比表面积为 931 m^2/g，氮元素含量为 17.1 wt%。值得指出的是，无机盐 NaCl 可以重复使用。

高比表面积的多孔碳材料表现出优异的物理/化学稳定性和多种功能性，因而具有重要的应用价值。与之前所述的中空碳球的制备方法类似，固体模板和软模板被广泛用于改善碳的多孔结构。在传统的固体模板（如二氧化硅[303, 304]和碳酸钙纳米粒子[305]）之外，具有高比表面积的新模板受到了越来越多的关注。例如，Jiang 等以金属-有机骨架为模板,以聚糠醇为聚合前驱体制备多孔碳[306]。它的比表面积和孔体积分别达到 3405 m^2/g 和 2.58 cm^3/g。这主要得益于金属-有机骨架的高比表面积(1370 m^2/g)。此外,有序介孔碳也引起了人们的广泛关注。三嵌段共聚物 F127 是合成有序介孔碳的重要软模板剂之一。复旦大学赵东元院士课题组[307]采用表面活性剂模板法(F127 三嵌段共聚物)制备酚醛树脂有序介孔碳,介孔碳具有极高的比表面积(2580 m^2/g)、大的孔体积(2.16 cm^3/g)和大的双峰孔(1.7 nm 和 6.4 nm)。

对于分级结构的多孔碳,微孔和小介孔提供了高的接触表面积,而大孔(大孔和大介孔)提供了高速的传输通道。考虑到多孔碳的特殊结构,具有层次结构的多孔碳的设计和制备越来越受到人们的重视。Xu 等[308]以聚酰亚胺为原料,制备具有层次结构的氮掺杂多孔碳。在热解和活化过程中,保持了其上部结构。层次结构对多孔碳的比表面积有着显著的影响。具体地说,氮掺杂多孔碳花中纳米片的花状填充在活化期间充分暴露纳米片,因此具有较高的比表面积(1375 m^2/g)和较高的氮元素(3.46 wt%)。斯坦福大学鲍哲南教授团队报道了关于制备氮掺杂等级多孔碳的另一个例子[309],如图 3.55 所示,他们首先将 4-(1*H*-吡咯-1-基)丁酸和三嵌段共聚物 Pluronic P-123 共组装成介孔结构,然后聚合和碳化。空心球结构的形成是在共组装过程中通过调节溶液 pH 来调节静电相互作用的结果。中间孔是由软

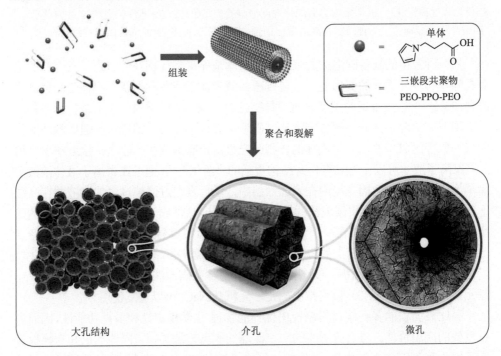

图 3.55　4-(1*H*-吡咯-1-基)丁酸和三嵌段共聚物 Pluronic P-123 共组装成一个介孔结构,然后聚合和碳化制备氮掺杂介孔碳的示意图[309]

三嵌段共聚物模板去除后形成的，而微孔是由羧基的裂解和三嵌段共聚物向聚吡咯的互扩散形成的。所得到的碳具有大孔、介孔和微孔的分层孔隙结构。目前，模板法仍然是高分子材料碳化制备多孔碳的主要方法。除了提高多孔碳的比表面积外，理想的模板应具有易去除、成本低、易获得等优点，并能给多孔碳带来额外的价值。

从实际应用的角度来看，将单个碳纳米颗粒组装成具有宏观功能和高性能的三维整体式多孔碳材料是至关重要的。陆安慧教授课题组采用间苯二酚、甲醛和赖氨酸共聚物直接热解制备含氮整体式多孔碳材料[310]。所制备的聚合物整体基本上不开裂。热解后的碳产品保持了原来的整体形状，但体积收缩率为69%。高温热解导致氮吸收显著增加，表明由于小分子的分解和释放，孔隙发育良好。随着热解温度的升高，800℃时比表面积逐渐增大，达到537 m^2/g。对总孔隙体积的主要贡献来自微孔。在接下来的工作中[311]，他们加入 Pluronic F127 作为结构导向剂来制备含氮的、具有高度有序均匀介孔的整体式多孔碳材料。这种整体式结构具有孔道通透性好、压力降小等优点，此外，整体式材料可操作性强，因此在吸附应用中具有很大的应用潜力。

3.5.4 碳/碳复合材料

一般碳/碳复合材料是指碳纤维增强的碳基复合材料，往往是由有机高分子基体材料与高性能碳纤维增强材料经过特殊成型工艺复合而成的材料，具有低密度、高比强、高比模、耐高温、耐腐蚀、抗热震、可整体成型等一系列优异的性能。碳/碳复合材料中，碳纤维增强体作为主要的增强材料，而碳基体则主要有黏结与固化的作用。将碳纤维通过层叠或者编织制成预制体，然后采用浸渍或者化学气相沉积的方法与碳基体进行混合，随后进行一系列的高温碳化与浸渍的过程，就制成了常见的碳/碳复合材料。这种碳/碳复合材料具有碳纤维与碳基体的双重优势，并且可以通过改变组分含量与编织结构来得到特定的性能，具有良好的可定制性。正是由于碳/碳复合材料的这些特殊性能，其在航空、航天领域得到了越来越广泛的应用，越来越成为一种十分重要的结构功能一体化材料，并且逐渐向民用、医学等领域扩展[312]。

碳/碳复合材料最早可以追溯到 20 世纪 60 年代，在美国一家名为 Chance-Vought 公司的实验室因为操作失误而意外制得。在实验人员测定碳纤维在有机基体复合材料中的含量时，因为失误，有机基体没有被氧化，反而被热解碳化得到碳基体，结果发现这种材料具有结构特性。20年代，碳/碳复合材料迅速发展，典型的就是航天飞机的碳/碳复合材料抗氧化鼻锥和机翼前缘，此时对碳/碳复合材料的探究步入了快车道，碳/碳复合材料作为耐高温抗烧蚀材料已经是洲际战略导弹端头、航天飞机鼻锥、火箭发动机喉衬等关键热结构部件独一无二的热结构材料[313]。

当代社会，科技进步的步伐逐渐加快，技术更新日新月异，更多的学者把研究重点放到了低成本制备高性能的碳/碳复合材料，由于成本降低，碳/碳复合材料逐渐从航空航天等军工领域走进普通人的日常生活，影响着人们生活的方方面面。中国商飞公司 C919 大飞机的刹车系统所采用的部分碳/碳复合材料就来源于国产碳纤维技术。2017 年中南大学黄伯云院士团队成功开发出了碳/碳复合材料在 3173 K 下的抗氧化烧蚀涂层，引发了世界范围内的广泛关注[314]。随着碳/碳复合材料应用范围的不断扩大和成本的逐步降低，可以说碳/碳复合材料是 21 世纪最重要的材料之一。

首先，飞机在刹停的这一段时间内，刹车盘最高温度基本可以达 2000℃左右，这已远远超出普通金属基复合材料的熔点，会导致熔化粘连、刹车盘变形等问题，高频率的维修和更换在所难免。碳/碳复合材料具有轻质高强、耐摩擦和耐高温等特点[315]，在 2000℃以下其机械强度不会产生明显下降，温度的升高也不会对其摩擦系数带来较大的影响，是理想的刹车盘材料[图 3.56(a)]。其次，在飞机制造工业中，飞机的燃烧室和隔热片等部件均采用了可以耐 1500℃以上高温的碳/碳复合材料。由于航天飞机、火箭和长程弹道导弹在发射过程中会与大气层产生剧烈摩擦，接触部位温度瞬间升高并伴随剧烈磨损，碳/碳复合材料凭借着稳定的高温性能和优秀的抗烧蚀性能，常常用于航天飞机鼻锥、导弹端头和火箭喷管[图 3.56(b)]等部位。最后，在工业制造上，碳/碳复合材料也被工程师广泛采用。在提拉法制备单晶硅的铸锭炉中，硅蒸气会与碳发生化学反应生成碳化硅。在传统的石墨坩埚中，反应不断进行，碳化硅层逐渐积累变厚，最终整层发生脱落，发生失效，丧失力学性能。而碳/碳复合材料坩埚[图 3.56(c)]在使用中，碳纤维起到了阻止硅蒸气与碳继续反应的作用，直至碳纤维被消耗殆尽，基体碳才能和硅蒸气发生反应，随着时间的推移，生成的碳化硅层不会变厚，因此坩埚的力学性能不会有很大的变化。

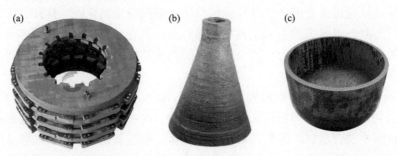

图 3.56　碳/碳复合材料的应用：(a)飞机刹车片；(b)火箭喷管；(c)坩埚

经过多年的发展，制备碳/碳复合材料过程中的致密化工艺包括化学气相渗透法(或者化学气相沉积)和液相浸渍碳化法两类。化学气相渗透法是在高温条件下碳源气体被引入到高温炉中，在设定好的压力下碳源气体在预制体内部扩散，吸附在预制体表面并且发生热解反应，生成的热解碳会沉积在预制体的内部。这些沉积碳在高温下容易向石墨的理想晶体结构转变，并且与纤维之间的物理结合较好。碳源气体通常是甲烷、丙烯和乙炔等碳氢化合物。

液相浸渍碳化法是一种发展较早且比较成熟的碳/碳复合材料制备方法。先将碳纤维预制体放在液态先驱体浸渍液中，抽真空后产生的压力差促使浸渍液流入预制体内部，随后进行加压浸渍，使得浸渍液充分地渗透到预制体内部的孔隙中，在高温条件下浸渍液发生一系列反应，由液相转变为固相，填充在预制体内部，最后在更高的温度下对预制体进行高温碳化处理。目前，主流的液态前驱体主要包括沥青[316]和聚合物树脂两类。比较常用的聚合物树脂包括酚醛[317]和聚酰亚胺[318]等。酚醛树脂因其原料来源广泛、合成工艺成熟、制备成本低、高玻璃化转变温度、高的残碳率，以及良好的机械和耐热性能，是常用的前驱体浸渍液之一[319]。酚醛树脂一般分为热固性酚醛树脂和热塑性酚醛树脂。热固性酚醛树脂在实际生产中能够完成浸渍升温一体化和保压固化，这对于最终材料密度的提高有很大的帮助。

参 考 文 献

[1] Sawant S Y, Somani R S, Panda A B, et al. Formation and characterization of onions shaped carbon soot from plastic wastes. Mater Lett, 2013, 94: 132-135.

[2] Niu R, Gong J, Xu D, et al. Rheological properties of ginger-like amorphous carbon filled silicon oil suspensions. Colloid Surf A, 2014, 444: 120-128.

[3] Alonso-Morales N, Gilarranz M A, Heras F, et al. Effects of reactor configuration on the yield of solid carbon from pyrolysis of low-density polyethylene. Energ Fuel, 2009, 23(12): 6095-6101.

[4] Alonso-Morales N, Gilarranz M A, Heras F, et al. Influence of operating variables on solid carbons obtained by low-density polyethylene pyrolysis in a semicontinuous fast heating quartz reactor. Energ Fuel, 2009, 23(12): 6102-6110.

[5] Alonso-Morales N, Gilarranz M A, Heras F, et al. Oxidation reactivity and structure of LDPE-derived solid carbons: A temperature-programmed oxidation study. Energy Fuels, 2013, 27(2): 1151-1161.

[6] Xu X, Ray R, Gu Y, et al. Electrophoretic analysis and purification of fluorescent single-walled carbon nanotube fragments. J Am Chem Soc, 2004, 126(40): 12736-12737.

[7] Sun Y P, Zhou B, Lin Y, et al. Quantum-sized carbon dots for bright and colorful photoluminescence. J Am Chem Soc, 2006, 128(24): 7756-7757.

[8] Tao S, Feng T, Zheng C, et al. Carbonized polymer dots: A brand new perspective to recognize luminescent carbon-based nanomaterials. J Phy Chem Lett, 2019, 10(17): 5182-5188.

[9] Tao S, Zhu S, Feng T, et al. Crosslink-enhanced emission effect on luminescence in polymers: Advances and perspectives. Angew Chem Int Ed, 2020, 59(25): 9826-9840.

[10] Zhu S, Zhang J, Wang L, et al. A general route to make non-conjugated linear polymers luminescent. Chem Commun, 2012, 48(88): 10889-10891.

[11] Zhu S, Wang L, Zhou N, et al. The crosslink enhanced emission (CEE) in non-conjugated polymer dots: From the photoluminescence mechanism to the cellular uptake mechanism and internalization. Chem Commun, 2014, 50(89): 13845-13848.

[12] Zhu S, Song Y, Shao J, et al. Non-conjugated polymer dots with crosslink-enhanced emission in the absence of fluorophore units. Angew Chem Int Ed, 2015, 54(49): 14626-14637.

[13] Yang L, Jiang W, Qiu L, et al. One pot synthesis of highly luminescent polyethylene glycol anchored carbon dots functionalized with a nuclear localization signal peptide for cell nucleus imaging. Nanoscale, 2015, 7(14): 6104-6113.

[14] Ge J, Jia Q, Liu W, et al. Red-emissive carbon dots for fluorescent, photoacoustic, and thermal theranostics in living mice. Adv Mater, 2015, 27(28): 4169-4177.

[15] Ding H, Wei J S, Zhang P, et al. Solvent-controlled synthesis of highly luminescent carbon dots with a wide color gamut and narrowed emission peak widths. Small, 2018, 14(22): 1800612.

[16] Xia C, Tao S, Zhu S, et al. Hydrothermal addition polymerization for ultrahigh-yield carbonized polymer dots with room temperature phosphorescence via nanocomposite. Chem Eur J, 2018, 24(44): 11303-11308.

[17] Gu J, Wang W, Zhang Q, et al. Synthesis of fluorescent carbon nanoparticles from polyacrylamide for fast cellular endocytosis. RSC Adv, 2013, 3(36): 15589-15591.

[18] Liu J, Geng Y, Li D, et al. Deep red emissive carbonized polymer dots with unprecedented narrow full width at half maximum. Adv Mater, 2020, 32(17): 1906641.

[19] Hu Y, Yang J, Tian J, et al. Green and size-controllable synthesis of photoluminescent carbon nanoparticles from waste plastic bags. RSC Adv, 2014, 4(88): 47169-47176.

[20] Dubey P, Tripathi K M, Sonkar S K. Gram scale synthesis of green fluorescent watersoluble onion-like carbon nanoparticles from camphor and polystyrene foam. RSC Adv, 2014, 4: 5838-5844.

[21] Huang J, Yin X Y, Yang J Y, et al. Solid protonic acids and luminescent carbon dots derived from waste expanded polystyrene. Mater Lett, 2014, 117: 112-115.

[22] Liu J, Wickramaratne N P, Qiao S Z, et al. Molecular-based design and emerging applications of nanoporous carbon spheres. Nat Mater, 2015, 14: 763-774.

[23] Amara D, Grinblat J, Margel S. Synthesis of magnetic iron and iron oxide micrometre-sized composite particles of narrow size distribution by annealing iron salts entrapped within uniform porous poly(divinylbenzene) microspheres. J Mater Chem, 2010, 20(10): 1899-1906.

[24] Ouyang Y, Shi H, Fu R, et al. Highly monodisperse microporous polymeric and carbonaceous nanospheres with multifunctional properties. Sci Rep, 2013, 3: 1430.

[25] Kim C, Kim K, Moon J H. Highly N-doped microporous carbon nanospheres with high energy storage and conversion efficiency. Sci Rep, 2017, 7: 14400.

[26] Lee W H, Moon J H. Monodispersed N-doped carbon nanospheres for supercapacitor application. ACS Appl Mater Interfaces, 2014, 6(16): 13968-13976.

[27] Tian H, Liu J, O'Donnell K, et al. Revisiting the Stöber method: Design of nitrogen-doped porous carbon spheres from molecular precursors of different chemical structures. J Colloid Interf Sci, 2016, 476: 55-61.

[28] Xu Z, Guo Q. A simple method to prepare monodisperse and size-tunable carbon nanospheres from phenolic resin. Carbon, 2013, 52: 464-467.

[29] Liu Z, Zhou Z, Xiong W, et al. Controlled synthesis of carbon nanospheres via the modulation of the hydrophilic length of the assembled surfactant micelles. Langmuir, 2018, 34(35): 10389-10396.

[30] Liu L, Xie Z H, Deng Q F, et al. One-pot carbonization enrichment of nitrogen in microporous carbon spheres for efficient CO_2 capture. J Mater Chem A, 2017, 5(1): 418-425.

[31] Wang S, Li W C, Hao G P, et al. Temperature-programmed precise control over the sizes of carbon nanospheres based on benzoxazine chemistry. J Am Chem Soc, 2011, 133: 15304-15307.

[32] Wang S, Li W C, Zhang L, et al. Polybenzoxazine-based monodisperse carbon spheres with low-thermal shrinkage and their CO_2 adsorption properties. J Mater Chem A, 2014, 2: 4406-4412.

[33] He Y, Han X, Du Y, et al. Bifunctional nitrogen-doped microporous carbon microspheres derived from poly(*o*-methylaniline) for oxygen reduction and supercapacitors. ACS Appl Mater Interfaces, 2016, 8(6): 3601-3608.

[34] Xiong S, Fan J, Wang Y, et al. A facile template approach to nitrogen-doped hierarchical porous carbon nanospheres from polydopamine for high-performance supercapacitors. J Mater Chem A, 2017, 5(34): 18242-18252.

[35] Fan J B, Song Y, Wang S, et al. Directly coating hydrogel on filter paper for effective oil-water separation in highly acidic, alkaline, and salty environment. Adv Funct Mater, 2015, 25: 5368-5375.

[36] Liao Y, Li X G, Kaner R B. Facile synthesis of water-dispersible conducting polymer nanospheres. ACS Nano, 2010, 4(9): 5193-5202.

[37] Jiang J, Chen H, Wang Z, et al. Nitrogen-doped hierarchical porous carbon microsphere through KOH activation for supercapacitors. J Colloid Interf Sci, 2015, 452: 54-61.

[38] Wang T, Sun Y, Zhang L, et al. Space-confined polymerization: Controlled fabrication of nitrogen-doped polymer and carbon microspheres with refined hierarchical architectures. Adv Mater, 2019, 31: 1807876.

[39] Liu J, Yang T, Wang D W, et al. A facile soft-template synthesis of mesoporous polymeric and carbonaceous nanospheres. Nat Commun, 2013, 4: 2798.

[40] Peng L, Hung C T, Wang S, et al. Versatile nanoemulsion assembly approach to synthesize functional mesoporous carbon nanospheres with tunable pore sizes and architectures. J Am Chem Soc, 2019, 141(17): 7073-7080.

[41] Gong J, Yao K, Liu J, et al. Striking influence of Fe_2O_3 on the "catalytic carbonization" of chlorinated poly(vinyl chloride) into carbon microspheres with high performance in the photo-degradation of Congo red. J Mater Chem A, 2013, 1: 5247-5255.

[42] Pol S V, Pol V G, Sherman D, et al. A solvent free process for the generation of strong, conducting carbon spheres by the thermal degradation of waste polyethylene terephthalate. Green Chem, 2009, 11: 448-451.

[43] Pol V G. Upcycling: Converting waste plastics into paramagnetic, conducting, solid, pure carbon microspheres. Environ Sci Technol, 2010, 44: 4753-4759.

[44] Deshmukh S A, Kamath G, Pol V G, et al. Kinetic pathways to control hydrogen evolution and nanocarbon allotrope formation via thermal decomposition of polyethylene. J Phys Chem C, 2014, 118: 9706-9714.

[45] Pol V G, Wen J, Lau K C, et al. Probing the evolution and morphology of hard carbon spheres. Carbon, 2014, 68: 104-111.

[46] Sawant S Y, Somani R S, Panda A B, et al. Utilization of plastic wastes for synthesis of carbon microspheres and their use as a template for nanocrystalline copper(Ⅱ) oxide hollow spheres. ACS Sustainable Chem Eng, 2013, 1: 1390-1397.

[47] Fonseca W S, Meng X, Deng D. Trash to treasure: Transforming waste polystyrene cups into negative electrode materials for sodium ion batteries. ACS Sustainable Chem Eng, 2015, 3(9): 2153-2159.

[48] Jang J, Lim B. Selective fabrication of carbon nanocapsules and mesocellular foams by surface-modified colloidal

silica templating. Adv Mater, 2002, 14(19): 1390-1393.

[49] Lu Y, He C, Gao P, et al. Simultaneous polymerization enabled the facile fabrication of S-doped carbons with tunable mesoporosity for high-capacitance supercapacitors. J Mater Chem A, 2017, 5(45): 23513-23522.

[50] Hadidi L, Davari E, Iqbal M, et al. Spherical nitrogen-doped hollow mesoporous carbon as an efficient bifunctional electrocatalyst for Zn-air batteries. Nanoscale, 2015, 7(48): 20547-20556.

[51] Balach J, Wu H, Polzer F, et al. Poly(ionic liquid)-derived nitrogen-doped hollow carbon spheres: Synthesis and loading with Fe_2O_3 for high-performance lithium ion batteries. RSC Adv, 2013, 3: 7979-7986.

[52] Zhao Q, Fellinger T P, Antonietti M, et al. Nitrogen-doped carbon capsules via poly(ionic liquid)-based layer-by-layer assembly. Macromol Rapid Commun, 2012, 33(13): 1149-1153.

[53] Liu R, Mahurin S M, Li C, et al. Dopamine as a carbon source: The controlled synthesis of hollow carbon spheres and yolk-structured carbon nanocomposites. Angew Chem Int Ed, 2011, 50: 6799-6802.

[54] He X, Sun H, Zhu M, et al. N-doped porous graphitic carbon with multi-flaky shell hollow structure prepared using a green and 'useful' template of $CaCO_3$ for VOC fast adsorption and small peptide enrichment. Chem Commun, 2017, 53(24): 3442-3445.

[55] Feng A, Jia Z, Zhao Y, et al. Development of $Fe/Fe_3O_4@C$ composite with excellent electromagnetic absorption performance. J Alloy Compd, 2018, 745: 547-554.

[56] Zhao J, Li C, Liu R. Enhanced oxygen reduction of multi-Fe_3O_4@carbon core-shell electrocatalysts through a nanoparticle/polymer co-assembly strategy. Nanoscale, 2018, 10(13): 5882-5887.

[57] Tan P, Jiang Y, Liu X Q, et al. Magnetically responsive core-shell $Fe_3O_4@C$ adsorbents for efficient capture of aromatic sulfur and nitrogen compounds. ACS Sustainable Chem Eng, 2016, 4(4): 2223-2231.

[58] Hong J Y, Huh S. Hollow S-doped carbon spheres from spherical CT/PEDOT composite particles and their CO_2 sorption properties. J Colloid Interf Sci, 2014, 436: 77-82.

[59] Yao L, Yang G, Han P, et al. Three-dimensional beehive-like hierarchical porous polyacrylonitrile-based carbons as a high performance supercapacitor electrodes. J Power Sources, 2016, 315: 209-217.

[60] Lu A H, Sun T, Li W C, et al. Synthesis of discrete and dispersible hollow carbon nanospheres with high uniformity by using confined nanospace pyrolysis. Angew Chem Int Ed, 2011, 50: 11765-11768.

[61] Li Y, Chen J, Xu Q, et al. Controllable route to solid and hollow monodisperse carbon nanospheres. J Phy Chem C, 2009, 113(23): 10085-10089.

[62] Chen X, Wang H, He J. Synthesis of carbon nanotubes and nanospheres with controlled morphology using different catalyst precursors. Nanotechnology, 2008, 19: 325607.

[63] Gong J, Liu J, Chen X, et al. Synthesis, characterization and growth mechanism of mesoporous hollow carbon nanospheres by catalytic carbonization of polystyrene. Micropor Mesopor Mater, 2013, 176: 31-40.

[64] Hong N, Tang G, Wang X, et al. Selective preparation of carbon nanoflakes, carbon nanospheres, and carbon nanotubes through carbonization of polymethacrylate by using different catalyst precursors. J Appl Polym Sci, 2013, 130(2): 1029-1037.

[65] Gong J, Liu J, Jiang Z, et al. Converting mixed plastics into mesoporous hollow carbon spheres with controllable diameter. Appl Catal B: Environ, 2014, 152-153: 289-299.

[66] Ruoff R S, Lorents D C, Chan B, et al. Single crystal metals encapsulated in carbon nanoparticles. Science, 1993, 259(5093): 346-348.

[67] El Hamaoui B E, Zhi L, Wu J, et al. Uniform carbon and carbon/cobalt nanostructures by solid-state thermolysis of polyphenylene dendrimer/cobalt complexes. Adv Mater, 2005, 17: 2957-2960.

[68] El Hamaoui B, Zhi L, Wu J, et al. Solid-state pyrolysis of polyphenylene-metal complexes: A facile approach toward carbon nanoparticles. Adv Funct Mater, 2007, 17: 1179-1187.

[69] Scholz S, Leech P J, Englert B C, et al. Cobalt-carbon spheres: Pyrolysis of dicobalthexacarbonyl-functionalized poly(p-phenyleneethynylene)s. Adv Mater, 2005, 17(8): 1052-1055.

[70] Yao T, Cui T, Wu J, et al. Preparation of acid-resistant core/shell Fe_3O_4@C materials and their use as catalyst supports. Carbon, 2012, 50: 2287-2295.

[71] Huang Y, Xu Z, Yang Y, et al. Preparation, characterization, and surface modification of carbon-encapsulated nickel nanoparticles. J Phys Chem C, 2009, 113: 6533-6538.

[72] Zhu J, Wei S, Li Y, et al. Comprehensive and sustainable recycling of polymer nanocomposites. J Mater Chem, 2011, 21: 16239-16246.

[73] Gong J, Liu J, Chen X, et al. One-pot synthesis of core/shell Co@C spheres by catalytic carbonization of mixed plastics and their application in the photo-degradation of Congo red. J Mater Chem A, 2014, 2: 7461-7470.

[74] Jang J, Oh J H. A top-down approach to fullerene fabrication using a polymer nanoparticle precursor. Adv Mater, 2004, 16(18): 1650-1653.

[75] Kondrina K M, Kudryavtsev O S, Vlasov I I, et al. High-pressure synthesis of microdiamonds from polyethylene terephthalate. Diam Relat Mater, 2018, 83: 190-195.

[76] 李岩, 黄争鸣. 聚合物的静电纺丝. 高分子通报, 2006, 5: 14-21.

[77] Yuan J, Márquez A G, Reinacher J, et al. Nitrogen-doped carbon fibers and membranes by carbonization of electrospun poly(ionic liquid)s. Polym Chem, 2011, 2: 1654-1657.

[78] Yao K, Gong J, Zheng J, et al. Catalytic carbonization of chlorinated poly(vinyl chloride) microfibers into carbon microfibers with high performance in the photo-degradation of Congo red. J Phys Chem C, 2013, 117: 17016-17023.

[79] Liu T, Zhou Z, Guo Y, et al. Block copolymer derived uniform mesopores enable ultrafast electron and ion transport at high mass loadings. Nat Commun, 2019, 10(1): 675.

[80] Huang C W, Li Y Y. In situ synthesis of platelet graphite nanofibers from thermal decomposition of poly(ethylene glycol). J Phys Chem B, 2006, 110: 23242-23246.

[81] Huang C W, Wu Y T, Hu C C, et al. Textural and electrochemical characterization of porous carbon nanofibers as electrodes for supercapacitors. J Power Sources, 2007, 172: 460-467.

[82] Huang C W, Chiu S C, Lin W H, et al. Preparation and characterization of porous carbon nanofibers from thermal decomposition of poly(ethylene glycol). J Phys Chem C, 2008, 112: 926-931.

[83] Kong Q, Zhang J, Liu H, et al. Synthesis of one-dimensional Fe_3O_4@C composites from catalytic pyrolysis of waste polypropylene. J Nanosci Nanotechnol, 2012, 12: 8055-8060.

[84] Zhang J, Yan B, Zhang F. Synthesis of carbon-coated Fe_3O_4 composites with pine-tree-leaf structures from catalytic pyrolysis of polyethylene. CrystEngComm, 2012, 14: 3451-3455.

[85] Zhang J, Yan B, Wan S, et al. Converting polyethylene waste into large scale one dimensional Fe_3O_4@C composites by a facile one-pot process. Ind Eng Chem Res, 2013, 52: 5708-5712.

[86] Zhang J, Yan B, Wu H, et al. Self-assembled synthesis of carbon-coated Fe_3O_4 composites with firecracker-like structures from catalytic pyrolysis of polyamide. RSC Adv, 2014, 4: 6991-6997.

[87] Liu W J, Tian K, He Y R, et al. High-yield harvest of nanofibers/mesoporous carbon composite by pyrolysis of waste biomass and its application for high durability electrochemical energy storage. Environ Sci Technol, 2014, 48(23): 13951-13959.

[88] Wu Z Y, Liang H W, Chen L F, et al. Bacterial cellulose: A robust platform for design of three dimensional carbon-based functional nanomaterials. Acc Chem Res, 2016, 49: 96-105.

[89] Chen L F, Huang Z H, Liang H W, et al. Bacterial-cellulose-derived carbon nanofiber@MnO_2 and nitrogen-doped carbon nanofiber electrode materials: An asymmetric supercapacitor with high energy and power density. Adv Mater, 2013, 25: 4746-4752.

[90] Wu Z Y, Li C, Liang H W, et al. Ultralight, flexible, and fire-resistant carbon nanofiber aerogels from bacterial cellulose. Angew Chem Int Ed, 2013, 52: 2925-2929.

[91] Li C, Ding Y W, Hu B C, et al. Temperature-invariant superelastic and fatigue resistant carbon nanofiber aerogels. Adv Mater, 2020, 32(2): 1904331.

[92] Li S C, Hu B C, Ding Y W, et al. Wood-derived ultrathin carbon nanofiber aerogels. Angew Chem Int Ed, 2018, 57(24): 7085-7090.

[93] Iijima S. Helical microtubules of graphitic carbon. Nature, 1991, 354(6348): 56-58.

[94] Yao D, Wang C H. Pyrolysis and in-line catalytic decomposition of polypropylene to carbon nanomaterials and hydrogen over Fe-and Ni-based catalysts. Appl Energy, 2020, 265: 114819.

[95] Huang C W, Hsu L C, Li Y Y. Synthesis of carbon nanofibres from a liquid solution containing both catalyst and polyethylene glycol. Nanotechnology, 2006, 17: 4629-4634.

[96] Kukovitskii E F, Chernozatonskii L A, L'vov S G, et al. Carbon nanotubes of polyethylene. Chem Phy Lett, 1997, 266: 323-328.

[97] Chernozatonskii L A, Kukovitskii E F, Musatov A L, et al. Carbon crooked nanotube layers of polyethylene: Synthesis, structure and electron emission. Carbon, 1998, 36: 713-715.

[98] Kiselev N A, Sloan J, Zakharov D N, et al. Carbon nanotubes from polyethylene precursors: Structure and structural changes caused by thermal and chemical treatment revealed by HRTEM. Carbon, 1998, 36(7-8): 1149-1157.

[99] Krivoruchko O P, Maksimova N I, Zaikovskii V I, et al. Study of multiwalled graphite nanotubes and filaments formation from carbonized products of polyvinyl alcohol via catalytic graphitization at 600-800 ℃ in nitrogen atmosphere. Carbon, 2000, 38: 1075-1082.

[100] Sarangi D, Godon C, Granier A, et al. Carbon nanotubes and nanostructures grown from diamond-like carbon and polyethylene. Appl Phys A, 2001, 73: 765-768.

[101] Maksimova N I, Krivoruchko O P, Mestl G, et al. Catalytic synthesis of carbon nanostructures from polymer precursors. J Mol Catal A: Chem, 2000, 158: 301-307.

[102] Tang T, Chen X, Meng X, et al. Synthesis of multiwalled carbon nanotubes by catalytic combustion of polypropylene. Angew Chem Int Ed, 2005, 44: 1517-1520.

[103] Jiang Z, Song R, Bi W, et al. Polypropylene as a carbon source for the synthesis of multi-walled carbon nanotubes via catalytic combustion. Carbon, 2007, 45: 449-458.

[104] Chen X, He J, Yan C, et al. Novel in situ fabrication of chestnut-like carbon nanotube spheres from polypropylene and nickel formate. J Phys Chem B, 2006, 110: 21684-21689.

[105] Song R, Jiang Z, Bi W, et al. The combined catalytic action of solid acids with nickel for the transformation of polypropylene into carbon nanotubes by pyrolysis. Chem Eur J, 2007, 13: 3234-3240.

[106] Yu H, Jiang Z, Gilman J W, et al. Promoting carbonization of polypropylene during combustion through synergistic catalysis of a trace of halogenated compounds and Ni_2O_3 for improving flame retardancy. Polymer, 2009, 50: 6252-6258.

[107] Gong J, Liu J, Ma L, et al. Effect of Cl/Ni molar ratio on the catalytic conversion of polypropylene into Cu-Ni/C composites and their application in catalyzing "Click" reaction. Appl Catal B: Environ, 2012, 117-118: 185-193.

[108] Gong J, Yao K, Liu J, et al. Catalytic conversion of linear low density polyethylene into carbon nanomaterials under the combined catalysis of Ni_2O_3 and poly(vinyl chloride). Chem Eng J, 2013, 215-216: 339-347.

[109] Wen X, Chen X, Tian N, et al. Nanosized carbon black combined with Ni_2O_3 as "universal" catalysts for synergistically catalyzing carbonization of polyolefin wastes to synthesize carbon nanotubes and application for supercapacitors. Environ Sci Technol, 2014, 48: 4048-4055.

[110] Li G, Tan S, Song R, et al. Synergetic effects of molybdenum and magnesium in Ni-Mo-Mg catalysts on the one-step carbonization of polystyrene into carbon nanotubes. Ind Eng Chem Res, 2017, 56(41): 11734-11744.

[111] Kong Q, Zhang J. Synthesis of straight and helical carbon nanotubes from catalytic pyrolysis of polyethylene. Polym Degrad Stabil, 2007, 92: 2005-2010.

[112] Zhang J, Du J, Qian Y, et al. Synthesis, characterization and properties of carbon nanotubes microspheres from pyrolysis of polypropylene and maleated polypropylene. Mater Res Bull, 2010, 45: 15-20.

[113] Pol V G, Thiyagarajan P. Remediating plastic waste into carbon nanotubes. J Environ Monit, 2010, 12: 455-459.

[114] Pol V G, Thackeray M M. Spherical carbon particles and carbon nanotubes prepared by autogenic reactions: Evaluation as anodes in lithium electrochemical cells. Energy Environ Sci, 2011, 4: 1904-1912.

[115] Wu C, Wang Z, Wang L, et al. Sustainable processing of waste plastics to produce high yield hydrogen rich synthesis gas and high quality carbon nanotubes. RSC Adv, 2012, 2: 4045-4047.

[116] Wu C, Nahil M A, Miskolczi N, et al. Processing real-world waste plastics by pyrolysis-reforming for hydrogen and high-value carbon nanotubes. Environ Sci Technol, 2014, 48: 819-826.

[117] Acomb J C, Wu C, Williams P T. Control of steam input to the pyrolysis-gasification of waste plastics for improved production of hydrogen or carbon nanotubes. Appl Catal B: Environ, 2014, 147: 571-584.

[118] Acomb J C, Wu C, Williams P T. The use of different metal catalysts for the simultaneous production of carbon nanotubes and hydrogen from pyrolysis of plastic feedstocks. Appl Catal B: Environ, 2016, 180: 497-510.

[119] Jia J, Veksha A, Lim T T, et al. *In situ* grown metallic nickel from X-Ni (X = La, Mg, Sr) oxides for converting plastics into carbon nanotubes: Influence of metal-support interaction. J Clean Prod, 2020, 258: 120633.

[120] Zhang Y, Wu C, Nahil M A, et al. Pyrolysis-catalytic reforming/gasification of waste tires for production of carbon nanotubes and hydrogen. Energ Fuel, 2015, 29(5): 3328-3334.

[121] Zhuo C, Hall B, Richter H, et al. Synthesis of carbon nanotubes by sequential pyrolysis and combustion of polyethylene. Carbon, 2010, 48: 4024-4034.

[122] Alves J O, Zhuo C, Levendis Y A, et al. Microstructural analysis of carbon nanomaterials produced from pyrolysis/combustion of styrene-butadiene-rubber (SBR). Mater Res, 2011, 14(4): 499-504.

[123] Zhuo C, Alves J O, Tenorio J A S, et al. Synthesis of carbon nanomaterials through up-cycling agricultural and municipal solid wastes. Ind Eng Chem Res, 2012, 51: 2922-2930.

[124] Yan D, Liu L, Song R. Direct growth of CNTs on in situ formed siliceous micro-flakes just by one-step pyrolyzation of polypropylene blends. J Mater Sci, 2015, 50: 1309-1316.

[125] Song R, Liu L, Yan D, et al. A method for the direct growth of carbon nanotubes on macroscopic carbon substrates. J Mater Sci, 2016, 51: 2330-2337.

[126] Endo M, Kim Y A, Hayashi T, et al. Structural characterization of cup-stacked-type nanofibers with an entirely hollow core. Appl Phys Lett, 2002, 80: 1267.

[127] Kim Y A, Hayashi T, Fukai Y, et al. Effect of ball milling on morphology of cup-stacked carbon nanotubes. Chem

Phy Lett, 2002, 355: 279-284.

[128] Tang Y, Burkert S C, Zhao Y, et al. The effect of metal catalyst on the electrocatalytic activity of nitrogen-doped carbon nanotubes. J Phys Chem C, 2013, 117: 25213-25221.

[129] Ando F, Tanabe T, Gunji T, et al. Improvement of ORR activity and durability of Pt electrocatalyst nanoparticles anchored on TiO_2/cup-stacked carbon nanotube in acidic aqueous media. Electrochim Acta, 2017, 232: 404-413.

[130] Ando F, Tanabe T, Gunji T, et al. Effect of the d-band center on the oxygen reduction reaction activity of electrochemically dealloyed ordered intermetallic platinum-lead (PtPb) nanoparticles supported on TiO_2-deposited cup-stacked carbon nanotubes. ACS Appl Nano Mater, 2018, 1(6): 2844-2850.

[131] Tang Y, Allen B L, Kauffman D R, et al. Electrocatalytic activity of nitrogen-doped carbon nanotube cups. J Am Chem Soc, 2009, 131: 13200-13201.

[132] Ko S, Tatsuma T, Sakoda A, et al. Electrochemical properties of oxygenated cup-stacked carbon nanofiber-modified electrodes. Phys Chem Chem Phys, 2014, 16: 12209-12213.

[133] Komori K, Tatsuma T, Sakai Y. Direct electron transfer kinetics of peroxidase at edge plane sites of cup-stacked carbon nanofibers and their comparison with single-walled carbon nanotubes. Langmuir, 2016, 32(36): 9163-9170.

[134] Komori K, Huang J, Mizushima N, et al. Controlled direct electron transfer kinetics of fructose dehydrogenase at cup-stacked carbon nanofibers. Phys Chem Chem Phys, 2017, 19(40): 27795-27800.

[135] Wang Y, Shah N, Huggins F E, et al. Hydrogen production by catalytic dehydrogenation of tetralin and decalin over stacked cone carbon nanotube-supported Pt catalysts. Energ Fuel, 2006, 20: 2612-2615.

[136] Asedegbega-Nieto E, Bachiller-Baeza B, Kuvshinov D G, et al. Effect of the carbon support nano-structures on the performance of Ru catalysts in the hydrogenation of paracetamol. Carbon, 2008, 46: 1046-1052.

[137] Wang S, Itoh T, Fujimori T, et al. Formation of CO_x-free H_2 and cup-stacked carbon nanotubes over nano-Ni dispersed single wall carbon nanohorns. Langmuir, 2012, 28: 7564-7571.

[138] Li O L, Qin L, Takeuchi N, et al. Effect of hydrophilic/hydrophobic properties of carbon materials on plasma-sulfonation process and their catalytic activities in cellulose conversion. Catalysis Today, 2019, 337: 155-161.

[139] Rosolen J M, Matsubara E Y, Marchesin M S, et al. Carbon nanotube/felt composite electrodes without polymer binders. J Power Sources, 2006, 162: 620-628.

[140] Nakanishi S, Mizuno F, Nobuhara K, et al. Influence of the carbon surface on cathode deposits in non-aqueous Li—O_2 batteries. Carbon, 2012, 50: 4794-4803.

[141] Ramos A, Cameán I, Cuesta N, et al. Graphitized stacked-cup carbon nanofibers as anode materials for lithium-ion batteries. Electrochim Acta, 2014, 146: 769-775.

[142] Li J, Kaur A P, Meier M S, et al. Stacked-cup-type MWCNTs as highly stable lithium-ion battery anodes. J Appl Electrochem, 2014, 44: 179-187.

[143] Zhao X, Tang Y, Ni C, et al. Free-standing nitrogen-doped cup-stacked carbon nanotube mats for potassium-ion battery anodes. ACS Appl Energy Mater, 2018, 1(4): 1703-1707.

[144] Anothumakkool B, Bhange S N, Unni S M, et al. 1-dimensional confinement of porous polyethylenedioxythiophene using carbon nanofibers as a solid template: An efficient charge storage material with improved capacitance retention and cycle stability. RSC Adv, 2013, 3: 11877-11887.

[145] Odedairo T, Ma J, Gu Y, et al. One-pot synthesis of carbon nanotube-graphene hybrids via syngas production. J Mater Chem A, 2014, 2: 1418-1428.

[146] Zhao F, Wang L, Zhao Y, et al. Graphene oxide nanoribbon assembly toward moisture-powered information

storage. Adv Mater, 2017, 29(3): 1604972.

[147] Li W, Waje M, Chen Z, et al. Platinum nanopaticles supported on stacked-cup carbon nanofibers as electrocatalysts for proton exchange membrane fuel cell. Carbon, 2010, 48: 995-1003.

[148] Palaniselvam T, Kannan R, Kurungot S. Facile construction of non-precious iron nitride-doped carbon nanofibers as cathode electrocatalysts for proton exchange membrane fuel cells. Chem Commun, 2011, 47: 2910-2912.

[149] Moraes I E R D, Silva W J E D, Tronto S, et al. Carbon fibers with cup-stacked-type structure: An advantageous support for Pt-Ru catalyst in methanol oxidation. J Power Sources, 2006, 160: 997-1002.

[150] Hasobe T, Fukuzumi S, Kamat P V. Stacked-cup carbon nanotubes for photoelectrochemical solar cells. Angew Chem Int Ed, 2006, 45: 755-759.

[151] Farrow B, Kamat P V. CdSe quantum dot sensitized solar cells. Shuttling electrons through stacked carbon nanocups. J Am Chem Soc, 2009, 131: 11124-11131.

[152] Kim K H, Brunel D, Gohier A, et al. Cup-stacked carbon nanotube schottky diodes for photovoltaics and photodetectors. Adv Mater, 2014, 26: 4363-4369.

[153] Li Y, Liu H, Yang C, et al. The activation and hydrogen storage characteristics of the cup-stacked carbon nanotubes. Diam Relat Mater, 2019, 100: 107567.

[154] Andrade-Espinosa G, Muñoz-Sandoval E, Terrones M, et al. Acid modified bamboo-type carbon nanotubes and cup-stacked-type carbon nanofibres as adsorbent materials: Cadmium removal from aqueous solution. J Chem Technol Biotechnol, 2009, 84: 519-524.

[155] Allen B L, Shade C M, Yingling A M, et al. Graphitic nanocapsules. Adv Mater, 2009, 21: 4692-4695.

[156] Zhao Y, Burkert S C, Tang Y, et al. Nano-gold corking and enzymatic uncorking of carbon nanotube cups. J Am Chem Soc, 2015, 137(2): 675-684.

[157] Choi Y K, Gotoh Y, Sugimoto K I, et al. Processing and characterization of epoxy nanocomposites reinforced by cup-stacked carbon nanotubes. Polymer, 2005, 46: 11489-11498.

[158] Yokozeki T, Iwahori Y, Ishibashi M, et al. Fracture toughness improvement of CFRP laminates by dispersion of cup-stacked carbon nanotubes. Compos Sci Technol, 2009, 69: 2268-2273.

[159] Palmeri M J, Putz K W, Brinson L C. Sacrificial bonds in stacked-cup carbon nanofibers: Biomimetic toughening mechanisms for composite systems. ACS Nano, 2010, 4(7): 4256-4264.

[160] Gonçales V R, Matsubara E Y, Rosolen J M C, et al. Micro/nanostructured carbon composite modified with a hybrid redox mediator and enzymes as a glucose biosensor. Carbon, 2011, 49: 3039-3047.

[161] Palmeri M J, Putz K W, Ramanathan T, et al. Multi-scale reinforcement of CFRPs using carbon nanofibers. Compos Sci Technol, 2011, 71: 79-86.

[162] Liu W, Kong J, Toh W E, et al. Toughening of epoxies by covalently anchoring triazole-functionalized stacked-cup carbon nanofibers. Compos Sci Technol, 2013, 85: 1-9.

[163] Atar N, Grossman E, Gouzman I, et al. Reinforced carbon nanotubes as electrically conducting and flexible films for space applications. ACS Appl Mater Interfaces, 2014, 6(22): 20400-20407.

[164] Gu J, Sansoz F. Role of cone angle on the mechanical behaviorof cup-stacked carbon nanofibers studied by atomistic simulations. Carbon, 2014, 66: 523-529.

[165] Liu Q, Fujigaya T, Nakashima N. Graphene unrolled from "cup-stacked" carbon nanotubes. Carbon, 2012, 50: 5421-5428.

[166] Wang Q, Wang H, Zhang Y, et al. Syntheses and catalytic applications of the high-N-content, the cup-stacking and the macroscopic nitrogen doped carbon nanotubes. J Mater Sci Technol, 2017, 33(8): 843-849.

[167] Yanagisawa T, Hayashi T, Kim Y A, et al. Structure and basic properties of cup-stacked type carbon nanofiber. Mol Cryst Liq Cryst, 2002, 387(1): 167-171.

[168] Huang Y T, Lin Y W, Chen C M. Characterization of carbon nanomaterials synthesized from thermal decomposition of paper phenolic board. Mater Chem Phys, 2011, 127: 397-404.

[169] Ko S, Takahashi Y, Sakoda A, et al. Direct synthesis of cup-stacked carbon nanofiber microspheres by the catalytic pyrolysis of poly(ethylene glycol). Langmuir, 2012, 28: 8760-8766.

[170] Takahashi Y, Fujita H, Sakoda A. Adsorption of ammonia and water on functionalized edge-rich carbon nanofibers. Adsorption, 2013, 19: 143-159.

[171] Takahashi Y, Fujita H, Sakoda A. Functions of amorphous carbon in catalyst fabrication for carbon nanofiber growth in the poly(ethylene glycol) thermal decomposition method. J Mater Sci, 2014, 49(15): 5289-5298.

[172] Gong J, Liu J, Jiang Z, et al. Effect of the added amount of organically-modified montmorillonite on the catalytic carbonization of polypropylene into cup-stacked carbon nanotubes. Chem Eng J, 2013, 225: 798-808.

[173] Gong J, Feng J, Liu J, et al. Catalytic carbonization of polypropylene into cup-stacked carbon nanotubes with high performances in adsorption of heavy metallic ions and organic dyes. Chem Eng J, 2014, 248: 27-40.

[174] Gong J, Liu J, Chen X, et al. Striking influence of NiO catalyst diameter on the carbonization of polypropylene into carbon nanomaterials and their high performance in the adsorption of oils. RSC Adv, 2014, 4: 33806-33814.

[175] Gong J, Feng J, Liu J, et al. Striking influence about HZSM-5 content and nickel catalyst on catalytic carbonization of polypropylene and polyethylene into carbon nanomaterials. Ind Eng Chem Res, 2013, 52: 15578-15588.

[176] Gong J, Liu J, Jiang Z, et al. New insights into the role of lattice oxygen in the catalytic carbonization of polypropylene into high value-added carbon nanomaterials. New J Chem, 2015, 39: 962-971.

[177] Gong J, Liu J, Jiang Z, et al. Striking influence of chain structure of polyethylene on the formation of cup-stacked carbon nanotubes/carbon nanofibers under the combined catalysis of CuBr and NiO. Appl Catal B: Environ, 2014, 147: 592-601.

[178] Shimamoto D, Fujisawa K, Muramatsu H, et al. A simple route to short cup-stacked carbon nanotubes by sonication. Carbon, 2010, 48: 3635-3658.

[179] Ma J, Yu F, Zhou L, et al. Enhanced adsorptive removal of methyl orange and methylene blue from aqueous solution by alkali-activated multiwalled carbon nanotubes. ACS Appl Mater Interfaces, 2012, 4: 5749-5760.

[180] Gong J, Liu J, Jiang Z, et al. A facile approach to prepare porous cup-stacked carbon nanotube with high performance in adsorption of methylene blue. J Colloid Interf Sci, 2015, 445: 195-204.

[181] Liu H, Li Y. Modified carbon nanotubes for hydrogen storage at moderate pressure and room temperature. Fuller Nanotub Car N, 2020, 28(8): 663-670.

[182] Dunlap B I. Connecting carbon tubules. Phys Rev B, 1992, 46(3): 1933-1936.

[183] Ihara S, Itoh S. Helically coiled and toroidal cage forms of graphitic carbon. Carbon, 1995, 33(7): 931-939.

[184] Zhang X B, Zhang X F, Bernaerts D, et al. The texture of catalytically grown coil-shaped carbon nanotubules. Europhy Lett, 1994, 27(2): 141-146.

[185] Gao R P, Wang Z L, Fan S S. Kinetically controlled growth of helical and zigzag shapes of carbon nanotubes. J Phy Chem B, 2000, 104(6): 1227-1234.

[186] Tang N J, Zhong W, Au C T, et al. Large-scale synthesis, annealing, purification, and magnetic properties of crystalline helical carbon nanotubes with symmetrical structures. Adv Funct Mater, 2007, 17(9): 1542-1550.

[187] 黄佳琦, 张强, 魏飞. 螺旋状碳纳米管. 化学进展, 2009, 21(4): 637-643.

[188] Qi X S, Zhong W, Deng Y, et al. Synthesis of helical carbon nanotubes, worm-like carbon nanotubes and nanocoils

at 450℃ and their magnetic properties. Carbon, 2010, 48(2): 365-376.

[189] Vijayan R, Ghazinezami A, Taklimi S R, et al. The geometrical advantages of helical carbon nanotubes for high-performance multifunctional polymeric nanocomposites. Compos Part B-Eng, 2019, 156: 28-42.

[190] Meng L C, Zeng Y B, Zhu D. Helical carbon nanotube fiber tool cathode for wire electrochemical micromachining. J Electrochem Soc, 2018, 165(13): E665-E673.

[191] Liu P, Li Y M, Xu Y F, et al. Stretchable and energy-efficient heating carbon nanotube fiber by designing a hierarchically helical structure. Small, 2018, 14(4): 1702926.

[192] Tang H, Jian X, Wu B, et al. Fe_3C/helical carbon nanotube hybrid: Facile synthesis and spin-induced enhancement in microwave-absorbing properties. Compos Part B-Eng, 2016, 107: 51-58.

[193] Shang Y Y, Wang C H, He X D, et al. Self-stretchable, helical carbon nanotube yarn supercapacitors with stable performance under extreme deformation conditions. Nano Energy, 2015, 12: 401-409.

[194] Zeng Q, Tian H Q, Jiang J, et al. High-purity helical carbon nanotubes with enhanced electrochemical properties for supercapacitors. RSC Adv, 2017, 7(12): 7375-7381.

[195] Zhong Y, Xia X H, Zhan J Y, et al. A CNT cocoon on sodium manganate nanotubes forming a core/branch cathode coupled with a helical carbon nanofibre anode for enhanced sodium ion batteries. J Mater Chem A, 2016, 4(29): 11207-11213.

[196] Liu X, Yang Q S, Liew K M, et al. Superstretchability and stability of helical structures of carbon nanotube/polymer composite fibers: Coarse-grained molecular dynamics modeling and simulation. Carbon, 2017, 115: 220-228.

[197] Wang Y, Mei Y, Wang Q, et al. Improved fracture toughness and ductility of PLA composites by incorporating a small amount of surface-modified helical carbon nanotubes. Compos Part B-Eng, 2019, 162: 54-61.

[198] Ma S S, Li Q, Cai Z L, et al. Facile fabrication of ZnO/N-doped helical carbon nanotubes composites with enhanced photocatalytic activity toward organic pollutant degradation. Appl Organomet Chem, 2018, 32(1): e3966.

[199] Xue J J, Ma S S, Zhou Y M, et al. Facile synthesis of Ag_2O/N-doped helical carbon nanotubes with enhanced visible-light photocatalytic activity. RSC Adv, 2015, 5(5): 3122-3129.

[200] Ren S, Wang H, Zhang Y F, et al. Novel left-handed double-helical chiral carbon nanotubes for electrochemical biosensing study. Anal Methods, 2015, 7(21): 9310-9316.

[201] Cui M J, Zhang Q, Fu M X, et al. Template-free controllable electrochemical synthesis of hierarchical flower-like platinum nanoparticles/nitrogen doped helical carbon nanotubes for label-free biosensing of bovine serum albumin. J Electrochem Soc, 2019, 166(2): B117-B124.

[202] Yan H X, Tang X D, Zhu X D, et al. Sandwich-type electrochemical immunosensor for highly sensitive determination of cardiac troponin I using carboxyl-terminated ionic liquid and helical carbon nanotube composite as platform and ferrocenecarboxylic acid as signal label. Sensor Actuat B-Chem, 2018, 277: 234-240.

[203] Tang N J, Wen J F, Zhang Y, et al. Helical carbon nanotubes: Catalytic particle size-dependent growth and magnetic properties. ACS Nano, 2010, 4(1): 241-250.

[204] Jin Y, Ren J, Chen J, et al. Controllable preparation of helical carbon nanofibers by CCVD method and their characterization. Mater Res Express, 2018, 5(1): 015601.

[205] Meng F B, Wang Y, Wang Q, et al. High-purity helical carbon nanotubes by trace-water-assisted chemical vapor deposition: Large-scale synthesis and growth mechanism. Nano Res, 2018, 11(6): 3327-3339.

[206] Amelinckx S, Bernaerts D, Zhang X B, et al. A structure model and growth mechanism for multishell carbon nanotubes. Science, 1995, 267(5202): 1334-1338.

[207] Wang W, Yang K, Gaillard J, et al. Rational synthesis of helically coiled carbon nanowires and nanotubes through the use of tin and indium catalysts. Adv Mater, 2008, 20(1): 179-182.

[208] Jian X, Jiang M, Zhou Z, et al. Gas-induced formation of Cu nanoparticle as catalyst for high-purity straight and helical carbon nanofibers. ACS Nano, 2012, 6(10): 8611-8619.

[209] Qi X S, Zhong W, Deng Y, et al. Characterization and magnetic properties of helical carbon nanotubes and carbon nanobelts synthesized in acetylene decomposition over Fe-Cu nanoparticles at 450℃. J Phy Chem C, 2009, 113(36): 15934-15940.

[210] Huang J, Zhang Q, Wei F, et al. Liquefied petroleum gas containing sulfur as the carbon source for carbon nanotube forests. Carbon, 2008, 46(2): 291-296.

[211] Zhao D L, Shen Z M. Preparation and microwave absorption properties of carbon nanocoils. Mater Lett, 2008, 62(21): 3704-3706.

[212] Yang S, Chen X, Kikuchi N, et al. Catalytic effects of various metal carbides and Ti compounds for the growth of carbon nanocoils (CNCs). Mater Lett, 2008, 62(10): 1462-1465.

[213] Bajpai V, Dai L M, Ohashi T. Large-scale synthesis of perpendicularly aligned helical carbon nanotubes. J Am Chem Soc, 2004, 126(16): 5070-5071.

[214] Zhang M Y, Zhou Y M, He M, et al. Helical polysilane wrapping onto carbon nanotube: Preparation, characterization and infrared emissivity property study. RSC Adv, 2016, 6(9): 7439-7447.

[215] Tang N J, Wen J F, Zhang Y, et al. Helical carbon nanotubes: Catalytic particle size-dependent growth and magnetic properties. ACS Nano, 2010, 4: 241-250.

[216] Song R, Ji Q. Synthesis of carbon nanotubes from polypropylene in the presence of Ni/Mo/MgO catalysts via combustion. Chem Lett, 2011, 40: 1110-1112.

[217] Li Y, Yang Y. Single-handed helical carbonaceous nanotubes: Preparation, optical activity, and applications. Chem Rec, 2018, 18(1): 55-64.

[218] Zhang C Y, Li Y, Li B Z, et al. Preparation of single-handed helical carbon/silica and carbonaceous nanotubes by using 4,4'-biphenylene-bridged polybissilsesquioxane. Chem-Asian J, 2013, 8(11): 2714-2720.

[219] Liu S, Duan Y, Feng X, et al. Synthesis of enantiopure carbonaceous nanotubes with optical activity. Angew Chem Int Ed, 2013, 52(27): 6858-6862.

[220] Huo H, Li Y, Yuan Y, et al. Chiral carbonaceous nanotubes containing twisted carbonaceous nanoribbons, prepared by the carbonization of chiral organic self-assemblies. Chem Asian J, 2014, 9(10): 2866-2871.

[221] Chen H, Li Y, Tang X, et al. Preparation of single-handed helical carbonaceous nanotubes using 3-aminophenol-formaldehyde resin. RSC Adv, 2015, 5(50): 39946-39951.

[222] 傅强, 包信和. 石墨烯的化学研究进展. 科学通报, 2009, 54(18): 49-58.

[223] Novoselov K S, Geim A K, Morozov S V, et al. Electric field effect in atomically thin carbon films. Science, 2004, 306(5696): 666-669.

[224] Lee C, Wei X, Kysar J W, et al. Measurement of the elastic properties and intrinsic strength of monolayer graphene. Science, 2008, 321(5887): 385-388.

[225] Balandin A A, Ghosh S, Bao W, et al. Superior thermal conductivity of single-layer graphene. Nano Lett, 2008, 8(3): 902-907.

[226] Bolotin K I, Sikes K J, Jiang Z, et al. Ultrahigh electron mobility in suspended graphene. Solid State Commun, 2008, 146(9): 351-355.

[227] Stoller M D, Park S, Zhu Y, et al. Graphene-based ultracapacitors. Nano Lett, 2008, 8(10): 3498-3502.

[228] Nair R R, Blake P, Grigorenko A N, et al. Fine structure constant defines visual transparency of graphene. Science, 2008, 320(5881): 1308.

[229] Cao Y, Fatemi V, Fang S, et al. Unconventional superconductivity in magic-angle graphene superlattices. Nature, 2018, 556(7699): 43-50.

[230] Novoselov K S, Jiang Z, Zhang Y, et al. Room-temperature quantum hall effect in graphene. Science, 2007, 315(5817): 1379.

[231] 李旭, 赵卫峰, 陈国华. 石墨烯的制备与表征研究. 材料导报, 2008, 22(8): 48-52.

[232] Brodie B C. On the atomic weight of graphite. Philosophical Transactions of the Royal Society of London, 1859, 149: 249-259.

[233] Staudenmaier L. Verfahren zur darstellung der graphitsäure. Berichte der Deutschen Chemischen Gesellschaft, 1898, 31(2): 1481-1487.

[234] Hummers W S, Offeman R E. Preparation of graphitic oxide. J Am Chem Soc, 1958, 80(6): 1339-1339.

[235] 任文才, 高力波, 马来鹏, 等. 石墨烯的化学气相沉积法制备. 新型炭材料, 2011, 26(1): 71-80.

[236] Sun Z, Yan Z, Yao J, et al. Growth of graphene from solid carbon sources. Nature, 2010, 468: 549-552.

[237] Peng Z, Yan Z, Sun Z, et al. Direct growth of bilayer graphene on SiO_2 substrates by carbon diffusion through nickel. ACS Nano, 2011, 5(10): 8241-8247.

[238] Yan Z, Peng Z, Sun Z, et al. Growth of bilayer graphene on insulating substrates. ACS Nano, 2011, 5(10): 8187-8192.

[239] Ruan G, Sun Z, Peng Z, et al. Growth of graphene from food, insects, and waste. ACS Nano, 2011, 5(9): 7601-7609.

[240] Yan Z, Yao J, Sun Z, et al. Controlled ambipolar-to-unipolar conversion in graphene field-effect transistors through surface coating with poly(ethylene imine)/poly(ethylene glycol) films. Small, 2012, 8(1): 59-62.

[241] Li Z, Wu P, Wang C, et al. Low-temperature growth of graphene by chemical vapor deposition using solid and liquid carbon sources. ACS Nano, 2011, 5(4): 3385-3390.

[242] Kwak J, Kwon T Y, Chu J H, et al. In situ observations of gas phase dynamics during graphene growth using solid-state carbon sources. Phys Chem Chem Phys, 2013, 15(25): 10446-10452.

[243] Seo H K, Lee T W. Graphene growth from polymers. Carbon Lett, 2013, 14(3): 145-151.

[244] Liang T, Kong Y, Chen H, et al. From solid carbon sources to graphene. Chinese J Chem, 2016, 34(1): 32-40.

[245] Kairi M I, Khavarian M, Bakar S A, et al. Recent trends in graphene materials synthesized by CVD with various carbon precursors. J Mater Sci, 2018, 53(2): 851-879.

[246] Deng B, Liu Z, Peng H. Toward mass production of CVD graphene films. Adv Mater, 2019, 31(9): 1800996.

[247] Gao H, Guo L, Wang L, et al. Synthesis of nitrogen-doped graphene from polyacrylonitrile. Mater Lett, 2013, 109: 182-185.

[248] Wang C, Zhou Y, He L, et al. In situ nitrogen-doped graphene grown from polydimethylsiloxane by plasma enhanced chemical vapor deposition. Nanoscale, 2013, 5: 600-606.

[249] He B, Ren Z, Yan S, et al. Large area uniformly oriented multilayer graphene with high transparency and conducting properties derived from highly oriented polyethylene films. J Mater Chem C, 2014, 2(30): 6048-6055.

[250] Jo H J, Lyu J H, Ruoff R S, et al. Conversion of Langmuir-Blodgett monolayers and bilayers of poly(amic acid) through polyimide to graphene. 2D Mater, 2016, 4(1): 014005.

[251] Chen Q, Zhong Y, Huang M, et al. Direct growth of high crystallinity graphene from water-soluble polymer powders. 2D Mater, 2018, 5(3): 035001.

[252] Sharma S, Kalita G, Hirano R, et al. Synthesis of graphene crystals from solid waste plastic by chemical vapor deposition. Carbon, 2014, 72: 66-73.

[253] Cui L, Wang X, Chen N, et al. Trash to treasure: Converting plastic waste into a useful graphene foil. Nanoscale, 2017, 9(26): 9089-9094.

[254] Luong D X, Bets K V, Algozeeb W A, et al. Gram-scale bottom-up flash graphene synthesis. Nature, 2020, 577(7792): 647-651.

[255] Sawant S Y, Somani R S, Sharma S S, et al. Solid-state dechlorination pathway for the synthesis of few layered functionalized carbon nanosheets and their greenhouse gas adsorptivity over CO and N_2. Carbon, 2014, 68: 210-220.

[256] Zhao X, Tian H, Zhu M, et al. Carbon nanosheets as the electrode material in supercapacitors. J Power Sources, 2009, 194: 1208-1212.

[257] Cott D J, Verheijen M, Richard O, et al. Synthesis of large area carbon nanosheets for energy storage applications. Carbon, 2013, 58: 59-65.

[258] Gong J, Liu J, Wen X, et al. Upcycling waste polypropylene into graphene flakes on organically-modified montmorillonite. Ind Eng Chem Res, 2014, 53: 4173-4181.

[259] Wen Y, Kierzek K, Min J, et al. Porous carbon nanosheet with high surface area derived from waste poly(ethylene terephthalate) for supercapacitor applications. J Appl Polym Sci, 2020, 137: 48338.

[260] Gong J, Liu J, Chen X, et al. Converting real-world mixed waste plastics into porous carbon nanosheets with excellent performance in the adsorption of an organic dye from wastewater. J Mater Chem A, 2015, 3: 341-351.

[261] Gong J, Michalkiewicz B, Chen X, et al. Sustainable conversion of mixed plastics into porous carbon nanosheet with high performances in uptake of carbon dioxide and storage of hydrogen. ACS Sustainable Chem Eng, 2014, 2: 2837-2844.

[262] Wen Y, Kierzek K, Chen X, et al. Mass production of hierarchically porous carbon nanosheets by carbonizing "real-world" mixed waste plastics toward excellent-performance supercapacitors. Waste Manage, 2019, 87: 691-700.

[263] Li Q, Yao K, Zhang G, et al. Controllable synthesis of 3D hollow-carbon-spheres/graphene-flake hybrid nanostructures from polymer nanocomposite by self-assembly and feasibility for lithium-ion batteries. Part Part Syst Charact, 2015, 32(9): 874-879.

[264] Wen Y, Liu J, Song J F, et al. Conversion of polystyrene into porous carbon sheet and hollow carbon shell over different magnesium oxide templates for efficient removal of methylene blue. RSC Adv, 2015, 5: 105047-105056.

[265] Min J, Zhang S, Li J, et al. From polystyrene waste to porous carbon flake and potential application in supercapacitor. Waste Manage, 2019, 85: 333-340.

[266] Ma J, Liu J, Song J, et al. Pressurized carbonization of mixed plastics into porous carbon sheets on magnesium oxide. RSC Adv, 2018, 8(5): 2469-2476.

[267] Ma C, Liu X, Min J, et al. Sustainable recycle of waste polystyrene into hierarchical porous carbon nanosheets with potential application in supercapacitor. Nanotechnology, 2020, 31: 035402.

[268] Gong J, Lin H, Antonietti M, et al. Nitrogen-doped porous carbon nanosheets derived from poly(ionic liquid): Hierarchical pore structures for efficient CO_2 capture and dye removal. J Mater Chem A, 2016, 4: 7313-7321.

[269] Hao G P, Jin Z Y, Sun Q, et al. Porous carbon nanosheets with precisely tunable thickness and selective CO_2 adsorption properties. Energy Environ Sci, 2013, 6: 3740-3747.

[270] Jin Z Y, Lu A H, Xu Y Y, et al. Ionic liquid-assisted synthesis of microporous carbon nanosheets for use in high rate

and long cycle life supercapacitors. Adv Mater, 2014, 26(22): 3700-3705.

[271] Salleh W N W, Ismail A F, Matsuura T, et al. Precursor selection and process conditions in the preparation of carbon membrane for gas separation: A review. Sep Purif Rev, 2011, 40(4): 261-311.

[272] Ngamou P H T, Ivanova M E, Guillon O, et al. High-performance carbon molecular sieve membranes for hydrogen purification and pervaporation dehydration of organic solvents. J Mater Chem A, 2019, 7(12): 7082-7091.

[273] Kumar R, Zhang C, Itta A K, et al. Highly permeable carbon molecular sieve membranes for efficient CO_2/N_2 separation at ambient and subambient temperatures. J Membrane Sci, 2019, 583: 9-15.

[274] Wollbrink A, Volgmann K, Koch J, et al. Amorphous, turbostratic and crystalline carbon membranes with hydrogen selectivity. Carbon, 2016, 106: 93-105.

[275] Zhang K, Way J D. Optimizing the synthesis of composite polyvinylidene dichloride-based selective surface flow carbon membranes for gas separation. J Membrane Sci, 2011, 369(1-2): 243-249.

[276] de Clippel F, Harkiolakis A, Vosch T, et al. Graphitic nanocrystals inside the pores of mesoporous silica: Synthesis, characterization and an adsorption study. Micropor Mesopor Mater, 2011, 144(1-3): 120-133.

[277] Xiao Y, Chng M L, Chung T S, et al. Asymmetric structure and enhanced gas separation performance induced by *in situ* growth of silver nanoparticles in carbon membranes. Carbon, 2010, 48(2): 408-416.

[278] Teixeira M, Rodrigues S C, Campo M, et al. Boehmite-phenolic resin carbon molecular sieve membranes—Permeation and adsorption studies. Chem Eng Res Des, 2014, 92(11): 2668-2680.

[279] Ogieglo W, Furchner A, Ma X, et al. Thin composite carbon molecular sieve membranes from a polymer of intrinsic microporosity precursor. ACS Appl Mater Interfaces, 2019, 11(20): 18770-18781.

[280] Hazazi K, Ma X, Wang Y, et al. Ultra-selective carbon molecular sieve membranes for natural gas separations based on a carbon-rich intrinsically microporous polyimide precursor. J Membrane Sci, 2019, 585: 1-9.

[281] Salinas O, Ma X, Litwiller E, et al. Ethylene/ethane permeation, diffusion and gas sorption properties of carbon molecular sieve membranes derived from the prototype ladder polymer of intrinsic microporosity (PIM-1). J Membrane Sci, 2016, 504: 133-140.

[282] Inagaki M, Harada S, Sato T, et al. Carbonization of polyimide film "Kapton". Carbon, 1989, 27(2): 253-257.

[283] Inagaki M, Meng L J, Ibuki T, et al. Carbonization and graphitization of polyimide film "Novax". Carbon, 1991, 29(8): 1239-1243.

[284] Cao Y, Zhang K, Sanyal O, et al. Carbon molecular sieve membrane preparation by economical coating and pyrolysis of porous polymer hollow fibers. Angew Chem Int Ed, 2019, 58: 12149-12153.

[285] Koh D Y, McCool B A, Deckman H W, et al. Reverse osmosis molecular differentiation of organic liquids using carbon molecular sieve membranes. Science, 2016, 353(6301): 804-807.

[286] Richter H, Voss H, Kaltenborn N, et al. High-flux carbon molecular sieve membranes for gas separation. Angew Chem Int Ed, 2017, 56(27): 7760-7763.

[287] 赵晓勇, 曾一鸣, 施艳荞, 等. 相转化法制备超滤和微滤膜的孔结构控制. 功能高分子学报, 2002, 15(4): 487-495.

[288] Zhao Q, Yin M, Zhang A P, et al. Hierarchically structured nanoporous poly(ionic liquid) membranes: Facile preparation and application in fiber-optic pH sensing. J Am Chem Soc, 2013, 135: 5549-5552.

[289] Zhao Q, Dunlop J W C, Qiu X, et al. An instant multi-responsive porous polymer actuator driven by solvent molecule sorption. Nat Commun, 2014, 5: 4293.

[290] Zhao Q, Heyda J, Dzubiella J, et al. Sensing solvents with ultrasensitive porous poly(ionic liquid) actuators. Adv Mater, 2015, 27: 2913-2917.

[291] Täuber K, Zhao Q, Antonietti M, et al. Tuning the pore size in gradient poly(ionic liquid) membranes by small organic acids. ACS Macro Lett, 2015, 4: 39-42.

[292] Wang H, Min S, Ma C, et al. Synthesis of single-crystal-like nanoporous carbon membranes and their application in overall water splitting. Nat Commun, 2017, 8: 13592.

[293] Wang H, Jia J, Song P, et al. Efficient electrocatalytic reduction of CO_2 by nitrogen-doped nanoporous carbon/carbon nanotube membranes—A step towards the electrochemical CO_2 refinery. Angew Chem Int Ed, 2017, 56(27): 7847-7852.

[294] Wang H, Wang L, Wang Q, et al. Ambient electrosynthesis of ammonia: Electrode porosity and composition engineering. Angew Chem Int Ed, 2018, 57(38): 12360-12364.

[295] Wang H, Min S, Wang Q, et al. Nitrogen-doped nanoporous carbon membranes with Co/CoP janus-type nanocrystals as hydrogen evolution electrode in both acid and alkaline environment. ACS Nano, 2017, 11(4): 4358-4364.

[296] Wang H, Wang T, Wang Q, et al. Atomically dispersed semi-metallic selenium on porous carbon membrane as excellent electrode for hydrazine fuel cell. Angew Chem Int Ed, 2019, 58: 13466-13471.

[297] Shao Y, Jiang Z, Zhang Y, et al. All-poly(ionic liquid) membrane-derived porous carbon membranes: Scalable synthesis and application for photothermal conversion in seawater desalination. ACS Nano, 2018, 12(11): 11704-11710.

[298] Jeon J W, Han J H, Kim S K, et al. Intrinsically microporous polymer-based hierarchical nanostructuring of electrodes via nonsolvent-induced phase separation for high-performance supercapacitors. J Mater Chem A, 2018, 6(19): 8909-8915.

[299] Chen S, He G, Hu H, et al. Elastic carbon foam via direct carbonization of polymer foam for flexible electrodes and organic chemical absorption. Energy Environ Sci, 2013, 6: 2435-2439.

[300] Li Y, Samad Y A, Liao K. From cotton to wearable pressure sensor. J Mater Chem A, 2015, 3: 2181-2187.

[301] Men Y, Siebenbürger M, Qiu X, et al. Low fractions of ionic liquid or poly(ionic liquid) can activate polysaccharide biomass into shaped, flexible and fire-retardant porous carbons. J Mater Chem A, 2013, 1: 11887-11893.

[302] Gong J, Zhang J, Lin H, et al. "Cooking carbon in a solid salt": Synthesis of porous heteroatom-doped carbon foams for enhanced organic pollutant degradation under visible light. Appl Mater Today, 2018, 12: 168-176.

[303] Meng Y, Voiry D, Goswami A, et al. N-, O-, and S-tridoped nanoporous carbons as selective catalysts for oxygen reduction and alcohol oxidation reactions. J Am Chem Soc, 2014, 136: 13554-13557.

[304] Liang H W, Wei W, Wu Z S, et al. Mesoporous metal-nitrogen-doped carbon electrocatalysts for highly efficient oxygen reduction reaction. J Am Chem Soc, 2013, 135: 16002-16005.

[305] Zhang C, Antonietti M, Fellinger T P. Blood ties: Co_3O_4 decorated blood derived carbon as a superior bifunctional electrocatalyst. Adv Funct Mater, 2014, 24: 7655-7665.

[306] Jiang H L, Liu B, Lan Y Q, et al. From metal-organic framework to nanoporous carbon: Toward a very high surface area and hydrogen uptake. J Am Chem Soc, 2011, 133(31): 11854-11857.

[307] Zhuang X, Wan Y, Feng C, et al. Highly efficient adsorption of bulky dye molecules in wastewater on ordered mesoporous carbons. Chem Mater, 2009, 21: 706-716.

[308] Xu Z, Zhuang X, Yang C, et al. Nitrogen-doped porous carbon superstructures derived from hierarchical assembly of polyimide nanosheets. Adv Mater, 2016, 28: 1981-1987.

[309] To J W F, He J, Mei J, et al. Hierarchical N-doped carbon as CO_2 adsorbent with high CO_2 selectivity from rationally designed polypyrrole precursor. J Am Chem Soc, 2016, 138(3): 1001-1009.

[310] Hao G P, Li W C, Qian D, et al. Rapid synthesis of nitrogen-doped porous carbon monolith for CO_2 capture. Adv Mater, 2010, 22: 853-857.

[311] Hao G P, Li W C, Qian D, et al. Structurally designed synthesis of mechanically stable poly(benzoxazine-*co*-resol)-based porous carbon monoliths and their application as high-performance CO_2 capture sorbents. J Am Chem Soc, 2011, 133: 11378-11388.

[312] 李翠云, 李辅安. 碳/碳复合材料的应用研究进展. 化工新型材料, 2006, 34(3): 18-20.

[313] 李贺军, 罗瑞盈. 碳/碳复合材料在航空领域的应用研究现状. 材料工程, 1997, 8: 8-10.

[314] Zeng Y, Wang D, Xiong X, et al. Ablation-resistant carbide $Zr_{0.8}Ti_{0.2}C_{0.74}B_{0.26}$ for oxidizing environments up to 3,000℃. Nat Commun, 2017, 8(1): 15836.

[315] Xiao P, Li Z, Xiong X. Microstructure and tribological properties of 3D needle-punched C/C-SiC brake composites. Solid State Sci, 2010, 12(4): 617-623.

[316] Manocha L M, Warrier A, Manocha S, et al. Microstructure of carbon/carbon composites reinforced with pitch-based ribbon-shape carbon fibers. Carbon, 2003, 41(5): 1425-1436.

[317] Ko T H, Kuo W S, Lu Y R. The influence of post-cure on properties of carbon/phenolic resin cured composites and their final carbon/carbon composites. Polym Composite, 2000, 21(1): 96-103.

[318] Yudin V E, Goykhman M Y, Balik K, et al. Carbonization behaviour of some polyimide resins reinforced with carbon fibers. Carbon, 2000, 38(1): 5-12.

[319] Tzeng S S, Chr Y G. Evolution of microstructure and properties of phenolic resin-based carbon/carbon composites during pyrolysis. Mater Chem Phys, 2002, 73(2-3): 162-169.

第4章

聚合物催化成碳阻燃研究进展

4.1 聚合物催化成碳阻燃研究概述

4.1.1 聚合物材料的分解和燃烧

20世纪以来，随着经济建设速度的不断加快，聚合物材料异军突起，逐步涉及国民经济各个领域以及人们日常生活中的各个方面，为人类社会的生产和生活带来巨大便利。然而绝大多数的聚合物材料都是易燃或者可燃的，且往往燃烧速度快、不易扑灭，一旦着火，火焰蔓延迅速、释放出大量的热量和有毒有害烟气，增加了聚合物材料应用场所的潜在火灾危险性。由此而引发的火灾不但造成了巨大的经济损失，而且还会导致人员丧失宝贵生命。例如，2000年，洛阳市发生特大火灾，而主要的燃烧成分是聚氨酯泡沫材料，其燃烧后释放出的 CO 和 HCN 等有毒气体导致人员窒息死亡。2020年1月1日，重庆加州花园高层居民楼发生火灾，造成第2至30层外阳台不同程度过火，主要燃烧物为阳台杂物和雨棚。据统计，2021年全国共接报火灾74.8万起，死亡1987人，受伤2225人，直接财产损失67.5亿元。目前国内外在高分子材料的阻燃领域已经取得很大进展，但是随着材料的发展，总是出现新的问题需要解决。火灾仍然是一个世界性的难题，高分子材料的阻燃研究仍然任重而道远，降低聚合物材料的易燃性受到越来越多的重视[1,2]。

聚合物材料的分解与燃烧过程通常可以分为以下五个阶段：第一阶段，受热。外部热源作用于聚合物材料时，首先聚合物材料表面温度逐渐升高，继而聚合物材料由表及里在材料内部形成温度梯度，聚合物材料发生物理化学变化。第二阶段，分解。当聚合物材料继续受热达到分解温度时，聚合物链的弱化学键开始断裂，导致化学分解反应发生，生成一种或者多种分解产物，如可燃性气体、不燃性气体或者低燃烧值气体、液体燃料和固体残渣等。分解生成的可燃性气体就是火灾燃烧的燃料来源。聚合物燃烧过程中产生的热量会反馈到聚合物表面，成为持续的外部热源，从而使分解成为一个循环连续的过程。第三阶段，点燃。随着聚合物材料分解产物的形成，可燃性气体逸出材料表面，在表面附近和空气中的氧气混合形成可燃性气体混合物。当可燃性气体混合物达到燃烧发生的临界条件时，就能引发燃烧化学反应，如图 4.1 所示。第四阶段，燃烧。一旦聚合物被点燃，聚合物材料的放热速率大于单位时间内聚合物裂解和升温等所吸收的热量以及散出的热损失等多方面所需要的热量时，燃烧将持续进行，否则燃烧将会终止或者熄灭。聚合物材料燃烧过程是一种剧烈放热的氧化反应过程，聚合物材料燃烧时放出热量，火焰产生的热量通过辐射、对流和热传导等方式使聚合物材料温度升高，并使聚合物化学键断裂，向火焰不断提供燃料，使得燃烧能够继续。第五阶段，火焰传播。由燃烧过程产生的热量反馈到聚合物表面维持其分解过程，使分解和燃烧成为一个自循环过程。聚合物的分解会被加速，为燃烧提供更多的燃料，从而使火焰传播到整个聚合物材料的表面，引发大面积的燃烧。

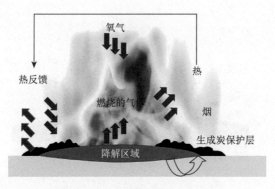

图 4.1　聚合物材料的燃烧示意图

4.1.2　聚合物材料的阻燃机理

降低聚合物燃烧的可能性或者提高聚合物的阻燃性能，关键在于提高聚合物的热稳定性能，降低其分解程度和点燃的可能性。聚合物燃烧是其降解产物发生氧化反应的过程，要想阻止燃烧，除了考虑调控氧化反应外，还涉及体系中热量传递、质量传递的问题。当材料开始燃烧后，阻燃剂在固相、气相或者固气相中共同起作用，如冷却、稀释、终止自由基链反应和形成隔热层来达到阻燃的目的。基于此，聚合物的阻燃机理可以分为以下四类。

第一，冷却机理。具有高热容量的阻燃剂在高温下发生相变、脱水或者脱卤化氢等吸热分解反应，降低聚合物基体和火焰区的温度，减慢热裂解反应的速率，进而减少可燃性气体的挥发量，最终打破维持聚合物持续燃烧的条件，达到阻燃目的。代表性的阻燃剂是 $Al(OH)_3$ 和 $Mg(OH)_2$，以及硼酸类无机阻燃剂。

第二，稀释机理。多数阻燃剂在燃烧温度下都能释放出如 H_2O、CO_2、NH_3 和 N_2 等不燃性气体，这些气体组分在气相中冲淡了可燃性气体的浓度，使之降到着火极限以下，起到气相阻燃效果。这种不燃性气体还有散热和降温的作用。

第三，终止链反应机理。从化学角度看，燃烧过程中反应中间体是自由基，因此捕获聚合物气相燃烧区域中的高能量自由基，切断自由基链锁反应对抑制火焰燃烧十分关键。卤系阻燃剂在燃烧温度下可分解生成卤化氢，或发生碳-卤素化学键断裂释放卤素自由基，再夺取降解产物中氢原子形成卤化氢，卤化氢捕获火焰区中活性自由基生成水分子等，进而降低燃烧链反应速率，如此循环起到了终止自由基链锁反应的作用。卤化氢的键离解能越大，燃烧中越难离解，阻燃效果就越差。

第四，炭层隔离机理[3]。如图 4.2 所示，聚合物燃烧时若能在其表面形成一层炭层，就能起到阻止热量传递、降低可燃性气体释放量和隔绝氧气的作用，即起到阻止热量和质量传递的作用，达到阻燃的目的。这类阻燃剂形成炭隔离层的方式有如下四种形式。

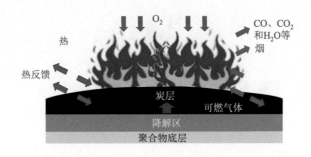

图 4.2　炭层阻燃作用模型示意图

（1）利用阻燃剂的热降解产物促使聚合物表面迅速脱水并碳化，进而形成碳化层。生成的碳化层不进行产生火焰的蒸发燃烧和分解燃烧，因此具有阻燃保护效果。含磷阻燃剂对含氧聚合物的阻燃作用就是通过这种方式实现的，其原因是含磷化合物热分解得到的最终产物是聚偏磷酸，它是一种强脱水剂。

（2）某些阻燃剂在燃烧温度下分解生成难挥发的炭质泡沫层，包覆在聚合物表面，这种致密的保护层起到了隔离膜的作用。例如，膨胀型阻燃剂在燃烧条件下所形成的膨胀隔离层，阻热、隔氧效果都非常明显。以意大利都灵大学 Camino 教授为代表的研究人员在揭示膨胀型阻燃机理研究方面做了大量开拓性的研究探索[4,5]，为当今膨胀型阻燃聚合物技术的发展奠定了基础，同时对膨胀型阻燃体系商业化应用起到了重要的推动作用。最具典型意义的是以聚磷酸铵（APP）/季戊四醇（PER）组合体系为切入点，以季戊四醇双磷酸酯为模型化合物，对体系热分解过程中的化学反应、膨胀特性、炭层组成以及结构进行研究。膨胀型阻燃剂在受热时，成炭剂在酸源的作用下脱水成炭，碳化物在气源分解的气体作用下形成蓬松多孔封闭结构的炭层，其本身不燃，并可阻止聚合物与热源间的热传导，降低聚合物的表面温度。此外，还可以阻止聚合物气体产物扩散，也可以阻止外部的氧气扩散到未裂解聚合物的表面[6]。

(3) 无机纳米粒子阻燃剂本身不燃烧或者少许燃烧，在聚合物基体中形成一种网络结构，燃烧后在表面形成隔离层[7-9]，同时对聚合物的交联或者碳化反应起到一定的促进作用，进而能够大幅度提高聚合物的热稳定性和阻燃性能。

(4) 加入成碳催化剂，使聚合物在燃烧过程中产生的降解产物被原位催化碳化，生成的残炭起到隔离作用，从而提高阻燃性能，保护聚合物基体。

显然，第一种和第二种方式主要依赖于阻燃剂的降解反应和随后的交联碳化反应从而形成炭保护层，因此本质上是阻燃剂的碳化反应，严格意义上不属于这里讨论的"聚合物催化成碳阻燃"的范畴。但是从广义的角度而论，阻燃剂是聚合物复合材料的一部分，聚合物也可能会参与它的某些碳化反应，因此这也可以算是广义的"聚合物催化成碳阻燃"，故而在本章中会介绍这两种方式相关的一些研究进展。第三种和第四种方式则主要是通过阻燃剂纳米粒子催化聚合物碳化反应生成炭保护层，或者阻燃剂纳米粒子在形成炭保护层的过程中会促进聚合物的交联与碳化等反应，从而构筑致密、均匀、连续的炭保护层。这时炭保护层的生成显然与聚合物的降解反应和成碳反应密切相关。因此，本章重点介绍第三种和第四种形成炭隔离层的方式。

4.2 聚合物催化成碳阻燃方法介绍

目前成碳催化剂可分为三大类。

第一，黏土类及其组合催化剂，如蒙脱土。

第二，金属化合物类及其组合催化剂，如过渡金属化合物、层状双氢氧化物、金属-有机框架材料和二硫化钼等。

第三，碳材料及其组合催化剂，如富勒烯、碳纳米管、石墨烯和炭黑等。

4.2.1 黏土类催化剂及其组合催化剂

蒙脱土(montmorillonite，MMT)属于硅铝酸盐黏土类层状纳米填料，具有较高的阳离子交换能力、吸水性和膨胀性，以及较好的热稳定性等诸多优良性能[10]。如图 4.3 所示，MMT 的基本结构单元是由一片铝氧八面体在两片硅氧四面体之间靠共用氧原子而形成的层状结构。每一个片层的厚度约为 1 nm，长和宽各约为

100 nm[11]。天然 MMT 的片层带有弱的电负性，这是在形成的过程中，结构中心层中一部分 Al^{3+} 与低价的 Fe^{2+} 和 Cu^{2+} 等金属离子发生同心置换导致的。因此，MMT 片层的表面往往吸附着 Na^+、K^+、Ca^{2+} 和 Mg^{2+} 等金属阳离子，以此来维持整个矿物结构的电中性。这些被吸附的阳离子与 MMT 层间结合力比较小，可以与其他离子进行交换。比较典型的是有机改性蒙脱土（OMMT），它是在 MMT 片层间引入特定的有机改性剂，使其表面疏水化，增加其在有机相中的亲和性、膨胀性和分散性，从而更好地应用到有机体系中。目前常用的有机改性剂包括有机季铵盐、氨基酸、偶联剂和聚合物单体等。

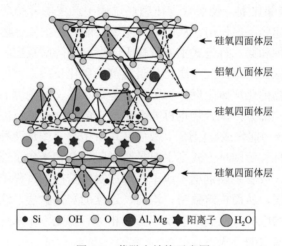

图 4.3　蒙脱土结构示意图

聚合物基纳米复合材料是将聚合物与纳米粒子复合后制得的。由于纳米粒子具有表面效应、体积效应、量子效应等纳米效应，聚合物纳米复合材料较传统复合材料呈现出很多优良特性，因此受到了极大的关注。纳米 MMT 具有优良的气体阻隔性、阻燃性能以及显著的增强增韧作用，且成本低廉、加工方便，为聚合物阻燃开辟了新途径。由于层状硅酸盐片层对维持燃烧所必需的传热、传质过程都具有阻隔作用，因此聚合物/MMT 纳米复合材料具备独特的阻燃性能和耐热性能，是目前聚合物材料领域中最具应用价值的纳米复合材料之一。

MMT 提高聚合物的阻燃机理一般可以分为三种[12,13]：第一种是"阻挡层"机理[14]，即在燃烧过程中，聚合物热解后从表面回缩留下 MMT 纳米粒子形成多层的炭-硅酸盐结构，该结构通过结构增强使碳化物性能得以加强，形成一个良好的隔热、隔质层。第二种是"自由基捕捉"机理[15]，MMT 中含有少量顺磁性杂质，可以捕获聚合物降解过程产生的自由基，从而抑制聚合物的热降解反应。第三种是"酸性点催化成碳"机理，中国科学院长春应用化学研究所唐涛课题组[16-18]对此做了深入研究，认为目前通用的烷基胺盐改性剂在发生降解时容易形成酸性点，其具有催化活性。一方面在外部热源作用下，酸性点能从大分子获取电子形成自由基并催化聚合物的降解反应；另一方面，活性点的存在能够对降解产物成碳反应起催化作用，从而有利于提高聚合物的阻燃性能。中国科学院化学研究所阳明书研究员课题组[19]和 Camino 教授课题组[20, 21]通过大量研究也证明了酸性点的催化作用，发现用于 MMT 有机化处理的季铵盐阳离子在聚合物燃烧时通过霍夫曼降解反应产生酸性点，而这些酸性点有助于聚合物降解成碳，从而提高聚合物的阻燃性能(图4.4)。

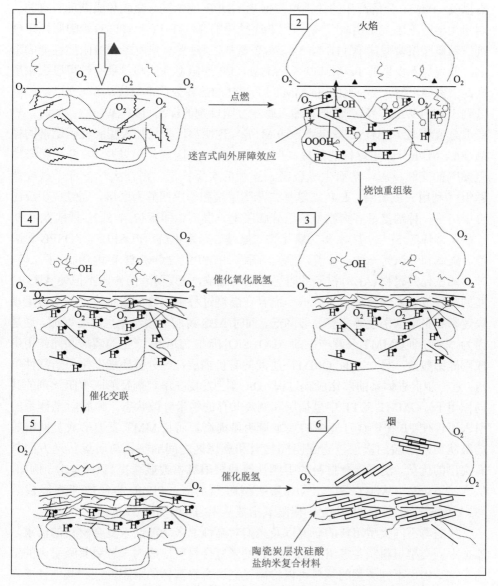

图 4.4 在聚合物燃烧过程中，MMT 形成隔热、隔质层的机理示意图[21]

此外，Samyn 和 Bourbigot[22]研究了 OMMT 对次磷酸铝-三聚氰胺聚磷酸盐提高尼龙 6 成碳阻燃效果的影响。结果表明，体系成碳性能增强是由于 OMMT 通过 Lewis 酸碱反应促进了复合阻燃剂次磷酸铝的热解，更多的磷保留在凝聚相中。Lenża 等[23]分析了 MMT 和 OMMT 对高密度聚乙烯(HDPE)燃烧与成碳反应机理的影响。在 HDPE 中分别加入 1 wt%～5 wt% MMT 和 OMMT 时，其热释放速率峰值分别下降了 14%～37%和 28%～67%。阻燃性能的改善与 MMT 上的活性位点以及 OMMT 分解产生的酸性位点催化 HDPE 的脱氢、交联和成碳反应有关。四川大学王玉忠院士团队[24]考察了 Fe^{2+}插层的 MMT(Fe-MMT)对于膨胀性阻燃剂三聚氰胺聚磷酸盐/聚(1，3，5-三嗪-2-氨基乙醇)提高聚丙烯(PP)阻燃性能的影响，发现加入少量的 Fe-MMT(≤2 wt%)，PP 的阻燃性能和热稳定性可以大幅度提高。例如，加入 2 wt%的 Fe-MMT 后，PP 的热释放速率峰值从 946.9 kW/m^2 降低到 126.8 kW/m^2，显著低于只加入膨胀性阻燃剂的样品(192 kW/m^2)；同时，热释放总值从 129.2 MJ/m^2 减少到 66.9 MJ/m^2，也明显低于只加入膨胀性阻燃剂的样品(86.1 MJ/m^2)。阻燃性能的提高归因于 MMT 的阻隔作用以及 Fe 催化膨胀性阻燃剂的交联反应，从而生成致密、连续的炭保护层。浙江大学方征平教授课题组[25]利用三氯氧磷、4,4′-二氨基二苯基甲烷和季戊四醇为原料，通过三步反应合成出了一种端氨基齐聚物型单组分膨胀型阻燃剂，即聚(2, 4, 8, 10-四氧杂-3, 9-二磷杂螺环[5, 5]十一烷-3, 9-二氧化物二氨基二苯基甲烷)(PDSPB)，PDSPB 集酸源、碳源和气源为一体。接着，他们考察了 PDSPB 与 OMMT 对丙烯腈-丁二烯-苯乙烯三元共聚物(ABS)树脂的阻燃效果的影响，发现两者的协同不但使 ABS 树脂的热释放速率峰值进一步降低，而且在燃烧过程中的热释放总值、平均质量损失速率和平均烟密度等有着显著降低，同时 ABS 树脂的残炭量也显著增加。这是因为，一方面 OMMT 分解产生的 $Al_2O_3·SiO_2$ 能与 PDSPB 产生的磷酸共同作用生成磷硅铝酸盐；另一方面 OMMT 层间的有机插层剂热分解还能产生质子酸性位点，进一步促进体系的催化成碳过程。Du 等[26]发现在增容剂及膨胀型阻燃剂的共同作用下，OMMT 在 PP 中呈插层和剥离共存的纳米分散状态。膨胀阻燃体系的引入不仅使 PP 在燃烧过程中的残炭量明显提高，而且 MMT 表面形成类网络的褶皱状微观形貌的炭层，它在阻隔材料和燃烧区之间的热量与质量传递方面具有突出的优势，使得复合材料的阻燃性能和极限氧指数显著提高(图 4.5)。例如，加入 2.6 wt% OMMT 和 28 wt%膨胀型阻燃剂后，PP 的热释放速率峰值从 433 kW/m^2 降低到 118 kW/m^2，极限氧指数从 18.4%增加到 32.8%。

伴随着不同类型填料的研究以及人们对高性能多功能纳米复合材料的需求，添加不同类型填料制备多组分的聚合物纳米复合材料已成为一种更具吸引力的策略。这是由于不同类型的填料可以协同提高聚合物基体的阻燃性能和其他性能。例如，方征平课题组[27]发现 OMMT 与碳纳米管(CNT)共同存在能够改善 OMMT

第 4 章　聚合物催化成碳阻燃研究进展　　173

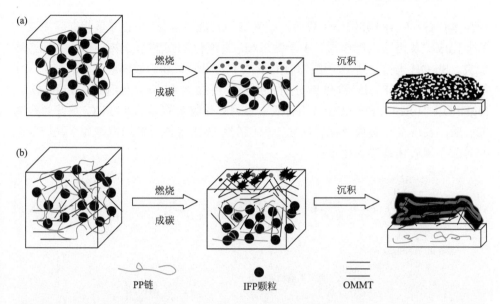

图 4.5　PP 在膨胀型阻燃剂(a)和 OMMT/膨胀型复合阻燃剂(b)下碳化反应的机理示意图[26]

在 ABS 基体中的分散性，使其变为插层/剥离型结构，且 CNT 能进入 OMMT 层间，使其层间距变大。OMMT 与 CNT 的共存对 ABS 树脂的阻燃性能具有协同效应，一方面 OMMT 与 CNT 形成的网络结构对材料阻燃性能影响较大。另一方面，OMMT 与 CNT 的组合能提高体系残炭的石墨化程度，从而进一步增强体系的抗氧化能力和阻燃能力。

4.2.2　过渡金属化合物及其组合催化剂

在阻燃过程中，金属化合物的催化成碳作用是金属化合物阻燃聚合物的关键。与此同时，金属化合物在聚合物燃烧过程中可以捕捉聚合物链上的自由基，增加交联网络密度，使聚合物的碳元素滞留在燃烧前沿，从而形成炭层，实现凝聚相阻燃，这也是抑烟作用的关键。所以在金属化合物存在的条件下，可以提高炭层的质量，使炭层的弹性和刚性大幅度提高，有效地阻挡热量向内部的传递以及内部可燃挥发物质向火焰区扩散。目前催化成碳阻燃技术中，金属化合物及其复合体系研究最为深入，同时也最早实现了工业化应用。这里介绍四类具有代表性的能够催化聚合物碳化、提高阻燃性能的金属化合物，包括过渡金属化合物、层状双氢氧化物、金属-有机框架材料和二硫化钼。

北京理工大学郝建薇教授课题组[28]研究了纳米三氧化二锑(Sb_2O_3)与次磷酸铝在阻燃聚对苯二甲酸乙二醇酯(PET)中的协同作用，发现添加纳米 Sb_2O_3 使阻燃 PET 的极限氧指数值升高，UL 94 垂直燃烧测试通过 V-0 级。热重分析-红外联用技术(TGA-FTIR)分析结果表明,纳米 Sb_2O_3 能够催化 PET 凝聚相交联成碳,其催化成碳及协同阻燃作用是由于纳米 Sb_2O_3 催化 PET 热解产物转化为共轭芳环残炭、Sb—OH 与二乙基次磷酸缩合并形成了含磷酸铝和磷酸锑炭层(图 4.6)。Xu 等[29]采用 TGA-FTIR 和热重分析-质谱联用技术(TGA-MS)研究 $ZnFe_2O_4$、$MgFe_2O_4$、$NiFe_2O_4$ 和 $CuFe_2O_4$ 四种复合金属氧化物对聚氯乙烯(PVC)热降解行为的影响,发现复合金属氧化物催化 PVC 脱除 HCl 形成不饱和双键并交联成碳,同时改善碳质化合物的稳定性。

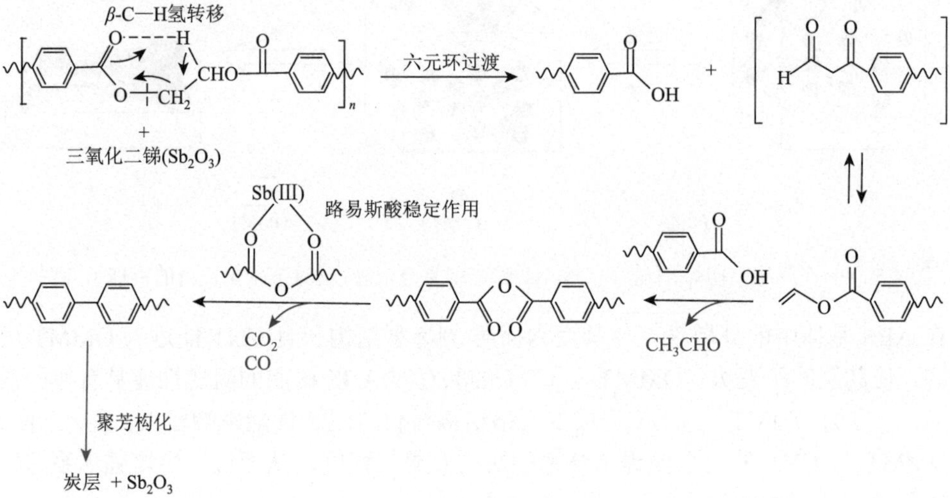

图 4.6 纳米 Sb_2O_3 催化 PET 凝聚相交联成碳的机理示意图[28]

此外,Lewin 等[30,31]研究了膨胀阻燃 PP 中金属化合物的催化成碳及其产生的协同阻燃效果。结果显示,二价金属离子(如 Zn^{2+}、Ca^{2+} 和 Mg^{2+})具有催化树脂脱氢的作用,可形成不饱和结构并交联成碳,而多价金属离子(如 Mn、V 和 Cr 等)则具有催化热氧化的作用。因此,在 PP/APP/PER 体系中,加入 0.1 wt%~2.5 wt% 二价或者多价金属化合物,体系的阻燃效果得到明显提高。Chen 等[32]将甲酸镍作为膨胀阻燃体系(APP/PER)的协效剂用于阻燃 PP,发现甲酸镍与 APP/PER 在催化成碳上具有显著的协同作用。例如,在 2 wt%甲酸镍添加量下,PP/APP/PER 体系的极限氧指数值提高了 8%,在 700℃时残炭量增加了 7.7 wt%。这与甲酸镍提高 PP/APP/PER 体系的热稳定性、促进炭层的形成有关。

4.2.3 层状双氢氧化物及其组合催化剂

层状双氢氧化物(layered double hydroxide,LDH)也称作水滑石或者层状复合金属氢氧化物,是一种阴离子黏土[33]。如图 4.7 所示,它是由两种不同价数的金属离子形成的一种层状金属氢氧化物[34]，片层是由共面的八面体单元构成的，每个八面体的中心是一个金属阳离子，与顶点上的六个羟基配位，通过共边相邻的八面体能够形成互相平行的片层结构[34]。这些片层与片层之间是可交换的阴离子。这些阴离子对片层具有保持价电平衡以及支撑的作用，而且它的可交换性使双氢氧化物材料具备了很多独特的性质和功能。因此，它在医药、农药、生物材料、水处理、催化和离子吸附等方面具有广泛的用途。

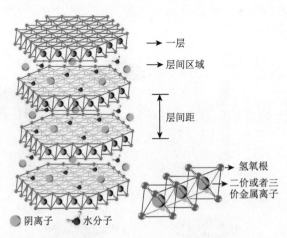

图 4.7　层状双氢氧化物的结构示意图[34]

由于 LDH 层间表面羟基的亲水特性，层间距小，不易在聚合物中分散，LDH 作为功能材料前体的应用受到了限制。通常可用带有特殊基团的阴离子改性剂、活性剂或者偶联剂对其进行改性，使 LDH 层间表面亲水性转化为疏水性，扩大层间距。或者与比表面积大、热稳定性高、具有催化作用的 CNT、石墨烯、介孔二氧化硅和过渡金属催化剂等纳米填料和接枝修饰掺杂起来形成杂化物。这不仅有利于双方的分散，还能共同发挥协效阻燃效果[35-38]。

Li 等[39]通过十二烷基苯磺酸钠辅助的水热法制备十二烷基苯磺酸(DBS)插层的 LDH(LDH-DBS)，然后通过静电相互作用和还原两步在 LDH-DBS 表面负载 $Ni(OH)_2$ 制备 LDH-DBS@$Ni(OH)_2$ 纳米粒子，用于催化环氧树脂碳化以提高阻燃性能。添加 3 wt% LDH-DBS@$Ni(OH)_2$ 纳米粒子后，热释放速率峰值和热释放总值分别从 979 kW/m^2、74.9 MJ/m^2 减少到 372 kW/m^2(减少 62%)、25.9 MJ/m^2(减少 65%)，显著低于加入 LDH-DBS 时的样品(527 kW/m^2 和 57.5 MJ/m^2)。机理研究表明，阻燃性能的提高是由于 $Ni(OH)_2$ 分解生成的 NiO 在 LDH 界面处催化环氧树脂降解产物碳化，生成致密、热稳定性高的炭保护层(图 4.8)。Du 等[40]将季戊四醇二磷酸和三聚氰酸插层到 LDH 层间制备改性的 LDH，用于提高乙烯-醋酸乙烯酯共聚物(EVA)的阻燃性能。当季戊四醇二磷酸和三聚氰酸的质量比为 7∶3 时，阻燃效果提高最明显，EVA 的热释放速率峰值和热释放总值从 1186.6 kW/m^2、175.7 MJ/m^2 分别减少到 340.7 kW/m^2、132.7 MJ/m^2，体系的残炭率从 0.4 wt%增加到 16.2 wt%。此外，复合材料达到 UL-94 的 V-0 级别。这是因为季戊四醇二磷酸和三聚氰酸的质量比为 7∶3 时，形成的致密、均匀炭保护层能够阻碍氧气和降解产物的扩散。四川大学王玉忠院士团队考察了 LDH/APP 复合阻燃剂对 PP 阻燃性能的影响，发现 LDH 可以催化 APP 的酯化和脱水反应，从而促进致密炭层的生成，显著提高 PP 阻燃性能和热稳定性能[41]。

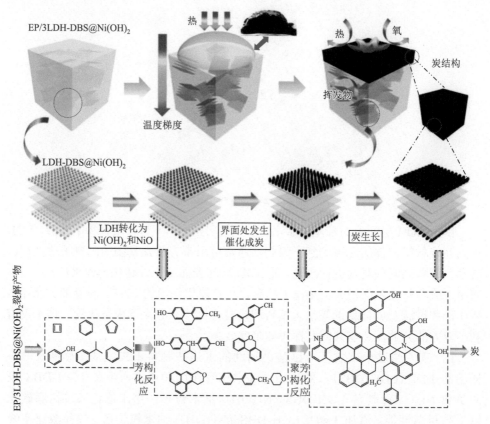

图 4.8　LDH-DBS/Ni(OH)$_2$ 催化环氧树脂碳化提高阻燃性能的机理示意图[39]

4.2.4　金属-有机框架材料及其组合催化剂

金属-有机框架材料(MOF)是一类具有很大比表面积的多孔配位聚合物，由单核或者多核配位物(簇)和有机配体形成多功能网络结构。由于有机配体以及金属配位物的选择多样性，MOF 的设计具有灵活性，结构具有可调性。不论是针对有机配体还是金属配位物，只要经过合理的改性设计都可获得具有某种特定性能的 MOF，这预示着 MOF 具有广阔的应用前景。与无机、有机填料相比，MOF 作为有机-无机杂化材料具有两者的优势，即有机部分与聚合物基体有良好的相容性，无机部分则赋予填料优异的热稳定性。MOF 还具有很好的结构可调性，可根据聚合物材料的功能要求，设计有机配体结构或者筛选金属团簇种类。MOF 自身具有其他性能（如选择吸附性和催化等），与聚合物复配后可赋予复合材料优异的性能表现。因此，MOF 作为填料改善聚合物复合材料性能的思路理论上是可行的。目前，MOF 作为填料改善聚合物性能的研究仍处于起步阶段[42]，关于 MOF 作为填料提高聚合物火安全性能与机械性能的研究逐渐增加。

Sai 等[43]利用四氯化锆和 1,4-对苯二甲酸为原料，水热法合成 MOF(Zr-BDC)，尺寸为 150～200 nm。由于 Zr-BDC 中对苯二甲酸结构单元和聚碳酸酯(PC)存在 π-π 相互作用，未经改性的 Zr-BDC 在 PC 中也能表现出较好的分散性。之后，他们考察了 Zr-BDC 对 PC 阻燃性能的影响，发现添加 4 wt% Zr-BDC 后，热释放速率峰值从 588 kW/m^2 减少到 309 kW/m^2（减少 47%）。如图 4.9 所示，这是因为 Zr-BDC 具有裸露的、相对活泼的锆金属中心，高温下会产生锆氧化物，可以有效参与和催化 PC 基体在燃烧过程中的成碳反应（如主链脱氢、环化和交联反应等），因此获得了更加稳定、致密和高度石墨化的残炭层覆盖于 PC 基体之上。残炭石墨化程度的提高无疑有利于炭层的阻隔和屏蔽效应，有效抑制了热量的交换和裂解产物的溢出。类似地，La-BDC 也可以催化 PC 碳化，提高阻燃性能[44]。

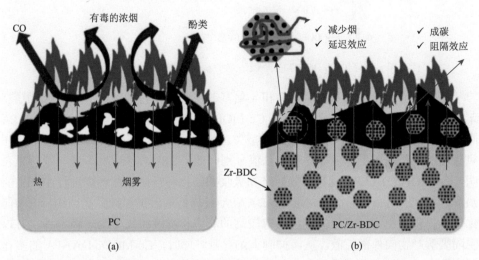

图 4.9　PC 燃烧示意图(a)和 Zr-BDC 催化 PC 碳化反应从而提高阻燃性能的机理示意图(b)[43]

Hou 等[45]合成了具有席夫碱结构的层状 Co-MOF，然后用 9,10-二氢-9-氧-10-磷菲-10-氧化物(DOPO)修饰 Co-MOF 制备 Co-MOF@DOPO，用于提高聚乳酸(PLA)的阻燃性能。Co-MOF@DOPO 可有效降低 PLA 复合材料的热释放速率峰值，同时改善 PLA 基体的热稳定性。这是因为 DOPO 生成的含磷化合物会与活性自由基发生反应，抑制火焰的发展，从而减少进入分解区的热量（图 4.10）。另外，Co-MOF@DOPO 的加入也提高了 PLA 复合材料的成碳率。层状 Co-MOF 与炭层的结合对进一步阻断热传递和分解产物扩散具有良好的阻隔作用。结果表明，热处理后的杂化产物将生成 CoO，从而促进 CO 的催化氧化。

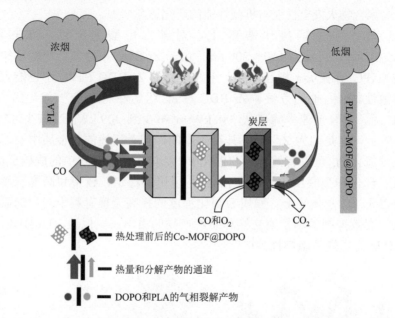

图 4.10　Co-MOF@DOPO 催化 PLA 碳化提高阻燃性能的机理示意图[45]

此外，他们以二氯苯基氧化膦和 4-氨基苯甲酸为原料制备二(对氨基苯甲酸)苯基磷酸酰胺(DAAPA)，然后修饰 Co-MOF 制备含有氮磷的 Co-MOF@DAAPA 阻燃剂，用于提高环氧树脂的阻燃性能[46]。添加 2 wt% Co-MOF@DAAPA 后，环氧树脂的热释放速率峰值和热释放总值分别降低了 28%和 18.6%。进一步研究表明，Co-MOF@DAAPA 及其热分解产物吸收并催化环氧树脂在燃烧过程中产生的热解产物（图 4.11）。层状 Co-MOF@DAAPA 在热处理后仍保持多孔结构，这为催化氧化提供了空间。产生的炭层具有较高的石墨化程度和优异的热稳定性，可以阻隔裂解产物向外部扩散，从而抑制火焰蔓延。同时，Co-MOF@DAAPA 的多孔结构和含 Co 残留物吸收了环氧树脂的分解产物并进行了催化氧化反应，从而抑制了有毒气体和烟气的生成与释放。

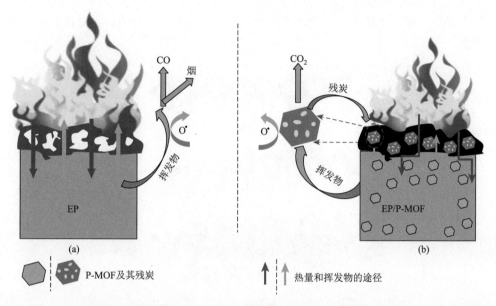

图 4.11　(a)环氧树脂燃烧机理示意图；(b)Co-MOF@DAAPA 催化环氧树脂碳化提高阻燃性能的机理示意图[46]

4.2.5　二硫化钼及其组合催化剂

　　二硫化钼(MoS_2)是一种性质相对稳定的银黑色固体，在自然界中主要来自辉钼矿。MoS_2 主要由两种晶体结构构成，分别是 2H 型和 3R 型，其中前一种的含量通常更加丰富。如图 4.12 所示，在 MoS_2 的 2H 型结构中，每一个 Mo 原子占据了一个三棱柱的中心，邻近有六个 S 原子与之配位。每个 S 原子都在三棱柱的顶角上并且和三个 Mo 原子配位。这种相互连接的三棱柱便形成了 MoS_2 的层状结构，像三明治结构一样，其中 Mo 原子被夹在了硫原子层间[47]。由于层间较弱的范德华结合力，像石墨烯一样，二维 MoS_2 也可以采用机械剥离的方式从块状 MoS_2 上直接剥离获得。得益于其高度的各向异性和独特的晶体结构，二维 MoS_2 的有些特性可以通过改变尺寸、插入杂原子或者形成异质结构来调节。由于二维 MoS_2 的优异物理性能和特有性质，加入这种材料对聚合物体系力学性能和阻燃性能的增强效应逐渐引起科研人员的兴趣。2012 年，美国 Marquette 大学 Wilkie 教授课题组发现 MoS_2 颗粒对聚甲基丙烯酸甲酯（PMMA）和聚苯乙烯（PS）有阻燃效果[48]。在 MoS_2 添加量为 10 wt%时，PS 和 PMMA 的热释放速率峰值分别从 1158 kW/m^2、817 kW/m^2 降低到 736 kW/m^2、618 kW/m^2，其效果相比于其他常见的无机纳米颗粒来说并不突出。尽管如此，具有二维结构的层状 MoS_2 近年来引起了人们对其应用于聚合物材料阻燃领域的强烈研究兴趣。二维 MoS_2 的阻燃作用包括两方面，一个是它的物理阻隔作用，可以延缓燃烧时的热释放速率和质量损失速率，另一个是 MoS_2 片层的催化作用，可以有效提升成碳量并抑制烟气的产生。

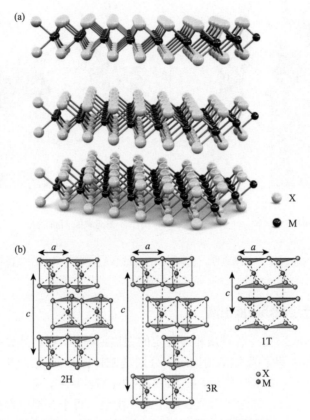

图 4.12　MoS_2 的三维结构的示意图(a)和三种不同构型的示意图(b)（X = S，M = Mo）[47]

中国科学技术大学胡源教授课题组[49]将锂离子插层/剥离之后的 MoS_2 纳米片层与聚乙烯醇(PVA)通过溶液共混法制备纳米复合材料，MoS_2 以部分剥离的状态分散在 PVA 基体中。MoS_2 的加入可以有效提高复合材料的热稳定性、阻燃性能以及力学性能。加入 5 wt% MoS_2 后，PVA 的热释放速率峰值从 145 kW/m² 减少到 98 kW/m²。其改善性能的机理主要归结于 MoS_2 纳米片层与 PVA 分子链之间的相互作用力、MoS_2 纳米片层的物理阻隔作用及其催化成碳作用。其次，针对 MoS_2 片层表面呈惰性且不含任何活性基团，与聚合物基体之间相容性差、相互作用力弱等缺点，他们利用有机改性剂对剥离之后的单层 MoS_2 进行改性。改性后的 MoS_2 片层主要以剥离状态分散在 PS 基体中，而未改性的 MoS_2 则以团聚结构存在[50]。改性 MoS_2 片层的加入可以更加明显地提高复合材料的热稳定性和阻燃性能。在添加 1 wt% MoS_2 片层后，PS 的热释放速率峰值减少 39%。这得益于改

性 MoS_2 纳米片层在 PS 基体中的良好分散与相容性、物理阻隔效应和催化成碳作用。

此外，Zhou 等[51]利用带负电的 MoS_2 悬浮液和带正电的 LDH 悬浮液通过静电相互作用自组装形成 MoS_2/LDH 杂化材料，发现 MoS_2/LDH 杂化材料明显提高了环氧树脂的残炭量，降低复合材料的可燃性，其阻燃效率明显高于加入单一的 MoS_2 或者 LDH。例如，在添加 2 wt% MoS_2/LDH 杂化材料后，热释放速率峰值从 1863 kW/m^2 减少到 643 kW/m^2，热释放总值从 109 MJ/m^2 减少到 72 MJ/m^2。通过对燃烧后残炭的形貌和结构组成进行分析研究，他们发现一方面 MoS_2/LDH 杂化材料的加入能促进环氧树脂形成更加致密而连续的炭层，同时提高炭层的石墨化程度，另一方面过渡金属氧化物迁移到炭层表面，提高炭层的耐热、抗氧化性能(图 4.13)。因此，具有良好的耐热、抗氧化且致密而连续的炭层能够有效中断热交换、阻止可燃性气体扩散和逸出，同时阻止氧气向内部材料扩散，延缓聚合物材料的降解，从而发挥阻燃作用。

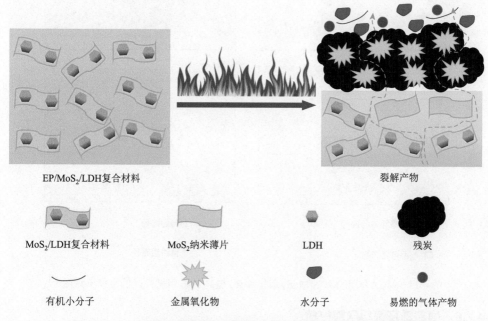

图 4.13　MoS_2/LDH 催化环氧树脂碳化提高阻燃性能的机理示意图[51]

Feng 等[52]通过三聚氰胺和氰尿酸分子在二维 MoS_2 悬浮液中的超分子自组装制备具有三明治结构的三聚氰胺氰尿酸盐(MCA)/MoS_2 杂化片(MCA/MoS_2)，然后用于提高尼龙 6 的阻燃性能。添加 4 wt% MCA/MoS_2 杂化片使得尼龙 6 的热释放速率峰值和热释放总值分别降低了 40%和 25%。相比之下，在尼龙 6 基体中掺入 4 wt% MCA 后,热释放速率峰值和总热释放值只降低了 14%

和 9%。换言之，三明治结构 MCA/MoS$_2$ 杂化片可以作为 PA6 基体的高效阻燃剂。这是因为 MCA/MoS$_2$ 杂化片与 PA6 材料界面黏附较强且分散良好，阻碍了 PA6 链的热运动，有效地延迟 PA6 体系的热分解。此外，MoS$_2$ 片材作为物理屏障，可以限制可燃裂解气体的进一步逸出，并且将烟颗粒有效地聚集在一起，从而在聚合物材料的表面上形成紧凑致密的保护炭层，其对传热、传质过程的抑制作用可以显著降低 PA6 材料的可燃性和烟气产量（图 4.14）。值得指出的是，MoS$_2$ 纳米片中 Mo 元素的催化性能也能减少烟气的产生，从而改善 PA6 体系的火灾安全性。

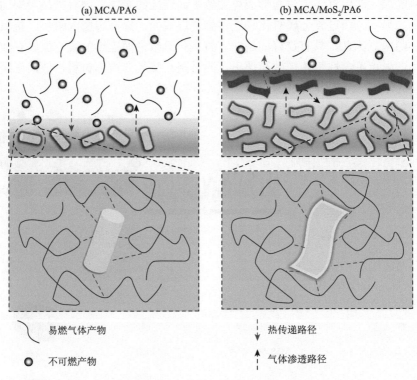

图 4.14　MCA(a) 和 MCA/MoS$_2$ 杂化片(b) 提高 PA6 阻燃性能的机理示意图[52]

4.2.6　富勒烯及其组合催化剂

富勒烯（fullerene，C$_{60}$）又称为巴基球（buckyball），是第三种碳的同素异形体（图 4.15）。C$_{60}$ 在 1985 年被发现，并于 1990 年实现批量制备[53,54]。随后在 1996 年，美国科学家 Robert F. Curl 和 Richard E. Smalley 以及英国科学家 Harold W. Kroto 三人因发现 C$_{60}$ 而荣获诺贝尔化学奖。C$_{60}$ 分子是由 60 个碳原子构成的封闭的 32 面体圆球形，与石墨相似，每个碳原子以 sp^2 杂化轨道和相邻三个碳原子相连，剩余的 p 轨道在 C_{60} 分子的外围和内腔形成 π 键。C_{60} 分子具有芳香性，因此可以等效为分子内含有 30 个 C═C 键，理论上对自由基有非常高的活性。Krusic 等[55]在 1991 年首先报道了 C_{60} 超高的捕捉自由基的能力，一个 C_{60} 分子可以捕捉至少 34 个自由基，因此 C_{60} 被称为 "自由基海绵"。此后，关于 C_{60} 的高自由基活性被大量研究。

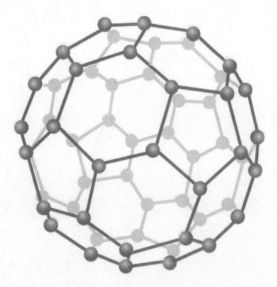

图 4.15　C_{60} 结构模型示意图

浙江大学方征平教授课题组首次把 C_{60} 作为阻燃剂用于提高聚合物阻燃性能和热稳定性能[56, 57]。他们通过熔融共混的方法制备了 PP/C_{60} 纳米复合材料，C_{60} 可以在基体中达到均匀分散，分散尺寸在 200 nm 左右。C_{60} 在很低的添加量时即可大幅度提高 PP 的热稳定性，并明显推迟 PP 的热氧化降解，其在提高 PP 的热稳定性方面甚至超过 CNT 和纳米黏土。其次，C_{60} 在很低的添加量下就可以延长 PP 的点燃时间，同时显著降低 PP 燃烧的热释放速率峰值，如在 1 wt%的添加量下，热释放速率的峰值减少 42%。PP 的降解和燃烧都是通过自由基链的 β 断裂方式进行的，而 C_{60} 可以作为自由基海绵，因此 C_{60} 提高 PP 的热性能和阻燃性能主要归因于 C_{60} 对自由基的高活性，即捕捉自由基机理。如图 4.16 所示，C_{60} 通过捕捉 PP 分子链降解产生的各种自由基及其衍生的自由基，一方面干扰了 PP 的正常燃烧；另一方面，每个 C_{60} 分子可以与几十个自由基反应，从而使得熔体的黏度急剧升高，随之将会使 PP 降解产生的小分子产物需要更多的能量和时间扩散到燃烧区，因此延缓了聚合物的燃烧，降低了燃烧时热释放速率的峰值。

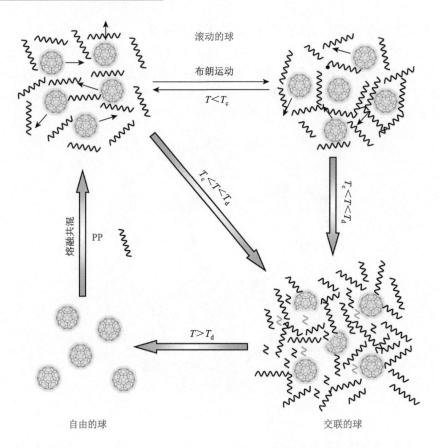

图 4.16 C_{60} 捕捉 PP 的自由基从而提高阻燃性能的机理示意图[56]

此外，C_{60} 与其他阻燃剂的组合可以促进 C_{60} 在聚合物基体中的分散以及进一步提高 C_{60} 阻燃剂的性能。例如，方征平课题组[58]利用三氯氧磷、4,4′-二氨基二苯甲烷和季戊四醇为原料，通过三步反应合成出了一种端氨基齐聚物型单组分膨胀型阻燃剂，即聚(4,4-二氨基-二苯甲烷-O-双环季戊四醇磷酸酯-磷酸酯)(PDBPP)，它集酸源、炭源和气源为一体；然后，他们将其和 C_{60} 作为原料，合成了一种树枝状大分子的纳米/膨胀协同阻燃剂，即 C_{60}-d-PDBPP。它不仅比纯 C_{60} 更容易分散在 PP 中，在提高 PP 的热稳定性和热氧化稳定性方面较后者更为优异，而且还使 PP 燃烧时的热释放速率和质量损失速率值更进一步减小，延缓了燃烧过程，体现出很强的协同阻燃效应。C_{60} 超强的捕捉自由基能力及 PDBPP 的高成碳能力之间存在着协同效应，从而使得 PP 的热稳定性和阻燃性能得到进一步改善。

在随后的研究中，如图 4.17 所示，方征平课题组以 C_{60} 和 CNT 为原料，通过 CNT 的羟基化、氨基化以及 C_{60} 修饰三步反应合成了一种纳米/纳米协同阻燃剂，即 C_{60}-d-CNT[59,60]。因为 C_{60}-d-CNT 中含有未反应的活性氨基和羟基，因此，通过增容反应使其比未改性的 C_{60} 和 CNT 任何一者都更容易分散在 PP 基体中。基于 C_{60} 的捕捉自由基能力和 CNT 的网络结构所产生的屏蔽效应，与纯 CNT 相比，C_{60}-d-CNT 不仅能把 PP 的热降解温度移向更高温度，而且使其燃烧过程变得更加缓慢，热释放速率更小，表明两者之间存在着协同阻燃效应。类似地，他们采用 C_{60} 和氧化石墨烯(GO)为原料，合成的 C_{60}-d-GO 复合物可以促进聚合物残炭生成，改善炭层质量，从而提高 PP[61] 和 HDPE[62] 的阻燃性能。

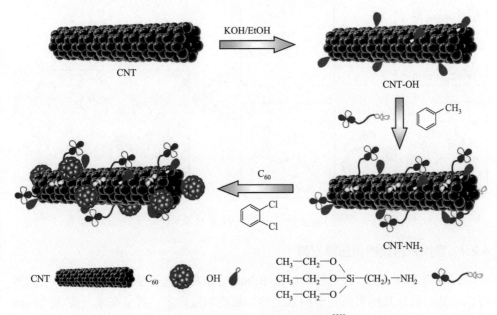

图 4.17　C_{60}-d-CNT 的制备示意图[59]

为了同时提高 C_{60} 在聚合物基体的分散性以及聚合物的阻燃性能，如图 4.18 所示，唐涛课题组将马来酸酐改性的 PP(即 PPMA)接枝到 C_{60} 表面制备 C_{60}-g-PP，然后将其与表面接枝 PPMA 的 $Ni(OH)_2$(即 $Ni(OH)_2$-g-PP)和 PP 共混，制备 PP/C_{60}-g-PP/$Ni(OH)_2$-g-PP 纳米复合材料[63]。在同时添加 5 wt% $Ni(OH)_2$-g-PP 和 2 wt% C_{60}-g-PP 后，PP 的最大热失重温度从 319.9℃增加到 397.6℃，高于单独加入 5 wt% $Ni(OH)_2$-g-PP 和 2 wt% C_{60}-g-PP 的最大热失重温度(分别为 365.3℃和 372.8℃)。进一步通过锥形量热表征可知，同时添加 5 wt% $Ni(OH)_2$-g-PP 和 2 wt% C_{60}-g-PP 后，PP 的热释放速率峰值从 1284 kW/m^2 减少到 435 kW/m^2，低于单独加入 5 wt% $Ni(OH)_2$-g-PP 和 2 wt% C_{60}-g-PP 时 PP 的热释放速率峰值(分别为 609 kW/m^2 和 965 kW/m^2)。同时，PP 的残炭量(17.2 wt%)也显著高于单独加入 5 wt% $Ni(OH)_2$-g-PP 和 2 wt% C_{60}-g-PP 的残炭量(分别为 6.1 wt%和 2.9 wt%)。有趣的是，残炭中有少部分是碳纳米纤维(CNF)。相比无定形碳，CNF 具有更好的

热稳定性。这说明 C_{60}-g-PP/Ni(OH)$_2$-g-PP 组合催化剂可以协同催化 PP 碳化，生成更好的炭保护层。此外，流变数据表明，C_{60}-g-PP/Ni(OH)$_2$-g-PP 在 PP 基体中形成网络结构，有利于 C_{60} 捕捉自由基，促进形成致密炭层。尽管 C_{60} 在聚合物材料中催化成碳的效果很好，但是其价格高，大大限制了其广泛应用，目前对其的研究仍然主要停留在实验室阶段。

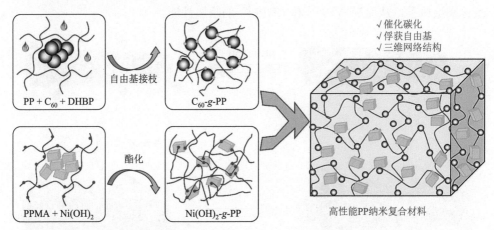

图 4.18　Ni(OH)$_2$-g-PP 和 C_{60}-g-PP 协同催化 PP 碳化提高阻燃性能的机理示意图[63]

4.2.7　碳纳米管及其组合催化剂

1991 年日本 NEC 公司的科学家 Iijima 首次利用电子显微镜观察到中空的碳纤维，其直径在几纳米到几十纳米之间，长度为数微米，甚至毫米，称为"碳纳米管"(CNT)[64]。理论分析和实验观察表明它是一种由六角网状的石墨烯片卷成的管状结构(图 4.19)。正是 Iijima 的发现引发了 CNT 研究的热潮和近十年来 CNT 科学和技术的飞速发展。CNT 是由类似石墨结构的六边形网格卷绕而成的、中空的"微管"，分为单层管和多层管。多层管由若干个层间距约为 0.34 nm 的同轴

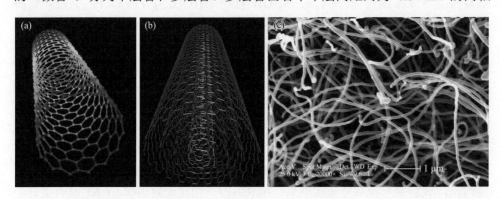

图 4.19　单壁碳纳米管的结构示意图(a)，以及多壁碳纳米管的结构示意图(b)和 SEM 图像(c)

圆柱面套构而成。CNT 的径向尺寸较小，管的外径一般在几纳米到几十纳米，管的内径更小，有的只有 1 nm 左右。CNT 的长度一般在微米量级，相对其直径而言是比较长的。

2005 年美国国家标准与技术研究院的 Kashiwagi 等[65]最早将 CNT 用于聚合物阻燃领域，他们研究多壁碳纳米管(MWCNT)对 PP 阻燃性能的影响。之后，他们进一步将单壁碳纳米管(SWCNT)和 MWCNT 应用于 PMMA、PS 和尼龙 6 等聚合物的阻燃中[66-68]。在所有工作中，CNT 都没有经过有机改性处理，但都能够均匀地分散在聚合物基体中。在 PP/MWCNT 体系中，研究发现只要添加 1 wt%的 MWCNT 就可以明显地提高 PP 的热稳定性，极大提高 PP 的热氧化降解温度。燃烧实验表明，热释放速率峰值比纯 PP 降低了 73%，而且点燃时间不变。但是，当 MWCNT 添加量增加到 2 wt%时，热释放速率峰值反而增加，这是由材料的导热率增加引起的。在随后的工作中，他们考察了 CNT 的浓度、比表面积、熔体黏度对聚合物阻燃性能的影响，结果发现 SWCNT 的阻燃效果比 MWCNT 好，比表面积大、分散程度好和熔体黏度高都有利于阻燃性能的提高。但这些都是表面现象，CNT 能够起到阻燃作用是因其在基体中形成网络结构，使材料在燃烧时呈现"类固体"行为。如图 4.20 所示，在燃烧过程中，CNT 形成的网络结构能有效地抑制聚合物分子链的热运动，提高复合体系黏度，并且燃烧时在表面形成致密的 CNT 保护层。该保护层能够阻止聚合物降解形成的可燃性气体的溢出以及热量与氧气的进入，从而有效地保护聚合物基体。

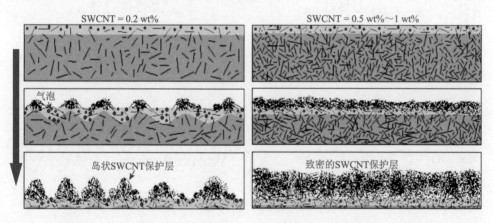

图 4.20　添加不同 SWCNT 含量时 PMMA 燃烧形成炭层结构的示意图[67]

为促进 CNT 在聚合物中的分散，目前广泛采用的方法有超声处理、高剪切混合、溶剂辅助以及化学修饰等。方征平教授课题组[69]将膨胀性阻燃剂聚(二氨基二苯甲烷螺环季戊四醇双磷酸盐)接枝到 CNT 表面制备以 PDSPB 为壳、CNT 为芯的核壳结构阻燃剂(CNT)。接枝后的 CNT 在 DMF 等溶剂中具有良好的溶解能力和分散性,且受热时具有优良的热稳定性和成碳能力。在 ABS 纳米复合阻燃体系中,改性 CNT 在 0.2 wt%的添加量下即能取得原始 CNT 含量为 1 wt%时才能达到的阻燃效果,因为此时改性 CNT 能在体系内形成有效的网络结构。加入 1 wt%的改性 CNT 后,ABS 的热释放速率峰值从 930 kW/m^2 降低到 444 kW/m^2。Song 等[70]利用氯氧磷、4,4-二羟基二苯砜和 4,4′-二氨基二苯基甲烷为原料合成了集合酸源、碳源和气源的膨胀性阻燃剂聚(4,4′-二氨基二苯甲烷-4,4′-二羟基二苯砜磷酸酯)(PDMBPS),然后与经过羟基化和磷酰化的 CNT 原位缩聚制备膨胀型阻燃剂 PDMBPS 包覆的 CNT(CNT-PDMBPS)。通过调节膨胀型阻燃剂成分和 CNT 两者的投料比,不仅可以有效控制 CNT 的直径,而且还可以筛选出两者达到最佳协同阻燃性能时的配比(图 4.21)。与纯 CNT 相比,CNT-PDMBPS 赋予 PP 更优异的阻燃性能,主要表现在使 PP 的燃烧过程变得更加缓慢,热释放速率的峰值和质量损失速率更小。尤为重要的是,PDMBPS 与 CNT 之间存在着显著的协同阻燃效应,当 PDMBPS 与 CNT 的比值为 1∶2 时,协同效应达到最好,PP 的热释放速率的峰值从 1345 kW/m^2 减少到 342 kW/m^2。CNT-PDMBPS 对 PP 的增强效应也达到峰值,其拉伸强度由纯 PP 的 35.1 MPa 增加到 40.8 MPa。

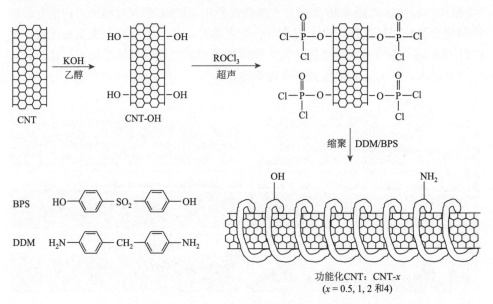

图 4.21　膨胀型阻燃剂 PDMBPS 包覆 CNT 的制备示意图[70]

Yu 等[71]将钼酚醛树脂(Mo-PR)接枝到 CNT 的表面,得到改性的 CNT(即 CNT-PR)。相比于纯环氧树脂,CNT-PR 与密胺协同阻燃的环氧树脂纳米复合材料在阻燃性能和机械性能方面得到改进。这是由于一方面接枝了 Mo-PR 可以提高 CNT 在环氧树脂中的分散性,并增强 CNT-PR 与 EP 之间的界面相互作用;另一方面，在燃烧过程中，Mo-PR 可以提高环氧树脂的成碳率。热失重及锥形量热测试分析表明，在热降解过程中密胺阻止了 CNT-PR 的聚集，同时二者相互作用增加了炭层强度，使得炭层更为致密。Yang 等[72]以缩聚的方式在 CNT 的表面接枝膨胀型阻燃剂(FCNT)，后续与马来酸酐改性 PP 进行共价反应来提高 CNT 和 PP 的界面作用和改善残炭形貌，所制备的 PP/FCNT 纳米复合材料表现出优异的力学性能和阻燃性能。例如，在添加 FCNT 后，PP 的力学性能得到提高，且韧性得到保持；相对比，PP/CNT 的断裂伸长率急剧降低。这是由于共价接枝后 PP 和 FCNT 间有较强的界面作用力。重要的是，PP/FCNT 的阻燃性能明显优于 PP 和 PP/CNT。添加 1 wt% FCNT 后，PP 的热释放速率峰值相对于 PP 降低了 36%，而添加 1 wt% 未改性的 CNT 后，仅仅降低了 18%。阻燃性能的提高归结于 FCNT 在 PP 基体中的良好分散以及 FCNT 良好的成碳能力。

不管怎样，只要使聚合物在自身燃烧或者外界强火焰条件下燃烧时成碳，那么它在相应条件下的燃烧性就会大大降低。阻燃科学的目的之一就是要促进碳材料的生成，以提高材料的火安全性能。近年来，催化聚合物自身的碳化来提高其阻燃性能逐渐成为国际阻燃领域研究的热点[73]。换言之，这种方法得到的炭保护层的碳源是聚合物本身受热后的降解产物，这样在燃烧过程中原本扩散到火焰区的可燃烧组分的含量就大大减少，而且生成的残炭也可以起到阻隔作用，从而使聚合物的热释放速率降低，同时热释放总量也减少，最终达到提高聚合物阻燃性能的目的[74]。

从 2005 年开始，唐涛课题组致力于催化聚合物燃烧过程中聚合物自身的碳化反应从而提高聚合物的阻燃性能，在国际上最早发现了固体酸和镍催化剂的协同作用可以明显促进聚烯烃的碳化，进而大幅度改善其阻燃性能[75]。例如，在 700℃ 时，单独加入 5 wt%和 10 wt%的 OMMT 后，PP 的残炭率分别为 2.8 wt%和 5.7 wt%。类似地，单独加入 2.5 wt%和 5 wt%负载镍催化剂后，PP 的残炭率分别仅为 3.5 wt% 和 7 wt%。有意思的是，当二者组合后，PP 的残炭率大幅度提高。例如，固定 OMMT 为 5 wt%，加入 2.5 wt%和 5 wt%的负载镍后，残炭率增加到 15.9 wt%和 23.4 wt%。而加入 10 wt% OMMT 和 5 wt%负载镍后，残炭率继续增加至 37.5 wt%。与此同时，热释放速率的峰值相比纯 PP 降低了 80%。值得指出的是，绝大部分的残炭是 CNT，说明 OMMT 与负载镍组合催化剂可以促进 PP 碳化生成 CNT。研究者进一步证实，这是因为一方面 OMMT 的片层结构可以抑制降解产物的扩散以及氧气渗透到 PP 基体内部，从而增加降解产物与镍催化剂接触的时间，促进 CNT 的生长，提高碳化效率。另一方面，OMMT 中有机改性剂降解生成的质子酸促进 PP 降解生成小分子碳氢化合物，从而有利于成碳。

为了进一步阐明固体酸/镍催化剂组合催化剂催化 PP 碳化提高阻燃性能的机理，如图 4.22 所示，唐涛课题组设计了"固体酸(HZSM-5 和 H-beta)/Ni_2O_3"组合催化剂[76]。在 700℃时，单独加入 5 wt% HZSM-5 和 5 wt% Ni_2O_3，PP 的成碳率分别为 5.8 wt% 和 10.9 wt%。同时加入 5 wt% HZSM-5 和 5 wt% Ni_2O_3，PP 的成碳率增加到 50.7 wt%，残炭中绝大部分是 CNT。而此时，热释放速率峰值相比纯 PP 降低了 72%。因此，HZSM-5/Ni_2O_3 可以协同催化 PP 碳化反应，提高 PP 阻燃性能。众所周知，HZSM-5 存在大量的 Brønsted 和 Lewis 酸性位点，为了验证这些酸性位点的重要性，研究者将 HZSM-5 和 Na^+ 交换制备的 NaZSM-5 进行对比，发现在相同条件下 5 wt% NaZSM-5 和 5 wt% Ni_2O_3 催化 PP 碳化的残炭率仅为 19.5 wt%，大大低于 5 wt% HZSM-5 和 5 wt% Ni_2O_3 组合催化碳化效率（50.7 wt%）。类似地，对于 H-beta/Ni_2O_3，PP 的成碳率增加到 59.0 wt%，热释放速率峰值相比纯 PP 降低了 75%。换言之，H-beta/Ni_2O_3 也可以高效催化 PP 碳化，提高阻燃性能。研究者进一步测量了 H-beta 和 OMMT 的 Brønsted 和 Lewis 酸性位点数目，发现 H-beta 的 Lewis 酸性位点数与 OMMT 接近，但是 Brønsted 酸性位点数多于 OMMT。因此，H-beta/Ni_2O_3 组合催化效率稍微高于 HZSM-5/Ni_2O_3。

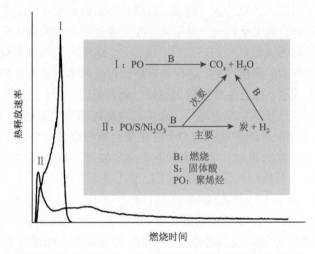

图 4.22　固体酸/Ni_2O_3 组合催化剂催化聚烯烃碳化提高阻燃性能的机理示意图[76]

在此基础上，唐涛课题组设计了新的组合催化剂体系"卤化物/Ni_2O_3"，发现微量的卤化物与 Ni_2O_3 的组合催化剂可以显著催化 PP 碳化提高阻燃性能[77]。例如，在添加 5 wt% Ni_2O_3 的基础上，分别加入 0.5 wt% $FeCl_3$、0.5 wt% $NiCl_2$、0.06 wt% NH_4Cl、0.1 wt% NH_4Br 和 0.9 wt% CuCl 后，700℃时 PP 的成碳率分别为 48.8 wt%、46.2 wt%、26.2 wt%、50.3 wt% 和 46.4 wt%，PP 的热释放速率峰值从 1283 kW/m^2（纯 PP）分别降低到 468 kW/m^2、483 kW/m^2、411 kW/m^2、440 kW/m^2 和 457 kW/m^2。而单独加入微量的卤化物后，PP 的残炭率接近于 0 wt%，热释放速率峰值和纯 PP 相差无几。值得指出的是，残炭中大部分为 CNT，长度为数微米，直径为 20～100 nm。如图 4.23 所示，研究者进一步证实卤化物分解生成的卤素自由基可以促进 PP 大分子自由基的脱氢和芳构化反应，从而生成更容易成碳的小分子碳氢化合物和芳烃化合物，这些降解产物在 Ni_2O_3 的催化作用下发生碳化反应，主要生成 CNT。类似地，东北林业大学宋荣君课题组发现"$NH_4Cl/NiAl-LDH$"组合催化剂也可以提高聚合物碳化，从而提高阻燃性能[78]。同时加入 0.5 wt% NH_4Cl 和 20 wt% NiAl-LDH 后，线型低密度聚乙烯（LLDPE）热释放速率峰值从 1442 kW/m^2（纯 LLDPE）降低至 288 kW/m^2，显著低于单独加入 0.5 wt% NH_4Cl 和 20 wt% NiAl-LDH 后的热释放速率峰值（分别为 1334 kW/m^2 和 478 kW/m^2），残炭率为 49.6 wt%，高于单独加入 NH_4Cl 和 NiAl-LDH 体系的残炭率（分别为 0 wt% 和 10 wt%）。残炭中主要是弯曲的 CNTs 和水滑石碎片，其中 CNT 长度为数百纳米，直径为 10～20 nm。

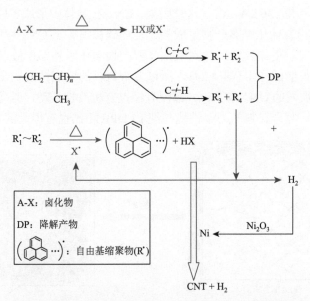

图 4.23　卤化物/Ni_2O_3 组合催化剂催化 PP 碳化提高阻燃性能的机理示意图[77]

在卤化物/Ni_2O_3 组合催化剂中，卤化物和 Ni_2O_3 纳米粒子在 PP 基体中并没有形成网络结构。因此，PP 阻燃性能的提高主要归因于 PP 的成碳反应。基于此，唐涛课题组设计了第三类组合催化剂体系"碳材料/Ni_2O_3"，相比前面两类组合催化剂，"碳材料/Ni_2O_3"组合的优势有以下三点：第一，Ni_2O_3 催化剂粒子的加入将会提高聚合物材料的熔体黏度，而且如果 Ni_2O_3 在聚合物基体中分散均匀，它在催化聚合物降解产物成碳的同时可以起到类似黏结剂的作用，填补了碳材料纳米粒子间的空隙，使炭层更加致密。第二，碳材料形成的网络结构能够阻隔降解产物的扩散，这样也就延长了催化剂与降解产生气体的反应时间，可能会起到增加成碳率的作用。第三，材料的力学性能会有提升。

以 CNT/Ni_2O_3 组合催化剂为例[79]，同时加入 3 wt% CNT 和 5 wt% Ni_2O_3 后，700℃时 PP 的残炭率为 13.7 wt%，高于单独加入 3 wt% CNT 和 5 wt% Ni_2O_3 的残炭率(分别为 0 wt%和 8.8 wt%)。当 Ni_2O_3 和 CNT 同时加入时，二者仍能均匀分散，有部分 Ni_2O_3 粒子与 CNT 之间是相互接触的。更为重要的是，此时 Ni_2O_3 粒子分散后的尺寸(120 nm)明显小于单独加入 5 wt% Ni_2O_3 的样品(230 nm)。产生这种现象可能有两个原因，一是填料的加入并且分散均匀导致了体系黏度增加，增大了熔融共混过程中的剪切力，从而改善填料的分散程度；二是 Ni_2O_3 和 CNT 之间可能存在的相互作用阻止了 Ni_2O_3 粒子的重新聚集，提高了分散度。此外，同时加入 3 wt% CNT 和 5 wt% Ni_2O_3 后，LLDPE 的热释放速率峰值从 1135 kW/m^2(纯 LLDPE)降低到 312 kW/m^2，低于单独加入 3 wt% CNT 和 5 wt% Ni_2O_3 后的样品(分别为 667 kW/m^2 和 536 kW/m^2)。这是因为，CNT 在基体中形成了网络结构，燃烧反应开始后，Ni_2O_3 催化降解产物生成的无定形碳粒填补了 CNT 网络结构的空隙，从而使形成的炭层更加致密，起到阻止降解产物向体系外部扩散以及外部热和氧气向体系内部扩散的作用(图 4.24)，所以复合材料的燃烧性进一步降低。值得指出的是，虽然加入的 CNT 和 Ni_2O_3 都没有经过有机改性处理，但是都能够均匀地分散在基体中，复合材料的力学性能与纯 LLDPE 相比也有很大的提高。

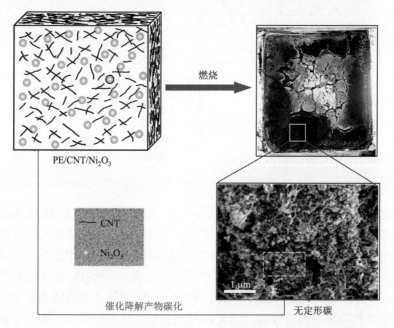

图 4.24 CNT/Ni_2O_3 组合催化剂催化 LLDPE 碳化提高阻燃性能的机理示意图[79]

受到"卤化物/Ni_2O_3"和"CNT/Ni_2O_3"两个组合催化剂体系的启发，Yu 等[80]将氯原子接枝到 CNT 表面制备氯化 CNT(即 CNT-Cl，Cl 含量为 0.2 wt%)，发现

CNT-Cl/Ni_2O_3 组合催化剂可以显著提高 PP 的阻燃性能。同时加入 3 wt% CNT-Cl 和 5 wt% Ni_2O_3 后,700℃时 PP 的残炭率为 54.3 wt%,明显高于单独加入 3 wt% CNT-Cl 和 5 wt% Ni_2O_3 的残炭率(分别为 0.7 wt%和 8.9 wt%),也显著高于同时加入 3 wt% CNT 和 5 wt% Ni_2O_3 时的残炭率(10.5 wt%)。残炭中含有较多的纤维状结构的 CNT,直径为 20~40 nm,长度为 0.5~1 μm。同时加入 3 wt% CNT-Cl 和 5 wt% Ni_2O_3 后,PP 的热释放速率峰值从 1486 kW/m^2(PP/PPMA)降低至 400 kW/m^2,显著低于单独加入 3 wt% CNT-Cl 和 5 wt% Ni_2O_3 后的热释放速率峰值(分别为 755 kW/m^2 和 597 kW/m^2),也低于同时加入 3 wt% CNT 和 5 wt% Ni_2O_3 后的样品(500 kW/m^2)。此外,同时加入 3 wt% CNT-Cl 和 5 wt% Ni_2O_3 后,PP 的热释放总值从 215 MJ/m^2(PP/PPMA)降低至 164 MJ/m^2(减少 24%),显著低于单独加入 3 wt% CNT-Cl 和 5 wt% Ni_2O_3 的样品(分别为 204 MJ/m^2 和 212 MJ/m^2),也低于同时加入 3 wt% CNT 和 5 wt% Ni_2O_3(185 MJ/m^2)的体系。这表明 CNT-Cl 与 Ni_2O_3 之间有突出的协同效应,可以促进 PP 阻燃性能的提高。研究者分析,这是 Ni_2O_3 的催化成碳、CNT 的网络阻隔和 C—Cl 键断裂后形成的表面含有自由基的 CNT 对降解产物的捕捉三者共同作用的结果(图 4.25)。CNT-Cl 表面的 C—Cl 是提高

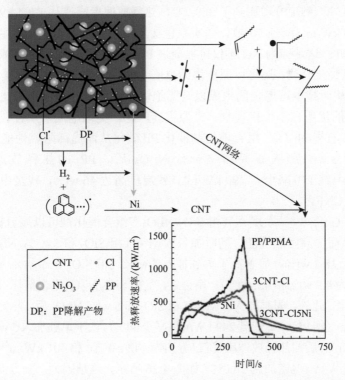

图 4.25　CNT-Cl/Ni_2O_3 组合催化剂催化 PP 碳化提高阻燃性能的机理图[80]

PP 热稳定性和阻燃性能的重要因素。一方面，在加热后 C—Cl 发生断裂形成 Cl 自由基，它可以起到催化 PP 降解产物脱氢、芳构化作用，从而提高镍催化成碳作用。另一方面，C—Cl 键断裂后会在 CNT 表面形成自由基，这样就增加了 CNT 表面与降解产物反应位点，从而增加了 CNT 固定降解产物的量。

尽管"固体酸/镍催化剂"和"卤化物/Ni_2O_3"组合催化剂对聚烯烃具有很好的阻燃效果，但是，还有一些基本问题需要解决。首先，固体酸等催化剂的价格较高，不适合大量使用。其次，"组合催化剂"的策略对于主链含有杂原子(如氧和氯)的聚合物，如 PLA 和 PVC，或者对于含有苯基的聚合物(如 PS)的阻燃效果较差。再次，催化聚合物碳化得到的残炭大多数是 CNT，炭保护层比较疏松，不利于保护聚合物基体进一步提高阻燃性能。针对这些问题，唐涛课题组近年来致力于以下三个方面的研究：①开发新型高效成碳催化剂，设计新的组合催化体系，从而降低催化剂成本；②提高极性聚合物的碳化效率，扩展组合催化剂的使用范围；③原位形成高强度炭保护层。

首先，Gong 等[81]开发了"活性炭(AC)/Ni_2O_3"组合催化剂，用于高效催化 PP 碳化，从而提高阻燃性能和热稳定性。例如，在空气中，PP 的最大失重速率温度从 316.7℃(纯 PP)增加到了 380.7℃，热释放速率峰值从 1284 kW/m^2(纯 PP)减少到 385 kW/m^2(降低 70%)，残炭率也增加到 39.1 wt%。残炭中主要是较短的 CNF 和 CNT。这是因为 AC 不仅可以促进 PP 大分子自由基降解生成小分子碳氢化合物和芳烃化合物，还可以原位协助镍催化剂催化这些降解产物碳化生成 CNT 和 CNF，从而减少可燃物的生成以及隔绝氧气和热量的传播。相比固体酸和卤化物，AC 的优势在于价格便宜、来源极其广泛。类似地，宋荣君教授课题组提出了"膨胀石墨/Ni_2O_3"组合催化剂催化 PP 碳化从而提高阻燃性能[82]。例如，同时加入 3 wt%膨胀石墨和 5 wt% Ni_2O_3 后，PP 的热释放速率峰值从 1455 kW/m^2(纯 PP)减少到 290 kW/m^2，残炭量高达 46 wt%，残炭中主要是弯曲的 CNT 和 CNF。

其次，Gong 等[83]发现"气相 SiO_2/Ni_2O_3"组合催化剂可以显著提高 PLA 碳化反应，从而提高阻燃性能。同时加入 5 wt%气相 SiO_2 和 5 wt% Ni_2O_3 后，PLA 的成碳率为 18.2 wt%，显著高于单独加入 5 wt%气相 SiO_2 和 5 wt% Ni_2O_3 后的成碳率(分别为 4.9 wt%和 4.2 wt%)。换言之，气相 SiO_2/Ni_2O_3 组合催化剂可以协同催化 PLA 碳化。此外，同时加入 5 wt%气相 SiO_2 和 5 wt% Ni_2O_3 后，热释放速率峰值从 448 kW/m^2(纯 PLA)降低到 249 kW/m^2(减少 44%)，低于单独加入 5 wt%气相 SiO_2 和 5 wt% Ni_2O_3 后的热释放速率峰值(分别为 442 kW/m^2 和 401 kW/m^2)，PLA 的极限氧指数值从 19.0%增加到 26.0%。如图 4.26 所示，这是因为，一方面 SiO_2/Ni_2O_3 组合催化剂催化 PLA 碳化原位生成大量的残炭，包括 CNT 和核壳结构的镍@碳。这不仅减少可燃物的量，还阻碍氧气和热量扩散到 PLA 基体内部。另一方面，

SiO_2/Ni_2O_3 纳米粒子在 PLA 基体中形成网络结构,有利于形成致密的保护层,从而进一步提高阻燃性能,从而将"组合催化剂"策略的适用范围从聚烯烃扩展到了主链含有杂原子的聚合物体系。

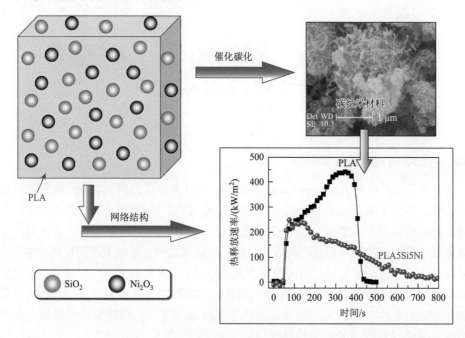

图 4.26　气相 SiO_2/Ni_2O_3 组合催化剂催化 PLA 碳化提高阻燃性能的机理示意图[83]

针对组合催化剂的催化聚合物碳化提高阻燃性能时生成的残炭的强度往往较低,为了进一步提高残炭的强度,唐涛课题组提出了用催化碳化来实现"加强骨架"的策略[84]。在组合催化剂炭黑(CB)/Ni_2O_3 的催化作用下,PC 的热释放速率峰值从 661 kW/m^2(纯 PC)减少到 334 kW/m^2,低于单独加入 3 wt% Ni_2O_3 和 3 wt% CB(分别为 485 kW/m^2 和 455 kW/m^2)。PC 的残炭率从 19.8 wt%(纯 PC)增加到 30.9 wt%,高于单独加入 3 wt% Ni_2O_3 和 3 wt% CB 的样品(分别为 26.2 wt% 和 27.4 wt%)。UL-94 测试结果从 V-2 级别(纯 PC)增加到 V-0 级别。研究者通过表征残炭的形貌发现,纯 PC 在受热时大部分降解产物扩散到火焰区,发生燃烧反应,只有少部分芳烃降解产物交联成碳,由于降解产物的扩散产生气泡,残炭最终呈蜂窝状结构[图 4.27(a)]。但是,在 CB/Ni_2O_3 的催化碳化作用下,这些蜂窝状的残炭充当了碳材料的骨架,而 PC 的大部分降解产物并没有被燃烧掉,而是在 CB/Ni_2O_3 的催化作用下发生碳化反应,生成石墨化程度更高的炭镶嵌在骨架中,从而原位形成互穿的高强度的炭保护层,阻碍氧气和热的扩散,保护 PC 基体,提高其阻燃性能[图 4.27(b)]。

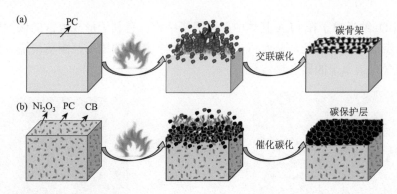

图 4.27　PC(a)和添加炭黑/Ni_2O_3组合催化剂后 PC(b)的碳化反应机理示意图[84]

4.2.8　石墨烯及其组合催化剂

自从 2004 年石墨烯(graphene)被首次报道以来，其独特的以 sp^2 杂化连接碳原子的二维原子碳层结构(图 4.28)吸引了研究者的广泛兴趣[85]。石墨烯不仅具有较高的杨氏模量、断裂强度、弹性模量、导热系数、载荷迁移率和比表面积，还具有量子霍尔效应和双极化电场效应，是目前最理想的二维纳米薄膜材料，也是未来高性能聚合物纳米复合材料的重要填料。不同于 CNT 和 C_{60} 等碳材料，石墨烯具有类似于 MMT 和 LDH 的二维层状结构，在高聚物体系中也存在"屏障效应"，隔绝燃烧过程中基体内部和外界之间热量和质量的传递，阻碍燃烧气体进入到火焰区，减缓热释放，延缓和抑制燃烧的进行[86]。

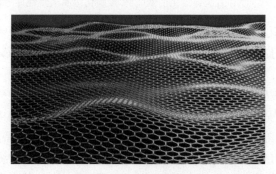

图 4.28　石墨烯结构示意图

Wang 等[87]将石墨烯和膨胀型阻燃剂同时加入到聚丁二酸丁二醇酯(PBS)中，发现仅需将 2 wt%的磷系阻燃剂替换成石墨烯，就可以使材料通过 UL-94 的 V-0 级，极限氧指数达到 33.0%。这是因为石墨烯的加入可以明显提高膨胀型阻燃剂形成的炭层在高温条件下的稳定性，抑制降解产生气体的逸出，延缓了材料的受热氧化过程。同时由于其特殊结构和"屏障效应"，石墨烯的加入在提高材料的热稳定性和机械性能等方面也表现得更加明显。他们还对石墨烯进行表面修饰来制备脂肪族聚酯/石墨烯复合材料[88]。在合成 Co_3O_4/石墨烯复合物后，通过熔融共混方法将其加入到 PBS 和 PLA 中。实验结果表明，Co_3O_4/石墨烯的加入可以明显降低材料的热释放量，有利于阻燃性能的提高。同时，石墨烯的加入可以减少可燃气体的总量，抑制可燃气体逃逸至燃烧区域进一步燃烧。更为重要的是，由于功能化石墨烯的片层结构和催化 CO 氧化能力，降解过程中 CO 的总含量明显降低。有毒气体浓度的降低对真实火灾中人员的生命安全是非常重要的。

Xu 等[89]利用共沉淀的方式将 MgAl-LDH 纳米粒子负载到石墨烯表面，之后通过离子交换的方式将 $CuMoO_4$ 纳米粒子负载到石墨烯-MgAl-LDH 表面制备石墨烯-MgAl-LDH/$CuMoO_4$ 复合催化剂，并且考察了它对环氧树脂的阻燃性能的影响。发现添加 2 wt%石墨烯-MgAl-LDH/$CuMoO_4$ 复合催化剂后，环氧树脂的热释放速率峰值从 1159 kW/m^2 减少到 607 kW/m^2，低于加入 MgAl-LDH 纳米粒子、石墨烯或者石墨烯-MgAl-LDH 纳米粒子的热释放速率峰值(分别为 912 kW/m^2、798 kW/m^2 和 720 kW/m^2)。同时，环氧树脂的残炭率也从 5.6 wt%增加到 14.8 wt%。进一步分析发现，阻燃性能的提高归因于石墨烯-MgAl-LDH 与 $CuMoO_4$ 的协同作用。一方面，石墨烯和 LDH 具有的物理屏蔽作用能够减缓降解产物的挥发以及能量的扩散，另一方面，$CuMoO_4$ 催化环氧降解产物的碳化，促进炭保护层的形成(图 4.29)。类似地，石墨烯-MgAl-LDH@Mo 复合纳米催化剂也可以显著提高聚氨酯的阻燃性能[90]。

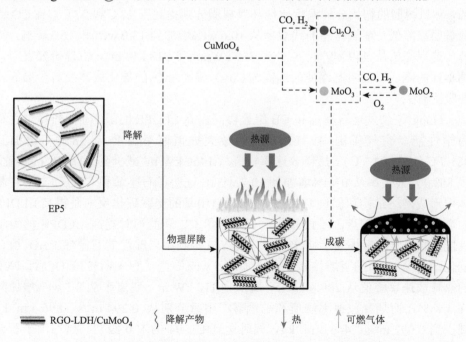

图 4.29　石墨烯-MgAl-LDH/$CuMoO_4$ 复合纳米催化剂提高环氧阻燃性能的机理示意图[89]

Huang 等[91]报道了石墨烯与镁铝双羟基纳米水滑石(MgAl-LDH)在 PMMA/膨胀性阻燃剂中的协效阻燃效应。结果表明，在 PMMA 中加入 1 wt%石墨烯和 5 wt% MgAl-LDH，材料的残留量从 1.2 wt%增加至 18.1 wt%，热释放速率峰值从 496 kW/m^{2}减少至 273 kW/m^2，并保持了材料的力学性能。Hong 等[92]报道了采用共沉淀法制得石墨烯/NiAl-LDH，并将其用于提高 PMMA 的阻燃性能。结果表明，与单独添加石墨烯和 NiAl-LDH 相比，石墨烯/NiAl-LDH 不仅能最大程度降低材料的热、烟以及 CO 释放，还能减少含羰基或者环氧基化合物以及碳氢化合物的形成。这归因于石墨烯的阻隔效应和 NiAl-LDH 的催化碳化效果。此外，他们还报道了石墨烯与金属氢氧化物(包括 FeOOH、Ni(OH)$_2$ 和 Co(OH)$_2$)纳米棒在 ABS 中的协效催化阻燃效应[93]。结果表明，将石墨烯与 Co(OH)$_2$ 结合，可更好地催化 ABS 在燃烧过程中形成更加连续和密实的炭层，残炭率最高为 15.7 wt%，从而有效降低质量损失，改善阻燃性能。Zhou 等[94]采用水热法制备了 α-FeOOH/石墨烯复合纳米催化剂，并研究了其对 PS 的热稳定性和产烟性能的影响。结果表明，加入 2 wt% α-FeOOH/石墨烯催化剂便可明显提高 PS 的热稳定性和降低 CO 与烟释放速率，这与石墨烯的物理阻隔和 α-FeOOH 的催化成碳作用密切相关。Wang 等[95]将 Co$_3$O$_4$ 和 SnO$_2$ 负载在石墨烯表面，并将产物用于改善环氧树脂的热稳定性和降低烟毒性。结果表明，加入 2 wt%的 Co$_3$O$_4$/石墨烯或者 SnO$_2$/石墨烯，环氧树脂的初始分解温度比纯环氧树脂分别提高了 27℃和 37℃，且 CO 释放量明显降低，环氧树脂的残炭率从 10.6 wt%增加到 13.0 wt%和 16.3 wt%，热释放速率峰值从 449 kW/m^2 减少到 329 kW/m^2 和 318 kW/m^2。机理研究表明，烟毒性的降低以及阻燃性能的提高与 Co$_3$O$_4$ 或者 SnO$_2$ 的催化成碳及石墨烯的表面吸附有关。

Gong 等[96]发现石墨烯和 CB 组合协同提高 LLDPE 的阻燃性、热稳定性和力学性能。空气氛围中，LLDPE 的最大失重速率温度从 387.4℃增加到 481.7℃(增加 94.3℃)，热释放速率峰值从 1466 kW/m^2 减少到 297 kW/m^2(减少了 80%)，残炭率从 0 wt%增加到 10.2 wt%，证明了石墨烯和 CB 在 LLDPE 基体中形成网络结构和促进 LLDPE 大分子自由基的交联碳化反应是提高 LLDPE 阻燃性能的关键因素。不仅如此，石墨烯和 CB 还能同时提高 LLDPE 的力学性能，如杨氏模量提高了 219%。此外，Yao 等利用未改性的石墨烯/Fe$_3$O$_4$ 组合催化剂提高 PVC 的阻燃性能[97]。在加入 5 wt%石墨烯和 5 wt% Fe$_3$O$_4$ 后，PVC 的热释放速率峰值从 289.4 kW/m^2 减少到 112 kW/m^2，残炭率从 8.1 wt%增加到 16.3 wt%，而烟释放速率峰值和总烟雾产生量分别从 0.294 m^2/s、896.4 m^2/kg 减少到 0.092 m^2/s、443.3 m^2/kg，同时达到 UL-94 的 V-0 级别。这归因于石墨烯在 PVC 基体中良好的分散状态而形成了网状结构，以及 Fe$_3$O$_4$ 纳米粒子催化 PVC 降解产物的碳化反应。

为了提高石墨烯和聚合物基体的界面相互作用和相容性，改善石墨烯的分散性，将石墨烯的表面化学改性是聚合物/石墨烯纳米复合材料的重要研究方向[98]。Fang 等[99]利用自组装的方式，将哌嗪和植酸接枝到石墨烯表面，然后用于提高环氧树脂的阻燃性能。加入 3 wt%的改性石墨烯，环氧树脂的热释放速率峰值从 707 kW/m^2 减少到 412 kW/m^2(减少 42%)，而加入 3 wt%未改性的石墨烯后，热释放速率峰值高达 650 kW/m^2(减少 8%)。这主要归因于有机改性后，石墨烯和环氧树脂的相互作用增强，分散性提高，从而在环氧树脂燃烧过程中实现更好的阻隔效应，以及植酸的催化碳化作用，生成石墨化程度更高的、致密的炭保护层(图 4.30)。

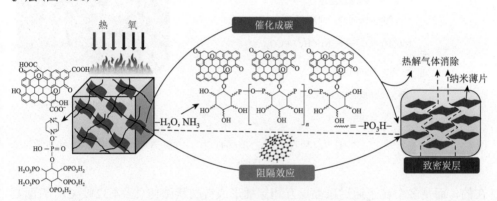

图 4.30　哌嗪和植酸接枝修饰石墨烯用于提高环氧树脂碳化反应和阻燃性能的机理示意图[99]

Feng 等[100]将石墨烯表面经过水热碳化后引入 Ni(OH)$_2$ 纳米丝带制备石墨烯@Ni(OH)$_2$ 纳米粒子催化剂，然后与氮化硼(BN)组合提高环氧树脂的阻燃性能。经过材料断面表征，发现 Ni(OH)$_2$ 纳米丝带提高了石墨烯表面极性，从而显著增加石墨烯与环氧树脂的相容性，提高石墨烯的分散性。加入 2 wt%石墨烯@Ni(OH)$_2$ 纳米粒子和 20 wt% BN 后，环氧树脂的热释放速率峰值从 1137.6 kW/m^2 减少到 756.8 kW/m^2。进一步分析发现，阻燃性能的提高一方面是由于石墨烯和 BN 的阻隔效应，减缓热量传播和氧气与降解产物的扩散，另一方面是 Ni(OH)$_2$ 分解生成的 NiO 的催化碳化作用(图 4.31)。

4.2.9　炭黑及其组合催化剂

炭黑(carbon black，CB)是一种无定形碳。众所周知，早在 3000 年前，人类就开始使用 CB，用于墨水、染料和烟草。2017 年，全世界 CB 的产量高达 1277 万 t。CB 是一种轻、松而极细的黑色粉末，比表面积较大(10～3000 m^2/g)，是含碳物质(如煤、天然气、重油和燃料油等)在空气不足的条件下经不完全燃烧或者受热分解而得的产物。CB 的粒子细度可低至 5 nm，一般说来，CB 粒子不是孤立存

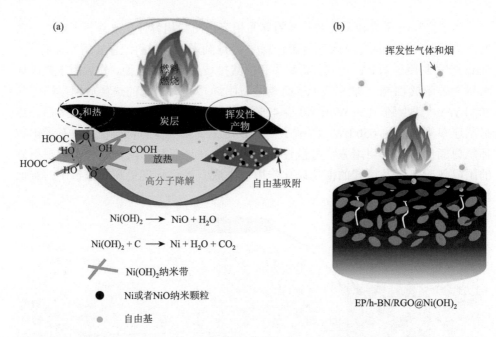

图 4.31　添加石墨烯@Ni(OH)$_2$(a)和石墨烯@Ni(OH)$_2$/BN(b)提高环氧树脂的阻燃性能的机理示意图[100]

在的，而是多个粒子通过碳晶层互相穿插形成链枝状结构（图 4.32）。CB 表面具有大量基团，如酚基、醌基和羧基。此外，CB 具有生产简单、价格便宜、比表面积大、导电性能优异和吸附性能好等优点。

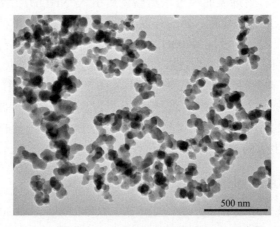

图 4.32　炭黑的 TEM 图像

首先，CB 作为一种碳材料，本身具有很好的阻燃性（氧指数为 65 左右），添加这种组分有利于提高复合材料的阻燃性。其次，CB 也具有捕捉自由基的功能，

机理与 C_{60} 类似。因此，添加 CB 对材料的热稳定性和阻燃性能也会产生显著的影响。此外，从材料的综合性能方面考虑，CB 作为一种导电的纳米粒子，还可以在复合材料中发挥其导电特性和具有力学增强效果，这为制备多功能高性能聚合物复合材料提供了新途径。

唐涛课题组[101]通过熔融共混制备 PP/CB 复合材料，研究了 CB 对 PP 热稳定性和阻燃性能的影响。结果表明在添加 CB 后，PP 在空气中和氮气中的热稳定性都有大幅度的提升，如添加 1 wt%和 10 wt% CB 后，PP 在空气中的最大热失重速率温度从 320℃（纯 PP）分别提高到 376℃和 414℃。PP 的热释放峰值和热释放总值有了大幅度的降低，如加入 1 wt%和 10 wt% CB 后，热释放速率峰值从 1284 kW/m^2 降低到 341 kW/m^2 和 338 kW/m^2。PP 阻燃性能的提升是由于 CB 在高温下能够捕捉自由基而促进降解产物参与自由基的交联反应而成碳，降低进入火焰区域的可燃组分含量(图 4.33)。

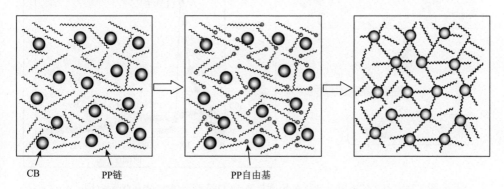

图 4.33 CB 捕捉 PP 中的自由基从而加速自由基的交联、提高阻燃性能的机理示意图[101]

进一步，CB 还可以与其他纳米粒子协同提高聚烯烃的阻燃性能。Wen 等[102]研究发现 CB 和 CNT 协同促进 PP 的热稳定性和阻燃性能。例如，添加 3 wt% CNT 和 5 wt% CB 后，PP 在空气中的最大热失重温度从 304℃增加到 429.3℃，PP 的热释放速率峰值从 1261 kW/m^2 减少到 314 kW/m^2(减少 75%)，热释放总值从 208 MJ/m^2 减少到 180 MJ/m^2(减少 13%)。Gong 等[96, 103]研究发现 CB 和石墨烯或者 SiO_2 能促进 LLDPE 的热稳定性、力学性能和阻燃性能。例如，同时加入 3 wt% SiO_2 和 5 wt% CB 后，LLDPE 的最大热失重温度从 387.4℃增加到 479.4℃，LLDPE 的热释放速率峰值从 1466 kW/m^2 减少到 283 kW/m^2(减少 81%)。SiO_2/CB 协同提高 LLDPE 阻燃性能的机理是，当 SiO_2 和 CB 同时存在时，一方面，在 LLDPE 基体中形成网络结构，从而有利于在 LLDPE 中形成更好的致密且连续的保护炭层。这不仅可以阻碍氧气扩散到 LLDPE 基体内部，还可以隔绝火焰中热量的传播。另一方面，SiO_2 促进 CB 的分散，从而更好地捕捉 LLDPE 大分子自由基，进而促进其交联反应(图 4.34)。此外，相比纯 LLDPE，二者同时加入后，LLDPE 的断裂伸长率和拉伸强度分别增加了 11%和 4%。这表明，虽然 SiO_2 和 CB 是商业化的，并没有经过进一步改性，界面应力还是可以很好地从 LLDPE 基体传递到 SiO_2 和 CB 纳米粒子。

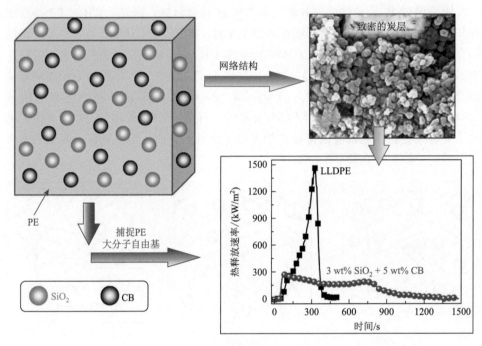

图 4.34　SiO_2/CB 组合催化剂协同提高 LLDPE 阻燃性能的机理示意图[103]

Yang 等[104]将 CB 添加到 PP/CF 复合材料中，制备了具有优异热稳定性、阻燃性能和导电性能的多功能 PP 复合材料。相对于 PP，复合材料在空气中的热稳定性提高了 79℃。锥形量热测试结果表明热释放速率峰值降低了 70%，热释放总量从 198 MJ/m^2 降低到 166 MJ/m^2。复合材料的电导率提高到 7.8 S/m。三维网络结构的形成是提高复合材料阻燃性能和导电性能的关键因素。而 CB 捕捉自由基的功能也是材料阻燃性能提高的重要因素。之后，Yang 等[105]将 CB 添加到 PP/APP 中，提高 APP 的阻燃效率，制备具有优良性能的 PP 复合材料。在添加 7 wt% CB 和 18 wt% APP 后，复合材料的极限氧指数达到 29.8%，相对于 PP 提高了 59.3%，且垂直燃烧通过 UL-94 的 V-0 等级。而单独加入 25 wt% APP，复合材料的 UL-94 测试无等级。锥形量热测试表明，在添加 7 wt% CB 和 18 wt% APP 后，复合材料有更好的阻燃性能，热释放速率峰值和热释放总值分别为 302.1 kW/m^2 和 121.4 MJ/m^2，相对于单独加入 25 wt% APP，分别降低了 23%和 38%。阻燃性能的提高是由于 CB 的催化作用、捕捉自由基作用和与 APP 形成网络结构(图 4.35)，而且由于网络结构的形成，复合材料的导电性能提高到 9.2×10^{-2} S/m。CB 还能显著提高非聚烯烃聚合物的阻燃性能。Chen 等[106]发现添加 CB 能够降低 PBS 的热释放峰值、提高极限氧指数和防止滴落。该体系阻燃性能的提高是由于 CB 在 PBS 基体中形成了网络结构，在燃烧时能形成稳定的炭层结构。

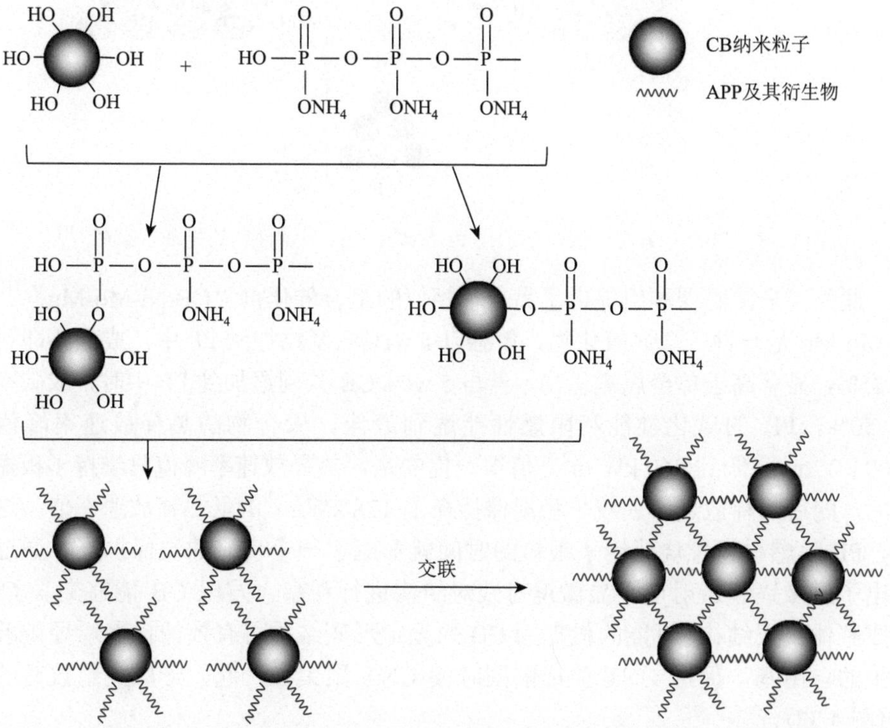

图 4.35　CB/APP 组合催化剂协同提高 PP 阻燃性能的机理示意图[105]

为了提高极性聚合物在燃烧时自身的残炭量，唐涛课题组探索了"CB/Ni$_2$O$_3$"组合催化剂对于聚乳酸(PLA)催化成碳和阻燃性能的作用[107]，发现同时加入 5 wt% CB 和 5 wt% Ni$_2$O$_3$ 后，PLA 的成碳率和碳转化率分别为 28.9 wt%和 50 wt%，显著高于单独加入 5 wt% CB 和 5 wt% Ni$_2$O$_3$ 后的成碳率及碳转化率(分别为 2.4 wt%和 3.6 wt%，0.7 wt%和 1.2 wt%)。换言之，CB/Ni$_2$O$_3$ 组合催化剂可以协同催化 PLA 碳化反应。此外，同时加入 5 wt% CB 和 5 wt% Ni$_2$O$_3$ 后，热释放速率峰值从 448 kW/m^2(纯 PLA)降低到 218 kW/m^2(减少 51%)，低于单独加入 5 wt% CB 和 5 wt% Ni$_2$O$_3$ 后的热释放速率峰值(分别为 401 kW/m^2 和 234 kW/m^2)。研究者通过模型实验结果发现，CB 表面的含氧官能团分解后生成的自由基促进 PLA 降解生成小分子醛酮化合物(如乙醛、丙酮和 2-丁酮等)。这些降解产物在镍的催化作用下发生碳化反应生成残炭(图 4.36)。

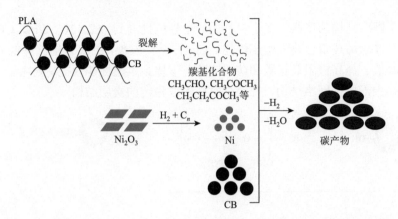

图 4.36　CB/Ni$_2$O$_3$ 组合催化剂催化 PLA 碳化提高阻燃性能的机理示意图[107]

此外，宋荣君课题组提出了另一种相似的组合催化剂"CB/Ni-Mo-Mg"[108]。Ni-Mo-Mg 是一种三金属氧化物，单独以 5 wt%浓度添加到 PP 中，成碳率即可达到 25%，显著高于单金属氧化物。当与 5 wt% CB 共同添加到 PP 中时，成碳率高于 50%，PP 的碳化性能和阻燃性能达到最佳。聚合物的热释放速率峰值从 1200 kW/m^2 降低到 360 kW/m^2。值得一提的是，热释放速率峰值只维持了极短的时间，随后热释放速率曲线平稳地保持在了 128 kW/m^2 的低热释放速率值。这说明，PP 阻燃材料燃烧只用了很短的时间就形成了一个良好的炭保护层。通过扫描电子显微镜和透射电子显微镜对残炭结构进行观察，发现 CB 能够交联 CNT 形成整体炭层结构。可能的机理为 CB 的无定形碳结构可有效捕捉聚烯烃裂解时产生的自由基，促进 CNT 生成的同时使 CNT 聚集在一起，形成完整致密的炭层（图 4.37）。

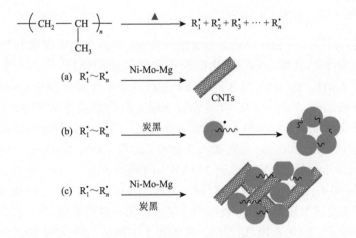

图 4.37　CB/Ni-Mo-Mg 组合催化剂催化 PP 碳化提高阻燃性能的机理示意图[108]

参 考 文 献

[1] 魏丽菲, 王锐. 碳基纳米材料在聚合物阻燃中的研究进展. 高分子材料科学与工程, 2019, 35(9): 169-176.
[2] 陈英红, 刘渊, 王琪. 反应性挤出加工制备无卤阻燃高分子材料. 中国科学: 化学, 2012, 42: 644-649.
[3] Wang X, Kalali E N, Wan J T, et al. Carbon-family materials for flame retardant polymeric materials. Prog Polym Sci, 2017, 69: 22-46.
[4] Camino G, Costa L. Performance and mechanisms of fire retardants in polymers: A review. Polym Degrad Stabil, 1988, 20(3): 271-294.
[5] Camino G, Martinasso G, Costa L. Thermal degradation of pentaerythritol diphosphate, model compound for fire retardant intumescent systems: Part I-overall thermal degradation. Polym Degrad Stabil, 1990, 27(3): 285-296.
[6] 陈晓平, 张胜, 杨伟强, 等. 膨胀阻燃体系概述. 中国塑料, 2010, 24(10): 1-8.
[7] Dittrich B, Wartig K A, Hofmann D, et al. Flame retardancy through carbon nanomaterials: Carbon black, multiwall nanotubes, expanded graphite, multi-layer graphene and graphene in polypropylene. Polym Degrad Stabil, 2013, 98: 1495-1505.
[8] 马海云, 宋平安, 方征平. 纳米阻燃高分子材料: 现状、问题及展望. 中国科学: 化学, 2011, 41(2): 314-327.
[9] Chen W, Liu P, Min L, et al. Non-covalently functionalized graphene oxide-based coating to enhance thermal stability and flame retardancy of PVA film. Nano-Micro Lett, 2018, 10(3): 39.
[10] Kiliaris P, Papaspyrides C D. Polymer/layered silicate (clay) nanocomposites: An overview of flame retardancy. Prog Polym Sci, 2010, 35: 902-958.
[11] 陈阁谷, 关莹, 亓宪明, 等. 聚合物/层状硅酸盐纳米复合材料阻燃性研究进展. 材料工程, 2015, 43(8): 104-112.
[12] 刘军辉, 张军, 李枫. 苯乙烯-丙烯酸丁酯/蒙脱土纳米复合材料的阻燃性. 高分子材料科学与工程, 2005, 21(4): 156-159.
[13] 欧育湘, 赵毅, 李向梅. 聚合物/蒙脱土纳米复合材料阻燃机理的研究进展. 高分子材料科学与工程, 2009, 25(3): 166-169, 174.
[14] Gilman J W, Jackson C L, Morgan A B, et al. Flammability properties of polymer-layered-silicate nanocomposites. Polypropylene and polystyrene nanocomposites. Chem Mater, 2000, 12: 1866-1873.
[15] Zhu J, Uhl F M, Morgan A B, et al. Studies on the mechanism by which the formation of nanocomposites enhances thermal stability. Chem Mater, 2001, 13(12): 4649-4654.
[16] Wang Z, Du X, Song R, et al. Chemical effects of cationic surfactant and anionic surfactant used in organically modified montmorillonites on degradation and fire retardancy of polyamide 12 nanocomposites. Polymer, 2007, 48: 7301-7308.
[17] Wang Z, Du X, Yu H, et al. Mechanism on flame retardancy of polystyrene clay composites-the effect of surfactants and aggregate state of organoclay. Polymer, 2009, 50: 5794-5802.
[18] Du X, Yu H, Wang Z, et al. Effect of anionic organoclay with special aggregate structure on the flame retardancy of acrylonitrile-butadiene-styrene clay composites. Polym Degrad Stabil, 2010, 95: 587-592.
[19] Qin H L, Zhang S M, Zhao C G, et al. Flame retardant mechanism of polymer/clay nanocomposites based on polypropylene. Polymer, 2005, 46(19): 8386-8395.
[20] Zanetti M, Camino G, Reichert P, et al. Thermal behaviour of poly(propylene)layered silicate nanocomposites. Macromol Rapid Commun, 2001, 22(3): 176-180.

[21] Zanetti M, Kashiwagi T, Falqui L, et al. Cone calorimeter combustion and gasification studies of polymer layered silicate nanocomposites. Chem Mater, 2002, 14(2): 881-887.

[22] Samyn F, Bourbigot S. Thermal decomposition of flame retarded formulations PA6/aluminum phosphinate/melamine polyphosphate/organomodified clay: Interactions between the constituents? . Polym Degrad Stabil, 2012, 97(11): 2217-2230.

[23] Lenża J, Merkel K, Rydarowski H. Comparison of the effect of montmorillonite, magnesium hydroxide and a mixture of both on the flammability properties and mechanism of char formation of hdpe composites. Polym Degrad Stabil, 2012, 97(12): 2581-2593.

[24] Deng C, Zhao J, Deng C L, et al. Effect of two types of iron MMTs on the flame retardation of LDPE composite. Polym Degrad Stabil, 2014, 103: 1-10.

[25] Ma H Y, Tong L F, Xu Z B, et al. Intumescent flame retardant-montmorillonite synergism in ABS nanocomposites. Appl Clay Sci, 2008, 42(1-2): 238-245.

[26] Du B X, Guo Z H, Song P A, et al. Flame retardant mechanism of organo-bentonite in polypropylene. Appl Clay Sci, 2009, 45(3): 178-184.

[27] Ma H Y, Tong L F, Xu Z B, et al. Synergistic effect of carbon nanotube and clay for improving the flame retardancy of ABS resin. Nanotechnology, 2007, 18(37): 375602.

[28] Si M, Feng J, Hao J, et al. Synergistic flame retardant effects and mechanisms of nano-Sb_2O_3 in combination with aluminum phosphinate in poly(ethylene terephthalate). Polym Degrad Stabil, 2014, 100: 70-78.

[29] Xu J, Liu C, Qu H, et al. Investigation on the thermal degradation of flexible poly(vinyl chloride) filled with ferrites as flame retardant and smoke suppressant using TGA-FTIR and TGA-MS. Polym Degrad Stabil, 2013, 98(8): 1506-1514.

[30] Lewin M. Synergism and catalysis in flame retardancy of polymers. Polym Adv Technol, 2001, 12(3-4): 215-222.

[31] Lewin M, Endo M. Catalysis of intumescent flame retardancy of polypropylene by metallic compounds. Polym Adv Technol, 2003, 14(1): 3-11.

[32] Chen X, Ding Y, Tang T. Synergistic effect of nickel formate on the thermal and flame-retardant properties of polypropylene. Polym Int, 2005, 54: 904-908.

[33] 陈博, 李向梅, 欧育湘, 等. 纳米层状双羟基化合物阻燃聚合物研究进展. 中国塑料, 2015, 29(1): 1-6.

[34] Gao Y, Wu J, Wang Q, et al. Flame retardant polymer/layered double hydroxide nanocomposites. J Mater Chem A, 2014, 2(29): 10996-11016.

[35] Kalali E N, Wang X, Wang D Y. Synthesis of a Fe_3O_4 nanosphere@Mg-Al layered-double-hydroxide hybrid and application in the fabrication of multifunctional epoxy nanocomposites. Ind Eng Chem Res, 2016, 55(23): 6634-6642.

[36] Kalali E N, Wang X, Wang D Y. Functionalized layered double hydroxide-based epoxy nanocomposites with improved flame retardancy and mechanical properties. J Mater Chem A, 2015, 3(13): 6819-6826.

[37] Matusinovic Z, Feng J, Wilkie C A. The role of dispersion of LDH in fire retardancy: The effect of different divalent metals in benzoic acid modified LDH on dispersion and fire retardant properties of polystyrene-and poly(methyl-methacrylate)-LDH-B nanocomposites. Polym Degrad Stabil, 2013, 98: 1515-1525.

[38] 吕斌, 王岳峰, 高党鸽, 等. 聚合物/LDH 复合材料的制备及阻燃性能研究进展. 精细化工, 2019, 36(11): 2161-2170.

[39] Li Z, Zhang J, Dufosse F, et al. Ultrafine nickel nanocatalyst-engineering of an organic layered double hydroxide towards a super-efficient fire-safe epoxy resin via interfacial catalysis. J Mater Chem A, 2018, 6(18): 8488-8498.

[40] Du J Z, Jin L, Zeng H Y, et al. Flame retardancy of organic-anion-intercalated layered double hydroxides in ethylene vinyl acetate copolymer. Appl Clay Sci, 2019, 180: 105193.

[41] Zhao C X, Liu Y, Wang D Y, et al. Synergistic effect of ammonium polyphosphate and layered double hydroxide on flame retardant properties of poly(vinyl alcohol). Polym Degrad Stabil, 2008, 93: 1323-1331.

[42] Li Y, Li X, Pan Y T, et al. Mitigation the release of toxic PH_3 and the fire hazard of PA6/AHP composite by MOFs. J Hazard Mater, 2020, 395: 122604.

[43] Sai T, Ran S Y, Guo Z H, et al. A Zr-based metal organic frameworks towards improving fire safety and thermal stability of polycarbonate. Compos Part B-Eng, 2019, 176.

[44] Sai T, Ran S Y, Guo Z H, et al. Fabrication of a La-based metal organic framework and its effect on fire safety and thermal stability of polycarbonate. Acta Polym Sin, 2019, 50(12): 1338-1347.

[45] Hou Y, Liu L, Qiu S, et al. DOPO-modified two-dimensional co-based metal-organic framework: Preparation and application for enhancing fire safety of poly(lactic acid). ACS Appl Mater Interfaces, 2018, 10(9): 8274-8286.

[46] Hou Y, Hu W, Gui Z, et al. A novel Co(Ⅱ)-based metal-organic framework with phosphorus-containing structure: Build for enhancing fire safety of epoxy. Compos Sci Technol, 2017, 152: 231-242.

[47] Wang Q H, Kalantar-Zadeh K, Kis A, et al. Electronics and optoelectronics of two-dimensional transition metal dichalcogenides. Nat Nanotechnol, 2012, 7(11): 699-712.

[48] Matusinovic Z, Shukla R, Manias E, et al. Polystyrene/molybdenum disulfide and poly(methyl methacrylate)/molybdenum disulfide nanocomposites with enhanced thermal stability. Polym Degrad Stabil, 2012, 97(12): 2481-2486.

[49] Zhou K, Jiang S, Bao C, et al. Preparation of poly(vinyl alcohol) nanocomposites with molybdenum disulfide (MoS_2): Structural characteristics and markedly enhanced properties. RSC Adv, 2012, 2(31): 11695-11703.

[50] Zhou K, Liu J, Wen P, et al. A noncovalent functionalization approach to improve the dispersibility and properties of polymer/MoS_2 composites. Appl Clay Sci, 2014, 316: 237-244.

[51] Zhou K, Gao R, Qian X. Self-assembly of exfoliated molybdenum disulfide (MoS_2) nanosheets and layered double hydroxide (LDH): Towards reducing fire hazards of epoxy. J Hazard Mater, 2017, 338: 343-355.

[52] Feng X, Wang X, Cai W, et al. Integrated effect of supramolecular self-assembled sandwich-like melamine cyanurate/MoS_2 hybrid sheets on reducing fire hazards of polyamide 6 composites. J Hazard Mater, 2016, 320: 252-264.

[53] Kroto H W, Heath J R, O'Brien S C, et al. C_{60}: Buckminsterfullerene. Nature, 1985, 318(6042): 162-163.

[54] Krätschmer W, Lamb L D, Fostiropoulos K, et al. Solid C_{60}: A new form of carbon. Nature, 1990, 347(6291): 354-358.

[55] Krusic P J, Wasserman E, Keizer P N, et al. Radical reactions of C_{60}. Science, 1991, 254(5035): 1183-1185.

[56] Song P, Zhu Y, Tong L, et al. C_{60} reduces the flammability of polypropylene nanocomposites by *in situ* forming a gelled-ball network. Nanotechnology, 2008, 19(22): 225707.

[57] Pan Y Q, Guo Z H, Ran S Y, et al. Influence of fullerenes on the thermal and flame-retardant properties of polymeric materials. J Appl Polym Sci, 2020, 137(1): 47538.

[58] Song P, Liu H, Shen Y, et al. Fabrication of dendrimer-like fullerene (C_{60})-decorated oligomeric intumescent flame retardant for reducing the thermal oxidation and flammability of polypropylene nanocomposites. J Mater Chem, 2009, 19(9): 1305-1313.

[59] Song P A, Shen Y, Du B X, et al. Fabrication of fullerene-decorated carbon nanotubes and their application in flame-retarding polypropylene. Nanoscale, 2009, 1(1): 118-121.

[60] Song P A, Zhao L P, Cao Z H, et al. Polypropylene nanocomposites based on C_{60}-decorated carbon nanotubes: Thermal properties, flammability, and mechanical properties. J Mater Chem, 2011, 21(21): 7782-7788.

[61] Song P, Liu L, Huang G, et al. Largely enhanced thermal and mechanical properties of polymer nanocomposites via incorporating C_{60}@graphene nanocarbon hybrid. Nanotechnology, 2013, 24(50): 505706.

[62] Guo Z, Ye R, Zhao L, et al. Fabrication of fullerene-decorated graphene oxide and its influence on flame retardancy of high density polyethylene. Compos Sci Technol, 2016, 129: 123-129.

[63] Wen X, Min J, Tan H, et al. Reactive construction of catalytic carbonization system in PP/C_{60}/Ni(OH)$_2$ nanocomposites for simultaneously improving thermal stability, flame retardancy and mechanical properties. Compos Part A: Appl S, 2020, 129: 105722.

[64] Iijima S. Helical microtubules of graphitic carbon. Nature, 1991, 354(6348): 56-58.

[65] Kashiwagi T, Du F, Douglas J F, et al. Nanoparticle networks reduce the flammability of polymer nanocomposites. Nat Mater, 2005, 4: 928-933.

[66] Bellayer S, Gilman J W, Eidelman N, et al. Preparation of homogeneously dispersed multiwalled carbon nanotube/polystyrene nanocomposites via melt extrusion using trialkyl imidazolium compatibilizer. Adv Funct Mater, 2005, 15(6): 910-916.

[67] Kashiwagi T, Du F, Winey K I, et al. Flammability properties of polymer nanocomposites with single-walled carbon nanotubes: Effects of nanotube dispersion and concentration. Polymer, 2005, 46: 471-481.

[68] Kashiwagi T, Fagan J, Douglas J F, et al. Relationship between dispersion metric and properties of PMMA/SWNT nanocomposites. Polymer, 2007, 48: 4855-4866.

[69] Ma H Y, Tong L F, Xu Z B, et al. Functionalizing carbon nanotubes by grafting on intumescent flame retardant: Nanocomposite synthesis, morphology, rheology, and flammability. Adv Funct Mater, 2008, 18(3): 414-421.

[70] Song P A, Xu L H, Guo Z H, et al. Flame-retardant-wrapped carbon nanotubes for simultaneously improving the flame retardancy and mechanical properties of polypropylene. J Mater Chem, 2008, 18(42): 5083-5091.

[71] Yu H, Liu J, Wen X, et al. Charing polymer wrapped carbon nanotubes for simultaneously improving the flame retardancy and mechanical properties of epoxy resin. Polymer, 2011, 52: 4891-4898.

[72] Yang H, Ye L, Gong J, et al. Simultaneously improving the mechanical properties and flame retardancy of polypropylene using functionalized carbon nanotubes by covalently wrapping flame retardants followed by linking polypropylene. Mater Chem Front, 2017, 1: 716-726.

[73] 龚江, 陈学成, 闻新, 等. 聚合物的碳化反应: 基本问题与应用. 中国科学: 化学, 2018, 48(8): 829-843.

[74] 吴笑, 许博, 朱向东, 等. 催化阻燃聚合物的研究进展. 材料工程, 2018, 46(9): 14-22.

[75] Tang T, Chen X, Chen H, et al. Catalyzing carbonization of polypropylene itself by supported nickel catalyst during combustion of polypropylene/clay nanocomposite for improving fire retardancy. Chem Mater, 2005, 17: 2799-2802.

[76] Song R, Jiang Z, Yu H, et al. Strengthening carbon deposition of polyolefin using combined catalyst as a general method for improving fire retardancy. Macromol Rapid Commun, 2008, 29: 789-793.

[77] Yu H, Jiang Z, Gilman J W, et al. Promoting carbonization of polypropylene during combustion through synergistic catalysis of a trace of halogenated compounds and Ni_2O_3 for improving flame retardancy. Polymer, 2009, 50: 6252-6258.

[78] Wang H, Tan S, Song R. Effect of trace chloride on the char formation and flame retardancy of the LLDPE filled with NiAl-layered double hydroxides. Fire Mater, 2018, 43(1): 110-120.

[79] Yu H, Liu J, Wang Z, et al. Combination of carbon nanotubes with Ni_2O_3 for simultaneously improving the flame

retardancy and mechanical properties of polyethylene. J Phys Chem C, 2009, 113: 13092-13097.

[80] Yu H, Zhang Z, Wang Z, et al. Double functions of chlorinated carbon nanotubes in its combination with Ni_2O_3 for reducing flammability of polypropylene. J Phys Chem C, 2010, 114: 13226-13233.

[81] Gong J, Tian N, Liu J, et al. Synergistic effect of activated carbon and Ni_2O_3 in promoting the thermal stability and flame retardancy of polypropylene. Polym Degrad Stabil, 2014, 99: 18-26.

[82] 栾珊珊, 丁丽萍, 晴姬, 等. 膨胀石墨/氧化镍成炭剂对聚丙烯的催化阻燃. 高分子材料科学与工程, 2011, 27(8): 73-76.

[83] Gong J, Tian N, Wen X, et al. Synergistic effect of fumed silica with Ni_2O_3 on improving flame retardancy of poly(lactic acid). Polym Degrad Stabil, 2014, 104: 18-27.

[84] Wang D, Wen X, Chen X, et al. A novel stiffener skeleton strategy in catalytic carbonization system with enhanced carbon layer structure and improved fire retardancy. Compos Sci Technol, 2018, 164: 82-91.

[85] Novoselov K S, Geim A K, Morozov S V, et al. Electric field effect in atomically thin carbon films. Science, 2004, 306(5696): 666.

[86] 张亚斌, 李响, 王露蓉, 等. 石墨烯阻燃聚合物的研究进展. 中国塑料, 2018, 32(9): 17-24.

[87] Wang X, Song L, Yang H, et al. Synergistic effect of graphene on antidripping and fire resistance of intumescent flame retardant poly(butylene succinate) composites. Ind Eng Chem Res, 2011, 50(9): 5376-5383.

[88] Wang X, Song L, Yang H, et al. Cobalt oxide/graphene composite for highly efficient CO oxidation and its application in reducing the fire hazards of aliphatic polyesters. J Mater Chem, 2012, 22(8): 3426-3431.

[89] Xu W, Zhang B, Wang X, et al. The flame retardancy and smoke suppression effect of a hybrid containing $CuMoO_4$ modified reduced graphene oxide/layered double hydroxide on epoxy resin. J Hazard Mater, 2018, 343: 364-375.

[90] Xu W, Zhang B, Xu B, et al. The flame retardancy and smoke suppression effect of heptaheptamolybdate modified reduced graphene oxide/layered double hydroxide hybrids on polyurethane elastomer. Compos Part A: Appl S, 2016, 91: 30-40.

[91] Huang G, Chen S, Song P, et al. Combination effects of graphene and layered double hydroxides on intumescent flame-retardant poly(methyl methacrylate) nanocomposites. Appl Clay Sci, 2014, 88-89: 78-85.

[92] Hong N, Song L, Wang B, et al. Co-precipitation synthesis of reduced graphene oxide/NiAl-layered double hydroxide hybrid and its application in flame retarding poly(methyl methacrylate). Mater Res Bull, 2014, 49: 657-664.

[93] Hong N, Zhan J, Wang X, et al. Enhanced mechanical, thermal and flame retardant properties by combining graphene nanosheets and metal hydroxide nanorods for acrylonitrile–butadiene–styrene copolymer composite. Compos Part A: Appl S, 2014, 64: 203-210.

[94] Zhou K, Wang B, Liu J, et al. The influence of α-FeOOH/rGO hybrids on the improved thermal stability and smoke suppression properties in polystyrene. Mater Res Bull, 2014, 53: 272-279.

[95] Wang X, Xing W, Feng X, et al. The effect of metal oxide decorated graphene hybrids on the improved thermal stability and the reduced smoke toxicity in epoxy resins. Chem Eng J, 2014, 250: 214-221.

[96] Gong J, Niu R, Liu J, et al. Simultaneously improving the thermal stability, flame retardancy and mechanical properties of polyethylene by the combination of graphene with carbon black. RSC Adv, 2014, 4: 33776-33784.

[97] Yao K, Gong J, Tian N, et al. Flammability properties and electromagnetic interference shielding of PVC/graphene composites containing Fe_3O_4 nanoparticles. RSC Adv, 2015, 5: 31910-31919.

[98] Song P, Cao Z H, Cai Y Z, et al. Fabrication of exfoliated graphene-based polypropylene nanocomposites with

enhanced mechanical and thermal properties. Polymer, 2011, 52(18): 4001-4010.

[99] Fang F, Ran S Y, Fang Z P, et al. Improved flame resistance and thermo-mechanical properties of epoxy resin nanocomposites from functionalized graphene oxide via self-assembly in water. Compos Part B-Eng, 2019, 165: 406-416.

[100] Feng Y, Han G, Wang B, et al. Multiple synergistic effects of graphene-based hybrid and hexagonal born nitride in enhancing thermal conductivity and flame retardancy of epoxy. Chem Eng J, 2020, 379: 122402.

[101] Wen X, Wang Y, Gong J, et al. Thermal and flammability properties of polypropylene/carbon black nanocomposites. Polym Degrad Stabil, 2012, 97: 793-801.

[102] Wen X, Tian N, Gong J, et al. Effect of nanosized carbon black on thermal stability and flame retardancy of polypropylene/carbon nanotubes nanocomposites. Polym Adv Technol, 2013, 24: 971-977.

[103] Gong J, Niu R, Tian N, et al. Combination of fumed silica with carbon black for simultaneously improving the thermal stability, flame retardancy and mechanical properties of polyethylene. Polymer, 2014, 55(13): 2998-3007.

[104] Yang H, Gong J, Wen X, et al. Effect of carbon black on improving thermal stability, flame retardancy and electrical conductivity of polypropylene/carbon fiber composites. Compos Sci Technol, 2015, 113: 31-37.

[105] Yang H, Guan Y, Ye L, et al. Synergistic effect of nanoscale carbon black and ammonium polyphosphate on improving thermal stability and flame retardancy of polypropylene: A reactive network for strengthening carbon layer. Compos Part B-Eng, 2019, 174: 107038.

[106] Chen Q, Wen X, Chen H, et al. Study of the effect of nanosized carbon black on flammability and mechanical properties of poly(butylene succinate). Polym Adv Technol, 2015, 26(2): 128-135.

[107] Wen X, Gong J, Yu H, et al. Catalyzing carbonization of poly(L-lactide) by nanosized carbon black combined with Ni_2O_3 for improving flame retardancy. J Mater Chem, 2012, 22: 19974-19980.

[108] Song R, Ren Z. Effects of the addition of carbon black on the carbonization and flame retardancy of polypropylene in combination with nickel-molybdenum-magnesium catalysts. J Appl Polym Sci, 2016, 133: 43034-43041.

第 5 章

聚合物基碳材料在超级电容器中的应用

5.1 超级电容器

5.1.1 超级电容器简介

在过去半个世纪，伴随着现代化生产生活的高速发展，人们对能源的需求逐年增加。但是，不可再生能源(如煤和石油等化石能源)日益枯竭，且在使用过程中往往对环境造成严重污染。因此，开发新能源(如太阳能和风能等)和新型储能体系(如超级电容器和二次电池等)迫在眉睫[1,2]。超级电容器由于具有快速充放电、超长的使用寿命、低成本、可靠的安全性能、优异的温度特性等特点受到人们的广泛关注[3,4]。通常超级电容器应用于快速启动装置，如移动通信基站、无线电通信系统、城市轨道交通和飞机安全舱门等，也可与锂离子电池配合应用于电动汽车等领域，还可利用其大电流充电的特性与风能、太阳能进行系统配合，即使在阳光充足和风能强劲的情况下仍能适应大电流的波动而将能量储存起来并在夜晚或者风力较弱的时候释放出电能[5]。

超级电容器是一种介于二次电池和传统的平行板电容器之间的新型电化学能量存储装置[6]，主要由外壳、电极材料、电解质、集流体以及隔膜构成。与二次电池相比，超级电容器具有更高的功率密度与循环稳定性。与平行板电容器相比，超级电容器表现出更高的能量密度。在某些应用中，超级电容器可以单独地提供能量，也可以与二次电池组成混合体系进行工作，超级电容器的高功率和二次电池的高能量相结合填补了平板电容器和二次电池的空白。超级电容器的发展可以追溯到 1746 年，欧洲的 Leyden 小镇第一次发现采用装有金属片两极和水的玻璃管内可以存储电荷。1957 年，美国通用电气公司的 Becker 首先提出了将多孔碳电极在水系电解液中组装成双电层电容器。1968 年，美国标准石油公司的 Boos 利用高比表面积碳材料成功组装成双电层电容器并申请了专利。随后该技术被转让给日本的 NEC 公司，该公司从 1979 年开始生产商标化的"Supercapacitor"。该公司最初的产品主要是利用活性炭电极，以水溶液为电解液并采用对称性设计的超级电容器。与此同时,日本松下公司推出以有机溶剂为电解液的"Goldcapacitor",由于有机电解液具有更高的分解电压(3.4~4 V),能够提供更大的电压窗口,故而其能量密度也远高于水系超级电容器。1978 年,日本 NEC 公司实现双电层电容器的产业化,推出系列化产品,并迅速占据世界市场,引起了世界各国的广泛关注。此外,赝电容器的概念是由 Trasatti 和 Buzzanca 在 1971 年提出,他们以 RuO_2 为电极材料发现了赝电容。2003 年,科学家首次报道了采用聚吡咯(PPy)电极的交叉型平面微型超级电容器。自 2000 年以来,随着人们对于高功率、节能环保,以及安全可靠的能量存储装置需求的不断增长,超级电容器得到了全社会的广泛关注。

5.1.2 超级电容器的组成

超级电容器是由电极、电解液、隔膜、集流体、封装外壳等部件组装成的储能器件,如图 5.1 所示[7]。充电时,外加电压使隔膜两侧的电极材料产生电压差并分别携带正负电荷,电解液中的阴阳离子受到带电荷的电极材料的吸引并通过离子迁移分别吸附于相应的电极表面,从而形成双电层或者发生赝电容反应来储存电能,放电时则发生电极表面阴阳离子的脱附。

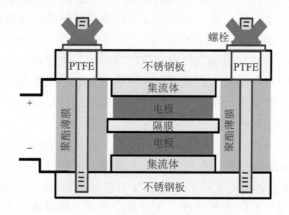

图 5.1 超级电容器的结构示意图[7]

电极是超级电容器的核心器件,所使用的电极材料对于超级电容器的能量存储性能起到决定性作用。超级电容器主要依靠电极与电解质溶液的表面的反应来存储能量。因此,超级电容器的电极应具有化学稳定性好、热稳定性好、材料价格便宜和易制备等优点。目前超级电容器的电极材料可以分为碳材料、导电高分子材料和金属氧化物等。

隔膜浸泡在电解液中,用来防止电极接触。理论上可以不使用隔膜,但在实际过程中保证电极不发生短路是不可能的。在选择隔膜的过程中要求材料尽可能薄，具有绝缘的特质且为多孔材料，可以允许离子自由通过。在隔膜材料的选择方面，通常将聚合物或者纸作为有机系电解液的隔膜，陶瓷或者玻璃纸作为水系电解液的隔膜。

集流体是电极材料的载体，与电极材料结合在一起构成超级电容器的正负电极，能够有效地增加电极材料的稳定性，阻止其散落于电解质中。集流体与活性物质接触面积的大小会影响其电阻值，并且集流体的选择与电解质的种类和电容器的工作电位密切相关。通常采用与电极材料接触面积大、接触电阻小、耐腐蚀性强和化学稳定性好的材料。当采用玻碳电极、泡沫镍、不锈钢网、碳布/碳纸、铝箔等材料作为集流体时，需要注意其中泡沫镍和铝箔不能用于硫酸、盐酸等酸性电解液中，因为其易溶解，会严重影响测试结果。

电解液主要可以分为水系、盐溶于有机溶液体系和离子液体三类。早期的电解液一般都是水系，水系电解液的优点是价格便宜，溶液的导电性高，与其他体系电解液相比，在水系电解液中可以获得较大比电容。水系电解液的缺点是电解液的分解电压较低(约 1.23 V)，这严重限制了电容器的能量密度。此外，水系电解液对电容器壳体的腐蚀较严重，长时间使用会造成电解质溶液泄漏。因为超级电容器的能量密度与电容器的电压窗口的平方成正比，所以增加电容器的电压窗口可以明显增加能量密度。使用有机电解质或者离子液体可以显著增加能量密度，但同时其缺点也十分明显，无论是有机系还是离子液体的电解质溶液，它们的电导率都远远低于水系电解液的电导率。且有机系电解液易挥发，易燃易爆，因此有机系电解液在使用过程中的安全性远远低于水系电解液。而对于离子液体来说，温度是制约离子液体使用的一个重要因素，当温度较低时，离子液体的黏度会增加，造成离子的迁移率降低，导致电导率急剧下降。

5.1.3 超级电容器的分类及工作原理

根据不同的标准，超级电容器可以划分为很多种类型。常见的分类标准主要包括电容器构造及其存储转化机理、电容器正负极储能方式是否相同、电极材料的种类、电解液的种类以及超级电容器的组装方式。

第一，根据电容器构造及其存储转化机理，超级电容器可以分为双电层电容器和赝电容器。1879 年，德国科学家 von Helmholtz 提出双电层电容模型，即 Helmholtz 模型[图 5.2(a)]。Helmholtz 指出在电极/电解液界面两侧的固体表面和液相中分别产生电量相等、电荷相反的正、负电荷层，且两电荷层的距离等于离子的半径(d)，电容大小计算公式如下：

$$C = \frac{\varepsilon_r \varepsilon_0 A}{d} \tag{5.1}$$

其中，A 为电解质与电极的接触面积；d 为电解质离子到电极表面的距离；ε_r 和 ε_0

分别为电解质和真空介电常数。与 Helmholtz 假说相矛盾的是带电离子在电解质溶液中是流动的，同时受到扩散力与静电力的影响。基于此，Chapman 提出静电吸引和热运动会使得电解质离子扩散到溶液中去，动态分散在近界面的溶液中，靠近表面的溶液中的离子浓度遵循玻尔兹曼分布，即扩散双电层模型[图 5.2(b)]。随着认识的不断深入，Stern 结合以上两种模型，提出了更加有说服力的紧密-扩散层理论模型，也称为 Stern 模型。他认为，部分离子在电极表面形成 Helmholtz 模型中的致密层，不受电势差影响，其他的离子分散在溶液中形成扩散层[图 5.2(c)]。总的双电层电容(C_{dl})与紧密层电容(C_H)和扩散层电容(C_{diff})密切相关，具体计算公式如下：

$$\frac{1}{C_{dl}} = \frac{1}{C_H} + \frac{1}{C_{diff}} \tag{5.2}$$

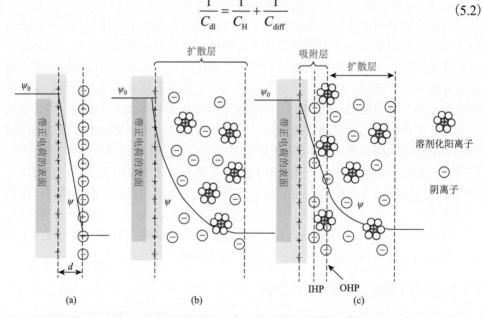

图 5.2　双电层 Helmholtz 模型(a)、Gouy-Chapman 模型(b)和 Stern 模型(c)[8]

双电层电容器主要是以较高比表面积的碳材料为电极材料，如活性炭、石墨烯、碳纳米管、碳纤维和模板炭等。充电时，正极的大量电子经外电路传输到负极，两极产生电位差，在正极内部形成带有正电荷的空间电场，吸附溶液中的阴离子，阳离子移向负极，吸附在正负电极表面的阴阳离子形成双电层。在放电时，电子与离子的运动方向与充电时相反，吸附在活性材料表面的阴阳离子重新回到溶液中，恢复初始的无序状态。在整个充放电过程中没有任何化学反应以及相变发生，仅仅是电极/电解液界面发生的阴、阳离子的吸附或者脱附反应。

电化学赝电容器储能是利用电极材料表面或者近表面发生的快速且可逆的氧化还原反应来实现的[9]。根据储能机理的差异，可将赝电容分为三类，即欠电位沉积[图5.3(a)]、氧化还原电容[图5.3(b)]和插层赝电容[图5.3(c)][10]。目前广泛应用的是插层赝电容和氧化还原电容。插层赝电容的产生是通过离子(Li^+、Na^+和K^+等)嵌入和脱出到氧化还原活性材料层间或者孔道内部的无相变过程而产生的法拉第电容。通过离子在材料表面或者近表面发生法拉第电荷转移可形成氧化还原电容,常见的材料包括过渡金属氧化物(如NiO、MnO_2和RuO_2)和导电聚合物(如PPy)。导电聚合物具有可快速充放电、温度范围宽、环境友好等优点,但受限于较差的稳定性和循环性。欠电位沉积指一种金属可在比其热力学可逆电位正的电位下沉积在另一基体上的现象,通过离子的迁移产生电容,如铅离子吸附在贵金属(如Ag和Au等)的表面,由于贵金属成本高且电压窗口较窄,因此该方法应用较少。即便赝电容器储存电荷的能力要高于双电层电容器,但由于赝电容器在充放电过程中发生的氧化还原反应相较于双电层电容器的吸脱附反应要慢得多,故而其功率特性与寿命都不如双电层电容器。另外,与二次电池充放电受到固态体相控制不同,赝电容电极在材料表面或者近表面发生反应,伴随着电荷的转移,但不受体相扩散控制,充放电仅需几秒至几分钟,即赝电容电极有着比二次电池更高的功率密度。另外,在相同面积负载时,赝电容器的能量密度和功率密度介于双电层电容器和二次电池之间。

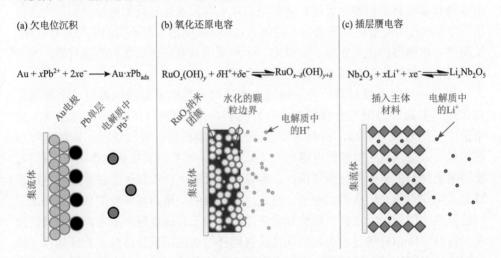

图5.3 三种不同赝电容机制的示意图:(a)欠电位沉积;(b)氧化还原电容;(c)插层赝电容[10]

混合电容器通常是由一个发生法拉第过程的电池型电极(法拉第/嵌入型电极)和一个基于电容行为的电极(如多孔碳电极)组成(图5.4)[11]。前者作为能量源,后者作为功率源,一般分为内串型和内并型两种,可通过电荷守恒得出正负极活性材料的质量比。此外,这种非对称体系还可拓宽电压窗口,进而提高能量密度。这种混合装置类似于一个可充电电池兼具较高的功率密度和循环寿命,也可以说是一种具有较高能量密度的超级电容器，性能介于超级电容器和电池之间，推动了储能领域的进一步发展，是目前超级电容器研究领域的一大热点。

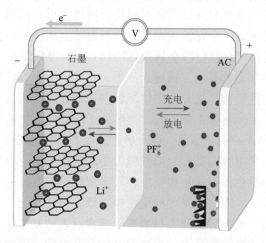

图 5.4　混合电容器（AC//石墨）的工作原理示意图[11]

第二，根据超级电容器正负极储能方式是否相同，可以将其分为对称型超级电容器和非对称型超级电容器。对称型超级电容器选用相同的电极分别作为正负极。而非对称型超级电容器选用不同的正负极，因此需要对不同的电极进行匹配，从而提高电容器的能量密度。一般地，一种采用具有高比表面积的碳材料，另一种采用非碳材料来组装成非对称超级电容器。

第三，按照电极材料分类，超级电容器可分为碳基超级电容器、金属氧化物超级电容器和导电聚合物超级电容器三类。碳基超级电容器是研究最早、应用最广泛的超级电容器，材料主要有活性炭、模板炭、炭气凝胶、碳纳米管和石墨烯[12]。金属氧化物超级电容器主要采用 RuO_2 等贵金属氧化物作为电极材料。此类电极材料的导电性比碳电极好、容量高和功率大，电极性能在硫酸中也比较稳定，可获得相对较高的比能量。但是，其昂贵的价格和对环境的危害限制了它们的商业化使用，且过渡金属的导电性差，导致其高比电容一般难以完全表现出来。目前，Mn_2O_5 等过渡金属氧化物具有同样的法拉第反应活性，而且其具有价格低廉、来源广泛、环境友善等优点，是理想的备选材料。导电聚合物超级电容器则具有导电性好、价格低、易合成等特点。例如，以聚苯胺（PANi）和 PPy 等导电聚合物为电极材料，其具有可快速充放电、温度范围宽、环境友好等优点[13]。然而，由于其较差的稳定性和循环性，其循环稳定性能也相对较差，从而制约了其应用和发展。

第四，按电解液分类，主要有三种类型的超级电容器，分别为以硫酸、盐酸、硫酸钠、氯化钾和氢氧化钾等酸性、中性和碱性无机物水溶液作为电解液的水系超级电容器,以乙腈和各种碳酸酯类为溶剂、四氟硼酸锂(LiBF$_4$)、六氟磷酸锂(LiPF$_6$)或者四氟硼酸四乙基铵(Et$_4$NBF$_4$)等为电解质的有机体系超级电容器,以及以凝胶和固态聚合物作为电解质的固态超级电容器。

第五,按组装方式分类,超级电容器可分为对称型超级电容器和非对称型超级电容器。对称型超级电容器是指两个电极采用完全相同的电极材料,在结构组成上是对称的。非对称型超级电容器是指两电极材料不同或者反应不同的电容器,与前面分类中提到的混合超级电容器概念不同,两个电极可以是同一储能机理的不同材料[14]。

5.1.4 超级电容器的特点

超级电容器与传统电容器和电池都属于储能器件。超级电容器有着高的电容量,又有优于电池的高功率密度和长循环寿命,因此受到了人们广泛的关注。超级电容器的功率密度一般在 5~10 kW/kg 之间,能量密度在 1~10 W·h/kg 之间。由此可见,超级电容器是一种介于传统电容器与电池之间的储能设备。超级电容器在储能器件中有着独特的优势[6, 15],具体如下。

第一,功率密度高。超级电容器的放电可以达到 100 A 级别的电流量,适合应用在需要高电流的电子器件上。超级电容器对高低电流变化的耐受性也很高,所以在电流不稳定、电磁环境恶劣的条件下也能够正常工作。

第二,充电时间短。因为超级电容器对电流的耐受性极强,所以不仅可以在大电流的条件下输出能量,也可以在大电流的条件下接受能量,即可以采用高电流来对其进行充电使其快速充满。普通的电池只能在额定的速率范围内进行充电,否则会破坏电极结构,导致充电速率缓慢,即使采用快速充电的方式也需要几十分钟。

第三,使用寿命长。超级电容器具有稳定的化学性质,可以在长期的充放电过程中化学变化较小,大部分的超级电容器都有着十万次以上的可循环寿命,是目前最好的蓄电池寿命的 100 倍以上。

第四,工作温度范围宽。超级电容器能够在-40~70℃的较广温度范围内正常工作,优于普通蓄电池的高低温性能。

第五,储存寿命长。由于存在自放电现象,超级电容器的电压会随放置时间逐渐降低,但重新充电仍能到原来的状态,即使几年不用也可以保持原来的性能。

5.1.5 影响超级电容器性能的因素

电极材料的比表面积、孔尺寸、电导率和表面性质是影响超级电容器性能的主要因素[16]。

第一,比表面积。电化学双电层电容器是依靠静电相互作用来实现的,是通过电子或者离子在电极-电解液界面形成定向排列的双电层来存储能量的一种装置。根据储能机制可知，电极与电解液之间形成的电荷层越大，其比电容就越大。一般来说，碳材料的比电容可以通过增大其比表面积来得到提高，碳材料比表面积越大，比电容也就越高。但是，碳材料比电容与比表面积并不呈线性关系。这可能是由于多孔碳材料的一部分孔道可以被气体分子测量，但是无法被电解质离子浸润。通常，微孔的比表面积与体积比值很高，能提供更大的比表面积，但是微孔过多容易导致孔道冗长且复杂，电解液离子难以进入到曲折且狭窄的孔道。因此，碳材料的比电容并不是完全由其比表面积决定的，还与孔隙大小、孔径分布以及材料的导电性、表面基团等有密切关系。

第二，孔尺寸。按照国际纯粹与应用化学联合会对孔的尺寸分类，多孔碳材料的孔可以分为三类。第一类是微孔，孔径小于 2 nm，其中孔径小于 0.7 nm 的孔被定义为超微孔，孔径大于 0.7 nm 的孔为极微孔。微孔被认为是存储电荷的主要区域，其高的孔隙度可提高电化学电容器的比容量，对比表面积的贡献率最大。因此，微孔对于提高碳材料的比电容具有重要的贡献。第二类是介孔，孔径介于 2~50 nm 之间，该部分孔道既可以用于存储电荷，又可以作为离子传输通道，对于减小离子的传输阻抗，提高碳材料的倍率性能具有重要意义。第三类是大孔，孔径大于 50 nm，主要负责外部电解液向内部的输送，起到"蓄水池"的作用，能够有效地缩短电解液离子到达电极-电解液界面的迁移距离，降低离子在电解液中的迁移电阻。但是，介孔与大孔过多势必会降低材料的比表面积，因此，设计合理的孔道，协调好比表面积和孔径分布的关系至关重要。值得注意的是，不同电解质离子的直径有很大差别，无机离子的直径一般在 0.3 nm 左右。例如，K^+ 的直径为 0.276 nm，Na^+ 的直径为 0.204 nm，溶剂化后直径约为 1 nm，进出小于 1 nm 的孔时，离子传输速率受到一定限制。水系电解质离子可以浸润孔径大于 0.5 nm 的孔，而离子液体的离子直径约为 1 nm，有机电解液难以浸入孔径小于 1 nm 的孔。直径为 1~2 nm 的孔对于无机离子是理想的存储环境，而小于 2 nm 的孔无法被离子液体浸润，导致电荷传输缓慢，内阻大大增加，倍率性能不佳。

第三，电导率。电极的电导率也是影响双电层电容器电化学性能的重要因素。一般来说，电极的电导率主要是由碳材料固有的导电性与电极制备过程中的工艺共同决定的。电化学电容器的等效串联电阻（ESR）的主要来源有电极材料本身的电阻、活性电极材料与集流体之间的电阻、离子进入小孔的扩散电阻、离子在电解液中的迁移阻抗等。具有高导电性的碳材料用作超级电容器电极材料能够更有效地降低电容器的等效串联电阻，提高其倍率性能以及循环次数。不仅如此，具有高导电性的碳材料还可以提高离子在小孔中的电荷传输，减小离子进入小孔的扩散阻抗，从而提高碳材料的孔隙利用率。对于颗粒状碳材料，在电极制备过程中必须要保证颗粒与颗粒之间、颗粒与集流体之间接触的最大化，以抑制电容器内部电阻增加和电容降低。为了获得具有高输出功率的超级电容器，研究者提出将一些电化学稳定的黏结剂与活性炭进行混合并涂覆在集流体上，但是黏结剂属于非活性材料，过多使用会减小电极的电导率，从而降低体积比容量和质量比容量。聚四氟乙烯(PTFE)由于具有较高的化学惰性和在水系介质中的可加工性，被广泛应用于超级电容器的黏结剂。除了控制黏结剂的用量外，另一种提高电极导电性的方法是向电极材料中添加一种可以改善电极导电性的材料。炭黑和乙炔黑具有良好的导电性和机械稳定性，且有纯度较高、价格低廉等优势，是目前超级电容器电极制作中首选的导电添加剂。除了电极材料本身的导电性之外，在制备电极时对黏结剂、导电添加剂的选择，以及电极的组装工艺等因素都会对制备高性能电容器产生至关重要的影响。

第四，表面性质。纯碳材料表面是疏水的，致使电解液的润湿性差，比表面积利用率低。引入杂原子会带来更多的结构缺陷，为离子的存储提供更多的活性位点。与此同时，杂原子的引入还有助于改善碳材料的表面润湿性，减小离子在微孔中传输的阻力。此外，碳材料表面的官能团还可以引发氧化还原反应，增加电子导电性。常见掺杂的杂原子包括氧、氮、硼、硫和磷等[17]。硫掺杂可以抑制碳化过程中尺寸较小的微孔发生收缩[18]。磷掺杂不仅可与电解液离子发生氧化还原反应，产生赝电容，还能够稳定碳材料的表面活性氧化位，扩大工作电压，增强电极材料在较宽电位窗口下的稳定性[19]。此外，磷原子半径大于碳，可以提供额外的 3d 轨道，增加活性位点。硼掺杂使费米能级向导电带发生转移，硼修饰碳材料的电子云结构后可以促进碳表面对氧的化学吸附而提高活性[20]。至于氧掺杂，醌型氧在酸性电解液中是具有电化学活性的，可以贡献额外的赝电容，醚键和羧基的掺杂可以改善水系电解液中电极的润湿性[21]。在各种类型的掺杂中，氮掺杂的应用最为广泛，掺杂的氮元素可以分为吡啶氮、吡咯氮、石墨化氮和氧化氮四种类型。其中，吡啶氮和吡咯氮可以引发赝电容效应，石墨化氮因为携带活性电荷可以促进电子转移，氧化氮可以改善电极材料的润湿性能。

5.1.6 超级电容器的性能指标及计算公式

评价超级电容器性能的指标包括比电容量、倍率性能、充放电性能的循环稳定性、快速充放电能力和功率密度。超级电容器的性能一般取决于电极材料与电解液/电解质。其中，电解液常用的有水系电解液、有机电解液、离子液体以及固态电解质。要评判超级电容器的性能，主要可以通过以下三种方法进行测试，包括循环伏安法(CV)、恒流充电/放电法(GCD)和电化学阻抗谱(EIS)法。

通过 CV 曲线计算超级电容器的电容量(C，单位为 F)的计算方法如下：

$$C = \frac{Q}{2V} = \frac{1}{2Vv}\int_{V_1}^{V_2} I(V)\mathrm{d}V \tag{5.3}$$

其中，Q 为在循环伏安曲线中的库仑量；I 为循环伏安曲线中的电流；V 为循环伏安曲线中的电压；v 为循环伏安曲线的扫描速率。由上述公式可以看出，在固定的扫描速率下，循环伏安曲线面积越大，其电容量越高。在固定面积下扫描速率越快，其电容量越大。比电容为电容与电极内活性物质质量的比值(F/g)。

通过恒流充放电曲线来计算电容量，公式如下：

$$C = \frac{I \times t}{\Delta V} \tag{5.4}$$

其中，I 为放电的电流；t 为放电时间；ΔV 为放电时的窗口电压。因此，当放电电流与窗口电压恒定时，放电时间越长，表明其储存的电容量越高。

能量(E)的计算方法如下：

$$E = \frac{1}{2}C \times \Delta V^2 \tag{5.5}$$

因此，能量不仅仅与电容量有关，还与窗口电压呈指数关系。

功率的计算方法如下：

$$P = \frac{E}{t} \tag{5.6}$$

其中，P 为功率。因此，提高超级电容器的电容量或者超级电容器的窗口电压可以提高能量密度和功率密度。电容器的电容量取决于电极材料的性质。电容器的窗口电压不仅取决于电极材料的性质，也取决于电解液的性质。

5.2 碳材料基超级电容器

5.2.1 碳球

Zhang 等[22]通过在聚丙烯腈(PAN)纳米颗粒周围涂覆可牺牲保护层来防止碳化过程中粒子间的交联，从而制备单分散的多孔碳纳米球。多孔碳纳米球的平均粒径为 100 nm，且具有较高的比表面积(424 m²/g)和氮掺杂含量(14.8 wt%)。图 5.5(a) 显示了在扫描速率为 5～200 mV/s 范围内获得的代表性 CV 曲线。曲线呈矩形，没有氧化还原峰，显示了快速充放电过程中的理想超级电容性能。在最高扫描速率为 200 mV/s 时，CV 曲线保持了与 5 mV/s 时几乎相同的形状，显示出良好的电化学倍率性能。在 0.1～20 A/g 电流密度范围内，GCD 曲线如图 5.5(b) 所示，近似线性和对称的等腰三角形图形进一步表明其良好的电化学电容特性。在电流密度为 0.1 A/g 时，比电容为 244 F/g。图 5.5(c) 和 (d) 分别展示了比电容与扫描速率和电流密度之间的关系。在高充放电速率下，比电容保持率依然较高，如从 2 mV/s 升高到 2000 mV/s 时比电容保持率为 45%，而从 0.1 A/g 增加到 20 A/g 后，比电容保持率为 49%。这些优异的倍率性能可归功于材料较低的内阻和较高的孔隙度。电化学阻抗谱用来分析多孔碳纳米球的电荷传输和离子扩散等特性。在图 5.5(e) 中，Nyquist 曲线左侧高频区的实轴截距表示电容器内阻为 0.3 Ω，代表电极材料、电解质溶液以及集流体材料本身的电阻。高频和中频区的内陷半圆代表的电阻大小为 11.8 Ω，包含电解液和电极材料界面以及电极材料和集流体接触面之间的电荷传递电阻。而低频区近乎垂直于实轴的直线代表理想的电容行为，表明电解质离子很容易扩散到电极材料表面及其多孔结构内部。这三者合起来就是电容器的等效串联电阻(ESR)，较低的电阻可以显著地提升超级电容器的电容性能。图 5.5(f) 显示了多孔碳纳米球在电流密度为 2 A/g 下恒流充放电 10000 次循环测试中的稳定性。循环 5000 次后电容趋于稳定，衰退变得不明显，经过 10000 次循环后，电容保持率可达 85%，证明其良好的长循环稳定性和使用寿命。

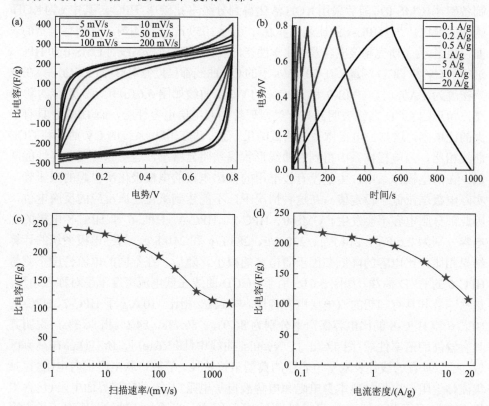

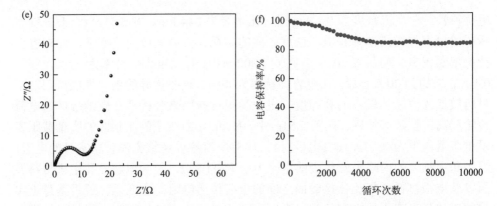

图 5.5 在电压窗口为 0.0~0.8 V 范围内，以 1 mol/L 的 Na_2SO_4 水溶液为电解液，多孔碳纳米球在双电极系统中的电化学性能：(a) 不同扫描速率下的 CV 曲线；(b) 不同电流密度下的 GCD 曲线；(c) 质量比电容与 CV 测试中扫描速率(2~2000 mV/s)的关系；(d) 质量比电容与 GCD 测试中电流密度(0.1~20 A/g)的关系；(e) Nyquist 曲线；(f) 电流密度 2 A/g 时的长循环稳定性[22]

Zhang 等以低密度聚乙烯(LDPE)为碳前驱体，在封闭体系中裂解 LDPE 碳化制备碳球(CMS-0)，随后采用 KOH 活化得到分级多孔碳球(HPC-x，其中 x 为 KOH/碳球质量比)[23]。HPC-x 的比表面积在 1801~3059 m^2/g 范围内，且拥有丰富的表面官能团。为了研究超级电容器电化学性能，他们使用两电极系统对 CMS-0 和 HPC-x 进行了 CV 和 GCD 测量。在 50 mV/s 下的 CV 曲线都呈近似矩形[图 5.6(a)]。在电流密度为 1 A/g 时，CMS-0 和 HPC-x 的 GCD 曲线如图 5.6(b)所示。近似对称等腰三角形的 GCD 曲线表明其具有类似理想的双电层电容性能。而 HPC-6 具有最大的比电容，这与三电极体系的测试结果一致。与三电极系统的 CV 曲线和 GCD 曲线相比，两电极体系中得到的曲线形状偏差明显减小，这意味着赝电容性能降低。在两电极体系中，由于没有校准用的参比电极的电极极化所引起的电压降，实际电极电压低于设定值。在这种情况下，不能达到氧化还原反应的反应电位，因此部分赝电容不会发生。CMS-0、HPC-2、HPC-4、HPC-6 和 HPC-8 电极的比电容分别为 2.6 F/g、214 F/g、238 F/g、283 F/g 和 210 F/g。与三电极系统的计算结果相比，比电容的降低归因于赝电容的减小。随后，在不同的电流密度下测量 HPC-6 的 GCD 曲线。如图 5.6(c) 所示，GCD 曲线在低电流密度下呈对称三角形，这意味着其具有理想的双电层电容特性。与 1 A/g 相比，10 A/g 下 HPC-2、HPC-4、HPC-6 和 HPC-8 的比电容保留率分别为 86.9%、85.7%、84.1%和 86.3%，说明其具有较高的倍率性能[图 5.6(d)]。Nyquist 曲线中[图 5.6(e)]，所有样品在高频区域，近似垂直的线代表双层电容器的典型阻抗特性。等效串联电阻由内电阻(包括集流体电阻、电极材料本身电阻和电解液自身电阻)与电荷转移界面电阻(包含电极/集流体界面和电解液/电极材料界面电阻)组成。半圆与实轴的截距对应于电容器内阻，半圆的直径与界面电阻有关。HPC-2、HPC-4、HPC-6 和 HPC-8 的内/界面电荷转移电阻分别为 0.62 Ω/0.04 Ω、0.52 Ω/0.06 Ω、0.68 Ω/0.2 Ω 和 0.66 Ω/0.15 Ω。较低的等效串联电阻归因于炭层的高导电性、分级多孔结构的高离子扩散效率和 HPC-x 光滑表面与集流体较低的接触电阻。图 5.6(f) 显示了由 EIS

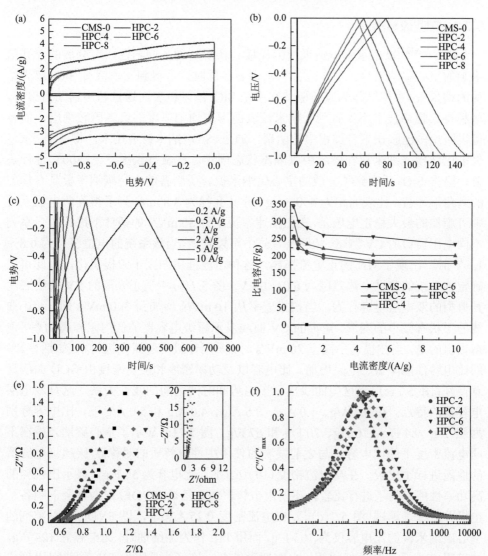

图 5.6 (a) CMS-0 和 HPC-x 在 50 mV/s 扫描速率下的 CV 曲线；(b) CMS-0 和 HPC-x 在 1 A/g 时的 GCD 曲线；(c) 不同电流密度下 HPC-6 的 GCD 曲线；(d) CMS-0 和 HPC-x 的倍率性能；(e) Nyquist 曲线；(f) 由阻抗数据与频率的关系导出的 C''/C'_{max} 曲线(所有测试均在两电极系统中进行)[23]

数据计算出的 C''/C'_{max} 值与频率之间的相关性。HPC-2、HPC-4、HPC-6 和 HPC-8 的 C''/C'_{max} 值分别为 21.1 Hz、21.1 Hz、54.9 Hz 和 30.9 Hz，这表明 HPC-6 是可用于高频工作条件的超级电容器。另外，HPC-2 电极的能量密度和功率密度分别为 9.81 W·h/kg 和 450 W/kg。

5.2.2 中空碳材料

Cao 等[24]以三水铝石纳米板为模板制备了一种各向异性、可分散的介孔氮掺杂的空心碳纳米片。在未除去三水铝石核层时，可得到三水铝石-SiO_2 核壳结构的纳米板。多巴胺作为碳前驱体在中空 SiO_2 纳米板表面通过超声辅助自聚合，这种持续超声技术不仅有利于纳米板表面形成均匀厚度的聚多巴胺涂层，而且可以防止多巴胺在聚合过程中的团聚。通过 SiO_2 纳米铸造技术，将单个 SiO_2-聚多巴胺核壳纳米板在硅胶中以隔离状态固定。在氩气氛围下于 800℃进行热解，除去 SiO_2 后得到了分散的空心碳纳米板。所制备的中空碳纳米板具有均匀的六角形形貌，比表面积为 460 m^2/g，介孔孔径为 3.8 nm。为了得到两电极系统中可施加的最大稳定电压差，在扫描速率恒定为 50 mV/s 的条件下进行了一系列不同电压窗口的 CV 测试。从图 5.7(a)中可以发现，当该系统的电位窗口为 0.8~1.6 V 时，出现了明显的正电流拖尾，这种电流拖尾归因于阳极氧化，因此可以确定该系统的测试电势范围为 0.0~1.4 V。图 5.7(b)中呈正方形的 CV 曲线表明其典型的双电层电容行为。当扫描速率从 10 mV/s 增加到 300 mV/s 时，CV 曲线的形状有微小的变形。矩形的 CV 曲线表示超级电容器的低内阻和高功率。值得指出的是，当扫描速率高于 20 mV/s 时，常用超级电容器电极材料（如活性炭）的比电容性能降低、电阻增加。比电容以及功率密度和能量密度由 GCD 曲线计算得到[图 5.7(c)]。这些曲线显示了电势和时间之间的线性关系，这是双电层电容器的特点。在 0.5 A/g、1.0 A/g、2.5 A/g、4.0 A/g 和 5.0 A/g 下，比电容分别为 88 F/g、84 F/g、76 F/g、70 F/g 和 67 F/g。图 5.7(d)显示了空心碳纳米板在不同电流密度下的比电容，与之前发表的使用中性电解质的对称碳/碳超级电容器的性能进行了比较。在高电流密度(10 A/g)下，比电容为 56 F/g，显示出优异的高功率性能。为了进行比较，还使用市售聚偏氟乙烯(PVDF)作为黏合剂制备了电极并进行了测试[图 5.7(d)]。在电流密度 0.25 A/g 下，以 PVDF 为黏结剂的空心碳纳米板的比电容仅为 103 F/g，而用 PIL 作为黏结剂时，比电容为 124 F/g。这表明 PIL 是一种更好的超级电容器黏结剂。这可能是因为 PIL 网络可以形成一个均匀的、比 PVDF 黏结剂更好的导电基体，从而增强电荷流动和传输而得到更好的电化学性能。

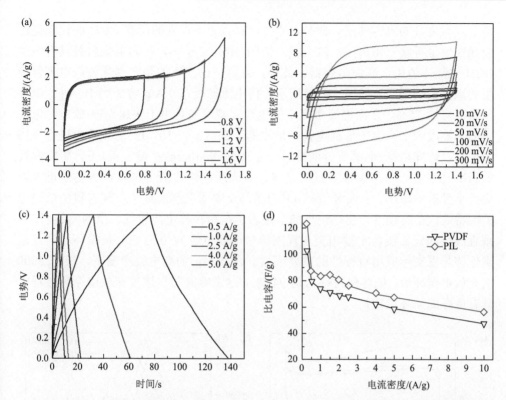

图 5.7 基于介孔氮掺杂的空心碳纳米片的对称超级电容器电化学性能：(a) 在扫描速率为 50 mV/s，电解质为 1 mol/L Li$_2$SO$_4$，PIL 为黏结剂时不同电压窗口下的 CV 曲线；(b) 在扫描速率范围为 10～300 mV/s，以 PIL 为黏结剂时的 CV 曲线；(c) 以 PIL 为黏结剂，在电流密度为 0.5～5.0 A/g 时的 GCD 曲线；(d) 分别以 PIL 和 PVDF 为黏结剂时质量比电容与电流密度之间的关系[24]

Zhang 等[25]将废聚乙烯和镁粉热解得到高比表面积的中空介孔碳笼(HMCC)。HMCC 具有大的空腔、高的比表面积和丰富的介孔。图 5.8(a) 为扫描速率为 5 mV/s 时，在-1.0～0.0 V 电压窗口范围内所有样品的 CV 曲线。在不同的扫描速率下，所有的曲线都呈现准矩形，表明电极具有良好的电容特性，并且离子在电化学活性表面上的传输速度很快。与其他样品相比，HMCC-600-1 具有更高的电化学性能。这种行为是由于大的比表面积和合适的孔径共同有利于电荷的积累和转移。此外，如图 5.8(b) 的 GCD 曲线所示，与 HMCC-700-1 和 HMCC-800-1 相比，HMCC-600-1 在 1 A/g 的低电流密度下的放电时间明显更长，这与 CV 的结果一致。在电流密度为 1 A/g 时，HMCC-600-1、HMCC-700-1 和 HMCC-800-1 的比电容分别为 200 F/g、155 F/g 和 140 F/g。为了进一步研究 HMCC-600-1 的性能，在扫描速率为 5～200 mV/s 时进行了 CV 测试。在图 5.8(c) 中，即使在 200 mV/s 的高扫描速率下，CV 曲线的矩形形状没有明显变化，这表明 HMCC-600-1 在高扫描速率下具有良好的电容性能。此外，在 1~20 A/g 下得到的所有 GCD 曲线都是近似线性地呈等腰三角形[图 5.8(d)]，说明 HMCC-600-1 作为电极材料具有线性 GCD 性能，适用于超级电容器。此外，高电流密度下的稳定性是超级电容器应用的重要影响因素。如图 5.8(e)所示，将电流密度从 1 A/g 增加到 10 A/g，电容保留率可达 75%。在高电流密度下的电容衰减可能是由于快速充电/放电时电解质离子被限制于孔道中形成电荷扩散中断。在 10^{-2}~10^5 Hz 的频率内进行 EIS 表征，以研究电极-电解质界面性质。在低频(Warburg 扩散分量)下，阻抗曲线的斜率几乎是一条与实轴垂直的直线，这表明电解质离子可以很容易地进入表面而不受扩散限制。中频区倾斜 45°的尾部反映了电解质离子在碳材料中的快速扩散特性。在高频下，直径较小的半圆表示电荷转移电阻较低，由 Nyquist 图中垂直线反向延长线与实轴相交点代表等效串联电阻为 0.53 Ω。长循环稳定性是确保该装置实际应用可行性的重要因素。在 5 A/g 的高电流密度下，经过 5000 次充放电循环后，电容保持率可达 94.6%，这意味着其在重复充放电循环过程中具有良好的循环稳定性。

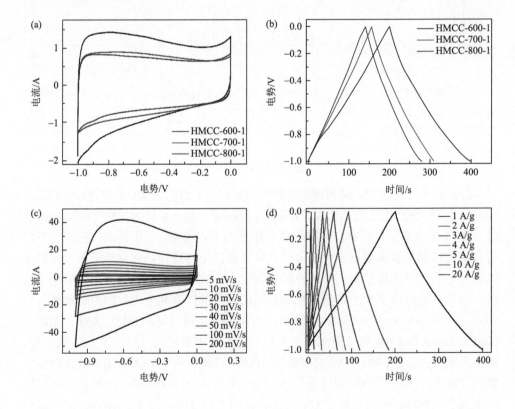

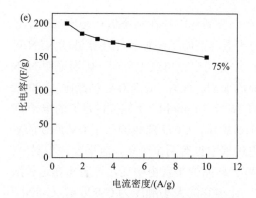
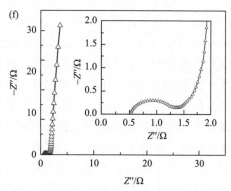

图5.8 在以6 mol/L KOH为电解液的三电极体系中HMCC-600-1、HMCC-700-1和HMCC-800-1的电化学性能：(a) 5 mV/s时的CV曲线；(b) 1 A/g时的GCD曲线；(c) 5～200 mV/s时的HMCC-600-1的CV曲线；(d) 1～20 A/g时的HMCC-600-1的GCD曲线；(e) 不同电流密度下的HMCC-600-1的比电容；(f) HMCC-600-1的Nyquist曲线[25]

Cheng等[26]以廉价的$Mg(OH)_2$为硬模板将废聚氯乙烯(PVC)转化为纳米多孔碳。将质量比为1∶2的PVC/$Mg(OH)_2$混合物在700℃下碳化得到中空碳壳材料，它具有分级多孔结构，比表面积和孔体积分别为958.6 m^2/g和3.56 cm^3/g。为了进一步提高纳米多孔碳的电化学性能，在70℃下利用$KMnO_4$溶液直接氧化中空碳壳材料得到MnO_x/中空碳壳复合材料，Mn元素的含量为1.92 wt%～8.98 wt%，比表面积和孔体积分别为529.1～783.2 m^2/g和1.17～2.03 cm^3/g。在电流密度为1 A/g时，比电容分别为430.0 F/g、751.5 F/g和325.4 F/g，远远高于中空碳壳材料的比电容(47.8 F/g)。显然，相比中空碳壳材料，尽管孔隙率在一定程度上有所降低，但是MnO_x/中空碳壳材料的电容器性能有显著提高。这主要归因于MnO_x材料的法拉第反应带来的赝电容效应。在循环5000次后，比电容保持在83.14%。当功率密度为0.25 kW/kg和5.1 kW/kg时，能量密度分别为121.4 W·h/kg和48.6 kW/kg。

在另一个工作中[27]，他们以废弃PVDF为碳前驱体，$Ni(NO_3)_2·6H_2O$为石墨化催化剂，采用同步碳化和石墨化工艺制备了纳米多孔石墨碳材料。结果表明，碳化温度对孔结构及其电化学性能有重要影响。当碳化温度从800℃增加到1000℃和1200℃时，材料的孔隙率略有降低，石墨化程度有所提高，纳米多孔石墨碳材料的比表面积从1048.9 m^2/g(C-800)降低到989.4 m^2/g和817.1 m^2/g，孔体积从1.03 cm^3/g减小到0.90 cm^3/g和0.73 cm^3/g。为了进一步提高电化学性能，加入2 mmol/L或者4 mmol/L 4-(对硝基苯偶氮)-1-萘酚(NPN)到2 mol/L的KOH电解液中。图5.9(a)显示了C-800和C-800-4(4表示NPN的浓度)样品在不同扫描速率(20～200 mV/s)下的CV曲线。C-800-4的CV曲线具有四个不同氧化还原峰，与C-800样品有很大差异，这表明加入氧化还原性的NPN添加剂后，体系存在法拉第反应。此外,四个氧化还原峰表明在一个循环中存在两个氧化反应和两个还原反应。图 5.9(b) 中由 CV 曲线计算出的比电容证明了添加氧化还原性的 NPN 可以显著提高电化学性能,这归功于活性添加剂的快速自放电反应,因而证明 NPN 是一种很好的提高电化学性能的氧化还原添加剂。此外,C-800-4 样品比 C-800-2 样品具有更高的比电容。显然,低浓度的 NPN(2 mmol/L) 不能提供足够的电子和/或离子来增强新体系的导电性。如图 5.9(c) 所示,GCD 曲线印证了 CV 曲线的氧化还原峰,充电过程中有两个平台,放电过程中也有两个平台,但平台并不明显。此外,来自 C-800-4 样品的平台比 C-800-2 样品的平台更明显,这表明在这种浓度下提供了更多的电子和/或离子。同时,比电容的大小顺序为 C-800-4>C-800-2>C-800[图 5.9(d)],与 CV 结果一致。例如,在 5 A/g 的电流密度下,C-800-2/4 样品的比电容分别为 212.0 F/g 和 252.8 F/g,而 C-800 样品的比电容仅为 130.6 F/g。因此,NPN 是一种有效的氧化还原添加剂,能显著提高电化学性能,而较高浓度的 NPN(4 mmol/L) 可更加有效地提高材料的电化学性能。

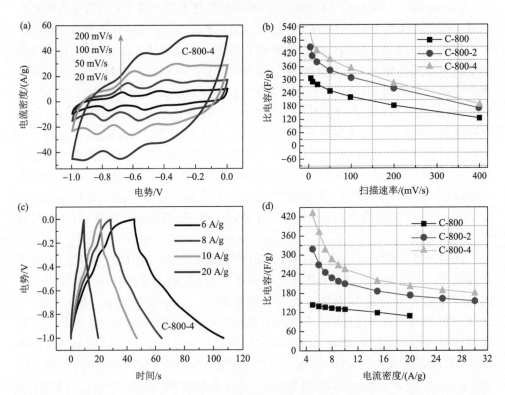

图 5.9 (a) C-800-4 样品的 CV 曲线;(b) 根据 CV 曲线计算的比电容;(c) C-800-4 样品的 GCD 曲线;(d) 根据 GCD 曲线计算的比电容[27]

Liu 等利用 PVC 作为碳源,在纳米模板表面上进行脱卤反应从而制备具有均匀孔道且互相连通的多孔碳材料[28]。它是一种具有丰富的晶界、缺陷边缘和混层网络的软碳。软碳具有更多的 sp^2 结构，在高温下更容易石墨化。此外，软碳具有更多缺陷，可以更为有效地引入杂原子。以氮掺杂为例，经过 NH_3 处理后，氮掺杂的多孔碳材料表现出优异的电容器性能。在三电极体系中，以 1 mol/L 的 H_2SO_4 为电解液时，氮掺杂软碳的 CV 曲线呈近似矩形，有一对明显的氧化峰，反映了双电层电容和赝电容共存[图 5.10(a)]。氧化还原峰可以归因于高电化学活性的氮掺杂，并且这种 CV 曲线的形状即使在显示高电荷转移动力学的 100 mV/s 高扫描速率下也保持不变。GCD 曲线表明，即使在高电流密度下，其形状可保持对称等腰三角形，表明理想的电容特性[图 5.10(b)]，这与 CV 结果一致。此外，在电流密度为 5 A/g 时，氮掺杂软碳电极表现出非常小的电压降，仅为 0.037 V。显然，氮掺杂软碳的较小电压降反映出由于互连的多孔网络而产生的较小内阻。值得注意的是，在电流密度为 1 A/g 时，比电容为 251 F/g，远高于商用碳电极。电化学阻抗图可用于估计电解液中电极材料的等效串联电阻。在高频区，小半圆表明活性材料界面上的质量/电荷交换速率很快，低频区的近垂直直线显示出良好的电容性能。即使在电流密度为 30 A/g 时，比电容仍保持 74%。这源自良好的石墨化程度以及纳米孔结构的独特性，使得软碳材料具有快速的离子扩散速率。此外，在 20 mV/s 的扫描速率下经过 10000 次 CV 测试循环后，氮掺杂软碳表现出高达 94%以上电容保持率的长循环稳定性。

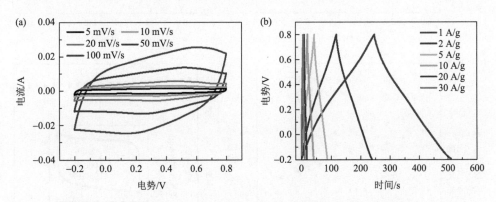

图 5.10 氮掺杂多孔软碳的电化学性能评价：(a)扫描速率为 5～100 mV/s 时的 CV 曲线；(b)电流密度为 1～30 A/g 时的 GCD 曲线[28]

Wang 等[29]通过改变共聚物二乙烯基苯的比例(0%～15%)来调节超交联聚合物的孔结构，之后直接碳化制备具有孔结构和形貌均可控的空心微孔碳球(x-HCS-y，x 和 y 分别表示二乙烯基苯的含量和碳化温度)，空腔和壳层厚度可通过交联度和碳化条件控制。当二乙烯基苯的含量为 15%时，制备的中空碳球(15%-HCS-700)的直径为 272 nm，比表面积和孔体积最大可达 816 m^2/g 和 0.45 cm^3/g。在 6 mol/L 的 KOH

电解液中，通过 CV 和 GCD 测试，研究了中空碳球的超级电容器的电化学性能。在 0~1 V 电压窗口下的 CV 曲线呈准矩形对称形状，显示出良好的可逆电容行为。与不同温度下的其他样品(15%-HCS-600、15%-HCS-800 和 15%-HCS-900)相比，在相同扫描速率(500 mV/s)下，15%-HCS-700 的 CV 曲线比其他样品的积分面积大得多，显示出更高的比电容。15%-HCS-700 突出的超级电容的性能得益于高的比表面积和保留的纳米结构。如图 5.11(a)所示，即使扫描速率增加到 2000 mV/s，15%-HCS-700 的 CV 曲线仍保持几乎矩形，这表明其在两电极装置中具有理想的电容行为。扫描速率为 2 mV/s 时，根据 CV 曲线计算得出的最大比电容为 240 F/g。扫描速率增加到 2000 mV/s，15%-HCS-700 的比电容为 116 F/g，远远高于 2.5%-HCS-700 的比电容[图 5.11(c)]。15%-HCS-700 可提供 5.4 W·h/kg 的能量密

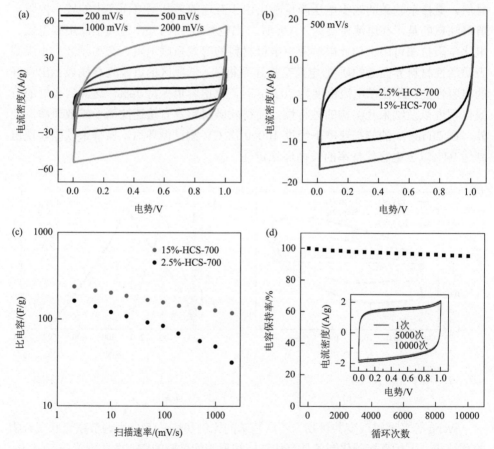

图 5.11　(a)15%-HCS-700 在不同扫描速率下的 CV 曲线；(b)15%-HCS-700 和 2.5%-HCS-700 在 500 mV/s 扫描速率下的 CV 曲线；(c)15%-HCS-700 和 2.5%-HCS-700 在不同扫描速率下的比电容；(d)15%-HCS-700 在 10000 个周期内以 50 mV/s 扫描速率的循环稳定性和选定循环的 CV 曲线[29]

度,伴随的功率密度为 1950 W/kg。如图 5.11(d)所示,在 50 mV/s 的扫描速率下,即使在 10000 次 CV 测试循环之后,电容保持率仍超过 95.4%,表明 15%-HCS-700 具有良好的电化学循环稳定性能。

5.2.3 碳纳米管

Wen 等[21]利用纳米炭黑(CB)和 Ni_2O_3 复合催化剂将 PP、PE、PS 及其共混物碳化制备碳纳米管(CNT),分别标记为 PP3CB5Ni、PE3CB5Ni、PS3CB5Ni 和 P-E-S3CB5Ni,比表面积和孔体积分别为 209~447 m^2/g 和 1.126~1.975 cm^3/g。图 5.12(a)为塑料基 CNT、商业化的 CNT(C-CNT)和 CB 的比电容与扫描速率之间的关系。在扫描速率为 5 mV/s 时,塑料基 CNT 的比电容为 160~195 F/g。随着扫描速率的增加,比电容逐渐减小。在相同扫描速率下,塑料基 CNT 的比电容明显高于 C-CNT。例如,在 20 mV/s 时,塑料基 CNT 的比电容值为 105~140 F/g,而 C-CNT 的比电容值仅为 50 F/g。有趣的是,混合塑料制备得到的 CNT 的比电容在所有合成的 CNT 中是最高的,这主要是由于含氧基团增加而产生赝电容。此外,在 10 mV/s 下的电化学稳定性如图 5.12(b)所示。这些电极在 1000 次循环后均保持较高电容保留率(98%左右)。例如,PP3CB5Ni、PE3CB5Ni、PS3CB5Ni 和 P-E-S3CB5Ni 的最终电容分别为初始电容的 99.5%、98.2%、99.4% 和 99.2%。这表明塑料基 CNT 作为超级电容器的电极材料具有良好的电化学稳定性。

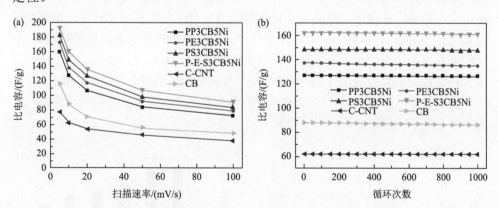

图 5.12 塑料基 CNT、商业化 CNT 和 CB 的比电容值与扫描速率的关系(a)和在扫描速率为 10 mV/s 时的循环测试结果(b)[21]

Liang 等[30]利用核壳结构 CNT@PS 瓶刷状材料作为结构单元,开发了一类具有异质结构的 CNT 互连网络结构的超级分层碳材料(SHCs-x, x 为 PS 的聚合度)。采用表面引发原子转移自由基聚合法,得到通过共价键交联相互连接的圆柱形的 CNT@PS 瓶状刷(CNT 半径为 21 nm,PS 厚度为 5 nm),碳化后制备得到 SHCs-x。

整个纳米网络的介孔和大孔在 2～150 nm 范围内，分别集中在 27 nm 和 68 nm。比表面积为 635 m²/g，微孔比表面积为 287 m²/g，中/大孔比表面积为 348 m²/g，总孔体积高达 1.00 cm³/g。研究 SHC-450 作为超级电容器电极的电化学性能，其中采用高比表面积活性炭（AC）作为参照材料。图 5.13(a)中的 Nyquist 曲线表明，SHC-450 的半圆直径(0.9 Ω)小于 AC 的半圆直径(1.5 Ω)，这表明 SHC-450 在电极/电解液界面处的电荷传递阻抗较低，电解液离子在纳米孔内的传输较快。离子扩散电阻对电极的电容性能，特别是对电极的倍率性能有很大的影响。例如，在 0.05 A/g 时 SHC-450 的比电容高达 306 F/g，即使恒流充放电实验的电流密度增加了 100 倍，其电容仍保持在 240 F/g[图 5.13(b)]。如果将电流密度增加到非常高 (20 A/g)，仍然可以获得 210 F/g 的高比电容。这些比电容和相应的电容保持率都显著超过 AC 体系[图 5.13(c)]。此外，无论电流密度高低，SHC-450 的面积比电容(36～48 μF/cm²)明显高于 AC[图 5.13(c)]。这表明 SHC-450 具有优异的倍率能力和较大的电化学活性表面积。此外，SHC-450 在 1 A/g 的高电流密度下经过 10000 次循环后仍保持约 100%的初始电容，显示出良好的循环稳定性[图 5.13(e)]。对参照样品 CNT-1 和 HPC 的电化学研究可以更加深入了解分级多孔结构对增强离子扩散速率、储能能力和电化学表面活性的重要作用。结果表明，CNT-1 具有优异的电容保持率，但比电容较低，主要是由于其石墨结构具有高的导电性和低的比表面积。同时，HPC 具有较高的比电容，但电容保持率适中，这是由于 HPC 具有较强的微孔结构，而非晶化碳骨架的导电性相对较低。与之形成鲜明对比的是，在不同电流密度下，SHC-450 比 CNT-1 和 HPC 具有更高的质量比电容和面积比电容，说明了 CNT-1 和 HPC 在电化学充放电过程中存在着高度的协同效应。SHC-450 在不同电流密度下的协同效应系数值均大于 4.0，在 7.5 A/g 下工作时，最大协同效应系数值高达 5.0。此外，简单地将每个组成成分（CNT-1 和 HPC）的电容贡献相加，得到的电容比 SHC-450 的电容低得多，进一步表明电活性微孔碳壳与高导电 CNT 核共价杂化的优势。

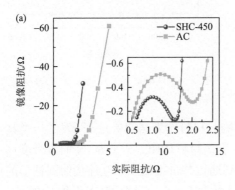

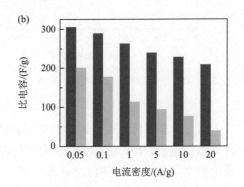

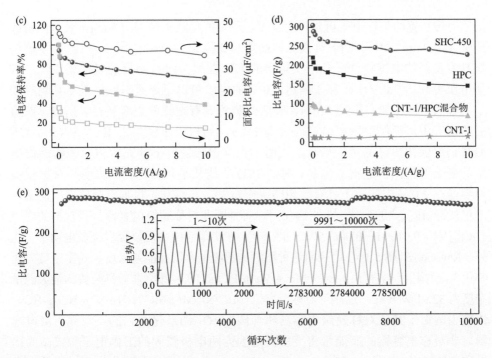

图 5.13 (a) Nyquist 曲线；(b) 比电容数值比较图；(c) SHC-450（红色）和 AC（绿色）的电容保持率与面积比电容；(d) SHC-450、HPC、CNT-1/HPC 混合物和 CNT-1 的比电容比较；(e) SHC-450 在电流密度为 1 A/g 时超过 10000 次循环的长期循环稳定性，插图显示了前十次和后十次循环的 GCD 曲线[30]

5.2.4 碳纳米纤维

Huang 等[31]利用 $NiCl_2$ 作为催化剂，PEG 作为碳源制备多孔碳纳米纤维，比表面积为 302 m^2/g，孔体积为 0.46 cm^3/g。将其用于超级电容器，当扫描速率为 25 mV/s 时，多孔碳纳米纤维的比电容为 98.4 F/g，高于商业化碳纳米管的比电容 (17.8 F/g)。此外，当扫描速率从 2 mV/s 增加到 300 mV/s，比电容从 113 F/g 减少到 82 F/g。Chen 等[32]将细菌纤维素（BC）碳化后制备得到碳纤维气凝胶 (p-BC)，之后将 p-BC 浸没在高锰酸钾溶液中制备表面负载 MnO_2 的碳纤维气凝胶（p-BC@MnO_2-2h，其中 2 h 为浸没时间），MnO_2 含量为 34.32 wt%。此外，将 p-BC 在尿素溶液中水热碳化制备氮掺杂的碳气凝胶（p-BC/N-5M，其中 5 μ 为尿素的浓度 5 mol/L），比表面积为 252.23 m^2/g。随后以 1 mol/L 的 Na_2SO_4 水溶液为电解质，p-BC@MnO_2-2h 为正极材料，p-BC/N-5M 为负极材料制备不对称超级电容器 [图 5.14(a)]。一般来说，MnO_2 基础材料在 0～1 V（vs. Ag/AgCl）电位窗口内具有稳定的电化学性质，氮掺杂的碳材料在 1 mol/L 的 Na_2SO_4 电解质水溶液中在 –1.0～0 V（vs. Ag/AgCl）电位窗口内电化学性能是稳定的。因此，设计的非对称装置的工作电压可延伸至 2 V。正极的负载质量为 0.6 mg,负极的负载质量为 0.9 mg,因而正极/负极的样品质量比固定为 0.67。图 5.14(b)显示该装置具有良好的电容特性:几乎呈矩形的 CV 曲线,没有明显的氧化还原峰,工作电压可高达 2.0 V。而且在高达 2.0 V 的电压窗口下还具有快速的 I-V 响应和小的等效串联电阻[图 5.14(c)],表明此装置具有理想的电容特性。所以,在随后的研究中,工作电压窗口被确定为 2.0 V。当扫描速率高达 400 mV/s 时,CV 曲线仍可保持很好的矩形形状。同时,不同电流密度下的充放电曲线随操作电压的变化而变化,电压差为 2 V 时,GCD 曲线几乎是对称的,表明不对称超级电容器在 2.0 V 电压差下具有理想的快速充电/放电性质。根据不同放电电流密度下电位降(IR_{drop})的变化[图 5.14(d)],可推断非对称超级电容器具有较小的内阻($IR_{drop}[V] = 0.01094 + 0.00695/M \times I[A/g]$),在实际应用中可以提供高放电功率。此外,Ragone 图[图 5.14(e)]表明这种不对称超级电容器在能量密度和功率密度方面都优于对称超级电容器 p-BC@MnO_2-2h//p-BC@MnO_2-2h。非对称装置的最大能量密度为 32.91 W·h/kg,远高于对称电容器 p-BC/N-5M//p-BC/N-5M 和 p-BC//p-BC。该值也远大于其他对称超级电容器和含碳/MnO_2 纳米化合物的不对称超级电容器。非对称电容器的高能量密度主要是因为两电极较大的工作电压和较高的比电容。图 5.14(f)展示 p-BC@MnO_2-2h//p-BC/N-5M 在实际工作中可以成功点亮

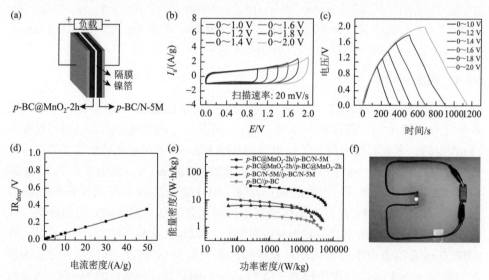

图 5.14 以 p-BC@MnO_2-2h 为正极、p-BC/N-5M 为负极的不对称超级电容器(标记为 p-BC@MnO_2-2h//p-BC/N-5M)在 1 mol/L 的 Na_2SO_4 水溶液中的电容性能:(a)装置示意图;(b)扫描速率为 20 mV/s 时不同工作电压的 CV 曲线;(c)电流密度为 0.25 A/g 时不同工作电压的 GCD 曲线;(d)不同电流密度下的电位降;(e)Ragone 曲线;(f)p-BC@MnO_2-2h//p-BC/N-5M 装置点亮的红色 LED 的照片[32]

一个红色发光二极管（LED）。在 2.0 V 下充电 44 s 后，LED 可持续发光 90 s。此外，非对称装置可以提供 284.63 kW/kg 的超高功率密度，超过了大多数基于 MnO_2 的超级电容器。在 2000 次循环后比电容保持率可达初始比电容的 95.4%，证明其具有良好的电化学稳定性。p-BC@MnO_2-2h//p-BC/N-5M 的卓越电容特性归因于：①使用高导电性水电解质和两个无任何黏结剂的协同不对称电极；②p-BC 上的超薄 MnO_2 涂层为快速和可逆的法拉第反应提供了更多的电化学活性表面积；③p-BC/N-5M 的负电极提供了更快的电子转移能力，从而提高了工作电压。

Lei 等[33]选取具有三维网络结构的 BC 分散液作为硬模板和碳源，利用分子间作用力，以原位聚合的方式在 BC 纤维表面均匀生长了一层 PPy，得到 BC/PPy 复合材料，随后通过高温煅烧的方式制备了氮掺杂碳纳米纤维（NDCN）。它的比表面积为 364.8 m^2/g，孔径分布主要在微孔范围内。为了评估 NDCN 作为超级电容器电极材料的电化学性能，他们进行了不同扫描速率下的 CV 测量。如图 5.15(a)所示，其在 −1.0～0.0 V 电势范围内呈现典型的准矩形和对称形状，扫描速率在 5～50 mV/s 范围内时显示出电压反转的瞬时响应，展现了良好的电化学可逆性的电容行为。CV 曲线没有出现明显的氧化还原峰。NDCN 的 CV 曲线积分面积远大于原始 BC 碳化产物（CBC），表明 NDCN 电极的比电容更高[图 5.15(b)]。NDCN 优异的电容性能可以归因于氮官能团的赝电容贡献，以及氮官能团可以提高电极的润湿能力，从而使电活性表面积最大化。三维网络结构提供了高的电化学活性表面积，有助于更快的电荷转移和更低的电阻。图 5.15(c)中 NDCN 的充放电曲线呈近似等腰三角形，在不同电流密度下没有明显的电压降，充放电曲线在充放电过程中随电流密度的变化几乎没有出现偏离线性的现象，表明 NDCN 电极具有理想的可逆性。根据图 5.15(c)中的放电曲线计算，当电流密度为 1.0 A/g 时，NDCN 比电容为 120 F/g，几乎是 CBC 的两倍（63.7 F/g）。NDCN 电极的高电容是由于氮元素掺杂到三维碳基体中提高了电解质与电极材料之间的界面导电性和电极材料的润湿性。电容随电流密度的增加而逐渐减小[图 5.15(d)]，这可能是由于极化引起的，表明电极材料中的离子扩散能力是有限的，并不是全部的电极材料都参与到充电或者放电的电化学过程中。在高扫描速率下进行测试，通常会导致电解质离子仅到达电极的外表面，因此电容会衰减。

Liu 等[34]利用 Fe(Ⅲ)化合物催化锯末快速裂解碳化制备碳纳米纤维。首先通过溶液浸渍法将 Fe(Ⅲ)负载到锯末中，然后当管式炉的温度升高到 600～800℃后，在氮气氛围中将负载 Fe(Ⅲ)的锯末加热碳化 1 h 即可制备碳纳米纤维。它的长度为数微米，直径为 20～30 nm，比表面积为 360～421.4 m^2/g，孔体积为 0.203～0.252 cm^3/g。将其用于超级电容器，当扫描速率为 10 mV/s 时，比电容为 101 F/g。当充放电电流密度为 6 A/g 时，比电容为 72 F/g，能量密度达到 8 W·h/kg。

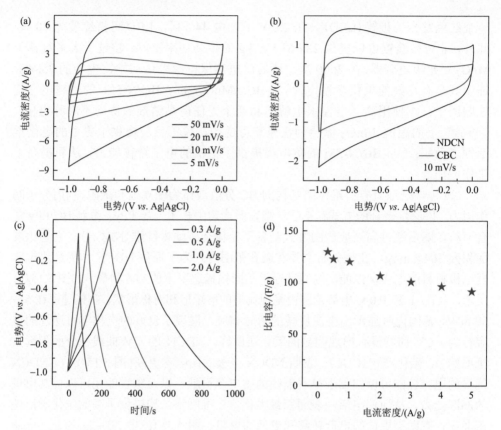

图 5.15 (a)不同扫描速率下 NDCN 的 CV 曲线；(b) NDCN 与 CBC 的 CV 曲线比较；(c)不同电流密度下 NDCN 的恒电流充放电曲线；(d)不同电流密度下 NDCN 的比电容[33]

5.2.5 碳纳米薄片

Min 等[35]以商业化多孔片状 MgO 作为模板，PS 泡沫废弃物作为碳源，合成了多孔碳纳米片。其比表面积为 1087 m^2/g，孔体积为 4.42 cm^3/g，孔尺寸主要分布在 4～34 nm。将此材料用作超级电容器的电极材料，当扫描速率由 1 mV/s 增加至 200 mV/s 时，所有 CV 曲线均表现为平滑的曲线，并且在高扫描速率下依然能保持为类矩形的形状[图 5.16(a)]。这表明在循环伏安测试中，多孔碳片的导电性很好，而且没有发生氧化还原反应，因而具有优异的双电层电容器储能性能。图 5.16(b)为多孔碳片电极的 GCD 曲线。当电流密度由 1 A/g 增加至 20 A/g 时，所有 GCD 曲线均表现为几乎对称的等腰三角形，该现象说明在恒电流充/放电测试中多孔碳片电极表现出很低的等效串联电阻。图 5.16(c)和(d)分别为多孔碳片电极对应的扫描速率和电流密度与比电容的关系图。由图可知，当扫描速率为 1 mV/s 或者电流密度为 1 A/g 时，多孔碳片电极的比电容为 126 F/g 或者

119 F/g。两电极体系的 CV 和 GCD 测试可以更全面地评估多孔碳片的储能性能。同样地，使用 KOH 溶液作为电解液，当扫描速率为 1 mV/s 或者电流密度为 1 A/g 时，多孔碳片电极的比电容为 61 F/g 或者 50 F/g。从多孔碳片电极的 Nyquist 曲线[图 5.16(e)]可看出，在低频区 Nyquist 曲线接近垂直于横坐标轴，表明多孔碳片电极具备理想的超级电容器行为。进一步反向延长此直线至横轴，两者的交点代表多孔碳片电极的等效串联电阻[图 5.16(e)插图]，其数值约为 0.41 Ω。较低的等效串联电阻可归因于多孔碳片的高导电性和多孔结构，具备上述结构特点的碳材料能够提供离子/电子快速传输通道，缩短传输距离。图 5.16(f)展示了多孔碳片的 Bode 曲线，展示了频率和相角之间的关系。在相角为 −45°时对应的特征频率(f_0)为 4.65Hz，对 f_0 求倒数可计算出时间常数(τ_0)为 215 ms ($\tau_0 = 1/f_0$)。时间常数是表征电容器充放电过程中响应变化快慢的物理量，具有时间量纲。时间常数越小，电路中离子/电子传输速度则越快，反之则越慢。此多孔碳片电极的时间常数(215 ms)远远小于传统活性碳电极(10 s)，这表明由多孔碳片电极组装成的超级电容器具备更快的充/放电速率。

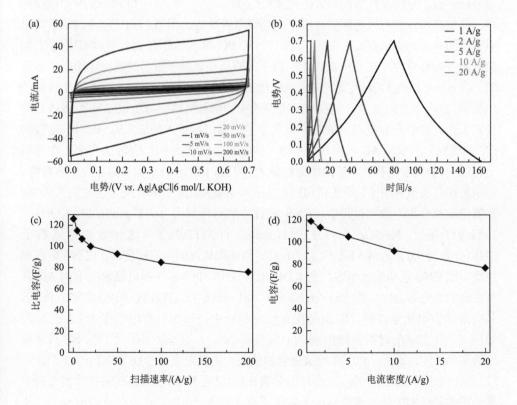

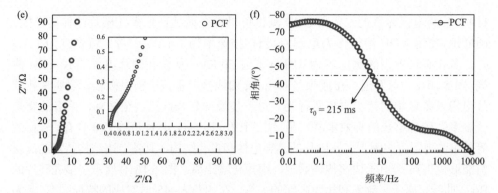

图 5.16 三电极超级电容器中多孔碳片电极的 CV 曲线以及对应的扫描速率与比电容的关系图 (a、c), GCD 曲线及对应的电流密度与电容的关系图 (b、d), Nyquist 曲线 (e) 和 Bode 曲线 (时间常数 τ_0) (f)[35]

Wen 等[36]通过催化碳化和 KOH 活化相结合的方法, 将废弃的聚对苯二甲酸乙二醇酯(PET)饮料瓶转化为多孔碳纳米片(PCNS)。PCNS 具有超高比表面积(2236 m²/g)、分层多孔结构和大的孔体积(3.0 cm³/g)。将 CNS 和 PCNS 用作电极材料, 评估在水性和有机电解质介质中的超级电容性能。图 5.17(a)～(c) 显示了超级电容器的典型的矩形状 CV 曲线, 包括 CNS、PCNS 和 AC(作为参考), 说明了它们的双电层电容特性。在 CV 曲线中, 微小的峰是由氧原子引起的氧化还原反应导致的。在 6 mol/L 的 KOH 电解液中, AC 电极的电位窗口(约–0.8 V)比 PCNS 电极的电位窗口(约–0.7 V)更宽。但在中性电解液中, 两种材料在–1.2～0.2 V 范围内均能稳定工作, 而且在有机电解液中, 电化学电位窗口可扩大到 2.7 V, PCNS 电极的 CV 曲线积分面积与 AC 电极几乎相等, 但在水性电解质中比 CNS 大得多。在有机电解质中, PCNS 电极的 CV 曲线面积最大。可见, PCNS 具有优异的超级电容性能, 特别是在有机电解质中。图 5.17(d)～(f) 展示了重量比电容和电流密度之间的关系。在低电流密度下, 放电过程中 PCNS 的比电容可计算为 169 F/g(6 mol/L KOH)、135 F/g(1 mol/L Na₂SO₄) 和 121 F/g(1 mol/L TEATFB/PC), 这些数值都远高于 CNS(分别为 9.0 F/g、4.5 F/g 和 15.1 F/g)。当施加较高的电流密度时, PCNS 电极也表现出比 CNS 更高的比电容。在 KOH 电解液中, PCNS 在高电流密度下比 AC 具有更高的比电容。此外, 在 1 mol/L Na₂SO₄ 和 1 mol/L TEATFB/PC 的电解液中, PCNS 具有最佳的电化学性能。特别是在有机电解液中, PCNS 的电容在 0.2 A/g 时为 121 F/g, 在 10 A/g 时可保持 95 F/g(保持率 79%)。这些结果证明了 PCNS 具有良好的倍率性能。此外, PCNS 超级电容器的最大能量密度为 30.6 W·h/kg(0.1 A/g)。较高的比表面积(2236 m²/g)、合理的分级孔径(微孔和中孔)和较高的孔体积有利于离子在多孔结构中的快速迁移, 还提供了丰富的离子可接触比表面来吸附离子, 从而加速电子转移, 减少电阻引起的损耗, 因而具有优越的倍率能力。

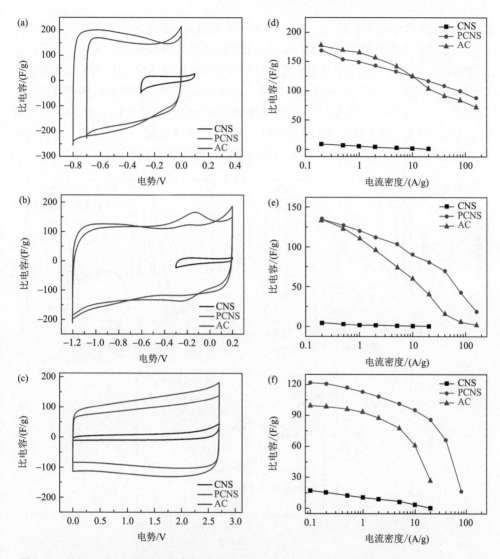

图 5.17 CNS、PCNS 和 AC 在电解质 6 mol/L KOH(a、d)、1 mol/L Na$_2$SO$_4$(b、e)和 1 mol/L TEATFB/PC 中(c、f)的 CV 曲线和速率能力[36]

在超级电容器的实际应用中,耐久性是另一个关键参数,对实际运行具有重要意义。PCNS 的比电容随循环次数的变化如图 5.18(a)所示。PCNS 在 10 A/g 的高电流密度下,经 5000 次循环后,电容保持率稳定在 90.6%左右。比较第一次和第 5000 次循环的 GCD 曲线,发现二者仅有微小的差异。以上结果表明 PCNS 在储能领域具有良好的应用前景。电化学测试中记录的 EIS 数据可以用来研究电极/电解质界面的结构、导电性和电荷传输性能[图 5.18(b)]。PCNS 电极长循环测试前后的 Nyquist 图表现出半圆形(高频区)、45°斜线(中频区)和近乎垂直于实轴的直线(低频区),这是多孔碳材料的典型阻抗特性，验证了 PCNS 基超级电容器的理想电容特性。长循环后等效串联电阻值约为 11.4 Ω，略大于长循环前的数值(9.6 Ω)。这进一步表明基于 PCNS 的超级电容器具有良好的稳定性和快速的充放电速率。由 EIS 数据分析可以得到 Bode 图，它可以展示相位角相对于应用频率的变化。PCNS 电极在长循环前后相角为–45°时的特征频率 f_0 分别为 0.9 Hz 和 0.6 Hz，分别对应 1.1 s 和 1.4 s 的时间常数 $\tau_0(\tau_0 = 1/f_0)$[图 5.18(c)]。结果表明，PCNS 的离子运输、吸附分离快速，具有良好的电化学稳定性，这与 Nyquist 分析结果和长循环测试结果一致。

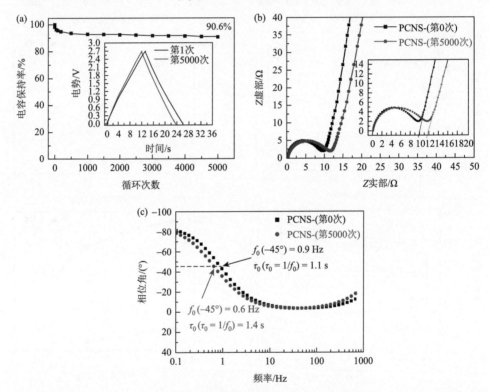

图 5.18 (a) 以 1 mol/L TEATFB/PC 为电解液的两电极系统中，PCNS 电极在 10 A/g 的高充放电电流密度下进行 5000 次循环的循环稳定性；(b) 长循环测试前后的 Nyquist 比较图；(c) Bode 比较图[36]

随后，Wen 等[37]模拟实际生活中的真实废旧塑料的组成，将一定比例的五组分废弃塑料 PP、PE、PS、PET 和 PVC 作为碳源，有机改性蒙脱土作为模板和催化剂，在 700℃下碳化制备碳纳米薄片，之后按照碳材料与 KOH 质量比为 1/6 混合均匀，在氮气氛围中 850℃条件下活化 1.5 h 制备得到 PCNS。它具有部分剥落的石墨层和丰富的微孔/介孔结构，孔尺寸分布以 0.57 nm、1.42 nm 和 3.63 nm 为中心，比表面积为 2198 m^2/g，孔体积为 3.026 cm^3/g。在水性和有机电解质溶

液中对 CNS 和 PCNS 进行了超级电容性能测试。图 5.19(a)～(c)显示了 CNS、PCNS 和 AC(作为参考)在扫描速率为 2 mV/s 时的 CV 曲线。理想超级电容器的电容与充放电速率无关，超级电容器中存储的电荷与所施加的电压成正比。因此，对于恒定扫描速率，电流响应在 CV 测量中保持恒定。所有 CNS、PCNS 和 AC 电极均显示出典型的准矩形 CV 曲线，表明它们具有良好的双电层电容特性。显然，PCNS 的 CV 曲线具有最佳的矩形形状和最大的积分面积，表明其具有最佳的电容行为。此外，由于含氧基团对 PCNS 的赝电容贡献，PCNS 表现出典型的驼峰特征。在碱性电解液(6 mol/L KOH)中，PCNS 电极的析氢电位(约为 –0.6 V vs. Hg|HgO)高于 AC(约为–0.8 V vs. Hg|HgO|6 mol/L KOH)，这是高压电容器制造中的一个缺点。在中性介质(1 mol/L 的 Na_2SO_4)中，两种材料均可在相同的宽电位窗口(–1.2～0.2 V vs. Hg|HgO)中稳定工作。在有机电解液(1 mol/L TEATFB/PC)中，所有材料均可在宽至 0～2.7 V 的工作电压窗口下稳定运行。图 5.19(d)～(f)展示了比电容和充放电电流密度之间的关系。PCNS 在 6 mol/L KOH、1 mol/L Na_2SO_4 和 1 mol/L TEATFB/PC 电解液中的比电容值分别为 207 F/g、137 F/g 和 120 F/g，均高于 CNS 和商用 AC 的比电容值(CNS：1.2 F/g、0.6 F/g 和 2.9 F/g；AC：178 F/g、134 F/g 和 33 F/g)。随着电流密度的增加，PCNS 和 AC 的电容衰减速度不同。即使在 160 A/g[图 5.19(d)]、40 A/g[图 5.19(e)]和 20 A/g[图 5.19(f)]的超高电流密度下，PCNS 仍保持 109 F/g、73 F/g 和 81 F/g 的比电容。在 6 mol/L 的 KOH 和 1 mol/L 的 TEATFB/PC 的电解液中，当电流密度为 10 A/g 时，PCNS 的比电容保持在 150 F/g 和 95 F/g，相应的电容保持率分别为 72.5%和 79.2%。此外，在电流密度为 0.1 A/g 时，PCNS 的最大能量密度为 30.4 W·h/kg。PCNS 具有优异的倍率性能和能量密度，这得益于 PCNS 具有分级的微孔和介孔、部分剥落的石墨层和高比表面积。丰富的微孔和具有部分剥落石墨层的较小介孔为电解液离子提供了一个大的可接触的比表面积以增大双电层，从而带来更大的电容值和高能量密度，而相互连接的较大介孔作为离子缓冲存储池和快速离子运输通道，确保电极的较高倍率性能，从而提高材料的整体电化学性能。

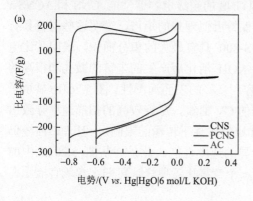

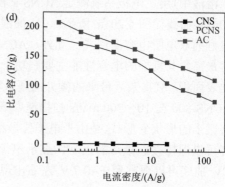

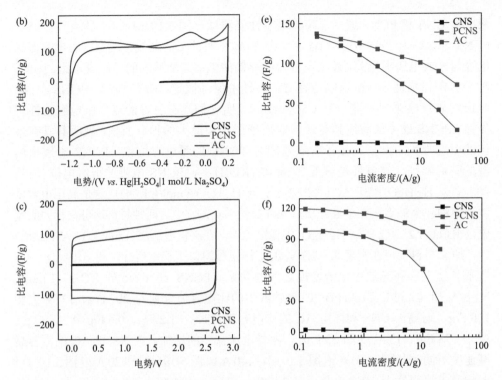

图 5.19 在 6 mol/L KOH(a、d)、1 mol/L Na_2SO_4(b、e)和 1 mol/L TEATFB/PC(c、f)电解液中，CNS、PCNS 和 AC 的 CV 曲线与充放电电流密度关系图[37]

Ma 等[38]利用多孔 MgO 作为模板，在高温高压反应釜中将 PS 转化为碳纳米薄片，其比表面积和孔体积分别为 1082 m^2/g 和 1.47 cm^3/g。之后，在 700~900℃下 KOH 活化 1 h 制备活化改性的碳纳米薄片(ACNS)。当活化温度为 700℃、800℃和 900℃时，ACNS 标记为 ACNS-700、ACNS-800 和 ACNS-900，比表面积分别为 1933 m^2/g、2650 m^2/g 和 2794 m^2/g，微孔的比表面积分别为 1523 m^2/g、1590 m^2/g 和 940 m^2/g，孔体积分别为 1.76 cm^3/g、2.43 cm^3/g 和 2.66 cm^3/g。在 6 mol/L KOH 水溶液中，用三电极系统测定 ACNS-x 和 CNS 的超级电容器性能。CNS 和 ACNS-x 的 CV 曲线如图 5.20(a)所示。CV 曲线保持近似理想的矩形，表明这些材料具有良好的双电层电容器性能。此外，ACNS-800 具有最大的积分面积，表明其比电容最高。其良好的电容性能主要归功于 KOH 活化后产生的丰富的微孔和很高的比表面积，氧掺杂后带来的额外的赝电容和良好的表面润湿性。图 5.20(b)显示了 ACNS-800 在 10~200 mV/s 扫描速率下的 CV 曲线，尽管较高的扫描速率导致出现微小的形状变形(这是由于电子传导和电解质离子传输的限制)，但 CV 曲线仍然可以保持接近矩形的形状，显示出优异的速率性能。此外，从图 5.20(a)中的 CV 曲线可以观察到在–0.7 V 左右出现一个宽氧化还原峰，可归于含氧官能团在碳材料表面的氧化还原反应。图 5.20(c) 展示了电流密度为 1 A/g 时 CNS 和 ACNS-x 的 GCD 曲线。所有的充放电曲线都呈现近似线性和对称的三角形,表明了典型的电容行为。ACNS-800 具有最高的比电容。此外,ACNS-800 在 0.5～20 A/g 的电流密度范围内的 GCD 曲线如图 5.20(d) 所示,在高电流密度下,曲线仍能保持准等腰三角形,这意味着电子和离子可以在电极材料内部进行快速传输。电压降是评价等效串联电阻(ESR)的重要参数。从 GCD 曲线[图 5.20(d)]可见,ACNS-800 的电压降并不明显,随着电流密度由 0.5 A/g 增加到 20 A/g,各曲线表现出的电压降数值分别为 0.0049 V、0.0094 V、0.019 V、0.045 V、0.087 V 和 0.17 V,说明 ACNS-800 电极的 ESR 小,电容性能好。如图 5.20(e) 所示,ACNS-800 在 0.5 A/g 和 1 A/g 时的比电容值分别为 323 F/g 和 303 F/g。相比 1 A/g 的低电流密度条件,ACNS-800 和 ACNS-900 在 20 A/g 的高电流密度下的比电容保留率分别为 73.2% 和 75.3%,均优于 ACNS-700(66.4%)[图 5.20(e)],这归因于良好的导电性和更优的介孔占比。一般来说,良好的导电性有利于电子的快速传输,特别是在快速充放电测试中。相互连接的介孔促进电解质离子的迁移,不仅可以显著增加电极材料的离子可接触面积,而且可以作为有效的离子缓冲存储池来减小传输距离。随后,采用 EIS 研究 ACNS-x 电极的离子扩散和电子导电性。图 5.20(f) 为所有样品的 Nyquist 曲线。显然,Nyquist 曲线由三部分组成:高频区的实轴截距反映了电极的固有电阻,较小的电阻表明电极材料、集流体和电解液具有良好的导电性。此外,直径较小的不明显半圆意味着碳材料多孔结构中的电荷传递电阻较低,显然 ACNS-700 的半圆直径大于 ACNS-800 和 ACNS-900;在低频区的垂直线性部分证实了 ACNS-x 电极具有优异的双电层电容特性和离子快速扩散能力。700～900℃ 活化样品的 ESR 值分别为 1.33 Ω、1.15 Ω 和 1.05 Ω,表明 ACNS-800 和 ACNS-900 具有比 ACNS-700 更好的电子和离子传输性能。

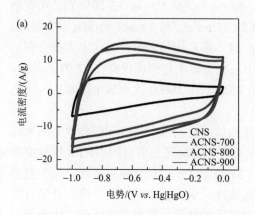
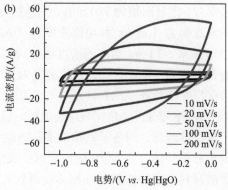

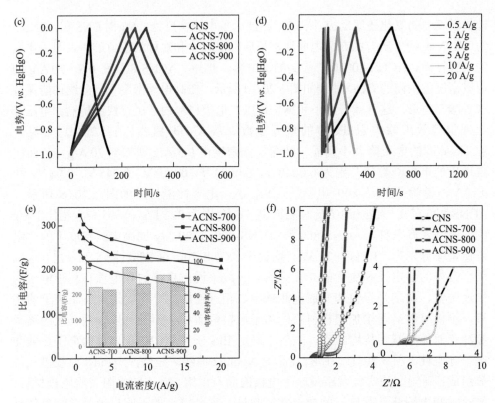

图 5.20 在 6 mol/L KOH 电解液中使用三电极系统对 CNS 和 ACNS-x 的电化学性能评估：(a) CNS 和 ACNS-x 在 50 mV/s 时的 CV 曲线；(b) 在 10～200 mV/s 扫描速率范围内 ACNS-800 的 CV 曲线；(c) 1 A/g 时的 GCD 曲线；(d) 在 0.5～20 A/g 电流密度范围内 ACNS-800 的 GCD 曲线；(e) 充放电倍率性能，插图表示 1 A/g 时的比电容和 20 A/g 时的电容保持率；(f) CNS 和 ACNS-x 的 Nyquist 图，插图为放大的高频区[38]

类似地，Wen 等[39]以 MgO 为模板，KOH 为活化剂，将 PS 转化为多孔碳纳米薄片，比表面积为 710 m²/g，孔体积为 2.125 cm³/g。以 1 mol/L H_2SO_4 为电解液，扫描速率为 1 mV/s 和电流密度为 1 A/g 时，多孔碳纳米薄片的比电容值分别为 135 F/g 和 97 F/g。当电流密度增加到 20 A/g 时，比电容仍能保持在 82.9%。此外，能量密度为 3.4 W·h/kg，功率密度为 250 W/kg。在 10000 次充放电循环后，比电容保持率维持在 92.41%。

Wang 等采用 $Mg(OH)_2$ 为模板，以锌和钴双金属沸石基咪唑酸酯骨架纳米粒子为碳前驱体，制备了氮掺杂多孔碳纳米片[40]。在高温热解过程中，PS 裂解成有机小分子气体，在 $Mg(OH)_2$ 分解生成的 MgO 和 Co 的催化作用下转化为类石墨烯碳材料。通过热解咪唑配体而得到的氮被原位引入到碳材料中，锌的升华有助于增加碳材料的表面积。所制备的氮掺杂多孔碳纳米片具有多孔结构，比表面积

大 (1051 m²/g)，可作为超级电容器的电极材料。在电流密度为 0.5 A/g 时，比电容为 149 F/g，同时具有优良的倍率性能 (电流密度为 10 A/g 时，比电容为 118 F/g)，循环 5000 次后，电容保持率为 97.6%。

Guo 等[41]采用离子液体 C_{16} minBF$_4$ 与聚苯并噁嗪共溶剂自组装、碳化工艺，制备了具有多尺度、可变孔径、氮硼共掺杂、局部石墨化结构、机械强度高的层状多孔碳 (标记为 CNB-x，x 为 C_{16} minBF$_4$ 质量分数)。这里离子液体既是一种结构导向剂，又是一种杂原子前驱体。所得多孔碳的比表面积小于 376 m²/g，因此具有较高的骨架密度。这种具有杂原子掺杂的骨架结构加上完全互连的大孔、介孔和微孔结构的多孔碳具有优异的电化学性能。图 5.21(a) 和 (b) 分别为样品 CNB-1～CNB-4 在 6 mol/L KOH 电解质中在 5 mV/s 的扫描速率下的 CV 曲线和在电流密度为 0.5 A/g 时的 GCD 曲线。所有样品的 CV 曲线均为对称矩形，GCD 曲线均为理想的线性对称三角形，表明在该工作电压范围内电解液和电极材料具有近似理想的双电层电容性能和良好的稳定性。在 –0.5 V (vs. Hg/HgO) 的电位下，CV 曲线上的小 "驼峰" 表明杂原子被成功掺杂到碳骨架中。这些驼峰 (约 –0.5 V) 在碱性介质中不太明显，可能是由这些碳材料中硼和氮的碱性性质导致的。根据 0.5 A/g 的恒流放电曲线计算可知，样品 CNB-1～CNB-4 的比电容值范围为 154～247 F/g，其相应的面积比电容值范围为 36～66 μF/cm²。尽管样品 CNB-3 具有低比表面积，但 CNB-3 表现出最高的质量比电容和面积比电容。电流密度为 0.5 A/g 时，CNB-3 在放电开始时的电压降为 2.24 mV，这表明它具有很低的等效串联电阻、良好的导电性和快速的传播电荷能力。进一步进行阻抗测量以评估电阻，如图 5.21(c) 和 (d) 所示，在高频区的实际阻抗 (Z') 轴处的截距与内阻有关，内阻决定了电容器的功率。CNB-3 和 CNB-4 具有较低的等效串联电阻，这主要是由于 CNB-3 和 CNB-4 的局部石墨化结构导致了较高的电子电导率。随着频率的降低[图 5.21(c)]，所有测试的碳基超级电容器没有明显的半圆，这表明电解液和电极之间的界面电荷传递电阻非常低，这得益于碳材料三维分层多孔结构。在低频区 (<1 Hz)，CNB-3 的倾斜线接近理论垂直线，表现出纯电容特性，意味着电解液可以很容易地进入电极材料的孔隙中。图 5.21(d) 比较了这些碳基超级电容器的电容对频率 (10 mHz～1 kHz) 的依赖性。基于 CNB-3 的超级电容器，由于离子在材料表面的快速迁移和快速吸附，电容衰减很慢。这一结果进一步证实了在追求高倍率超级电容器电极的研究过程中，创造促进离子快速传输路径的重要性。

在该课题组的另一个工作中[42]，他们利用离子液体 1-丁基-3-甲基咪唑作为稳定剂，使得氧化石墨烯均匀分散，然后加入间苯二酚和甲醛单体，在氧化石墨烯表面聚合，碳化后制备得到厚度和尺寸可控的氮掺杂微孔碳纳米薄片 (NMCSs-x，x 代表聚合物前驱体与氧化石墨烯的质量比)。这些材料具有丰富的微孔、高比表面积 (791 m²/g)、较短的扩散路径、高导电性和高润湿性等优点。使用三电极系

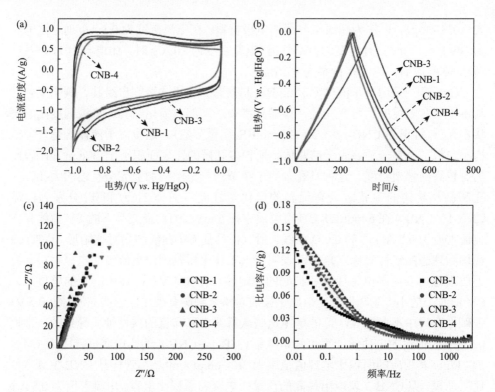

图 5.21 (a) 扫描速率为 5 mV/s 时的 CV 曲线；(b) 电流密度为 0.5 A/g 时的 GCD 曲线；(c) 25℃ 时在 KOH 电解液中，频率范围为 100 kHz~10 mHz 时测得的 Nyquist 曲线；(d) CNB-1~-4 的质量比电容的频率响应[41]

统对 NMCS-11.6 的超级电容器的性能进行了评估。如图 5.22(a)~(c) 所示，在扫描速率为 500 mV/s 时，NMCSs-11.6 的 CV 曲线仍呈矩形；GCD 曲线在电流密度为 50 A/g 时也没有明显的电压降，表明该材料具有很好的双电层储能性能，且在充放电过程中具有较低的内部孔道离子运输阻力和较短的离子扩散距离。其他碳样品也获得了类似的 CV 和 GCD 曲线。在 5 A/g 时，NMCSs-11.6 的比电容为 213 F/g。在不同的充放电电流密度下进一步测试了 NMCSs-11.6 的电容保持率。如图 5.22(d) 所示，与初始电容相比，当电流密度增加到 10 A/g 时，电容保持率略有下降，在 10~50 A/g 的大电流密度范围内电容保持率为 75.1%(160 F/g)。EIS 结果证明了 NMCSs-11.6 的较短扩散路径，从而增强电解质离子运输动力学。如图 5.22(e) 所示，低频区的近似垂直线表明电极材料有快速离子扩散和迁移的能力。此外，不明显的 Warburg 曲线证实了电极中的较短离子扩散路径。此外，氮掺杂极性表面的良好润湿性也降低了固液界面的离子运输阻力和电荷转移阻力。循环寿命是超级电容器的一个重要指标，在前 2500 次循环中，比电容逐渐增大，达到初始值的 109.9%，这可能与电极材料在循环过程中的电活化过程有关。例如，经过一定数量的充放电循环后,电解液可以浸润到电极材料的内部。随后,电容有所下降,最后趋于稳定。在 1 A/g 下经过 35000 次循环后可保持 99.3%的初始电容。由于电极润湿性的改善,前 10 次循环和后 10 次循环的曲线形状几乎是完全相同的等腰三角形。此外,Ragone 图显示了活性材料的能量密度和功率密度之间的关系,其是

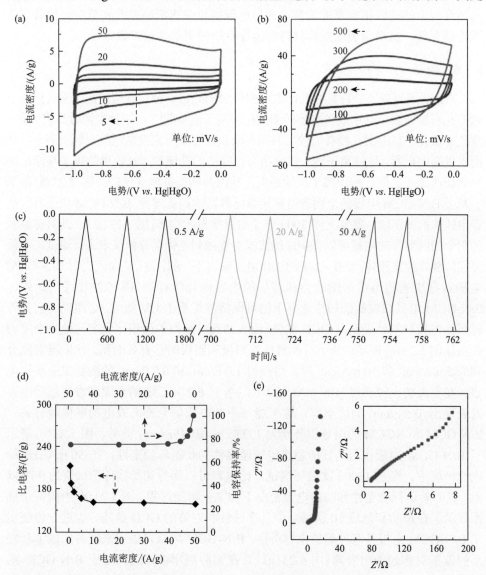

图 5.22 NMCSs-11.6 的电化学性能:(a、b)不同扫描速率下的 CV 曲线;(c)不同电流密度下的 GCD 曲线;(d)不同电流密度下的比电容及其保持率;(e)Nyquist 图,插图为放大了的高频区[42]

评估电极电容性能的另一种重要方法。NMCSs-11.6 电极的最大能量密度为 37.4 W·h/kg，最高功率密度为 56.3 kW/kg，可达到新一代汽车合作计划（PNGV）的功率目标，意味着基于 NMCSs-11.6 的超级电容器作为电能存储管理供应部件的实际适用性。这些电化学结果强烈地表明制备得到高倍率性能、高能量密度和长循环寿命的超级电容器的关键：在导电碳材料中集成高微孔和窄的孔径分布用于电荷存储、氮掺杂表面提高材料润湿性和短的离子传输扩散路径。

5.2.6 碳膜

Zhang 等制备了一种具有高比表面积（1501 m^2/g）、分层结构的氮、硼共掺杂纳米多孔石墨碳膜，其中成碳热解前驱体是聚离子液体膜[43]。这种膜同时具有大孔、介孔和微孔，其中微孔拥有的较大的比表面积，可以用来大量吸附电解质离子，从而提供高比电容，这些离子进一步利用介孔提供的孔道和大孔提供的离子存储缓冲池来加速离子扩散、缩短离子传输距离，从而共同提高电容性能。图 5.23(a)展示了基于 B/N-GCM 电极的全固态对称超级电容器的制备过程。B/N-GCM 由于具有高导电性和机械强度，能够支撑 2000 倍于自身质量的物体[图 5.23(f)]。此对称装置的两个相同配置的电极可以直接通过接线夹连接到电化学分析仪来进行测试，不需要任何额外的集流体。在 0～2 V 的工作电压窗口下，对称的 CV 曲线表明 B/N-GCM 电极具有快速的电荷传输能力和理想的电容电化学行为[图 5.23(b)]。此外，B/N-GCM 电极在较高的扫描速率下仍可保持准矩形的 CV 曲线，更加说明它具有理想的电极材料性能。从 GCD 曲线[图 5.23(e)]获得的面积比电容与电流密度的关系如图 5.23(c)所示。基于对称器件的阳极和阴极的总有效面积，在电流密度分别为 5 mA/cm^2 和 50 mA/cm^2 时，可获得 1.0 F/cm^2 和 0.8 F/cm^2 的高稳定面积比电容。在更高的电流密度（100 mA/cm^2）下，基于 B/N-GCM 的全固态对称超级电容器表现出 0.5 F/cm^2 的比电容，这可能与小的电压降允许高放电功率传输有关。B/N-GCM 和 NGCM 的电导率分别为 132S/cm 和 119S/cm。此外，图 5.23(d)展示了 B/N-GCM 电极作为高性能超级电容器器件的长循环稳定性，在 50 mA/cm^2 的电流密度下，经过 15000 次循环测试，比电容可以保持初始循环测试值的 90%以上，表明其运行稳定性和在该电流密度下的完全可逆过程。图 5.23(d)中的两个插图显示了在最初和最后 10 次循环中几乎线性和对称的 GCD 曲线，也进一步证实了 B/N-GCM 电极具有理想的电容特性。B/N-GCM 电极可以用来制备低成本和轻质的碳基对称超级电容器[图 5.23(g)]。在实际应用中，这种基于 B/N-GCM 的全固态对称超级电容器经过2.0 V 预充电后可以成功点亮一颗 LED[图5.23(h)]。此外，通过密度泛函理论计算结果表明硼氮共掺杂对提高碳表面吸附能具有协同效应。

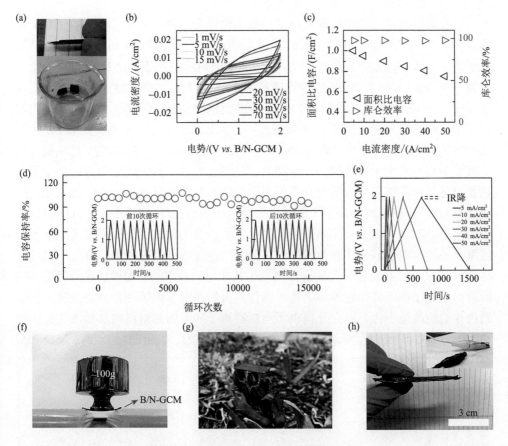

图 5.23 基于 B/N-GCM 的全固态柔性对称超级电容器装置的制备过程及其电化学性能：(a)制备过程示意图；(b)在不同电压扫描速率下的 CV 曲线；(c)面积比电容和电流密度的关系图；(d)长循环测试；(e)不同电流密度下的 GCD 曲线；(f)相对于标准质量(100 g)的 B/N-GCM (50 mg，尺寸为 30 mm×8 mm×0.1 mm)的负载试验；(g)将 B/N-GCM 放置在一朵嫩花瓣上的照片；(h) B/N-GCM 点亮 LED 灯的照片[43]

Jeon 等[44]以本征微孔聚合物(PIM-1)为碳源，结合溶液浇铸法和浸入沉淀法，实现非溶剂-诱导相分离，随后碳化制备了氮掺杂的分级多孔碳膜(cNPIM)。它的厚度为 20 μm，同时具有微孔、介孔和大孔；比表面积和孔体积分别为 1841 m^2/g 和 0.91 cm^3/g。使用三电极体系，通过 CV 和 GCD 测试研究了 cNPIM 和氮掺杂多孔碳(cPIM)电极在 1 mol/L H_2SO_4 水溶液中的电化学性能。在 50 mV/s 的恒定扫描速率下，两个电极的矩形 CV 曲线没有显示显著的极化，因而具有理想的电容响应[图 5.24(a)]，其中 cNPIM 电极的比电流值显著大于 cPIM 电极的比电流值。在不同的特定电流密度下记录了 cNPIM 和 cPIM 电极的 GCD 曲线。图 5.24(b)为 cNPIM 和 cPIM 电极在 10 A/g 下对称等腰三角形状的 GCD 曲线，二者都证实了其具有良好的可逆性和电极间良好的电荷传递能力。特定电流密度下的 GCD 曲线表明，与 cPIM 电极相比，cNPIM 电极具有更长的充放电时间。图 5.24(c) 展示了在 1~50 A/g 之间的电容变化，在 1 A/g 的电流密度下，cNPIM 电极的比电容为 345 F/g，大约是 cPIM 电极比电容的 4 倍(80 F/g)。cNPIM 的比电容值对应于 193 F/cm^3 的体积比电容和 347 mF/cm^2 的面积比电容。即使在 50 A/g 的高电流密度下，cNPIM 电极仍保持低电流密度 1 A/g 下比电容值的 86%，而 cPIM 电极的相应值为 19%。这些结果表明 cNPIM 电极的高电容和高倍率性能，这主要是由于有效的离子和电子传输能力。弯曲度、孔隙连通性、孔径尺寸分布、孔道形状以及电解质和固液界面性质等众多不确定性的影响因素使多孔结构中离子输运的描述复杂化，存在电解质离子不能被吸附到电极的微孔(特别是小于 1 nm 的微孔)中的情况。cPIM 电极的比表面积相当大，但以微孔为主的比表面积很可能在很大程度上不能与电解质离子接触[图 5.24(d)]，导致电容和速率性能降低。相反，cNPIM 电极中的介孔和大孔的存在增强了其在电解液中的润湿性，从而促进了电解液离子的迁移。具体地说，大孔可以作为电解质离子的缓冲存储池使离子扩散到内孔的距离最小化，而介孔提供了电解质离子从表面到材料内部活性位点的传输通道。所以，通过大孔和介孔，电解质离子可到达微孔内的活性位点。尽管 cNPIM

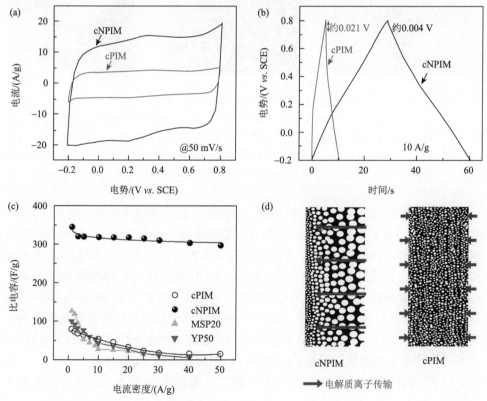

第 5 章 聚合物基碳材料在超级电容器中的应用 251

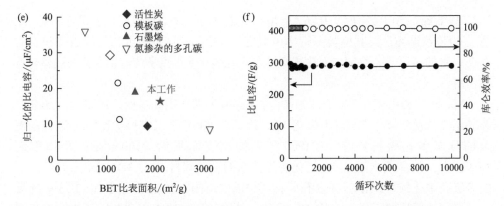

图 5.24 (a) 三电极系统的 CV 曲线 (扫描速率为 50 mV/s); (b) GCD 曲线 (10 A/g); (c) 比电容与电流密度的关系; (d) 电解质离子通过 cNPIM 和 cPIM 横截面的传输示意图; (e) cNPIM 电极在 KOH (空心符号) 或者 H_2SO_4 (实心符号) 溶液中的面积比电容与其他文献的比较; (f) cNPIM 电极在 10 A/g 恒定电流下 10000 次循环后的长循环稳定性和库仑效率[44]

具有高比表面积, cNPIM 电极的面积比电容仍然高达 16 μF/cm^2, 超过了活性炭、石墨烯、模板碳和氮掺杂多孔碳[图 5.24(e)]。通过 10000 次 GCD 循环测试, 在 10 A/g 的恒定电流下, cNPIM 电极的长期循环稳定性和库仑效率记录在图 5.24(f) 中, cNPIM 电极表现出 99%的初始电容保持率和 100%的库仑效率。

5.2.7 多孔碳

Matyjaszewski 等[45]利用从交联聚甲基丙烯酸甲酯核接枝富氮聚丙烯腈壳的多毛纳米颗粒组成的全有机致孔前体, 制备具有清晰球形介孔的功能性纳米碳材料。碳化温度为 800℃时, 氮掺杂多孔碳的比表面积为 487 m^2/g, 氮元素的含量为 10.2 wt%, 在扫描速率为 20 mV/s 时, 比电容为 261 F/g。此外, 他们用相分离嵌段聚合物碳化法制备多孔碳材料[46]。选用聚丙烯腈(PAN)-聚丙烯酸丁酯(PBA)嵌段聚合物为碳源, 采用简单的碳化工艺制备了纳米多孔富氮碳材料。嵌段聚合物碳化以前形成相分离结构, 碳化时初始相分离纳米结构能够得以保存, PBA 为致孔相、PAN 为碳源相, 制备了具有分层孔结构的富氮纳米碳。经过 KOH 活化后, 比表面积从 500 m^2/g 提高到 2570 m^2/g。在 1 mol/L H_2SO_4 的电解质溶液中, 富氮纳米碳的比电容从 166 F/g 增加到 176 F/g。在 6 mol/L NaOH 溶液中, 富氮纳米碳的比电容从 124 F/g 增加到 173 F/g。

Alabadi 等[47]以 poly(pyrrole-2, 5-diyl)-co-(benzylidene) 为原料, 通过热解和 KOH 活化制备了具有微孔结构的可控氮掺杂的活性炭, 比表面积高达 2090 m^2/g, 氮元素的含量为 4.1 wt%。恒电流充放电测试表明, 在 2 mol/L KOH 电解质溶液中, 氮掺杂活性炭的比电容高达 525.5 F/g, 在电流密度为 0.26 A/g 时, 能量密度为

262.7 W·h/kg。当电流密度从 0.26 A/g 增加到 26.31 A/g 时,比电容几乎保持不变。在经过 4000 次循环后,其电容保持率可稳定在 99.5%。这是由于在石墨边缘和表面存在丰富的氮原子,含氮量对生成微孔型多孔碳和促进离子透过表面孔的迁移有重要作用。

Ma 等[48]利用废弃 PS 泡沫为碳源,Fe_2O_3 为催化剂和模板,尿素为添加剂,在高温高压反应釜中 700℃下碳化 1 h,之后在 800℃下 KOH 活化 1 h,制备氮掺杂的分级多孔碳材料(U-3DHPC)。它的比表面积为 2100 m^2/g,孔体积为 3.03 cm^3/g,远高于未经 KOH 活化的氮掺杂的多孔碳材料(U-3DPC)、未经氮掺杂的等级孔多孔碳(3DHPC)和多孔碳材料(3DPC)。图 5.25(a)显示了在−0.75 V 处具有宽氧化还原峰的近似矩形的 CV 曲线,这是由双电层电容和杂原子掺杂引起的赝电容共同导致的。U-3DHPC 具有最大的积分面积,表明其电化学性能最好,其次是 3DHPC。U-3DHPC 的最大放电时间意味着其最理想的超级电容性能,这与 CV 实验结果一致[图 5.25(b)]。此外,采用 10～200 mV/s 的 CV 测试和 0.5～20 A/g 的 GCD 测试来测量 U-3DHPC 的倍率性能,相应的结果如图 5.25(c)和(d)所示。可以看出,CV 曲线可以在 10～200 mV/s 的扫描速率范围内保持矩形,证明其具有非常好的倍率性能。在 0.5～20 A/g 的不同电流密度下,GCD 曲线均呈现出对称的等腰三角形,同样反映出良好的倍率性能。图 5.25(f)描绘了不同电流密度(0.5～20 A/g)下 3DHPC 和 U-3DHPC 的比电容。显然,U-3DHPC 的比电容值高于 3DHPC,这是由于前者具有较高的比表面积和更多的微孔。具体而言,U-3DHPC 电极在 0.5 A/g 时,比电容为 284.1 F/g。将电流密度增加到 20 A/g,比电容高达 198 F/g,电容保持率为 69.7%。对于 3DHPC 电极,20 A/g 时比电容值为 115.4 F/g,相比于 0.5 A/g 的初始比电容(177.4 F/g),电容保持率为 65.1%。这种高倍率的性能主要是由于多孔结构和良好的导电性,加速电解质离子传输,促进电子快速转移,特别是在高速充放电过程中。电容器充放电过程一般包括电子转移和电荷转移两个过程。高导电性的碳材料能保证快速充放电过程中电子快速转移,因此电极材料具有良好的倍率性能。为了研究所制备电极的离子扩散和电子传导,在 10 mHz～100 kHz 范围内进行了 EIS 分析[图 5.25(e)],可见 KOH 活化后,低频区曲线呈现垂直于横轴的直线,表现出良好的双电层电容特性。拟合阻抗谱的等效电路如图 5.25(e)中插图所示,对于电路,R_Ω 表示溶液电阻或者内阻,R_{ct} 表示电荷转移电阻,W 表示 Warburg 阻抗,C_1 表示双电层电容,以及 C_2 表示法拉第电容。一般地,半圆的 x 截距代表 R_Ω,半圆的直径对应于 R_{ct},中频 45°斜率的 Warburg 曲线表明电化学过程受扩散控制。U-3DHPC 电极的 R_Ω(0.81 Ω)和 R_{ct}(0.15 Ω)均小于 U-3DPC 电极的 R_Ω 和 R_{ct}(0.9 Ω 和 0.26 Ω),3DHPC 的相应值(0.86 Ω 和 0.18 Ω)也小于 3DPC(0.95 Ω 和 0.51 Ω),这意味着较低的溶液电阻和快速的电化学反应动力学适合于高速电荷转移和传输。

第 5 章 聚合物基碳材料在超级电容器中的应用

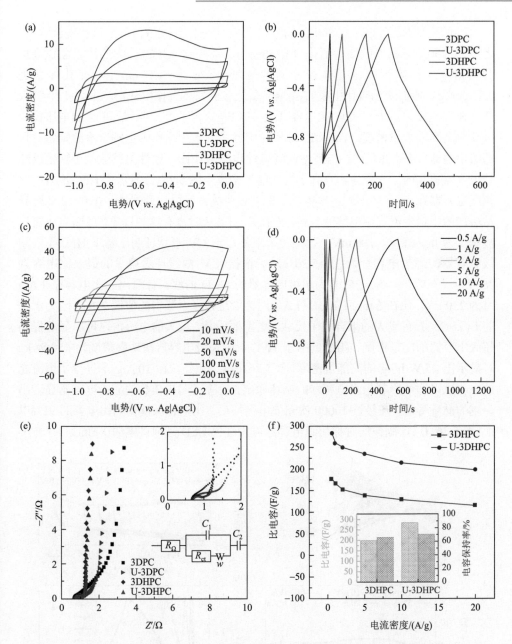

图 5.25 样品在三电极体系下 6 mol/L KOH 电解液中的电化学性能：(a)扫描速率为 50 mV/s 时，3DPC、U-3DPC、3DHPC 和 U-3DHPC 的 CV 曲线；(b)电流密度为 1 A/g 时，3DPC、U-3DPC、3DHPC 和 U-3DHPC 的 GCD 曲线；(c)扫描速率为 10～200 mV/s 时 U-3DHPC 的 CV 曲线；(d) U-3DHPC 在 0.5～20 A/g 下测得的 GCD 曲线；(e) 样品的 Nyquist 曲线，插图为等效电路；(f) 3DHPC 和 U-3DHPC 在 0.5～20 A/g 下测得的比电容，插图表示 0.5 A/g 和 20 A/g 下的比电容和电容保持率[48]

Liu 等[49]将废弃 PET 在 500 ℃下碳化,再将其与 KOH 按照 1/4 质量比混合均匀,之后在 700 ℃下氮气氛围中活化 1 h 制备分级多孔碳(HPC)。它的比表面积高达 2238 m^2/g,孔体积和微孔体积分别为 1.29 cm^3/g 和 1.17 cm^3/g,介孔体积为 0.51 cm^3/g。他们认为碳化生成的 sp^2/sp^3 杂化碳的共刻蚀作用分别产生微孔和介/大孔。在三电极体系中,HPC 比电容高达 413 F/g。为了进一步利用更大的电压窗口以获得更高的能量密度,1 mol/L Li$_2$SO$_4$ 中性溶液被用来作为电解质溶液制备对称超级电容器[图 5.26(a)]。与酸性或者碱性电解液相比,中性电解液赋予制备的超级电容器更高的工作电压,有利于提高能量密度。图 5.26(b)显示了 HPC-4//HPC-4 超级电容器在 1~2 V 不同工作电压下的 CV 曲线。值得注意的是,在 0~2 V 时异常增加的阳极电流表明电解液分解,而在 0~1.8 V 时没有这种现象,故而电压窗口被确定为 0~1.8 V。100 mV/s 扫描速率下的矩形 CV 形状证明了基于 HPC-4 的超级电容器的理想电容行为[图 5.26(c)]。根据 CV 曲线计算得出的最大比电容为 265 F/g(1 mV/s)。图 5.26(d)为超级电容器的 GCD 曲线。计算出的比电容在 1 A/g 时为 220 F/g,比在 6 mol/L KOH(1 A/g 时为 278 F/g)中测得的值低 21%,因为水合的 Li$^+$/SO$_4^{2-}$ 具有更大的水合离子尺寸。更重要的是,较大的电压窗口可以显著提高超级电容器的能量密度。组装的基于 HPC-4 的超级电容器在功率密度为 450 W/kg 时显示出 25 W·h/kg 的高能量密度[图 5.26(e)]。此外,在 10 A/g 下进行了恒流充放电测试以评估所制超级电容器的循环稳定性。基于 HPC-4 的超级电容器显示出卓越的循环寿命,在经过 10000 次充放电循环后,比电容保持初始比电容的 91%以上[图 5.26(f)],制作的对称超级电容器可为红色 LED 灯泡供电约 1 min。

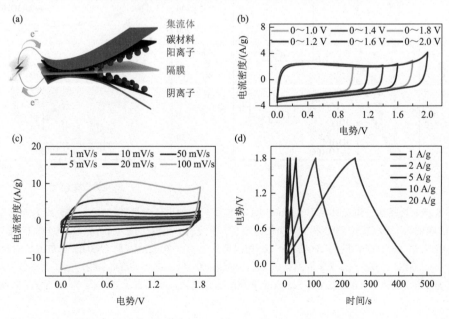

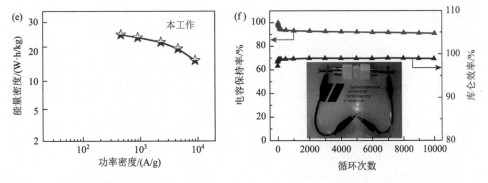

图 5.26　(a)双电极超级电容器的原理示意图；(b)不同电压窗口下 20 mV/s 时的 CV 曲线；(c)HPC-4 超级电容器的 CV 曲线；(d)GCD 曲线；(e)HPC-4 超级电容器的能量密度与功率密度关系图；(f)在 10 A/g 时，HPC-4 的电容保持率和库仑效率与循环次数的关系图[49]

Lian 等[50]以 PE 塑料袋为原料，采用球磨法和五水碱式碳酸镁[$4MgCO_3 \cdot Mg(OH)_2 \cdot 5H_2O$]为阻燃剂，合成了分级多孔碳(PE-HPC)。五水碱式碳酸镁的存在不仅在热解过程中原位生成了 MgO 模板，而且提高了 PE 的热稳定性。PE-HPC 经 NH_3 活化后制备了 PE-HPC-900NH_3，具有较高的比表面积和独特的介孔结构。图 5.27(a)显示了在 10 mV/s 下 PE 直接碳化制备的碳材料(PE-PC)、PE-HPC 和 PE-HPC-900NH_3 的 CV 曲线。PE-PC 的 CV 曲线面积几乎可以忽略不计，而经五水碱式碳酸镁处理和 NH_3 活化后，其矩形面积明显增大，说明 PE-HPC 和 PE-HPC-900NH_3 的电容性增强，其中 PE-HPC-900NH_3 的比电容最大。此外，对于 PE-HPC 和 PE-HPC-900NH_3 的准矩形 CV 曲线，在−0.4 V 左右有一个明显的驼峰，这是双电层电容和氮/氧基团的赝电容的共同作用引起的。样品在 0.2 A/g 时的 GCD 曲线如图 5.27(b)所示，PE-PC、PE-HPC 和 PE-HPC-900NH_3 的比电容分别为 22 F/g、187 F/g 和 244 F/g。结果表明，PE-PC 几乎没有电容特性。加入模板剂后形成的微孔和介孔使比表面积由 255 m^2/g(PE-PC)提高到 767 m^2/g(PE-HPC)，这不仅提供了有效的离子输运通道，而且提高了双电层电容。NH_3 活化后，比表面积由 767 m^2/g 增加到 1219 m^2/g，PE-HPC 和 PE-HPC-900NH_3 的面积比电容分别为 0.24 F/m^2 和 0.20 F/m^2，表明质量比电容的增加主要是由于比表面积增加，即双电层电容增强。如图 5.27(c)所示，当扫描速率增加到 200 mV/s 时，PE-HPC-900NH_3 仍保持准矩形形状，表明即使在高扫描速率下，也具有快速的电荷转移和良好的倍率能力，这归因于介孔主导的分级多孔结构、适宜的比表面积和适度的石墨化程度。根据充放电实验结果计算了不同电流密度下 PE-HPC-900NH_3 的比电容[图 5.27(d)]。PE-HPC-900NH_3 的比电容在电流密度为 0.2 A/g 时为 244 F/g，即使在电流密度为 50 A/g 时仍高达 125 F/g。PE-HPC-900NH_3 还具有良好的循环稳定性，在 2 A/g 下循环 10000 次后，电容保持率约为 97.1%。另外，PE-HPC-900NH_3 对称超级电容器在 1-乙基-3-甲基咪唑四氟硼酸盐（EMIMBF$_4$）电解质中 4 V 的超宽电压窗口下，可以获得 43 W·h/kg 的高能量密度。

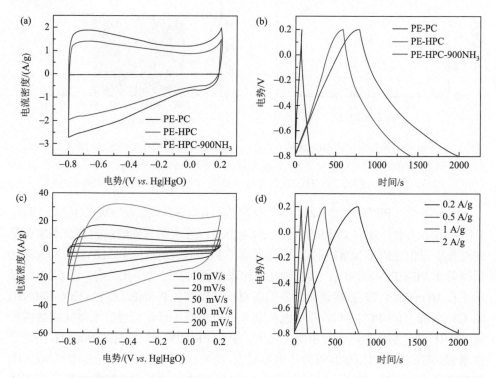

图 5.27　(a)制备碳材料在扫描速率为 10 mV/s 时的 CV 曲线；(b)在 0.2 A/g 下的 GCD 曲线；(c)不同扫描速率下 PE-HPC-900NH$_3$ 的 CV 曲线；(d)PE-HPC-900NH$_3$ 的恒电流充放电曲线[50]

随后该课题组在 PE 碳化过程中添加氧化石墨烯，从而制备了石墨烯/介孔碳（G@PE40-MC700）[51]。它具有高的比表面积(1175 m^2/g)和大量的介孔(2.30 cm^3/g)。用 6 mol/L KOH 电解液组装两电极电池，以评估所制备的超级电容器电极材料的性能。如图 5.28(a)所示，G@PE40-MC700//G@PE40-MC700 超级电容器在不同电压窗口下的 CV 曲线，即使在 1.5 V 的电化学窗口中也呈现严格的矩形，没有明显变形，但在 1.6 V 时有明显的变形，因此，1.5 V 被证明是对称超级电容器的稳定工作电压窗口。图 5.28(b)显示了超级电容器在不同扫描速率下的 CV 曲线，在 500 mV/s 的扫描速率下，该曲线也保持近乎完美的矩形。超级电容器的 GCD 曲线呈对称三角形[图 5.28(c)]，在 50 A/g 时 IR 电压降也不明显，表明其具有良好的电容性能和优异的倍率性能。尽管在双电极系统中电阻更大，G@PE40-MC700//G@PE40-MC700 对称超级电容器在 2 A/g 和 20 A/g 时还具有 239 F/g 和 176 F/g 的高比电容[图 5.28(c)]。图 5.28(e)为 G@PE40-MC700//G@PE40-MC700 对称超级电容器的 Ragone 图，在功率密度为 0.75 kW/kg 时，其能量密度为 18.7 W·h/kg；在功率密度为 7.5 kW/kg 的情况下保持 14.6 W·h/kg 的能量密度。长循环稳定性是超级电容器的一个关键技术指标。G@PE40-MC700//G@PE40-MC700 对称超级电容器在 5 A/g 下进行了 10000 次的循环充放电测试，最终可保持原始比电容的 93.8%，表明 G@PE40-MC700 电极在 6 mol/L KOH 电解液中具有优越的循环稳定性[图 5.28(f)]。G@PE40-MC700//G@PE40-MC700 对称超级电容器优异的电化学性能可归因于 GO 的加入及其转化所得到的高比表面积、较小的介孔结构和中等的石墨化程度。此外，他们还研究了以 G@PE40-MC700 为阳极，$LiMn_2O_4$ 为阴极，在 0.5 mol/L Li_2SO_4 中使用 2.0 V 工作的杂化超级电容器。它在 250 W/kg 的功率密度下可提供 47.8 W·h/kg 的能量密度，以及 5000 次循环后保持 83.8%的高循环稳定性。此外，在高压(4.0 V)对称超级电容器中，以 $EMIMBF_4$ 为电解液，使用 G@PE40-MC700 作为电极材料，获得了 63.3 W·h/kg 的高能量密度，在 5000 次循环后循环稳定性提高到了 89.3%。石墨烯与介孔碳复合材料的协同作用使得 G@PE40-MC700 具有较高的电容和倍率性能。

Zhang 等[52]以 PS 为碳源，SiO_2 颗粒为模板，通过 Friedel-Crafts 反应制备了三维网状多孔碳。首先通过线性 PS 之间构建的羰基交联桥合成了具有高交联密度多孔 PS，以实现交联 PS 骨架的碳化能力。此外，SiO_2 颗粒为碳材料创造了更

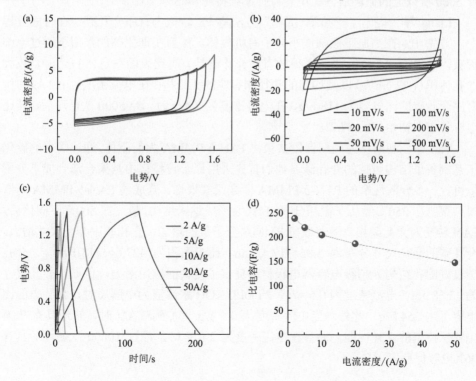

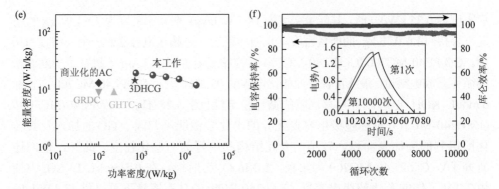

图5.28 (a)在6 mol/L KOH电解液中不同电压窗口下对称超级电容器的CV曲线；(b)不同扫描速率下在0~1.5 V电压范围内测得的对称超级电容器的CV曲线；(c)对称超级电容器在不同电流密度下的GCD曲线；(d)不同电流密度下的比电容；(e) G@PE40-MC700// G@PE40-MC700的Ragone图和以前报道的超级电容器的比较；(f) G@PE40-MC700// G@PE40-MC700超级电容器在5 A/g恒定电流密度下10000次循环的稳定性[51]

多的多孔结构。制备的碳材料具有较高的比表面积(620 m²/g)和均匀的介孔分布。此外，在电流密度为1 A/g时，它具有优异的电化学电容(208 F/g)、高能量密度(22.5 W·h/kg)和功率密度(1024.4 W/kg)。同时，在电流密度为5 A/g的条件下进行5000次以上的循环后，比电容保持率维持在94.3%。

Liang等[53]提出了"热解-沉积"方法将PS转化为有序介孔碳。在合成过程中，首先PS在高温下热解成小分子有机气体，然后在催化剂的作用下通过毛细管吸附到SBA-15介孔中。所得的有序介孔碳具有高比表面积(1156 m²/g)、较大的孔体积(1.23 cm³/g)以及均匀的孔径和有序的孔结构。在电流密度为0.2 A/g时，有序介孔碳的比电容为118 F/g，在电流密度为2 A/g时，经5000次循环后，其比电容稳定在初始值的87.2%。

Yan等[54]利用可控的两嵌段共聚物PAN-b-PMMA为前驱体，通过简单的碳化工艺制备了结构可控的介孔碳。他们首先采用原子转移自由基聚合法合成了分子量可控、多分散性窄的PAN-b-PMMA两嵌段共聚物。合成的PAN-b-PMMA两嵌段共聚物在250℃经历了微相分离，自组装形成纳米结构，最后在800℃下碳化后，PAN转变为介孔碳相，随着嵌段PMMA分子量的增加，介孔碳中介孔尺寸增大。介孔碳的介孔尺寸分布为5.96~17.42 nm，比表面积为427.6~213.1 m²/g。介孔碳良好的孔结构为超级电容器电极材料提供了巨大的应用潜力。例如，介孔尺寸为13.68 nm、电流密度为0.5 A/g、2 mol/L KOH水溶液为电解质时，介孔碳的比电容可达254 F/g。此外，当电流密度从0.5 A/g增加到5 A/g时，它还具有78%电容保持率的优异性能，并且在电流密度为2 A/g时，经过10000次循环后具有96%电容保持率。

Zhao 等[55]提出了一种用碳/ZnO 杂化材料制备高循环稳定性赝电容器电极的新方法。他们将辛胺包覆的 ZnO 纳米颗粒均匀分散到聚(苯乙烯-丙烯腈)共聚物中，然后将纳米复合前驱体材料热解形成碳/ZnO 杂化物。两种不同链长的聚(苯乙烯-丙烯腈)共聚物随着分子量的增加，比表面积增大。在扫描速率为 2 mV/s 时，ZnO/碳复合材料的比电容为 145 F/g。在 10000 次充放电循环后，保持了初始比电容的 91%。

Lin 等[56]以嵌段共聚物聚丙烯酸丁酯-PAN 为含碳前驱体和成孔剂，苯酚功能化氧化铁纳米粒子为载体，通过协同自组装制备了有序介孔碳/Fe_2O_3 复合材料。由于苯酚功能化的 Fe_2O_3 纳米粒子与 PAN 之间的选择性氢键作用，纳米粒子优先分散在 PAN 相区中，随后分散在介孔碳骨架中。在 700℃碳化制备的有序介孔碳/Fe_2O_3 复合材料中，Fe_2O_3 含量高达 30 wt%。Fe_2O_3 纳米粒子的加入显著提高了介孔复合膜的电化学性能。在电流密度为 0.5 A/g 时，介孔碳骨架中含有 16 wt%和 30 wt%的 Fe_2O_3 且分散良好的纳米粒子薄膜的比电容分别为 204 F/g 和 235 F/g，显著高于嵌段共聚物聚丙烯酸丁酯-PAN 制备的纯介孔碳膜的比电容(153 F/g)。

Jiang 等[57]以 $CaCO_3$ 为硬模板，将 PTFE 废料转化为纳米多孔碳球。结果表明，碳化温度、PTFE 与碳酸钙的质量比对孔结构有重要影响。在 700℃下，PTFE 与碳酸钙的比例为 2/1 时，制备的碳材料的比表面积为 646.3 m^2/g，孔体积为 0.65 cm^3/g。在三电极系统中，使用 6 mol/L KOH 作为电解液，在 1 A/g 下比电容为 179.9 F/g。另外，加入 $CO(NH_2)_2$ 可以制备具有良好的孔结构和电化学性能的含氮碳材料。例如，PTFE/$CaCO_3$/$CO(NH_2)_2$ 的质量比为 2/1/2 时，700℃下碳化后制备氮掺杂多孔碳材料的比表面积为 1048.2 m^2/g，孔体积为 1.03 cm^3/g，比电容提高到 237.8 F/g。

Chen 等[58]以锌粉为硬模板，PTFE 为碳源，制备纳米多孔碳材料。塑料与锌粉的质量比和碳化温度对碳材料的结构和电化学性能有重要影响。当 PTFE 和锌粉质量比为 1/3 时，在 700℃下碳化得到的多孔碳的比表面积和孔体积分别为 800.5 m^2/g 和 1.59 cm^3/g，在 0.5 A/g 下具有 313.7 F/g 的比电容。循环 5000 次后，电容保持率高达 93.1%，因而具有良好的循环稳定性。

美国德雷塞尔大学 Gogotsi 教授课题组[59]以废轮胎为前驱体，经过碳化和 KOH 活化后制备了轮胎基碳材料(TC)，其比表面积为 1625 m^2/g，并以此为超级电容器电极材料，其表现出较好的性能。窄的孔径分布和高比表面积使其具有良好的电荷储存能力，特别是将其用作 PANI 聚合的支撑体。PANI/TC 复合电极在电位范围为–0.2～0.8 V 时不同扫描速率(5～100 mV/s)下的 CV 曲线如图 5.29(a)所示。PANI/TC 复合电极的 CV 曲线显示出两个不同的氧化还原峰，这两个峰是由赝电容性的 PANI 引起的。复合材料分别表现出代表 PANI 和 TC 贡献的法拉第反应和双电层电荷存储。CV 曲线的平端显示碳的贡献，而氧化还原峰对应于 PANI

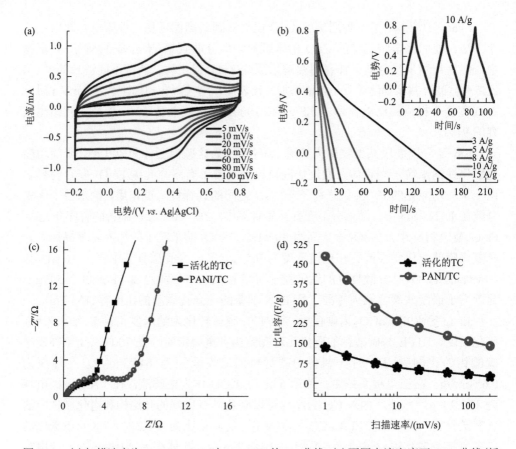

图 5.29 (a) 扫描速率为 5~100 mV/s 时 PANI/TC 的 CV 曲线; (b) 不同电流密度下 GCD 曲线(插图为 10 A/g 下的多次充放电循环曲线); (c) TC 和 PANI/TC 复合材料的 EIS 曲线; (d) 在扫描速率为 1~200 mV/s 时 TC 和 PANI/TC 复合材料的速率性能[59]

的贡献,这表明大部分电容源于 PANI 的赝电容贡献。经过优化后,PANI/TC 复合电极在扫描速率为 1 mV/s、2 mV/s、5 mV/s、10 mV/s、20 mV/s、50 mV/s 和 100 mV/s 时,比电容分别为 480 F/g、390 F/g、285 F/g、235 F/g、210 F/g、180 F/g 和 160 F/g。在所有扫描速率中,PANI/TC 复合材料的 CV 曲线保持大致矩形,具有清晰的氧化还原峰,证实了即使在高扫描速率下 PANI 具有高活性和稳定性。复合材料的高电容可归因于 PANI 薄而均匀的涂层。此外,复合材料的三维多孔结构提供了更高的导电性(用于良好的速率性能)、更高的离子可接触比表面积,以及更快的离子和电荷传输能力与较短的传输路径。电解质离子的不可接近性导致在较高的扫描速率下电容下降,这是电化学储能装置的一个共同特征。然而,PANI/TC 复合材料展示了 TC 和 PANI 的协同作用,显示出高电容性。在不同电流密度(3 A/g、5 A/g、8 A/g、10 A/g 和 15 A/g)下,PANI/TC 电极的 GCD 曲线

[图5.29(a)]显示在0.8~0.5 V和0.5~-0.2 V之间存在两个不同的电压平台。放电图的第一个线性电压平台为TC的双电层电容,而另一个电压平台为TC的双电层电容与PANI的双电层和法拉第复合贡献,PANI/TC电极的放电时间随着电流密度的降低而增加,表明在低电流密度下离子可接近性良好,反之亦然。对称的充放电曲线显示,PANI/TC复合材料[图5.29(b)插图]具有很高的电化学可逆性和令人满意的库仑效率(在15 A/g时为80%)。此外,Nyquist图[图5.29(c)]中的电荷转移电阻对于TC和PANI/TC电极分别为3 Ω和6 Ω(原始PANI电极为45 Ω)。PANI/TC相对于PANI的电荷转移电阻值较低,这归因于导电性提高。TC和PANI/TC在Nyquist图的低频区域都显示出一条近乎垂直的直线,这表明了电极的电容行为。PANI/TC电极半圆的出现表明了法拉第过程的发生。TC和PANI/TC在1~200 mV/s之间的不同扫描速率下的速率性能如图5.29(d)所示。在1 mV/s下,TC电极的比电容为135 F/g,而PANI/TC电极具有480 F/g的高比电容,比TC高3.5倍以上,这是由于PANI的赝电容贡献。PANI/TC复合材料的能量密度为17 W·h/kg,是TC(3.5 W·h/kg)的4.86倍。电容和能量密度增加,源于PANI对TC的均匀覆盖、电子导电性的提高以及电荷渗透的低扩散路径。

Son等[60]通过热解含有PVDF和PTFE的混合聚合物制备多孔碳,发现在惰性条件下对PVDF进行热处理,可使所含氢(H)和氟化物(F)蒸发为HF气体,并使碳主链冷凝。缩合碳转化成芳香碳环并堆积在一起,形成石墨烯层堆积。HF的去除位点形成微孔,从而将PVDF前驱体转化为高比表面积(971 m^2/g)的微孔碳材料。该碳材料较低的介孔导致其电极具有较低的倍率性能,使其作为超级电容器电极的应用受到限制。因此,在PVDF中加入另一种PTFE,目的是在微孔形成过程中生成介孔。选择热稳定性低于PVDF的PTFE作为复合材料前驱体中致孔材料。与纯PVDF电极相比,PVDF与PTFE比例可控的碳电极具有更高的比电容(99 F/g)和更高的倍率性能。以PVDF和PTFE为前驱体制备的多孔碳的电化学性能与商业化的活性炭相当。然而,与商业化的活性炭相比,这种碳的制备过程简单和快速。使用两种聚合物一锅法进行碳化,无须添加别的任何特殊化学物质,为制备介孔碳提供了一种可持续的方法。

Zhi等[61]以废轮胎为前驱体,通过H_3PO_4活化制备了活性碳材料。H_3PO_4活化过程有效地在碳材料中生成了多孔结构。通过调整活化参数,可以调整比表面积、介孔体积和微孔体积。通过统计多元线性回归和逐步回归的结果阐明活性碳电极的比电容和比容量与物理性能的关系。比电容主要由活性炭电极的微孔体积控制,与介孔体积无关。倍率性能与微孔体积、总孔体积、比表面积无明显相关性。它实际上是由介孔/微孔体积比决定的,而不是由介孔体积的绝对值决定的。这一结果表明,不能单独考虑介孔体积来最大化倍率能力。相反,介孔体积必须与微孔体积相匹配(图 5.30)。通常，双电层超级电容器电极的倍率能力取决于四个过程：①液体电解质中的离子扩散；②电解质/电极界面的电荷转移；③固体电极表面的离子吸附；④固体电极和整个电路中的电子传输。对于所研究的样品，液体电解质中的离子扩散是活性炭电极倍率性能的限制因素。

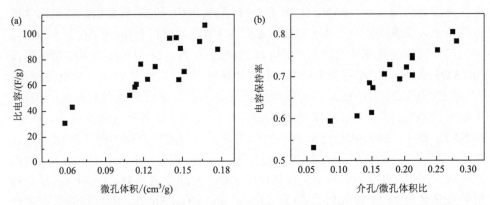

图 5.30　(a)活性炭电极的比电容与微孔体积的关系；(b)倍率性能与介孔/微孔体积比的关系[61]

参 考 文 献

[1] Zhang L L, Zhou R, Zhao X S. Graphene-based materials as supercapacitor electrodes. J Mater Chem, 2010, 20(29): 5983-5992.

[2] Dubal D P, Ayyad O, Ruiz V, et al. Hybrid energy storage: The merging of battery and supercapacitor chemistries. Chem Soc Rev, 2015, 44(7): 1777-1790.

[3] Acerce M, Voiry D, Chhowalla M. Metallic 1T phase MoS_2 nanosheets as supercapacitor electrode materials. Nat Nanotechnol, 2015, 10(4): 313-318.

[4] Wei W, Cui X, Chen W, et al. Manganese oxide-based materials as electrochemical supercapacitor electrodes. Chem Soc Rev, 2011, 40(3): 1697-1721.

[5] 黄晓斌, 张熊, 韦统振, 等. 超级电容器的发展及应用现状. 电工电能新技术, 2017, 36(11): 63-70.

[6] 陈英放, 李媛媛, 邓梅根. 超级电容器的原理及应用. 电子元件与材料, 2008, 27(4): 6-9.

[7] Stoller M D, Park S, Zhu Y, et al. Graphene-based ultracapacitors. Nano Lett, 2008, 8(10): 3498-3502.

[8] Zhang L L, Zhao X S. Carbon-based materials as supercapacitor electrodes. Chem Soc Rev, 2009, 38(9): 2520-2531.

[9] Trasatti S, Buzzanca G. Ruthenium dioxide: A new interesting electrode material. Solid state structure and electrochemical behaviour. J Electroanal Chem Interf Electrochem, 1971, 29(2): A1-A5.

[10] Augustyn V, Simon P, Dunn B. Pseudocapacitive oxide materials for high-rate electrochemical energy storage. Energy Environ Sci, 2014, 7(5): 1597-1614.

[11] Noori A, El-Kady M F, Rahmanifar M S, et al. Towards establishing standard performance metrics for batteries, supercapacitors and beyond. Chem Soc Rev, 2019, 48(5): 1272-1341.

[12] Cao X, Shi Y, Shi W, et al. Preparation of novel 3D graphene networks for supercapacitor applications. Small, 2011,

7(22): 3163-3168.

[13] Snook G A, Kao P, Best A S. Conducting-polymer-based supercapacitor devices and electrodes. J Power Sources, 2011, 196(1): 1-12.

[14] Zhang J, Jiang J, Li H, et al. A high-performance asymmetric supercapacitor fabricated with graphene-based electrodes. Energy Environ Sci, 2011, 4(10): 4009-4015.

[15] 赵雪, 邱平达, 姜海静, 等. 超级电容器电极材料研究最新进展. 电子元件与材料, 2015, 34(1): 1-8.

[16] Yu Z, Tetard L, Zhai L, et al. Supercapacitor electrode materials: Nanostructures from 0 to 3 dimensions. Energy Environ Sci, 2015, 8(3): 702-730.

[17] Hao L, Li X, Zhi L. Carbonaceous electrode materials for supercapacitors. Adv Mater, 2013, 25(28): 3899-3904.

[18] Gu W, Sevilla M, Magasinski A, et al. Sulfur-containing activated carbons with greatly reduced content of bottle neck pores for double-layer capacitors: A case study for pseudocapacitance detection. Energy Environ Sci, 2013, 6(8): 2465-2476.

[19] Hulicova-Jurcakova D, Puziy A M, Poddubnaya O I, et al. Highly stable performance of supercapacitors from phosphorus-enriched carbons. J Am Chem Soc, 2009, 131(14): 5026-5027.

[20] Wang D W, Li F, Chen Z G, et al. Synthesis and electrochemical property of boron-doped mesoporous carbon in supercapacitor. Chem Mater, 2008, 20(22): 7195-7200.

[21] Wen X, Chen X, Tian N, et al. Nanosized carbon black combined with Ni_2O_3 as "universal" catalysts for synergistically catalyzing carbonization of polyolefin wastes to synthesize carbon nanotubes and application for supercapacitors. Environ Sci Technol, 2014, 48: 4048-4055.

[22] Zhang J, Yuan R, Natesakhawat S, et al. Individual nanoporous carbon spheres with high nitrogen content from polyacrylonitrile nanoparticles with sacrificial protective layers. ACS Appl Mater Interfaces, 2017, 9(43): 37804-37812.

[23] Zhang H, Zhou X L, Shao L M, et al. Hierarchical porous carbon spheres from low-density polyethylene for high-performance supercapacitors. ACS Sustainable Chem Eng, 2019, 7(4): 3801-3810.

[24] Cao J, Jafta C J, Gong J, et al. Synthesis of dispersible mesoporous nitrogen-doped hollow carbon nanoplates with uniform hexagonal morphologies for supercapacitors. ACS Appl Mater Interfaces, 2016, 8(43): 29628-29636.

[25] Zhang Y, Yu Y, Liang K, et al. Hollow mesoporous carbon cages by pyrolysis of waste polyethylene for supercapacitors. New J Chem, 2019, 43(27): 10899-10905.

[26] Cheng L X, Zhang L, Chen X Y, et al. Efficient conversion of waste polyvinyl chloride into nanoporous carbon incorporated with MnO_x exhibiting superior electrochemical performance for supercapacitor application. Electrochim Acta, 2015, 176: 197-206.

[27] Cheng L X, Zhu Y Q, Chen X Y, et al. Polyvinylidene fluoride-based carbon supercapacitors: Notable capacitive improvement of nanoporous carbon by the redox additive electrolyte of 4-(4-nitrophenylazo)-1-naphthol. Ind Eng Chem Res, 2015, 54(41): 9948-9955.

[28] Liu K, Qian M, Fan L, et al. Dehalogenation on the surface of nano-templates: A rational route to tailor halogenated polymer-derived soft carbon. Carbon, 2020, 159: 221-228.

[29] Wang K W, Huang L, Razzaque S, et al. Fabrication of hollow microporous carbon spheres from hyper-crosslinked microporous polymers. Small, 2016, 12(23): 3134-3142.

[30] Liang Y, Chen L, Zhuang D, et al. Fabrication and nanostructure control of super-hierarchical carbon materials from heterogeneous bottlebrushes. Chem Sci, 2017, 8(3): 2101-2106.

[31] Huang C W, Wu Y T, Hu C C, et al. Textural and electrochemical characterization of porous carbon nanofibers as

electrodes for supercapacitors. J Power Sources, 2007, 172: 460-467.

[32] Chen L F, Huang Z H, Liang H W, et al. Bacterial-cellulose-derived carbon nanofiber@MnO_2 and nitrogen-doped carbon nanofiber electrode materials: An asymmetric supercapacitor with high energy and power density. Adv Mater, 2013, 25: 4746-4752.

[33] Lei W, Han L L, Xuan C J, et al. Nitrogen-doped carbon nanofibers derived from polypyrrole coated bacterial cellulose as high-performance electrode materials for supercapacitors and Li-ion batteries. Electrochim Acta, 2016, 210: 130-137.

[34] Liu W J, Tian K, He Y R, et al. High-yield harvest of nanofibers/mesoporous carbon composite by pyrolysis of waste biomass and its application for high durability electrochemical energy storage. Environ Sci Technol, 2014, 48(23): 13951-13959.

[35] Min J, Zhang S, Li J, et al. From polystyrene waste to porous carbon flake and potential application in supercapacitor. Waste Manage, 2019, 85: 333-340.

[36] Wen Y, Kierzek K, Min J, et al. Porous carbon nanosheet with high surface area derived from waste poly(ethylene terephthalate) for supercapacitor applications. J Appl Polym Sci, 2020, 137: 48338.

[37] Wen Y, Kierzek K, Chen X, et al. Mass production of hierarchically porous carbon nanosheets by carbonizing "real-world" mixed waste plastics toward excellent-performance supercapacitors. Waste Manage, 2019, 87: 691-700.

[38] Ma C, Liu X, Min J, et al. Sustainable recycle of waste polystyrene into hierarchical porous carbon nanosheets with potential application in supercapacitor. Nanotechnology, 2020, 31: 035402.

[39] Wen Y, Wen X, Wenelska K, et al. Novel strategy for preparation of highly porous carbon sheets derived from polystyrene for supercapacitors. Diam Relat Mater, 2019, 95: 5-13.

[40] Wang G, Liu L, Zhang L, et al. Porous carbon nanosheets prepared from plastic wastes for supercapacitors. J Electron Mater, 2018, 47(10): 5816-5824.

[41] Guo D C, Mi J, Hao G P, et al. Ionic liquid C_{16} mimBF$_4$ assisted synthesis of poly(benzoxazine-co-resol)-based hierarchically porous carbons with superior performance in supercapacitors. Energy Environ Sci, 2013, 6(2): 652-659.

[42] Jin Z Y, Lu A H, Xu Y Y, et al. Ionic liquid-assisted synthesis of microporous carbon nanosheets for use in high rate and long cycle life supercapacitors. Adv Mater, 2014, 26(22): 3700-3705.

[43] Zhang W, Wei S, Wu Y, et al. Poly(ionic liquid)-derived graphitic nanoporous carbon membrane enables superior supercapacitive energy storage. ACS Nano, 2019, 13(9): 10261-10271.

[44] Jeon J W, Han J H, Kim S K, et al. Intrinsically microporous polymer-based hierarchical nanostructuring of electrodes via nonsolvent-induced phase separation for high-performance supercapacitors. J Mater Chem A, 2018, 6(19): 8909-8915.

[45] Wu D, Li Z, Zhong M, et al. Templated synthesis of nitrogen-enriched nanoporous carbon materials from porogenic organic precursors prepared by ATRP. Angew Chem Int Ed, 2014, 53(15): 3957-3960.

[46] Zhong M, Kim E K, McGann J P, et al. Electrochemically active nitrogen-enriched nanocarbons with well-defined morphology synthesized by pyrolysis of self-assembled block copolymer. J Am Chem Soc, 2012, 134(36): 14846-14857.

[47] Alabadi A, Yang X J, Dong Z H, et al. Nitrogen-doped activated carbons derived from a co-polymer for high supercapacitor performance. J Mater Chem A, 2014, 2(30): 11697-11705.

[48] Ma C, Min J, Gong J, et al. Transforming polystyrene waste into 3D hierarchically porous carbon for

high-performance supercapacitors. Chemosphere, 2020, 253: 126755.

[49] Liu X, Wen Y, Chen X, et al. Co-etching effect to convert waste polyethylene terephthalate into hierarchical porous carbon toward excellent capacitive energy storage. Sci Total Environ, 2020, 723: 138055.

[50] Lian Y, Ni M, Huang Z, et al. Polyethylene waste carbons with a mesoporous network towards highly efficient supercapacitors. Chem Eng J, 2019, 366: 313-320.

[51] Lian Y M, Utetiwabo W, Zhou Y, et al. From upcycled waste polyethylene plastic to graphene/mesoporous carbon for high-voltage supercapacitors. J Colloid Interf Sci, 2019, 557: 55-64.

[52] Zhang Y, Shen Z, Yu Y, et al. Porous carbon derived from waste polystyrene foam for supercapacitor. J Mater Sci, 2018, 53(17): 12115-12122.

[53] Liang K, Liu L, Wang W, et al. Conversion of waste plastic into ordered mesoporous carbon for electrochemical applications. J Mater Res, 2019, 34(6): 941-949.

[54] Yan K, Kong L B, Dai Y H, et al. Design and preparation of highly structure-controllable mesoporous carbons at the molecular level and their application as electrode materials for supercapacitors. J Mater Chem A, 2015, 3(45): 22781-22793.

[55] Zhao Y, Wang Z, Yuan R, et al. ZnO/carbon hybrids derived from polymer nanocomposite precursor materials for pseudocapacitor electrodes with high cycling stability. Polymer, 2018, 137: 370-377.

[56] Lin Y, Wang X, Qian G, et al. Additive-driven self-assembly of well-ordered mesoporous carbon/iron oxide nanoparticle composites for supercapacitors. Chem Mater, 2014, 26(6): 2128-2137.

[57] Jiang W, Jia X, Luo Z, et al. Supercapacitor performance of spherical nanoporous carbon obtained by a $CaCO_3$-assisted template carbonization method from polytetrafluoroethene waste and the electrochemical enhancement by the nitridation of $CO(NH_2)_2$. Electrochim Acta, 2014, 147: 183-191.

[58] Chen X Y, Cheng L X, Deng X, et al. Generalized conversion of halogen-containing plastic waste into nanoporous carbon by a template carbonization method. Ind Eng Chem Res, 2014, 53: 6990-6997.

[59] Boota M, Paranthaman M P, Naskar A K, et al. Waste tire derived carbon-polymer composite paper as pseudocapacitive electrode with long cycle life. ChemSusChem, 2015, 8(21): 3576-3581.

[60] Son I S, Oh Y, Yi S H, et al. Facile fabrication of mesoporous carbon from mixed polymer precursor of PVDF and PTFE for high-power supercapacitors. Carbon, 2020, 159: 283-291.

[61] Zhi M, Yang F, Meng F, et al. Effects of pore structure on performance of an activated-carbon supercapacitor electrode recycled from scrap waste tires. ACS Sustainable Chem Eng, 2014, 2(7): 1592-1598.

第6章 聚合物基碳材料在锂离子电池中的应用

6.1 锂离子电池

6.1.1 锂离子电池简介

在现代社会中，锂离子电池(Li-ion batteries)不仅在各类便携式终端中得到广泛应用，而且还逐渐拓展至电动汽车等大型高精尖电气设备。锂电池主要包括锂离子电池、锂-硫电池和锂-空气电池。目前，市场上已经存在着大量成熟的锂离子电池产品，而锂-硫电池正处于商业化技术攻关中，锂-空气电池则仍然处于实验室研发阶段。锂离子电池是继锰/锌干电池、二氧化锰/锂纽扣型电池、铅蓄电池、镍/镉电池、镍/氢电池和镍/锌电池之后，在锂正极技术基础上发展而来的一种新型高性能二次电池。锂离子电池具有工作电压高（约 4.0 V）、能量密度大、自放电少、工作温度范围宽、循环性能好、使用寿命长、无记忆效应、小型化和安全无污染等诸多优点。

人类与锂电池的第一次亲密接触，可以追溯到 1912 年 Lewis 等的研究。然而直到 20 世纪 70 年代，科学家才以硫化钛为正极、锂片为负极，制备了第一块锂电池，其为可直接使用的一次电池。但是该体系存在安全性低和充放电循环寿命差两个缺陷。首先，金属锂单质活泼性较高，易与电解液发生反应，使得电解质发生分解，导致电池内压升高，造成安全威胁。其次，锂在电池充电过程中会从电解液里析出形成锂枝晶(树枝状结晶)，枝晶可能会穿透隔膜，造成电池内部短路，带来安全隐患，或者是从电极上脱落，无法再被循环利用，导致比容量和使用寿命都大幅降低。以上两个难题使该体系在二次电池化的过程中举步维艰。纽约州立大学宾汉姆顿分校的 M. Stanley Whittingham 教授开创性地研发出了二硫化钛正极，它在分子水平上拥有可容纳插入式锂离子的空间。1980 年，斯坦福大学的 Armond 教授提出用嵌锂化合物代替金属锂，Scrosati 及其同事将此类电池命名为"摇椅式电池"(rocking chair batteries)。1987 年，$MoO_2/LiPF_6$-PC/$LiCoO_2$ 型的"摇椅式电池"问世，这种电池具有良好的循环寿命和安全性能，但由于其工作电压和能量密度较低而无法得到实际应用。美国得克萨斯大学奥斯汀分校的 John Goodenough 教授预测，如果用一种金属氧化物而不是金属硫化物来制造正极，那么它将具有更高的工作电压。经过系统研究，他在 1980 年证明嵌入锂离子的氧化钴正极可以产生高达 4 V 的电压。这是一项重大的理论突破，将迎来更加强大的电池。以 Goodenough 的理论研究为基础，日本化学家 Akira Yoshino 在 1985 年创造了第一个基于锂正极技术的锂离子电池。他使用石油焦炭材料作为负极，钴锂氧化物为正极，实现了锂离子在正负极之间的自由嵌入与脱出，使得电池的安全性和循环使用寿命得到大幅提高。因此，锂离子电池的主要工作原理是基于锂离子(Li^+)在正负极之间循环流动，而不是基于电极的氧化还原化学反应。在 20 世纪末，世界上第一块商品化的锂二次电池由日本索尼公司开发，将其从实验室研究推向了工业化批量生成，并相应地提出了"锂离子电池"的新概念。鉴于 John Goodenough、M. Stanley Whittingham 和 Akira Yoshino 教授在锂离子电池的发展过程中做出的杰出贡献，他们共同获得 2019 年度诺贝尔化学奖。

6.1.2 锂离子电池的结构

锂离子电池主要由五个关键部分组成，分别是负极、正极、隔膜、电解质溶液和外观封装材料。负极一般是碳、硅和磷等无机非金属材料，也可以是金属或者金属氧化物，其中商业锂离子电池常用的负极是石墨材料。常用的正极有 $LiCoO_2$、$LiNiO_2$、$LiMn_2O_4$、$LiFePO_4$ 以及三元材料 $LiNi_xCo_yMn_zO_2$ ($x+y+z=1$) 等。隔膜通常是聚乙烯、聚丙烯或者两者复合制备的微孔薄膜。电解质溶液通常是由有机溶剂和锂盐电解质两部分组成。常见的电解质有 $LiClO_4$ 和 $LiPF_6$，溶剂通常包括碳酸乙烯酯(EC)、碳酸丙烯酯和碳酸二甲酯(DMC)。对电解液的要求是其本身为离子导体和电子绝缘体，有时为了满足一些特殊需求，还会往电解液中加入各种功能添加剂。锂离子电池的外观形式多种多样，主要有柱状电池、扣式电池、块状电池和软包电池等样式。

6.1.3 锂离子电池的工作原理

锂离子电池原理上属于浓差电池的一种，主要依靠 Li^+ 在正负极之间来回嵌入与脱出，导致正负极电荷失衡，进而通过外电路中的补偿电荷的移动来产生电流。由于 Li^+ 只是在材料的晶体结构层间发生嵌入与脱出，不会对材料的晶体结构造成很大的影响，因此在通常情况下锂离子电池被认为具有高度的可逆性。锂离子电池的工作电压由电极嵌锂后的嵌锂化合物决定。锂离子电池的充放电即为锂离子在正负极材料之间的嵌入与脱出。充电时，Li^+ 从正极脱出，进入电解液；与此同时，等量的 Li^+ 从电解液进入负极材料，在负极形成相应的化合物。放电过程与充电过程正好相反,Li$^+$从负极脱出,进入电解液,等量的 Li$^+$进入正极,在正极形成相应的化合物。充放电过程即为一个电荷转移过程。图 6.1 为锂离子电池的工作原理示意图[1]。正极为层状 LiMO$_2$,负极为层状石墨。充电时,Li$^+$从 LiMO$_2$ 脱出进入电解液,随后进入到石墨中,与石墨形成相应的嵌锂化合物。与此同时,电荷从外电路到达负极,使负极处于电荷平衡状态。放电时,Li$^+$从石墨负极进入电解液,随后进入 LiMO$_2$ 正极形成相应的嵌锂化合物;与此同时,电荷从外电路到达正极,使正极处于电荷平衡状态。

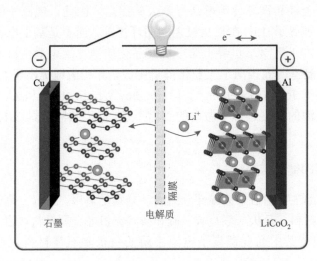

图 6.1　锂离子电池的工作原理示意图[1]

理论上,锂离子电池的充放电是完全可逆的,其正极反应、负极反应和电池反应分别如下。

正极反应：　　　　$LiMO_2 \rightleftharpoons Li_{1-x}MO_2 + xLi^+ + xe^-$　　　　(6.1)

负极反应：　　　　$6C + xLi^+ + xe^- \rightleftharpoons Li_xC_6$　　　　(6.2)

电池反应：　　　　$6C + LiMO_2 \rightleftharpoons Li_{1-x}MO_2 + Li_xC_6$　　　　(6.3)

从上述的反应可以看出,锂离子电池的比容量主要取决于正负极材料在充放电过程中所能提供的 Li$^+$的数目,而其循环稳定性也主要取决于正负极材料在反复嵌/脱锂过程中的稳定性。因此,锂离子电池的性能提升的关键在于先进电极材料的开发。锂离子电池的正极材料主要包括层状结构的 LiCoO$_2$ 和 LiNiO$_2$、尖晶石结构的 LiMn$_2$O$_4$、橄榄石型的 LiFePO$_4$ 以及三元材料 LiNi$_x$Co$_y$Mn$_z$O$_2$ ($x+y+z=1$)等。目前商业化的锂离子电池最常用的是具备高能量密度的 LiCoO$_2$,最早由 Goodenough 教授提出其理论比容量为 274 mA·h/g,但是在实际使用中只有

140 mA·h/g，严重制约了锂离子电池的整体性能。LiNiO$_2$ 和 LiCoO$_2$ 的结构相似并且在实际使用中具有更高的比容量(190～210 mA·h/g)，然而钴系和镍系正极的热稳定性较低，且纯相 LiNiO$_2$ 的合成条件十分苛刻。相比而言，尖晶石结构的 LiMn$_2$O$_4$ 和橄榄石型的 LiFePO$_4$ 的高温稳定性较好，但铁系和锰系正极的能量密度比钴系和镍系正极低，这个缺点抵消了其安全性上的优点。综合上述几种材料的优势，人们开发出了含有镍钴锰的复合型过渡金属氧化物 LiNi$_x$Co$_y$Mn$_z$O$_2$($x+y+z=1$)（又称三元正极材料）。

相比正极材料，锂离子电池的负极材料则更加丰富多样，按照储锂机理主要分为嵌入型(碳材料和钛基化合物 Li$_4$Ti$_5$O$_{12}$ 等)、合金化型(硅基、锡基以及其他金属基的锂化合金等)、转化型(过渡金属氧化物和硫化物等)。嵌入型负极材料商业化的典型代表是石墨，它在脱/嵌锂过程中体积变化小、循环稳定性能高，但实际比容量偏低，难以满足高能量密度锂离子电池的需求。合金化型和转化型负极材料的比容量一般远高于嵌入型，因此引起了科研人员浓厚的兴趣。遗憾的是，这两类负极材料在充放电过程中，体积膨胀变化大(200%～300%)且容易粉化，从而造成比容量迅速衰减。目前解决上述问题的主要方式是纳米化和碳材料包覆。

6.1.4 锂在无定形碳材料中的存储机理

无定形碳作为锂离子电池负极时的比容量通常会高于石墨电极的理论值。对此，科研人员提出了多种储锂机制与模型来解释这一现象。常见的包括锂分子(Li$_2$)[2]、单层石墨片[3]和微孔储锂机理[4]三大类。第一，Li$_2$ 储锂机理如图 6.2(a)所示，锂既可以离子态嵌入到碳环中形成石墨插层化合物，又能以 Li$_2$ 分子的形式进入到邻近的碳环中，使得此类材料的储锂能力达到 LiC$_2$ 的水平，其理论比容量高达 1116 mA·h/g，相当于普通石墨材料的三倍，且其体积比容量也大于金属单质锂。第二，单层石墨片储锂机理如图 6.2(b)所示，大量的单层石墨片无序地排列在一起，紧密包裹着 Li$^+$。这种材料的电压平台较低，Li$^+$可以吸附在每层石墨片的两侧，从而增加了 Li$^+$ 的存储位点，吸引更多的 Li$^+$ 嵌入，进而增加了材料的储锂能力。第三，微孔储锂机理如图 6.2(c)所示，充电时，锂首先嵌入到电极表面的石墨微晶中，然后进入中间的微孔中，形成 Li$_2$ 分子或者锂簇；放电时，锂则先从材料表面的石墨微晶脱出，之后微孔中的锂再通过附近的石墨微晶脱出进入电解液。这些微孔主要是由碳材料前驱体在碳化过程中生成的，同时聚合物前驱体分解产生的小分子气体从材料内部逸出也会形成一定的缺陷。充放电过程中，这些微孔和缺陷不稳定，在循环充放电过程中会逐渐崩塌，导致材料的储锂能力逐渐下降。

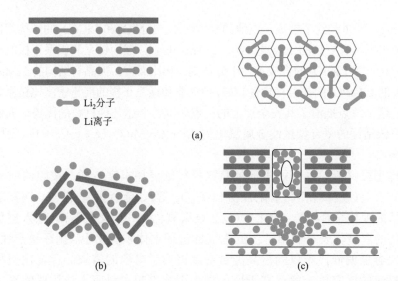

图 6.2　(a) Li_2 储锂机理的示意图[2]；(b) 单层石墨片储锂机理的示意图[3]；(c) 微孔储锂机理的示意图[4]

6.1.5　碳基锂离子电池负极材料的改性策略

锂离子电池的负极材料包括碳质材料和非碳质材料。碳质材料可分为石墨基材料（天然石墨和改性石墨）、非石墨基材料（软碳和硬碳）以及其他的碳纳米材料[5]。传统的碳材料用作锂离子电池负极时存在着许多不足之处。例如，石墨的理论比容量只有 372 mA·h/g，无法满足当下探索超高能量密度锂离子电池的基本要求。而无定形碳中则含有较多的氢原子，使得电池在循环充放电过程中产生明显的电压滞后现象。因此，科研人员提出了许多碳材料改性方法。这些方法大致可以归纳为六类，即提高碳材料自身的石墨化程度，将碳材料纳米化，向碳材料引入表面官能团、杂原子或者多孔结构，使用复合和包覆策略。

第一，提高石墨化程度。通常无定形碳具有良好的储锂能力，但用作电池负极时则表现出较差的循环稳定性和倍率性能，寿命也较短。为了弥补这一缺陷，研究者通过相应的实验方法，在无定形碳中生成大量的石墨片层结构来提高自身的石墨化程度，从而改善其倍率性能和稳定性[6]。

第二，碳材料纳米化。电极材料的纳米化能够有效地增加比表面积和表面能，也可以扩大电极与电解液的接触面积，实现 Li^+ 在电解液与电极之间的快速转移，缩短 Li^+ 传输距离，以满足对锂离子电池快速充放电的需求。除此之外，纳米化能够使得更多的活性位点裸露出来，增加材料的储锂位点，提高电极的储锂能力，进一步提高电池的比容量。常见的碳纳米材料包括碳纳米球、碳纳米管、碳纳米纤维和石墨烯等。

第三，引入表面官能团。碳微晶边缘和表面的不均匀性使得碳材料实际比容量低于理论比容量，且循环性能较差。对碳材料进行官能团化可以在一定程度上降低自身的不可逆比容量，并提高其循环性能。常见的官能团化方法包括表面非共价键官能团化、侧壁官能团化和缺陷官能团化等，能够在材料的表面接枝多种官能团(羟基、羧基和羰基等)，是消除碳材料表面结构缺陷最为简单有效的方法。经过表面官能团化后的碳材料，可减少充放电过程中电解液分解，形成更加致密的固体电解质界面膜，从而降低材料的不可逆比容量，并提高其循环稳定性。另外，官能团化还可以增加材料的氧化还原电位，有效改善充放电过程中的电压滞后现象。

第四，引入杂原子。在碳材料分子结构中引入杂原子能影响碳材料的微观形貌和电子分布情况，从而提升电极材料的性能。一般地，制备杂原子掺杂的碳材料有两种途径。第一，含杂原子化合物通过化学气相沉积法，掺杂进入碳材料。第二，在碳材料前驱体中直接引入杂原子，然后通过高温加热碳化处理，实现杂原子与碳材料共生。常用的杂原子包括硼、氮、硫和磷等[7]。

第五，引入多孔结构。具备大量纳米孔道和空腔的多孔碳材料可以大幅增加电极的比表面积、反应活性位点和储锂位点，同时有利于电极与电解液接触，促进电极反应发生，增加电池的比容量。此外，多孔碳电极可以有效缓冲由 Li^+ 的嵌入与脱出带来的体积膨胀效应，保持电极结构在高倍率充放电过程中不发生变化，有利于电池倍率性能和循环寿命提升。

第六，复合和包覆策略。虽然多孔碳电极的综合性能良好，但仍受限于自身较低的可逆理论容量含量。科研人员也积极探索了其他具有较高理论比容量的负极材料，包括非金属单质(如单质硅理论比容量为 4200 mA·h/g[8])、金属单质(如单质锡理论比容量为 994 mA·h/g[9])和过渡金属氧化物(如 SnO_2 理论比容量为 790 mA·h/g[10]，Fe_2O_3 和 Fe_3O_4 理论比容量分别为 1007 mA·h/g[11]和 922 mA·h/g[12])。然而，这些负极材料在充放电过程中均存在着不同程度的体积膨胀，导致活性物质粉化而从电极脱落，使得比容量迅速衰减。针对这些问题，能够调节"体积剧变"的过渡金属氧化物/多孔碳基复合材料正成为当下的研究热点[13, 14]。

碳基锂离子电池负极材料

6.2.1 碳球

Wei 等将聚对苯二甲酸乙二醇酯(PET)在高压超临界 CO_2 氛围里 650℃下反应

3 h 制备微米碳球(PETCS),并且探索了 PETCS 在锂离子电池负极材料中的应用[15]。首先,以 PETCS 为活性物质,炭黑为导电剂,聚偏氟乙烯(PVDF)为黏结剂,按 PETCS/炭黑/PVDF 的质量比为 80∶10∶10 进行混合,同时加入少量 N-甲基吡咯烷酮辅助混合,并均匀地平铺在铜箔上,干燥后,压成薄片。上述方法制备的活性电极、金属锂、1 mol/L LiPF$_6$/EC∶DEC(体积比 1∶1)和聚丙烯薄膜分别作为电池的负极、正极、电解液和隔膜。图 6.3(a)显示了比容量与循环次数的关系曲线。在 100 mA/g 下,PETCS 的放电容量为 504.9 mA·h/g,可逆容量为 258.5 mA·h/g,循环 20 次后容量保持率为 40%。当电流密度增加到 160 mA/g,电压从 2 V 增加到 3 V 时,PETCS 的循环性能开始变差。为了进一步提高比容量和循环稳定性,他们将 PETCS 加入到硫酸/硝酸(体积比为 3∶1)的混合酸中进行 1 h、2 h、4 h 和 6 h 的超声处理。图 6.3(b)显示了氧化处理明显有利于比容量提高。有趣的是,PETCS 在混合酸中超声处理 2 h 后,获得了最佳的循环稳定性。首次充/放电后,PETCS-2h 的放电和充电容量分别为 606.7 mA·h/g 和 250.8 mA·h/g。由于电解质分解和固体电解质界面膜形成,PETCS 和 PETCS-2h 均显示出较大比例的不可逆容量。循环 20 次后,PETCS 和 PETCS-2h 的可逆容量分别为 206.5 mA·h/g 和 251.8 mA·h/g,后者比前者高出 22%。经混合酸处理后,大部分 PETCS-2h 的碳球形貌没有显著变化,少部分则被拉伸成椭圆形且表面显示出被劈开的形态,导致比表面积增加。此外,PETCS-2h 具有羟基、多环取代基和芳香族基团,表明改性后的碳球表面覆盖了氧化层。氧化层可以提高石墨结构的稳定性,防止溶剂化锂离子共渗,从而提高了电化学性能。

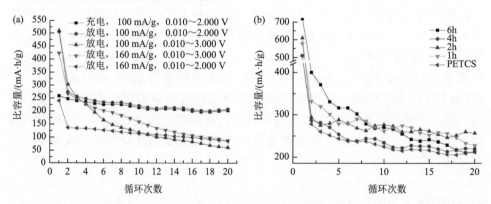

图 6.3 (a)PETCS 在不同电流密度和电压下的倍率性能曲线;(b)PETCS 和经过超声处理后的循环性能曲线(电流密度为 100 mA/g,电压为 0.01~2 V)[15]

Pol 等利用高温高压反应釜将废弃塑料转化成球形碳粒子和碳纳米管,并将其应用到锂电池负极材料当中[16]。当扫描电压为 1.5 V、扫描速率为 1 C 时,循环数百次后,这两类碳材料能获得大约 240 mA·h/g 的稳定可逆容量。将电压升高到 3 V

第6章 聚合物基碳材料在锂离子电池中的应用　273

后，碳纳米管电极表现出 372 mA·h/g 的可逆比容量，即石墨的理论值。他们进一步将碳球材料置于惰性气氛中加热到 2400℃进行退火，有效增加了碳球晶体结构的有序度。这种处理将 Li/C 半电池的第一循环不可逆容量损失从 60%降低到 20%，在多次循环后获得稳定的放电容量(252 mA·h/g)。

6.2.2 中空碳球

Li 等利用有机改性蒙脱土(OMMT)/Fe_3O_4 纳米粒子催化 PP 碳化制备中空碳球(HCS)/石墨薄片(GF)三维碳纳米材料[17]。作为碳化模板和催化剂，Fe_3O_4 纳米粒子均匀分散在 OMMT 表面上同时诱导 HCS 和 GF 生长。当 Fe_3O_4 的加入量为 2.5 wt%和 10 wt%时，HCS-2.5/GF 和 HCS-10/GF 的比表面积分别为 272 m^2/g 和 718 m^2/g，孔体积分别为 0.583 cm^3/g 和 1.42 cm^3/g，HCS 的尺寸分别为 30 nm 和 13 nm。当扫描速率为 C/5 时，HCS-2.5/GF 和 HCS-10/GF 电极的首次放电比容量分别为 3017 mA·h/g 和 3816 mA·h/g[图 6.4(a)]。这种差异主要是由它们的比表面积不同造成的。在首次充电过程中，HCS-2.5/GF 和 HCS-10/GF 电极的可逆容量分别为 794 mA·h/g 和 907 mA·h/g，远远高于石墨的理论容量(372 mA·h/g)。如此优异的锂储存能力与 HCS/GF 的三维多孔结构有关。在这种多孔结构中，锂原子很容易形成半金属团簇。小尺寸的 HCS 以及 GF 中石墨晶面的有序排列使 HCS/GF 具有优异的倍率性能。HCS-2.5/GF 和 HCS-10/GF 的倍率性能如图 6.4(b)所示，在以 C/5 的速率循环 50 次后，HCS-10/GF 和 HCS-2.5/GF 的可逆容量分别稳定在 410 mA·h/g 和 335 mA·h/g。将扫描速率增加到 1 C 和 5 C 后，HCS-10/GF 和 HCS-2.5/GF 的可逆容量分别保持在 297 mA·h/g 和 189 mA·h/g，412 mA·h/g 和 378 mA·h/g。值得注意的是，HCS-10/GF 的高倍率循环容量依然稳定。例如，在 10 C 的扫描电流密度下循环 30 次后，HCS-10/GF 可逆容量保持率仍接近 100%，

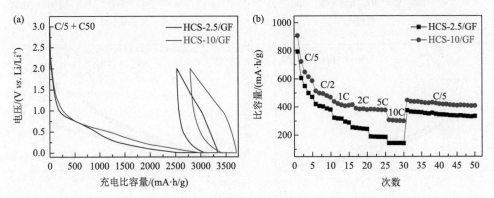

图 6.4　(a) HCS-2.5/GF 和 HCS-10/GF 的首次充放电曲线；(b) HCS-2.5/GF 和 HCS-10/GF 的倍率性能曲线[17]

分别稳定在 301 mA·h/g 和 144 mA·h/g。然而，含有较大的不可逆容量是 HCS/GF 的主要缺点。采用高温退火和/或在 HCS 中引入具备高质量和体积比容量的活性物质可进一步提高材料的整体性能。

因此，Min 等进一步探索了"模板碳化法"在合成 HCS/多孔碳薄片(PCF)三维碳纳米材料中的应用。该方法以"多孔氧化镁/乙酰丙酮铁"为组合碳化模板，并分别以 PP、PE、聚苯乙烯(PS)、聚氯乙烯(PVC)废弃物以及它们的混合物为碳源，制备了一系列内置 Fe_3O_4 纳米粒子活性物质的三维中空多孔碳纳米材料(HCS/PCF)[18]。所有 HCS/PCF 样品的比表面积为 1245～1382 m^2/g，孔体积为 4.45～4.68 cm^3/g，其中 Fe_3O_4 的含量为 6.5 wt%～11.9 wt%[图 6.5(a)]。当扫描速率为 20 mA/g 时，PVC∶HCS/PCF 电极的首次充/放电容量为 528 mA·h/g 和 1208 mA·h/g，对应的库仑效率为 43.7%[图 6.5(b)]。PP∶HCS/PCF 电极的倍率性能和长循环曲线如图 6.5(c)和(d)所示，循环 48 次后，PP∶HCS/PCF 电极的可逆容量稳定在 604 mA·h/g。在 0.5 A/g 的电流密度下循环 500 次后，PP∶HCS/PCF 电极的可逆容量保持率仍接近 100%，并稳定在 802 mA·h/g。由此可见，在三维中空多孔碳骨架中引入适量的高容量活性物质，可以使电极材料的锂离子电池性能得到大幅提升。

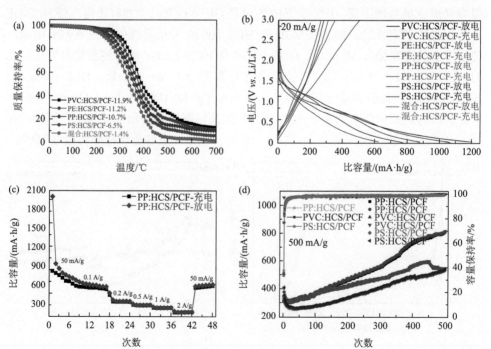

图 6.5　HCS/PCF 的 TGA 曲线(a)、首次充放电曲线(b)、倍率性能曲线(c)和长循环曲线(d)[18]

6.2.3 碳纳米管

Yan 等利用 Ni-Mo-Mg 三元催化剂催化 PP 和硅树脂共混物碳化合成了 Si-CNT 纳米杂化材料。随后，他们测试了 Si-CNT 纳米杂化材料作为锂离子电池负极材料的充放电曲线和循环性能。如图 6.6(a) 所示，当电流密度为 300 mA/g 时，Si-CNT 电极的首次充/放电容量为 1453 mA·h/g 和 2159 mA·h/g，对应的库仑效率为 66.2%。循环 50 次后，Si-CNT 电极的可逆容量保持率达到 98.8%，并稳定在 1185 mA·h/g[图 6.6(b)]。优异的锂离子电池性能得益于 Si-CNT 纳米杂化材料的高比表面积和高导电性。

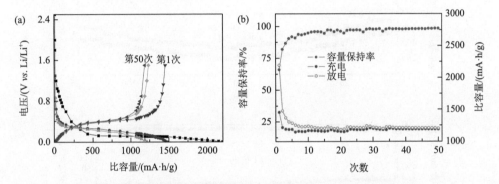

图 6.6 Si-CNT 纳米杂化材料的充放电曲线(a)和长循环曲线(b)[19]

6.2.4 碳纳米纤维

Park 等[20]使用聚丙烯腈、废聚乙烯醇缩丁醛和尿素作为前驱体，采用静电纺丝制备聚合物纳米纤维，随后经过两步碳化制备具有开放孔道的氮掺杂碳纳米纤维(N-CNFO)。其中，聚乙烯醇缩丁醛能诱导 N-CNFO 形成各种大小尺寸的孔道，尿素能提高 N-CNFO 的含氮量。氮掺杂有利于抑制 N-CNFO 电极表面副反应的发生和电解质分解。当电流密度为 0.2 C 时，N-CNFO 电极的首次充/放电容量为 725 mA·h/g 和 1115 mA·h/g，库仑效率高达 66%。较高的比表面积和氮掺杂导致 N-CNFO 比传统碳材料具有更高的比容量。图 6.7(a)评估了碳纳米纤维(CNF)和 N-CNFO 电极的倍率性能。当电流密度为 0.1 C、0.2 C、0.5 C、1 C、2 C、3 C 和 5 C 时，CNF 电极可逆比容量分别为 568 mA·h/g、466 mA·h/g、382 mA·h/g、309 mA·h/g、256 mA·h/g、223 mA·h/g 和 198 mA·h/g。而 N-CNFO 电极在相同的电流密度下的可逆比容量则分别为 723 mA·h/g、638 mA·h/g、548 mA·h/g、449 mA·h/g、407 mA·h/g 和 373 mA·h/g，优于 CNF 电极。值得注意的是，在 5 C 的高电流密度下，N-CNFO 电极的可逆容量为 343 mA·h/g，接近理论比容量。此外，经过高速充放电循环后，N-CNFO 电极的比容量在 0.5 C 时可以恢复到

625 mA·h/g，接近于其初始可逆容量，进一步证实了 N-CNFO 电极具有优异的稳定性。如图 6.7(b) 所示，在 1 C 电流密度下的长循环测试中，N-CNFO 电极的初始库仑效率为 57%，然后在第二个循环中立即增加到 94%，在第五个循环后开始接近 100%。循环 500 次后，其可逆比容量保持率高达 83%，证明 N-CNFO 电极具有良好的长期循环稳定性。N-CNFO 优异的电化学性能主要源于以下三个方面（图 6.8）。首先，碳纤维网络能够提供广阔的电子迁移通道，改善法拉第反应的导电性。其次，N-CNFO 表面产生的开放孔道为 Li$^+$ 的扩散提供了一条额外的途径，

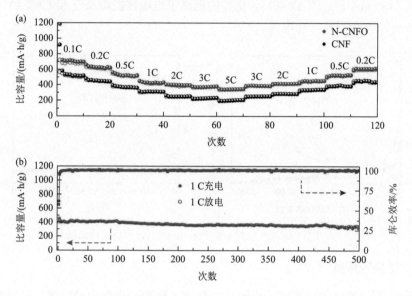

图 6.7　(a) CNF 和 N-CNFO 的倍率性能曲线；(b) N-CNFO 在 1 C 下的长循环曲线[20]

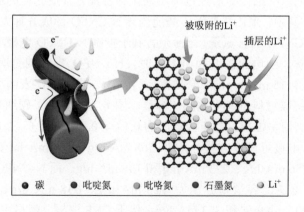

图 6.8　N-CNFO 中锂离子存储机制的示意图[20]

细长而深邃的孔结构有效地提供了更多的活性位点，从而实现较高的库仑效率和可逆容量与稳定的循环性能。最后，尿素氮掺杂使 N-CNFO 的含氮量增加约 17%，同样有利于提高导电性、循环稳定性和库仑效率。同时，N-CNFO 中氮位点通过产生结构缺陷，将 Li^+ 吸附到碳晶格中，有助于提高可逆比容量。

  Sun 等以间苯二酚和六亚甲基四胺为单体，表面活性剂 Pluronic F127 为结构导向剂，制备了比表面积为 585 m^2/g 的碳纳米纤维(CRF-1)[21]。他们将 CRF-1 作为锂离子电池的负极材料进行了恒电流放电(Li^+插入)和充电(Li^+脱嵌)实验。当电流密度为 100 mA/g 时，CRF-1 电极的首次充/放电可逆容量为 476 mA·h/g[图 6.9(a)]，高于石墨的理论比容量(372 mA·h/g)。由于电极表面固体电解质界面膜的形成，CRF-1 电极同样表现出了不可逆容量。与其他非石墨类碳材料相似，在 CRF-1 电极的充/放电曲线中没有观察到明显的平台，而在 0.5～0.8 V 电压区间内形成的曲线斜坡，也证明了固体电解质界面膜的形成，阻止电解液在电极表面上的进一步分解。图 6.9(b) 为 CRF-1 在 0.005～3 V 之间的充/放电循环曲线。随着循环的进行，CRF-1 的库仑效率显著增加，在大约 10 次后达到 98%以上。同时，电极的循环稳定性是制约锂离子电池应用的重要因素。在电流密度为 100 mA/g 下循环 50 次后，CRF-1 电极上的可逆比容量为 308 mA·h/g，证明了其良好的循环稳定性。图 6.9(c) 显示了 CRF-1 和人造石墨的倍率性能曲线。电极首先在 200 mA/g 下循环 20 次，然后逐级增加电流密度到 1500 mA/g。在 500 mA/g 和 1500 mA/g 下循环时，CRF-1 的可逆容量分别为 249 mA·h/g 和 160 mA·h/g，远高于人造石墨。这是由于 CRF-1 独特的纳米尺寸形貌，Li^+ 扩散路径减少，迁移更快。阻抗测试可以帮助人们进一步了解 Li^+ 插入 CRF-1 电极过程中的电化学动力学，如图 6.9(d)所示，人造石墨比 CRF-1 电极具有更大的电荷转移阻抗，表明在电极-电解液界面上，CRF-1 电极的电荷转移得更快、更容易。

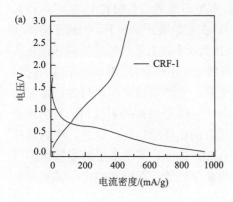
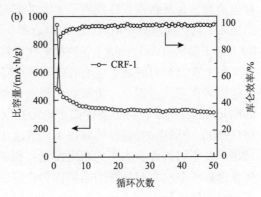

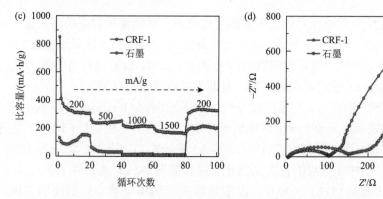

图 6.9 （a）电流密度为 100 mA/g 时，CRF-1 电极的首次充放电曲线；（b）电流密度为 100 mA/g 时 CRF-1 在 0.005～3 V 之间的循环性能曲线；（c）CRF-1 和人造石墨的倍率性能曲线；（d）相应的电化学阻抗谱图（通过在 0.01Hz～100 kHz 的频率范围内施加振幅为 5 mV 的正弦波获得）[21]

6.2.5 石墨烯和石墨

北京理工大学曲良体教授课题组利用镍箔作为催化剂和模板，在 1050℃下通过碳化和退火，将废弃塑料 PS 转化成多层石墨烯箔[22]。这类独立式多层石墨烯箔电极可以规避导电剂和黏合剂的使用，在保证高导电性的前提下有效地减轻电池质量并提高活性物质的负载效率。多层石墨烯箔在快速充/放电循环中表现出优异的倍率性能，显示出良好的电极完整性和快速反应动力学。它也能够保持稳定的循环性能，在 0.1 A/g 下循环 200 次后库仑效率高达 99%，放电容量为 380 mA·h/g。更重要的是，多层石墨烯箔电极可以提供接近 100%的首次充/放电库仑效率，这比大多数石墨烯类电极都要高。考虑到在智能可穿戴服装中集成轻量化和可弯曲电子设备的需求，柔性储能设备是非常理想的。柔软且灵活的电极和电池封装是制备高柔性锂离子电池的前提。多层石墨烯箔负极和 Li 箔对电极被组装成了可折叠锂离子电池[图 6.10（a）和（b）]。在初始展开状态下，锂离子电池在 0.1 A/g 下显示出 381.6 mA·h/g 的放电比容量（按负极多层石墨烯箔的质量标准化），并且在 180°折叠时锂离子电池的放电容量略有增加而不是衰减[图 6.10（c）]。这可能是因为在弯曲过程中，负极和正极被压得更紧，电池能够更好地与电极接触。如图 6.10（d）所示，可折叠锂离子电池在展开（1～50 个周期的测试）和 180°折叠（51～100 个周期的测试）的状态下，表现出极好的循环稳定性。此外，软封装单元足以在不同折叠状态下为商用发光二极管（LED）供电。基于多层石墨烯箔的可折叠锂离子电池具有良好的柔韧性和稳定的电化学性能，在可穿戴电子领域具有广阔的应用前景。

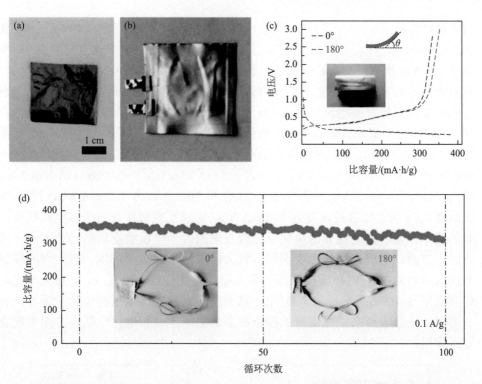

图 6.10 可折叠锂离子电池的制备及其电化学性能：(a)多层石墨烯箔；(b)使用多层石墨烯箔作为负极的锂离子电池软包；(c)0.1 A/g 下不同弯曲角度的锂离子电池的电压与比容量关系曲线；(d)锂离子电池在 0.1 A/g 下从 0～50 个周期(展平)和 51～100 个周期(完全折叠)的循环性能曲线，插图是锂离子电池在各种弯曲条件下点亮商用红色发光 LED[22]

Zhou 等[23]将 2,5-二巯基-1,3,4-噻二唑在氧化石墨烯表面原位聚合，制备氧化石墨烯/聚(2,5-二巯基-1,3,4-噻二唑)复合物，然后经过碳化反应制备氮硫掺杂石墨烯。他们通过循环伏安法(CV)和恒电流充/放电实验评估氮硫掺杂石墨烯的储锂性能。首先，氮硫掺杂石墨烯电极的 CV 曲线如图 6.11(a)所示。在 0.97～0.3 V 区间内，存在于首次循环中较为显著的还原峰在随后的循环中逐渐消失，这可能是由电解质分解、固体电解质相间层的形成和其他副反应所导致。此外，在 0 V 和 1.2 V 附近分别有两个氧化峰，前者可以归因于 Li^+ 从石墨层中脱出，后者则是由于 Li^+ 从缺陷(如石墨层的气孔、空位、边角等)中嵌出。更高电位处的峰可能与氮硫掺杂石墨烯表面的杂原子(残余 H)有关。循环多次后，所有 CV 曲线几乎重叠，表明氮硫掺杂石墨烯电极具有良好的循环性能。随后，氮硫掺杂石墨烯电极在 50 mA/g 时的恒电流充/放电曲线如图 6.11(b)所示。在充放电曲线中可以观察到相关的平台区域，首次充/放电容量分别为 846.5 mA·h/g 和 1428.8 mA·h/g，对应于 59.2%的库仑效率。40.8%的容量损失主要归因于固体电解质界面膜的形成。当电流密度增加到 100 mA/g 时[图 6.11(c)]，首次充/放电容量分别为 593.6 mA·h/g 和 1024.3 mA·h/g，库仑效率为 57.9%。第 1 次循环后，库仑效率迅速提高到 95.4% 以上，第 500 次循环后，氮硫掺杂石墨烯电极仍保持 490 mA·h/g 的可逆比容量，容量保持率为 82.5%，证明其良好的循环性能和可逆性。他们进一步研究了氮硫掺杂石墨烯电极在高电流密度 1 A/g 下的长循环稳定性，如图 6.11(d)所示，在 5000 次循环后，氮硫掺杂石墨烯电极仍具有 211 mA·h/g 的可逆比容量，库仑效率接近 100%。最后，他们对氮硫掺杂石墨烯电极的倍率性能进行了评估。0.2 A/g 时可逆容量为 400 mA·h/g，0.5 A/g 时为 335 mA·h/g，1 A/g 时为 264 mA·h/g，2 A/g 时为 207 mA·h/g，5 A/g 时为 142 mA·h/g 和 10 A/g 时为 107 mA·h/g，循环 70 次后 0.1 A/g 下，比容量恢复到 450 mA·h/g，证明了氮硫掺杂石墨烯电极具有良好的倍率性能。如此优异的电化学储锂性能来源于电极独特的结构和杂原子掺杂。一方面，电极具有高比表面积、较大的层间距和皱褶结构。高比表面积能够提供足够的电极/电解液接触面积和大量的活性位点来吸收 Li^+，较大的层间距有助于 Li^+ 在石墨壳中嵌入/脱出，褶皱结构则能提高电极的电化学活性。另一方面，杂原子掺杂在提高氮硫掺杂石墨烯的导电性和电化学活性方面也起着促进作用。

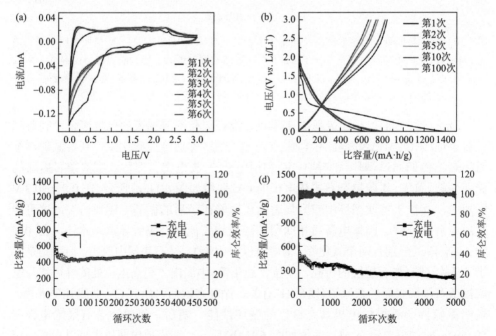

图 6.11 (a)扫描速率为 0.1 mV/s 时，氮硫掺杂石墨烯在 0.0~3.0 V 之间的循环伏安曲线；(b)氮硫掺杂石墨烯在 50 mA/g 时的充放电曲线；在 100 mA/g(c)和 1000 mA/g(d)时的长循环曲线[23]

Kumari 等[24]使用 PVC 为原料,经过碳化反应后将产物溶解在铁熔体中,从而形成碳在铁中的过饱和溶液,然后在冷却过程中析出石墨,并制备成锂离子电池负极材料。由于石墨材料的特殊稳定性,其充/放电曲线平坦。石墨在 C/10 下的首次充/放电比容量分别为 444 mA·h/g 和 536 mA·h/g,对应着 83%的库仑效率。在随后的 500 次循环中库仑效率快速提高到 97%以上(图 6.12),平均衰减容量为 0.438 mA·h/g。电池首次循环中的容量损耗与固体电解质界面膜的形成有关。在固体电解质界面膜形成过程中损失的 Li$^+$和在嵌入/脱出过程中不可逆的 Li$^+$是造成电池首次循环中的容量大量损耗的主要原因。

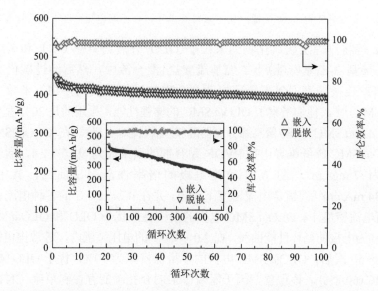

图 6.12 石墨的长循环曲线(速率为 C/10,电压范围为 0.005~2 V)[24]

6.2.6 核壳结构碳材料

聚乙烯醇缩丁醛是汽车挡风玻璃废弃物中最难回收的组分之一,绝大部分的聚乙烯醇缩丁醛废弃物都只能填埋处理。Park 等[25]以废弃聚乙烯醇缩丁醛为碳源,在较低温度下通过碳化反应合成碳包 Si 复合材料(Si@C),并将其应用于锂离子电池负极材料(图 6.13)[25]。他们发现工业硅在废弃聚乙烯醇缩丁醛的乙醇溶液中分散良好,从而有利于碳化过程中在硅颗粒表面均匀地形成无定形碳层。该无定形碳层有效缓解了 Si 颗粒的粉碎,阻止了 Si 与电解质之间的副反应,提高了电极的循环稳定性。因此,在电流密度为 840 mA/g 时,负极的可逆容量为 910 mA·h/g 并表现出高库仑效率和 77.5%的容量保持率。作为一种新型废弃物回收再利用策略,该方法合成简单且成本低廉,有望应用于其他聚合物基工业废弃物的高值化回收再利用。

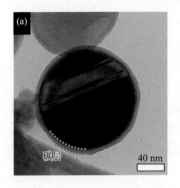
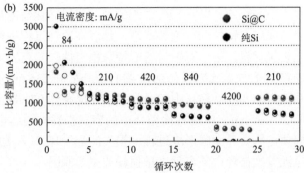

图 6.13　(a) Si@C 的 TEM 图像；(b) Si@C 和单质硅在不同电流密度下倍率性能曲线[25]

Jang 等将过锂层状氧化物纳米粒子(OLO)分散到单壁 CNT 和聚离子液体[聚(1-乙烯基-3-乙基咪唑)十二烷基硫酸盐]混合液中，然后经过碳化反应制备单壁 CNT 连接的表面包裹氮硫掺杂介孔碳的过锂层状氧化物纳米粒子复合物(OLO@SMC)[26]。他们考察了 OLO@SMC 的储锂性能，采用的是 2032 型纽扣锂离子电池(OLO@SMC 负极/聚乙烯分离器隔膜/金属锂对电极)。在 OLO@SMC 电极中，OLO@SMC/碳纤维导电剂/PVDF 黏合剂的质量比为 92∶4∶4，活性物质有效荷载为 7 mg/cm²。图 6.14(a) 为电极的倍率性能测试曲线，其中电池在 0.2 C(0.34 mA/cm²)的恒定电流密度下充电，并在 0.2～5.0 C 的各种电流密度下放电。在高电流密度下，OLO@SMC 电极的倍率性能优于 OLO 和 OLO@MC 电极。图 6.14(b)为电极的循环性能曲线，在 2.0～4.7 V 的电压范围内，充/放电电流密度为 3 C，循环 50 次后，OLO@SMC 电极的容量保持率为 79%，优于 OLO(41.3%)和 OLO@MC(60.8%)。该现象归因于氮硫掺杂的介孔碳的存在和单壁 CNT 网络产生的附加电子通道[图 6.14(c)]。镶嵌在介孔碳壳中的单壁 CNT 作为电子通道，在空间上连接 OLO 粒子，并为介孔碳壳提供额外的电子传导路径，最终促进 OLO@SMC 的电子输运。这些发达的电子通道，结合离子通过介孔碳壳的迁移，能够有效地改善 OLO@SMC 的电化学性能。

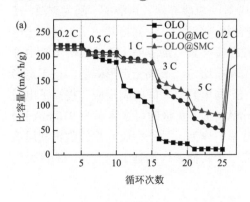
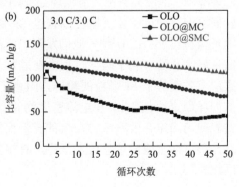

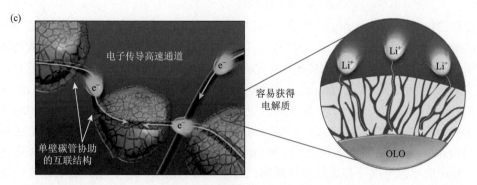

图 6.14 OLO@SMC 的 2032 型纽扣锂离子电池的储锂性能研究：(a)OLO、OLO@MC 和 OLO@SMC 的倍率性能曲线；(b)OLO、OLO@MC 和 OLO@SMC 的循环性能曲线（在 2.0~4.7 V 的电压范围内，充/放电电流密度为 3 C）；(c)描述 OLO@SMC 结构的独特性及其对离子/电子输运贡献的机理示意图[26]

Jung 等[27]将聚多巴胺包裹在单质硅纳米颗粒表面，之后经过碳化制备无定形碳包裹的硅纳米粒子(无定形碳@硅复合物)，或者将 $FeCl_3$ 溶解到聚多巴胺溶液中，采用类似方法制备了石墨碳包裹的硅纳米粒子(石墨碳@硅复合物)。接着，他们以金属锂为对电极，利用循环伏安法考察了石墨碳@硅复合物的储锂性能，电位范围为 0.01~1.0 V(vs. Li^+/Li)，扫描速率为 0.05 mV/s，负极的 CV 曲线显示出典型的锂化和去锂化峰[图 6.15(a)]。首次循环中，在 0.36 V 处的还原峰在随后的循环中消失，表明不可逆固体电解质界面层的形成。在 0.15 V 处的峰主要归因于 Li_xSi 合金($0 \leqslant x \leqslant 4.4$)的形成。在 0.34 V 和 0.51 V 处的峰对应于非晶 Li_xSi 向非晶 Si 的相变。在前 10 个循环中，CV 曲线的峰变得更加明显，其强度逐渐增加，表明存在电化学活化过程。例如，在 Si 表面重建晶体结构。石墨碳@硅复合物纳米颗粒电极相应的充/放电曲线如图 6.15(b)所示，石墨碳@硅复合物电极的首次充/放电比容量分别为 2294 mA·h/g 和 3613 mA·h/g，对应着 64%的库仑效率。损失的不可逆容量与固体电解质界面膜的形成和 Li^+ 在 Si 纳米粒子表面上的不可逆氧化反应有关。尽管首次循环的库仑效率较低，但在第 2 个循环中，随着 Si 多孔石墨碳壳上的固体电解质界面层逐渐稳定，库仑效率立即达到 96%。石墨碳@硅复合物在电流密度为 1000 mA/g 时，可提供高达 2000 mA·h/g 的高比容量。此外，当电流密度从 200 mA/g 增加到 2000 mA/g 时，CV 曲线的形状几乎不变，这表明石墨碳@硅复合物电极具有稳定的动力学特征。将石墨碳@硅复合物纳米粒子电极与无定形碳@硅复合物以及单质硅纳米颗粒电极在 2000 mA/g 下进行 800 次循环从而评估其长期循环稳定性[图 6.15(c)]。他们首先在初始循环期间引入激活过程(1 个循环在 200 mA/g 和 10 个循环在 1000 mA/g)，发现在随后的 800 次循环内石墨碳@硅复合物电极的可逆容量保持良好，放电容量为 1056 mA·h/g，库仑效率为 99.99%。另外，无定形碳@硅纳米粒子电极的可逆比容量与石墨碳@硅复合物的电极在 1000 mA/g 时接近,但其电流密度在 2000 mA/g 时显著降低。在 200 次循环后,非晶碳壳的可逆容量急剧下降,说明其在循环过程中不能承受较大的体积变化。因此,石墨碳对大体积膨胀/收缩具有很强的抵抗力。对于石墨碳@硅复合物电极,当电流密度为 500 mA/g、1000 mA/g、1500 mA/g、2000 mA/g、4000 mA/g 和 6000 mA/g 时,第 10 个循环的放电容量分别为 2095 mA·h/g、1974 mA·h/g、1849 mA·h/g、1705 mA·h/g、1376 mA·h/g 和 1155 mA·h/g。当电流密度回到 2000 mA/g 时,可逆容量恢复到 1707 mA·h/g。相较之下,无定形碳@硅电极在每个对应的电流密度下都表现出较低的比容量,并且两者的容量差异随着电流密度的增加而显著增加。石墨碳@硅复合物电极优良的高倍率性能归因于其高导电性和 Li^+ 迁移率。

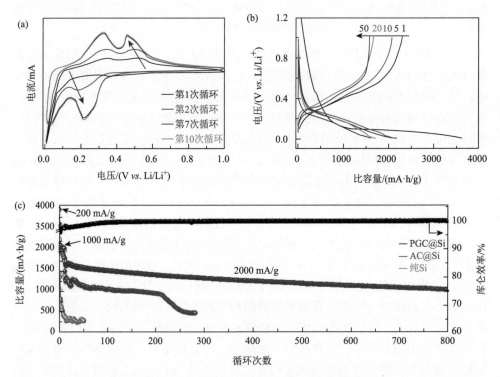

图 6.15 (a) 扫描速率为 0.05 mV/s 时石墨碳@硅复合物电极的循环伏安曲线;(b) 石墨碳@硅复合物电极在 0.01～1 V 电压区间内的充放电曲线;(c) 石墨碳@硅复合物、无定形碳@硅复合物和单质硅的长循环曲线,电流密度为 200 mA/g(1 次循环)、1000 mA/g(10 次循环)和 2000 mA/g(后续循环)[27]

MoS_2 具有类似石墨的层状结构,能为 Li^+ 提供良好的传输通道。为了提高 MoS_2 的放电比容量和循环稳定性,Zhao 等[28]通过本体 MoS_2 的剥离和聚多巴胺涂层的碳化,制备了含氮掺杂炭层的 MoS_2 纳米片,将其作为锂离子电池的负极。

该电极表现出良好的倍率性能和循环稳定性，如在电流密度为 0.2 A/g 时，可逆锂存储比容量可达到 650 mA·h/g。在电流密度为 0.5 A/g 时，即使经过 200 次循环，放电容量也稳定在 562 mA·h/g。

除了包覆单质硅[29, 30]以外，碳包覆法也适合于其他具有锂离子电池活性的纳米粒子，如 $LiFePO_4$[31]、石墨微球[32]、SnO_2[33]、TiO_2[34, 35]、SnO_2-Fe_2O_3[36]、$Na_3V_2(PO_4)_3$[37]和 $MgFe_2O_4$ 纳米纤维[38]等。常用的聚合物前驱体包括聚氯乙烯[32]、聚丙烯腈嵌段聚合物[34]、酚醛树脂[35]、聚苯胺[36]、聚磷腈[29]、聚乙二醇[37]、聚多巴胺[38]和磺酸化聚苯乙烯[30]等。

6.2.7 多孔碳

Yang 等[39]利用 $AlCl_3$ 催化 PS 与 CCl_4 的 Friedel-Crafts 反应制备交联度超高的 PS，之后在 900℃氮气氛围下碳化制备具有微孔、介孔和大孔的等级多孔碳。它的比表面积为 742 m^2/g，孔体积为 0.41 cm^3/g。他们采用组装的三明治型双电极对等级多孔碳进行了电化学测试。图 6.16(a)显示了电流密度为 0.1 A/g 时等级多孔碳的充/放电曲线。首次放电曲线中在 0.5~0.9 V 之间的平台消失于第二次放电曲线，同时首次充/放电比容量分别为 528 mA·h/g 和 1472 mA·h/g，因而其具有巨大的不可逆容量。上述两类现象是硬碳材料电极不可避免的，起源于固体电解质界面膜的形成，即电极表面电解质的分解，以及 Li^+ 在大块碳中的不可逆捕获。循环伏安曲线测试结果也证实了这一点[图 6.16(b)]。首次放电曲线中观察到的 0.5~0.8 V 的还原峰，在第二个放电循环中几乎消失，表明纽扣电池中发生了不可逆反应，导致不可逆容量产生。在电流密度为 0.1 A/g[图 6.16(c)]的情况下，等级多孔碳电极在 100 次循环中表现出 410 mA·h/g 的稳定放电比容量，库仑效率保持在 98%，显示出良好的循环稳定性和可逆性。此外，为了评估等级多孔碳电极的倍率性能，在电流密度为 0.1 A/g、0.2 A/g、0.5 A/g、1 A/g、2 A/g 和 5 A/g 的情况下，对等级多孔碳和商用石墨样品进行了充/放电试验。如图 6.16(d)所示，在高电流密度下，等级多孔碳表现出与石墨旗鼓相当的容量保持能力，但比石墨具有更高的比容量。例如，当电流密度为 0.2 A/g 时，等级多孔碳的可逆容量保持率为 88%(360 mA·h/g)、0.5 A/g 时为 68%(280 mA·h/g)、1 A/g 时为 56%(230 mA·h/g)、2 A/g 时 44%(180 mA·h/g)和 5 A/g 时为 28%(115 mA·h/g)。这种在高电流密度下的良好容量保持归因于等级多孔碳的特殊结构，连续的大孔和介孔充当离子缓冲储层与离子传输路径，促进了离子的快速传输，而碳纳米网络则有利于电子的传输。

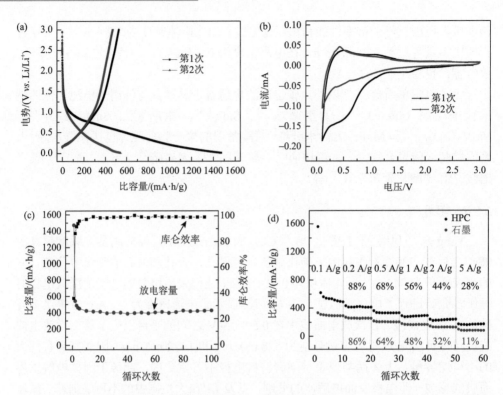

图 6.16 (a) 分级多孔碳的恒电流充/放电曲线；(b) 循环伏安曲线；(c) 循环性能曲线；(d) 等级多孔碳和商业化石墨的倍率性能曲线[39]

Naskar 等[40]将浓硫酸预处理的磺化废弃轮胎在氮气氛围中 1000℃下碳化制备多孔碳材料。如图 6.17(a) 所示，在 0.005~3.0 V 之间在 0.1 C 下（C 为 1 h 内的充/放电循环次数）锂/碳电池的前两次充/放电循环曲线。多孔碳电极的首次放电容量约为 545 mA·h/g，可逆容量约为 387 mA·h/g，不可逆比容量为 158 mA·h/g。二次放电容量和可逆充电容量都在 390 mA·h/g 左右。图 6.17(b) 显示了多孔碳负极半电池在 0.1 C 下的充放电循环性能曲线。循环 100 次后，可逆比容量为 390 mA·h/g，库仑效率为 100%，表现出良好的循环稳定性。这一结果优于石墨（357 mA·h/g）和商用硬碳/石墨负极理论比容量 372 mA·h/g 的实验数据。同时，它还具备较好的倍率性能[图 6.17(c)]，在 1 C 时比容量为 270 mA·h/g，在 5 C 时为 160 mA·h/g，在 10 C 时超过 50 mA·h/g。优异的储锂性能是由多孔碳兼具的晶体碳、非晶碳特征和大量微孔的特殊结构所造成的。以上结果表明，这种来源于废旧轮胎的多孔碳材料应用于锂离子电池负极材料具有巨大的潜力。

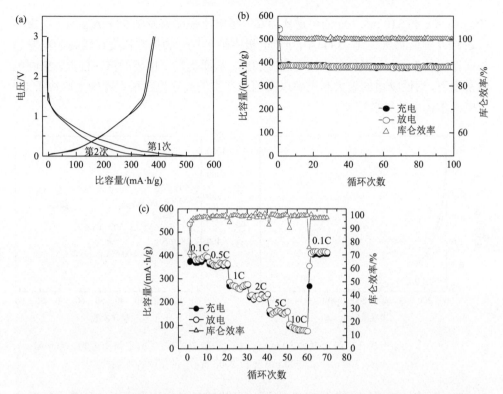

图 6.17 (a) 多孔碳负极以每小时 0.1 次充放电循环 (0.1 C) 的速率进行的恒电流充/放电测试曲线；(b) 多孔碳负极的循环性能曲线；(c) 倍率性能曲线

Shilpa 等用 HCl 和 HF 处理从废轮胎热解中回收的碳材料，再经过 KOH 活化处理后制备了多孔碳材料，其比表面积为 870 m²/g，孔体积和介孔体积分别为 2.298 cm³/g 和 0.516 cm³/g[41]。图 6.18(a) 显示了多孔碳电极在 0.05～3 V 电压区间，电流密度为 50 mA/g 时，第 1、2 和 100 次循环中的充/放电曲线。多孔碳电极的初始库仑效率较低 (59%)，主要是由于 Li$^+$ 在固体电解质界面膜形成过程中的不可逆损耗和在无序碳结构的纳米空腔中的包埋，是一种与无序碳相关的常见现象，导致比容量损失。多孔碳电极的第 2 次放电容量约为 880 mA·h/g，显示出几乎完全可逆的比容量，库仑效率为 99%。循环 100 次后，仍能保持 670 mA·h/g 的容量，总容量衰减小于 25%。多孔碳电极具有较高的可逆比容量，这是由它的结构无序性、较高的比表面积以及良好的孔结构导致的。这些因素增强了电极与电解质的界面接触，不但提供了更多的 Li$^+$ 插入位点，而且促进了更快的 Li$^+$ 输运。他们通过倍率性能试验进一步研究了多孔碳电极的电化学性能 [图 6.18(b)]。在电流密度为 100 mA/g、200 mA/g、300 mA/g、500 mA/g 和 1000 mA/g 时，多孔碳材料电极显示出优异的倍率性能，可提供分别约 660 mA·h/g、530 mA·h/g、460 mA·h/g、

400 mA·h/g 和 310 mA·h/g 的可逆比容量。当电流密度恢复到 50 mA/g 时，电极的可逆比容量也能恢复到 750 mA·h/g。电极中纳米尺寸的扩散长度和较高的电导率共同作用使 Li$^+$ 的迁移和电荷输运速度加快，从而提高了电极的倍率性能。在高电流密度下，活性物质的最大利用率以及因此产生的高容量在很大程度上取决于 Li$^+$ 在电极本体中的扩散速率。

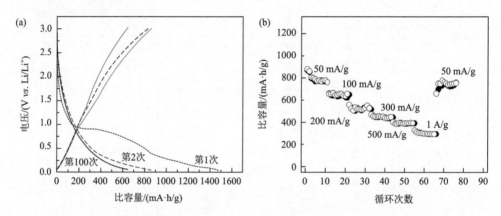

图 6.18　(a) 多孔碳电极在电流密度为 50 mA/g 时的充/放电曲线；(b) 电流密度为 100 mA/g、200 mA/g、300 mA/g、500 mA/g 和 1000 mA/g 的倍率性能曲线[41]

　　Zhang 等利用聚乙烯基吡咯为碳源，层状双氢氧化物为模板，制备了氮硫共掺杂多孔碳(NSPC)[42]。NSPC 的比表面积为 1493 m^2/g，且含有大量的微孔和介孔。这些孔道结构一方面是在碳化过程中由层状双氢氧化物中铁的催化作用产生的，另一方面是在酸溶解并消除层状双氢氧化物模板过程中产生的。在 0.01～3.0 V($vs.$ Li/Li$^+$) 的电压范围内，他们研究了 NSPC 作为锂-硫电池负极材料的电化学性能。在 0.5 C 的电流密度下，使用恒电流充/放电循环法测试 NSPC 的充/放电曲线。在首次循环中可以观察到比容量的大幅衰减和较低的库仑效率，这可能与固体电解质界面膜的形成、电解质的分解和 Li$^+$ 不可逆地插入到最小的孔中的特殊位置有关。值得注意的是，电极较大的比表面积和较大数量的表面和边缘缺陷增加了电解质的分解概率。NSPC 在 0.5 C 和 6 C 时循环性能曲线如图 6.19(a) 所示，在前 25 次循环中容量略有减小，但在后续循环中开始逐渐增大，这可能是由 Li$^+$ 进入 NSPC 电极内部的电化学活化过程逐渐改善而造成的。循环 120 次后，NSPC 电极在电流密度为 0.5 C 时表现出优异的可逆比容量(1175 mA·h/g)。此外，在更高的电流密度 6 C 下，NSPC 电极仍然显示出较高的可逆比容量(504 mA·h/g)，这可能是由氮和硫共掺杂作用以及材料的高比表面积和孔体积所致。他们还研究了 NSPC 电极在不同电流密度下(1～60 C)的倍率性能。如图 6.19(b) 所示，NSPC 电极在 1 C(0.78 A/g)、2 C(1.56 A/g)、6 C(3.12 A/g)、15 C(6.24 A/g)、20 C(7.8 A/g)、

30 C(11.72 A/g) 和 60 C(15.62 A/g) 下分别获得了 765 mA·h/g、600 mA·h/g、510 mA·h/g、419 mA·h/g、398 mA·h/g、360 mA·h/g 和 326 mA·h/g 的可逆容量。NSPC 的比表面积、微孔和介孔的数量以及边缘缺陷的数量可能是导致 NSPC 电极循环稳定性优于其他许多掺杂碳材料的主要原因。图 6.19(c) 为 NSPC 和商用石墨在 0.7 C 下完成 10 次充/放电循环后的电化学阻抗图谱。两者具有形状相似的 Nyquist 图,由半圆(中高频区)和斜线(低频区)组成。显然,NSPC 的半圆直径比商用石墨小,这意味着 NSPC 电极具有更高的导电性和更低的电荷转移电阻。此外,NSPC 的 Warburg 斜率较大,说明 Li^+ 在 NSPC 中的扩散速度较快。以上结果表明,在碳材料中引入多孔结构可以加速 Li^+ 和电子转移。NSPC 的 Li^+ 存储机制如图 6.19(d) 所示,一方面,较大的比表面积以及微孔/介孔共存的分层多孔结构可以提供大量的 Li^+ 储存场所,另一方面氮硫共掺杂引起的大量缺陷增加了 Li^+ 的插入位置,提高了碳材料的储锂能力。

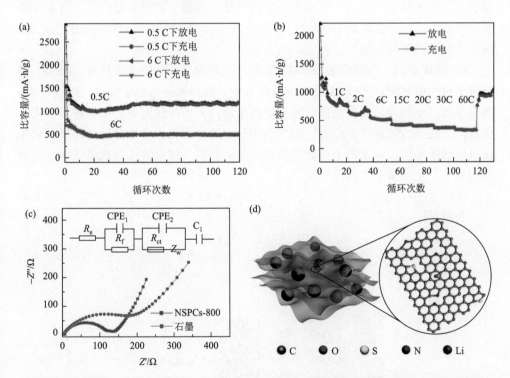

图 6.19 (a)NSPC 在 0.5 C 和 6 C 不同电流密度下的循环性能曲线;(b)NSPC 在不同电流密度下的倍率性能曲线;(c)NSPC 与商用石墨的电化学阻抗谱图(插图为 Nyquist 图的等效电路);(d)NSPC 中 Li^+ 存储机制的示意图[42]

6.3 锂-硫电池

6.3.1 锂-硫电池介绍

锂-硫电池的概念最早由 Danuta 和 Juliusz 于 1962 年提出，但由于锂-硫电池极化大、硫的利用率低以及循环稳定性差等问题一直得不到有效解决而逐渐淡出了人们的视线。直到 2009 年，Nazar 等[43]将硫填入有序介孔碳中作为硫正极，使锂-硫电池的性能得到质的飞跃；从此，锂-硫电池重新获得重视并得到广泛的研究。相比于其他二次电池体系，锂-硫电池的优势突出[44]。第一，硫单质的理论比容量为 1675 mA·h/g，理论能量密度为 2500 W·h/kg，远高于传统锂离子电池和其他二次电池体系。第二，硫单质的价格低廉，储量丰富且来源广泛，有利于降低生产成本，从而实现大规模生产。第三，锂-硫电池的毒性低，对环境的污染小，满足"绿色可持续发展"的要求。

锂-硫电池的工作原理如图 6.20 所示，主要包括含硫的正极材料、隔膜、锂金属负极和电解液。锂-硫电池在放电过程中，锂金属失去电子被氧化成锂离子，锂离子通过电解液传到硫正极，硫正极得到经过外电路传过来的电子并与锂离子反应，被还原成硫化锂。而充电过程则相反，硫化锂失去电子并释放锂离子被重新氧化成硫单质，而锂离子传到锂负极表面得到电子被重新还原成单质锂。充放电过程中，正负极发生的反应如下：

正极反应：$\quad\quad\quad S + 2Li^+ + 2e^- \rightleftharpoons Li_2S \quad\quad\quad$ (6.4)

负极反应：$\quad\quad\quad 2Li \rightleftharpoons Li^+ + 2e^- \quad\quad\quad$ (6.5)

总反应：$\quad\quad\quad 2Li + S \rightleftharpoons Li_2S \quad\quad\quad$ (6.6)

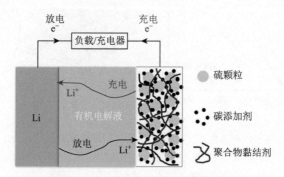

图 6.20 锂-硫电池工作原理示意图[45]

然而，锂-硫电池的反应不是一步进行的，是一个多步骤的复杂过程。如

图 6.21 所示,锂-硫电池放电过程中有两个放电平台。锂-硫电池的第一个放电平台是在 2.3 V 左右,对应的是硫单质被逐步还原成可溶于电解液的长链多硫化物($S_8 \rightarrow Li_2S_8 \rightarrow Li_2S_6$),而当 Li_2S_6 被继续还原成 Li_2S_4 时,电压由 2.3 V 降到了锂-硫电池的第二放电平台(2.1 V 左右),在这个平台上 Li_2S_4 进一步被还原成固态不溶的 Li_2S_2 和 Li_2S。由于 Li_2S_2 和 Li_2S 的电子和锂离子传导能力都很差,在这个阶段锂-硫电池的极化会逐渐增大直到电压低至截止电压而结束放电。第一个放电平台贡献的放电比容量为 418 mA·h/g,占理论比容量的 25%。第二个放电平台贡献的放电比容量为 1256 mA·h/g,占理论比容量的 75%。而充电过程则是一个逆过程。总的来看,锂-硫电池在充放电过程中经历的电化学反应过程十分复杂,经历固-液-固的相转变,中间产物也复杂多样。至今,锂-硫电池的反应机理还未完全弄清楚[46],这也给锂-硫电池的发展造成了很大的困难。

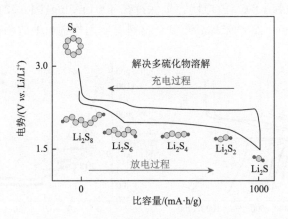

图 6.21 锂-硫电池的充/放电曲线[47]

另外,硫的导电性差,因此不能直接作正极材料,往往需要和合适的载体材料复合使用。载体材料的选择原则上归纳为四个。第一,良好的导电性能保证活性物质的高利用率。第二,比表面积大且孔道丰富能实现硫的高负载并保证锂离子快速传输。第三,结构比较稳定,能承受硫在充放电过程中的体积变化。第四,材料表面和多硫化物的作用力强,能有效地抑制多硫化物的穿梭效应。常用的载体材料包括碳材料、导电聚合物、金属氧化物/硫化物/氮化物等[48]。多孔碳材料具有高导电性、高孔体积、高比表面积等特征,可将尽量多的单质硫填充到碳材料的孔隙中,制成高硫含量的碳-硫复合正极材料,既利用高孔体积中的大量硫以保证电池的高比容量,又可通过减少硫的颗粒度和离子、电子的传导距离,增加硫的利用率。另外,利用碳材料高比表面的强吸附特性抑制放电产物的溶解和向负极的迁移,减小自放电和多硫化物离子穿梭效应,避免在充放电时的不导电产物在碳粒外表面沉积成越来越厚的绝缘层,从而减轻极化、延长循环寿命[49]。

6.3.2 碳基锂-硫电池

Liu 等[50]以阳离子氟碳表面活性剂和三嵌段共聚物 Pluronic F127 为模板剂，乙醇和 1, 3, 5-三甲基苯为有机共溶剂，间苯二酚和甲醛(RF)作为碳前驱体合成介孔酚醛树脂纳米小球，在 800℃ 下 N_2 氛围中煅烧得到介孔碳纳米球。它的尺寸为 400 nm，比表面积为 857 m^2/g，孔体积为 0.45 cm^3/g，孔尺寸为 3 nm。将其作为一种新型的锂-硫电池固硫剂，利用熔融扩散法制备介孔碳纳米球@硫复合物，硫的含量为 20 wt%。介孔碳纳米球@硫复合物的恒电流充放电结果如图 6.22(a) 所示。第 1 个循环中在 0.09 C 下放电比容量约为 1200 mA·h/g。在 1.7 V 以下测得的硫的初始比容量主要是由 $LiNO_3$ 的不可逆电化学分解引起的。因此，第 2 个循环的 850 mA·h/g 比容量更有意义，它保留了约 51% 的硫理论值 (1672 mA·h/g)。电流密度从 0.09 C 增加到 1.8 C，放电比容量保持在 400 mA·h/g [图 6.22(b)]。简而言之，这种介观结构的介孔碳纳米球@硫复合材料有望用作锂电池的阴极。

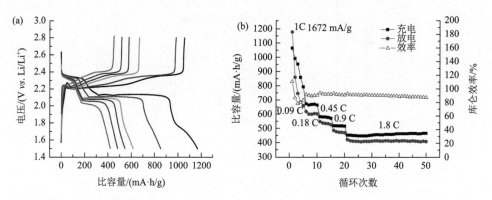

图 6.22 (a) 不同充电速率下，介孔碳纳米球@硫复合物的恒电流充放电曲线：黑色表示在 0.09 C 下第 1 个循环，红色表示在 0.09 C 下第 2 个循环，绿色表示在 0.18 C 下第 1 个循环，蓝色表示在 0.45 C 下第 1 个循环，紫色表示在 0.9 C 下第 1 个循环，以及橙色表示在 1.8 C 下第 1 个循环；(b) 在不同速率下，介孔碳纳米球-硫复合物的循环稳定性和库仑效率[50]

Xiao 等[51]报道了一种将聚氨酯泡沫塑料废料与 K_2CO_3 混合均匀后碳化制备含氮掺杂多孔碳(NPC)，它具有独特的互连片状多孔形貌。物理吸附的结果表明，它的比表面积为 1315 m^2/g，微孔和介孔的总体积为 0.76 cm^3/g。汞蒸气吸附的结果表明，它的大孔体积为 4.16 cm^3/g。他们利用熔融扩散法制备氮掺杂多孔碳@硫复合物(NPC-S)，硫的含量为 75.2 wt%。以 NPC-S 为阴极材料的 Li/S 电池在 0.1 mV/s 扫描速率下的循环伏安曲线如图 6.23(a) 所示。元素硫在 2.32 V 和 2.05 V 处的两个明显的还原峰可以看作是元素硫的多步还原机理。2.32 V 峰对应于 S_8 分子环向锂-多硫化物(Li_2S_x, $4 \leqslant x \leqslant 8$)的转变，而 2.05 V 的第二个还原峰归因于锂-多硫化物(Li_2S_x，$4 \leqslant x \leqslant 8$)转变为不溶性 Li_2S。2.53 V 时的阳极峰应归属于 Li_2S_2 和 Li_2S 转变为 Li_2S_8 并最终转变为 S_8。他们考察了硫、活性炭/S 复合物 (AC-S) 和 NPC-S 复合材料在不同电流密度下的电化学性能，充电速率分别为 0.1 C、2 C 和 5 C（1 C = 1670 mA/g = 3 mA/cm^2）。在第 1 次放电循环中，存在一个位于 1.6~1.75 V 的小电压平台，这可能归因于 $LiNO_3$ 的不可逆分解和锂离子与微孔中捕获的小硫分子的反应。NPC-S 复合材料在 0.1 C 时的初始放电比容量为 1118 mA·h/g，在第 20 次循环后降至 885 mA·h/g。经过 20 次循环后，比容量相当稳定，100 次循环后可保持 766 mA·h/g 的高可逆比容量。在第 20~100 个循环之间，平均比容量衰减率仅为 0.168%。这应归因于 NPC 独特的孔结构和氮掺杂对 NPC 材料的正贡献[图 6.23(b)]。当电流速率增加到 2 C 和 5 C 时，在 100 次循环后，508 mA·h/g 和 465 mA·h/g 的可逆比容量分别保持不变。而 AC-S 复合材料在第 1 次循环后的放电比容量为 847 mA·h/g，在 20 次循环后的放电比容量为 515 mA·h/g，100 次循环后的放电比容量为 419 mA·h/g。这些循环性能比 NPC-S 差，但在 0.1 C 时优于元素硫，第 1 次循环后，原始硫的放电比容量为 610 mA·h/g，第 20 次循环后为 225 mA·h/g，第 100 次循环后为 101 mA·h/g。NPC-S 比 AC-S 具有更好的锂离子存储性能，这可归因于 NPC 具有以下优点：首先，相互连接的片状结构和大孔有利于提高电解质的渗透性，并为锂离子的质量传输提供缩短的通道。其次，活化过程产生的介孔/微孔对限制硫和多硫化物非常重要，所有的大孔/介孔/微孔都能有效地缓冲锂化和脱锂过程中的大体积变化。最后，氮掺杂对 NPC-S 复合材料具有良好的电化学性能。特别是，通过氮的孤对电子，原位引入的氮掺杂可能导致 S_xLi 与 N 的相互作用。通过计算，氮掺杂也显著降低了 Li^+ 扩散的势垒。

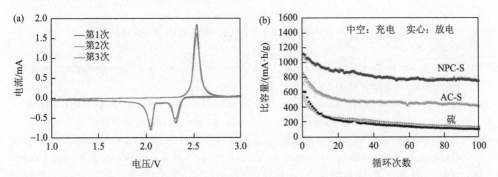

图 6.23　(a) NPC-S 复合电极在 0.1 mV/s 扫描速率下的循环伏安曲线；(b) NPC-S、AC-S 和硫电极在 0.1 C 下的循环性能[51]

参 考 文 献

[1] Goodenough J B, Park K S. The Li-ion rechargeable battery: A perspective. J Am Chem Soc, 2013, 135(4): 1167-1176.

[2] Winter M, Besenhard J O, Spahr M E, et al. Insertion electrode materials for rechargeable lithium batteries. Adv Mater, 1998, 10(10): 725-763.

[3] Sato K, Noguchi M, Demachi A, et al. A mechanism of lithium storage in disordered carbons. Science, 1994, 264(5158): 556.

[4] Zheng T, Xing W, Dahn J R. Carbons prepared from coals for anodes of lithium-ion cells. Carbon, 1996, 34(12): 1501-1507.

[5] 魏剑, 秦葱敏, 苏欢, 等. 包覆结构 Si/C 复合负极材料研究进展. 新型炭材料, 2020, 35(2): 97-111.

[6] 杜俊涛, 聂毅, 吕家贺, 等. 中间相炭微球在锂离子电池负极材料的应用进展. 洁净煤技术, 2020, 26(1): 129-138.

[7] 王陈皞玥, 陈甘霖, 魏乐, 等. 石墨烯负极材料在锂离子电池中的研究进展. 电池工业, 2019, 23(5): 269-275.

[8] Zhang W J. A review of the electrochemical performance of alloy anodes for lithium-ion batteries. J Power Sources, 2011, 196(1): 13-24.

[9] Liang S, Zhu X, Lian P, et al. Superior cycle performance of Sn@C/graphene nanocomposite as an anode material for lithium-ion batteries. J Solid State Chem, 2011, 184(6): 1400-1404.

[10] Lou X W, Wang Y, Yuan C, et al. Template-free synthesis of SnO_2 hollow nanostructures with high lithium storage capacity. Adv Mater, 2006, 18(17): 2325-2329.

[11] Zhu X, Zhu Y, Murali S, et al. Nanostructured reduced graphene oxide/Fe_2O_3 composite as a high-performance anode material for lithium ion batteries. ACS Nano, 2011, 5(4): 3333-3338.

[12] Wang J Z, Zhong C, Wexler D, et al. Graphene-encapsulated Fe_3O_4 nanoparticles with 3D laminated structure as superior anode in lithium ion batteries. Chem Eur J, 2011, 17(2): 661-667.

[13] 陈东, 丘德立, 郑宝成, 等. SnO_2@C 锂离子电池负极材料的制备及其性能研究. 现代化工, 2020, 40(3): 116-121.

[14] 刘旭燕, 薛莲, 曾佳欢. Fe_2O_3 在锂离子电池负极材料中的研究进展. 有色金属材料与工程, 2020, 41(1): 37-46.

[15] Wei L Z, Yan N, Chen Q W. Converting poly(ethylene terephthalate) waste into carbon microspheres in a supercritical CO_2 system. Environ Sci Technol, 2011, 45: 534-539.

[16] Pol V G, Thackeray M M. Spherical carbon particles and carbon nanotubes prepared by autogenic reactions: Evaluation as anodes in lithium electrochemical cells. Energy Environ Sci, 2011, 4: 1904-1912.

[17] Li Q, Yao K, Zhang G, et al. Controllable synthesis of 3D hollow-carbon-spheres/graphene-flake hybrid nanostructures from polymer nanocomposite by self-assembly and feasibility for lithium-ion batteries. Part Part Syst Charact, 2015, 32(9): 874-879.

[18] Min J, Wen X, Tang T, et al. A general approach towards carbonization of plastic wastes into well-designed 3D porous carbon framework for superstable lithium ion batteries. Chem Commun, 2020, 56: 9142-9145.

[19] Yan D, Liu L, Song R. Direct growth of CNTs on *in situ* formed siliceous micro-flakes just by one-step pyrolyzation of polypropylene blends. J Mater Sci, 2015, 50: 1309-1316.

[20] Park S W, Kim J C, Dar M A, et al. Superior lithium storage in nitrogen-doped carbon nanofibers with open-channels. Chem Eng J, 2017, 315: 1-9.

[21] Sun Q, Zhang X Q, Han F, et al. Controlled hydrothermal synthesis of 1D nanocarbons by surfactant-templated assembly for use as anodes for rechargeable lithium-ion batteries. J Mater Chem, 2012, 22(33): 17049-17054.

[22] Cui L, Wang X, Chen N, et al. Trash to treasure: Converting plastic waste into a useful graphene foil. Nanoscale, 2017, 9(26): 9089-9094.

[23] Zhou Y, Zeng Y, Xu D, et al. Nitrogen and sulfur dual-doped graphene sheets as anode materials with superior cycling stability for lithium-ion batteries. Electrochim Acta, 2015, 184: 24-31.

[24] Kumari T S D, Jebaraj A J J, Raj T A, et al. A kish graphitic lithium-insertion anode material obtained from non-biodegradable plastic waste. Energy, 2016, 95: 483-493.

[25] Park S W, Kim J C, Dar M A, et al. Enhanced cycle stability of silicon coated with waste poly(vinyl butyral)-directed carbon for lithium-ion battery anodes. J Alloys Compd, 2017, 698: 525-531.

[26] Jang Y R, Kim J M, Lee J H, et al. Molecularly designed, dual-doped mesoporous carbon/SWCNT nanoshields for lithium battery electrode materials. J Mater Chem A, 2016, 4(39): 14996-15005.

[27] Jung C H, Choi J, Kim W S, et al. A nanopore-embedded graphitic carbon shell on silicon anode for high performance lithium ion batteries. J Mater Chem A, 2018, 6(17): 8013-8020.

[28] Zhao H, Li J, Wu H, et al. Dopamine self-polymerization enables an N-doped carbon coating of exfoliated MoS_2 nanoflakes for anodes of lithium-ion batteries. Chemelectrochem, 2018, 5(2): 383-390.

[29] Zhang C, Song A, Yuan P, et al. Amorphous carbon shell on Si particles fabricated by carbonizing of polyphosphazene and enhanced performance as lithium ion battery anode. Mater Lett, 2016, 171: 63-67.

[30] Huang X, Sui X, Yang H, et al. HF-free synthesis of Si/C yolk/shell anodes for lithium-ion batteries. J Mater Chem A, 2018, 6(6): 2593-2599.

[31] Murugan A V, Muraliganth T, Manthiram A. Comparison of microwave assisted solvothermal and hydrothermal syntheses of $LiFePO_4$/C nanocomposite cathodes for lithium ion batteries. J Phy Chem C, 2008, 112(37): 14665-14671.

[32] Zhang H L, Li F, Liu C, et al. Poly(vinyl chloride) (PVC) coated idea revisited: Influence of carbonization procedures on PVC-coated natural graphite as anode materials for lithium ion batteries. J Phy Chem C, 2008, 112(20): 7767-7772.

[33] Nam S, Kim S, Wi S, et al. The role of carbon incorporation in SnO_2 nanoparticles for Li rechargeable batteries. J Power Sources, 2012, 211: 154-160.

[34] Oschmann B, Bresser D, Tahir M N, et al. Polyacrylonitrile block copolymers for the preparation of a thin carbon coating around TiO_2 nanorods for advanced lithium-ion batteries. Macromol Rapid Commun, 2013, 34(21): 1693-1700.

[35] Wang W, Sa Q, Chen J, et al. Porous TiO_2/C nanocomposite shells as a high-performance anode material for lithium-ion batteries. ACS Appl Mater Interfaces, 2013, 5(14): 6478-6483.

[36] Guo J, Chen L, Wang G, et al. *In situ* synthesis of SnO_2-Fe_2O_3@polyaniline and their conversion to SnO_2-Fe_2O_3@C composite as fully reversible anode material for lithium-ion batteries. J Power Sources, 2014, 246: 862-867.

[37] Jiang X, Zhang T, Lee J Y. A polymer-infused solid-state synthesis of a long cycle-life $Na_3V_2(PO_4)_3$/C composite. ACS Sustainable Chem Eng, 2017, 5(9): 8447-8455.

[38] Luo L, Li D, Zang J, et al. Carbon-coated magnesium ferrite nanofibers for lithium-ion battery anodes with

enhanced cycling performance. Energy Technol, 2017, 5(8): 1364-1372.

[39] Yang X Q, Li C F, Zhang G Q, et al. Polystyrene-derived carbon with hierarchical macro-meso-microporous structure for high-rate lithium-ion batteries application. J Mater Sci, 2015, 50(20): 6649-6655.

[40] Naskar A K, Bi Z, Li Y, et al. Tailored recovery of carbons from waste tires for enhanced performance as anodes in lithium-ion batteries. RSC Adv, 2014, 4(72): 38213-38221.

[41] Shilpa, Kumar R, Sharma A. Morphologically tailored activated carbon derived from waste tires as high-performance anode for Li-ion battery. J Appl Electrochem, 2018, 48(1): 1-13.

[42] Zhang J, Yang Z, Qiu J, et al. Design and synthesis of nitrogen and sulfur co-doped porous carbon via two-dimensional interlayer confinement for a high-performance anode material for lithium-ion batteries. J Mater Chem A, 2016, 4(16): 5802-5809.

[43] Ji X, Lee K T, Nazar L F. A highly ordered nanostructured carbon-sulphur cathode for lithium-sulphur batteries. Nat Mater, 2009, 8(6): 500-506.

[44] 王维坤, 余仲宝, 苑克国, 等. 高比能锂硫电池关键材料的研究. 化学进展, 2011, 23(2/3): 540-547.

[45] Manthiram A, Fu Y, Chung S H, et al. Rechargeable lithium-sulfur batteries. Chem Rev, 2014, 114(23): 11751-11787.

[46] Nelson J, Misra S, Yang Y, et al. In operando X-ray diffraction and transmission X-ray microscopy of lithium sulfur batteries. J Am Chem Soc, 2012, 134(14): 6337-6343.

[47] Bruce P G, Freunberger S A, Hardwick L J, et al. Li-O_2 and Li-S batteries with high energy storage. Nat Mater, 2012, 11(1): 19-29.

[48] Seh Z W, Sun Y, Zhang Q, et al. Designing high-energy lithium-sulfur batteries. Chem Soc Rev, 2016, 45(20): 5605-5634.

[49] 梁宵, 温兆银, 刘宇. 高性能锂硫电池材料研究进展. 化学进展, 2011, 23(2/3): 520-526.

[50] Liu J, Yang T, Wang D W, et al. A facile soft-template synthesis of mesoporous polymeric and carbonaceous nanospheres. Nat Commun, 2013, 4: 2798.

[51] Xiao S, Liu S, Zhang J, et al. Polyurethane-derived N-doped porous carbon with interconnected sheet-like structure as polysulfide reservoir for lithium sulfur batteries. J Power Sources, 2015, 293: 119-126.

第7章

聚合物基碳材料在吸附与分离中的应用

 聚合物基碳材料在有机染料污染治理中的应用 ◀◀◀

7.1.1 有机染料污染及治理介绍

近年来,随着现代科学技术的进步和人民生活水平的不断提升,环境污染问题给人们生活带来的困扰越来越受到重视。环境污染是指人类活动过程中产生的有害物质在自然环境中积累的量达到或者超过环境对这类物质的转化能力,从而出现环境质量下降的现象。根据环境结构单元,可以将环境污染分为水体污染、大气污染、土壤污染和生态污染等。水环境污染和水资源短缺是目前全球面临的两个重大环境问题。常见的水体污染物主要包括有机染料、有机污染物和重金属离子等。

染料给人们带来了缤纷的色彩,同时带来了可观的经济效益,但是也会形成大量的染料废水。这些染料废水排放到水体环境中,会造成严重的水体污染。目前,染料在工业生产中被广泛地使用,如纺织业、皮革制品、纸张、羊毛、塑料、印刷以及化妆品等。这些工业染料废水的排放是引发水体污染问题的主要诱因[1]。据统计,染料的年产量达到了 3×10^5 吨,种类达到 1 万种左右。在染料生产和加工染料的过程中,大概会有 15%的染料流失,从而产生染料废水。将大量的未经处理的染料废水排放到水体环境中不仅会对人体健康造成危害,同时也会造成严重的环境影响[2]。首先,在废水中残留的染料即便浓度很低(如 1 mg/L),也是不可小觑的,因为它会在处理的过程中产生有毒的化合物,进而造成更为严重的水污染。其次,废水中的染料会消耗水体中的溶解氧,同时染料所呈现的各种颜色也会阻止太阳光进入水中,进而限制了水生植物的光合作用,对生态系统的平衡造成破坏。更重要的是,水中的染料往往有毒且难以被降解,会致癌、致畸、致突变,严重影响人体健康[3]。

当前,染料废水处理的主要工艺有生物法、高级氧化法和吸附法等[4]。生物处理法是指某些特定菌种通过筛选培育后,在一定的环境下可以有效地降解染料废水中的有机污染物[5, 6]。按所用的微生物类型以及生存环境的不同,生物处理技术主要分为好氧生物处理法、厌氧生物处理法以及好-厌氧联合技术。好氧生物处理法是指在有氧环境下，通过一些特殊微生物的自身新陈代谢作用去除废水中有机污染物的技术。好氧生物处理法具有技术较成熟、处理效果好、运行稳定和速度快等优点，因而被广泛应用在废水处理领域。但是，好氧生物处理法在通过好氧微生物的共代谢过程处理污染物时，不仅需要提供大量的氧气，同时也必须消耗很多的能源动力。厌氧生物处理法因能耗低、剩余污泥少、可回收沼气等优点而受到人们的青睐。为了降解废水中较难降解的有机污染物，研究者通常将厌氧与好氧处理技术联合使用。

高级氧化技术泛指反应过程有大量羟基自由基(·OH)参与反应的化学氧化技术，它是去除难降解有机物的有效方法[7]。其中，应用较为广泛的芬顿反应(Fenton反应)是由法国科学家Fenton发现的，之后Eisenhauer首次使用Fenton试剂处理苯酸废水，从此Fenton试剂处理有机废水的研究越来越受到科研者的重视。Fenton试剂中产生的羟基自由基具有较高的氧化电极电位(E = 2.80 V)，容易进攻有机物中电子云密度高的位点，能够无选择地、高效地与染料废水中的有机污染物发生氧化分解反应，适合对有害废水处理[8]。随着科学技术的迅猛发展，人们发现Fenton试剂具有诸多优势的同时也存在一些问题。例如，反应过程中H_2O_2的利用率较低，且产生大量的铁系沉淀，引发二次污染。针对这些问题，研究者发现使用含铁基固体作为催化剂的非均相Fenton反应不但可以实现高效降解有机物，而且克服了均相Fenton反应中存在的反应条件必须为酸性、产生铁污泥、铁盐无法重复利用等缺点。此外，在深入研究的过程中，研究者发现将可见光、紫外光、电能、臭氧、超声和微波等引入到Fenton体系中可以提高氧化能力。

吸附是一种平衡分离的过程，指的是在两相界面(液-固界面或者气-固界面)之间的一种物质的积累。在界面上积累的物质被称为吸附质，而发生吸附过程的固体被称作吸附剂[9]。物理吸附和化学吸附是吸附法中常用的两大类。化学吸附的发生是由于吸附质分子或者离子和吸附剂表面存在强的化学作用，一般是由于电子的交换，因而化学吸附通常是不可逆的。而物理吸附的发生是由于吸附质和吸附剂之间弱的范德华力，因此物理吸附在大多数情况下是可逆的。物理吸附与化学吸附往往相伴发生，在水处理应用时，大多数的吸附反应都是两种吸附综合作用的结果。去除染料的方法有很多种，在这些方法中，吸附法具有设计简单、操作简便、成本低、去除效率高、再生能力强以及不会生成有害的物质等优点，因而被广泛使用[10]。

染料分子主要由发色团和助色团两个部分组成。目前，染料有多种分类方法，按来源可分为天然染料和合成染料，按应用性能可分为直接染料、酸性染料、分散染料、活性染料、还原染料等，按化学结构可分为偶氮、酞菁、蒽醌、菁类、靛族、芳甲烷、硝基和亚硝基等，按染料在溶液中的解离状态可分为阴离子染料、阳离子染料和非离子染料。

常见的染料包括亚甲基蓝、罗丹明B和甲基橙等。表7.1总结了常见染料的中文和英文名称、分子结构示意图、分子尺寸、分子式、分子量和酸碱性质等。

表 7.1 常见染料的物理化学性质汇总

序号	中文和英文名称	结构示意图	分子尺寸/nm	分子式	相对分子质量	酸碱性质
1	亚甲基蓝 methylene Blue		$1.26\times0.77\times0.65$	$C_{16}H_{18}ClN_3S$	320	碱性
2	碱性品红 fuchsin Basic		$1.06\times1.05\times0.48$	$C_{20}H_{20}ClN_3$	338	碱性
3	罗丹明 B Rhodamine B		$1.44\times1.09\times0.64$	$C_{28}H_{31}ClN_2O_3$	479	碱性

续表

序号	中文和英文名称	结构示意图	分子尺寸/nm	分子式	相对分子质量	酸碱性质
4	亮黄 brilliant yellow		$2.45\times1.09\times0.36$	$C_{26}H_{18}N_4Na_2O_8S_2$	625	碱性偶氮

第7章 聚合物基碳材料在吸附与分离中的应用　301

续表

序号	中文和英文名称	结构示意图	分子尺寸/nm	分子式	相对分子质量	酸碱性质
5	维多利亚蓝 B Victoria blue B	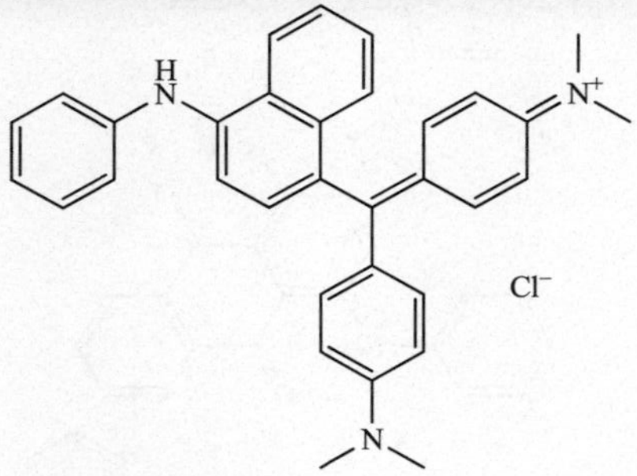	1.47×1.41×0.44	$C_{33}H_{32}ClN_3$	506	碱性
6	甲基橙 methyl orange	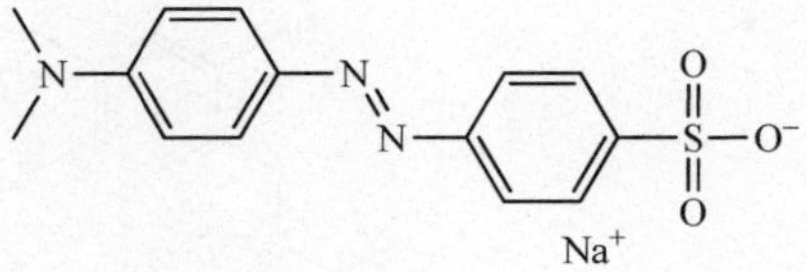	1.31×0.55×0.18	$C_{14}H_{14}N_3NaO_3S$	327	酸性偶氮
7	苏丹 II Sudan II	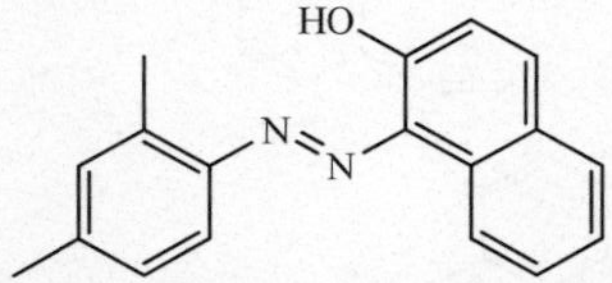	1.31×0.84×0.24	$C_{18}H_{16}N_2O$	276	酸性偶氮

续表

序号	中文和英文名称	结构示意图	分子尺寸/nm	分子式	相对分子质量	酸碱性质
8	刚果红 Congo red		2.62×0.74×0.43	$C_{32}H_{22}N_6Na_2O_6S_2$	697	酸性偶氮
9	酸性蓝 25 acid blue 25			$C_{20}H_{13}N_2NaO_5S$	416	酸性
10	茜素黄 R alizarin yellow R			$C_{13}H_9N_3O_5$	287	酸性偶氮

序号	中文和英文名称	结构示意图	分子尺寸/nm	分子式	相对分子质量	酸碱性性质
11	酸性黄 117 acid yellow 117			$C_{39}H_{30}N_8Na_2O_8S_2$	849	酸性偶氮
12	活性黑 5 reactive black 5		3.15×0.92×1.23	$C_{26}H_{21}N_5Na_4O_{19}S_6$	930	酸性

续表

序号	中文和英文名称	结构示意图	分子尺寸/nm	分子式	相对分子质量	酸碱性质
13	直接红 direct red 31		2.67×0.78×1.28	$C_{32}H_{21}N_5Na_2O_8S_2$	714	酸性
14	孔雀石绿草酸盐 malachite green oxalate			$C_{52}H_{54}N_4O_{12}$	927	

续表

序号	中文和英文名称	结构示意图	分子尺寸/nm	分子式	相对分子质量	酸碱性质
15	活性黄 2 cibacron brilliant yellow 3G-P 或者 reactive yellow 2			$C_{25}H_{15}Cl_3N_9Na_3O_{10}S_3$	873	酸性

续表

序号	中文和英文名称	结构示意图	分子尺寸/nm	分子式	相对分子质量	酸碱性质
16	活性红 241 reactive rifafix red 3BN 或者 reactive red 241			$C_{31}H_{24}ClN_7O_{19}S_6 \cdot 5Na$	1136	
17	碱性黄 21 basic astrazon yellow 7GLL 或者 C.I. basic yellow 21			$C_{22}H_{25}ClN_2$	353	碱性

7.1.2 吸附动力学和热力学介绍

吸附过程是一种物质分子附着在另一种物质界面上的过程。不同的吸附剂吸附不同吸附质的吸附机理不同。吸附理论的研究包括吸附热力学研究和吸附动力学研究,前者主要包括等温吸附实验研究、等温吸附方程拟合和吸附热力学函数计算等,后者主要包括吸附速率实验研究、吸附动力学方程拟合和吸附活化能计算等。

吸附剂是决定吸附效果的一个重要因素。吸附剂在不同染料初始浓度下的吸附等温线可以说明其在平衡状态下对染料的吸附能力。在恒定温度下,溶液中的吸附质分子在吸附剂表面吸附并达到吸附平衡时,吸附质分子在固相和液相中的浓度关系曲线称为等温吸附曲线。吸附剂分子在固相中的浓度用吸附量来表示,吸附剂分子在液相中的浓度用溶液中吸附质的平衡浓度来表示。固-液界面上的吸附过程比较复杂,在研究过程中,通常用等温吸附曲线来表示固-液的平衡吸附状态,常用的等温吸附模型包括 Langmuir 模型[11]、Freundlich 模型[12]、Temkin 模型[13]、Dubinin-Radushkevich 模型[13]和 Redlich-Peterson 模型[14]等。

Langmuir 等温吸附方程的成立需要以下基本假设:①吸附质分子在吸附剂表面单分子吸附排列;②吸附剂表面均匀分布吸附空位;③每个吸附位置吸附一个吸附质分子;④吸附剂表面为理想表面,表面上每个吸附位置具有相同的特性和能量;⑤在吸附剂表面吸附的分子独立存在,之间互不干扰。当吸附剂的表面为单分子层饱和吸附时,吸附量达到最大值,因而用 Langmuir 吸附等温线模型可以获得理论最大单层吸附量。Langmuir 模型被用于分析吸附质的吸附,可用以下方程来表示:

$$q_e = q_m \frac{K_L C_e}{1+K_L C_e} \tag{7.1}$$

线性拟合之后,可以得到如下方程:

$$\frac{C_e}{q_e} = \frac{1}{q_m K_L} + \frac{C_e}{q_m} \tag{7.2}$$

其中,q_m 为单位质量吸附剂的最大吸附质的吸附量,mg/g;q_e 为吸附平衡时吸附剂对于吸附质的吸附量,mg/g;C_e 为吸附平衡时吸附质在溶液中的浓度,mg/g;K_L 为 Langmuir 方程吸附常数,与吸附活化能相关,介于吸附质和吸附剂之间,数值越大,吸附能力越强,L/mg。关于 Langmuir 方程描述吸附的适宜性可以用平衡参数 r_L 来判断,r_L 可由如下公式计算:

$$r_L = \frac{1}{1+K_L C_0} \tag{7.3}$$

平衡参数 r_L 是无量纲因子，也被称为分离系数。$r_L>1$，表明吸附过程不适宜用 Langmuir 方程进行描述。$0<r_L<1$，表明 Langmuir 方程适用于描述吸附过程。$r_L=0$，说明吸附过程是不可逆的。优惠吸附是指随着溶液中吸附质浓度的增高，等温吸附线的斜率不断下降，吸附前沿界面上，浓度高的一侧移动速度高于浓度低的一侧。非优惠吸附则与之相反。线性吸附则是由于斜率为定值，吸附前沿界面的移动速度都相同。

Freundlich 吸附等温线模型是一个经验公式，是基于 Langmuir 等温吸附的理论。它假设吸附是发生在不均匀的吸附剂表面，吸附质分子之间有相互作用，而且并不局限于单分子层吸附。Freundlich 方程的线性形式可以表示为

$$\ln q_e = \ln K_F + \frac{1}{n}\ln C_e \tag{7.4}$$

其中，q_e 为吸附平衡时吸附剂对于吸附质的吸附量，mg/g；C_e 为吸附平衡时吸附质在溶液中的浓度，mg/g；K_F 为 Freundlich 吸附等温线模型的平衡常数；$1/n$ 为吸附强度，$1/n$ 的大小表示吸附的有利程度以及在吸附剂表面的不均一性的程度。当 $1/n$ 的值介于 0~1 之间，表示易于吸附。当 $1/n=1$ 时，表示吸附是均匀的，而且被吸附的物质之间没有相互作用力。当 $1/n>1$ 时，表示吸附不容易进行。

Temkin 等温线模型考虑了吸附剂的类型与吸附质之间的相互作用力。如果吸附质间发生相互作用，则必然会对等温吸附行为产生影响。Temkin 模型假设包括两个方面：①吸附剂的类型与吸附质之间的相互作用力导致吸附剂表面所有分子的吸附热与覆盖情况呈线性递减关系；②吸附的特点是结合能均匀分布，达到某个最大值。Temkin 方程可以表示为

$$q_e = \frac{RT}{b_T}\ln(K_L C_e) \tag{7.5}$$

线性处理之后，可以得到如下方程：

$$q_e = B_T \ln K_T + B_T \ln C_e \tag{7.6}$$

其中，q_e 为吸附平衡时吸附剂对于吸附质的吸附量，mg/g；C_e 为吸附平衡时吸附质在溶液中的浓度，mg/g；$B_T=\dfrac{RT}{b_T}$，为与吸附热相关的常数，J/mol；T 为吸附的热力学温度，K；R 为摩尔气体常数，8.314 J/(mol·K)；K_T 为平衡结合常数，L/mg。以 q_e 对 $\ln C_e$ 作图，根据拟合的直线斜率和截距可以分别求出 K_T 和 B_T。

Dubinin 等将吸附势引入微孔吸附的理论研究，建立了微孔填充理论。吸附势即将 1 mol 气体从主体相吸引到吸附相所做的功。理论认为，具有分子尺度的微孔，由于孔壁间距离很近，发生了吸附势场的叠加，导致气体在微孔吸附剂上的

吸附机理完全不同于在开放表面的吸附机理。吸附行为实际上是微孔填充过程，而不是 Langmuir 等理论描述的表面覆盖形式。Dubinin-Radushkevich 等温模型比 Langmuir 模型适用范围更广，因为吸附势理论没有假设吸附剂表面为均匀表面，而且具有恒定的吸附势。通过该方程可以判别吸附过程是物理吸附还是化学吸附。Dubinin-Radushkevich 方程的线性形式可表示为

$$\ln q_e = \ln q_m - K_D \varepsilon^2 \tag{7.7}$$

其中，q_e 为吸附平衡时吸附剂对于吸附质的吸附量，mol/g；K_D 为与吸附过程平均自由能有关的吸附常数，mol^2/kJ^2；q_m 为饱和(单层)吸附量，mol/g；ε 为吸附势，可根据下面公式计算：

$$\varepsilon = RT \ln\left(1 + \frac{1}{C_e}\right) \tag{7.8}$$

其中，R 为摩尔气体常数，8.314 J/(mol·K)；T 为吸附温度，K；C_e 为吸附平衡时溶质的浓度，mol/L。

通过 $\ln q_e$ 对 ε 作图，可以根据截距计算得到 q_m，根据斜率计算得到 K。K 给出每摩尔吸附质从溶液的无限远处转移到吸附剂固体表面时自由能产生的变化。E 可以通过下面公式计算得出：

$$E = \frac{1}{\sqrt{2K}} \tag{7.9}$$

E 为吸附自由能，根据 E 值可以判断吸附的性质。$E = 8\sim16$ kJ/mol 时，属于离子交换；$E < 8$ kJ/mol 时，属于物理吸附；$E > 16$ kJ/mol，属于化学吸附。

Redlich 和 Peterson 提出 Redlich-Peterson 模型(R-P 模型)。该模型将 Langmuir 模型和 Freundlich 模型较好地结合起来。Redlich-Peterson 方程可以表示为

$$q_e = \frac{K_R C_e}{1 + \alpha C_e^\beta} \tag{7.10}$$

其中，K_R 为使 Redlich-Peterson 模型相关系数 R^2 最大化的常数，L/g；α 为 Redlich-Peterson 常数，L/g；β 为指数，数值在 0~1 之间的常数。当 $\beta = 1$，方程可以归纳为 Langmuir 方程；当 $\beta = 0$，方程可以归纳为亨利方程；如果 $\alpha C_e^\beta > 1$，方程可以近似归纳为 Freundlich 方程。Redlich-Peterson 等温吸附模型包含三个参数，具有 Langmuir 和 Freundlich 模型特征，可以应用于均匀体系和非均匀体系。

动力学模型主要是用来研究吸附过程中吸附速率的变化以及速率控制步骤。这些吸附模型主要包括准一阶(pseudo first-order)动力学模型[15]、准二阶(pseudo second-order)动力学模型[16]、颗粒内部扩散(intraparticle diffusion)模型[17]，以及 Boyd 模型[18]等。

pseudo first-order 方程是 1989 年 Lagergren 提出的，最早用于描述固-液体系中吸附溶解性物质的速率方程，该模型认为颗粒内传质阻力是吸附的限制因素。

其中，准一阶动力学模型是最常用的模型，可以表示为
$$\ln(q_e - q_t) = \ln(q_e) - k_1 t \tag{7.11}$$
其中，q_t 为 t(min)时吸附剂的吸附量，mg/g；k_1 为准一阶动力学模型的速率常数，$\min^{-1}$。q_e 和 k_1 分别为 $\ln(q_e - q_t)$ 与 t 的线性方程的截距和斜率。

准二阶动力学模型是由 Ho 和 McKay 提出的，可以表示为
$$\frac{t}{q_t} = \frac{1}{k_2 q_e^2} + \frac{t}{q_e} \tag{7.12}$$
其中，k_2 为准二阶动力学模型的吸附速率常数，g/(mg·min)。t/q_t 与 t 的线性方程的斜率与截距分别对应于 q_e 与 k_2。此外，初始吸附速率常数 h[mg/(g·min)]可以通过 $h = k_2 q_e^2$ 计算而得。

一般地，吸附质从液相被吸附到吸附剂颗粒中，需经历三个过程。第一个过程是膜扩散阶段，即吸附质从水相通过吸附剂表面的一层假象的流体介质膜扩散至颗粒外表面。第二个过程是内扩散阶段，即吸附质从颗粒外表面进入颗粒内孔中，向颗粒内表面扩散。第三个过程是吸附反应阶段，此过程反应速率极快，在微孔上迅速建立吸附平衡，故而总的吸附速率主要取决于反应速率较慢的膜扩散阶段和内扩散阶段。颗粒内部扩散模型可以表示为
$$q_t = k_i t^{0.5} + C \tag{7.13}$$
其中，C 为截距，反映了边界层效应；k_i 为分子间扩散速率常数，表示吸附过程中的速率，mg/(g·min$^{0.5}$)，从 q_t 与 $t^{0.5}$ 的线性方程的斜率而得到；t 为吸附时间，min。Weber 和 Morris 认为，如果吸附量 q_t 与 $t^{0.5}$ 呈线性关系并通过原点，则表明吸附由内扩散控制；若不通过原点，截距 C 越大，扩散在速率控制步骤中的影响也越大。

Boyd 模型的方程式可以表示为如下方程：
$$B_t = -0.4977 - \ln(1 - F) \tag{7.14}$$
$$B_t = \left(\sqrt{\pi} - \sqrt{\pi - \left(\frac{\pi^2 F}{3}\right)}\right)^2 \tag{7.15}$$
其中，F 表示在时间 t 时，吸附的溶质的分数。B_t 是 F 的函数，如果 $F > 0.85$，则采用方程(7.14)计算；如果 $F < 0.85$，则采用方程(7.15)计算。

吸附总是伴随有体系能量的变化，吸附热则是吸附过程中能量变化的综合结果。吸附发生后，体系可以放出一定的热量或者吸收一定的热量，它取决于吸附活化能和脱附活化能的相对大小。因此，吸附热的大小以及吸附热的变化反映吸附作用力的强弱和吸附作用力的改变。温度是影响吸附过程的重要因素，会引起活化能（E_a）、吉布斯（Gibbs）自由能（G）、焓（H）以及熵（S）等热力学参数的改变。

Arrhenius 公式常被用来计算吸附过程的活化能，其表达式为

$$\ln k = \ln A - \frac{E_a}{RT} \tag{7.16}$$

其中，A 为 Arrhenius 常数；k 为吸附的速率常数；R 为摩尔气体常数，8.314 J/(mol·K)；T 为吸附反应的温度，K；E_a 为活化能，代表吸附反应需要克服的最小能量，kJ/mol。

ΔG 是吉布斯函数变，单位为 kJ/mol，是判断吸附过程是否自发进行的重要依据，若 $\Delta G < 0$，表示吸附过程能自发进行。ΔH 是焓变，单位为 kJ/mol，可判断吸附反应是吸热反应还是放热反应，若 $\Delta H < 0$，表示吸附过程是放热反应，相反则为吸热反应。ΔS 是熵变，单位为 J/(mol·K)，反映吸附过程的无序性状态。ΔG 是通过测量的不同 K 计算得到的。而 $\ln K$ 与 $1/T$ 作图后，通过斜率可以得到 ΔH，通过截距可以得到 ΔS。

$$K = \frac{q_e}{C_e} \tag{7.17}$$

$$\Delta G = -RT \ln K \tag{7.18}$$

$$\ln K = \frac{\Delta S}{R} - \frac{\Delta H}{RT} \tag{7.19}$$

其中，K 为平衡常数；R 为摩尔气体常数，8.314 J/(mol·K)；T 是热力学温度，K。

7.1.3 碳球/中空碳球

Zhu 等[19]以全氟辛烷磺酸为添加剂，$FeCl_3$ 为氧化剂，通过苯胺聚合制备聚苯胺中空球，碳化后获得铁/氮掺杂中空碳球复合材料。将其作为磁性吸附剂吸附罗丹明 B，在循环 8 次后仍然保持较好的吸附性能。Zhang 等[20]利用无皂乳液聚合制备聚丙烯腈(PAN)微球，尺寸为 210 nm，然后通过溶液浸渍法负载 Co 纳米粒子，之后在 800℃下碳化制备 Co/碳球纳米复合材料。它的比表面积为 166.7 m²/g，孔体积为 0.251 cm³/g，同时具有大量介孔。如图 7.1(a~c)所示，在甲基橙溶液中加入介孔的磁性 Co/碳球纳米复合材料后，溶液颜色由橙色变为无色。吸附甲基橙的纳米 Co/碳球复合材料被磁铁快速分离后，溶液无色。甲基橙的最大吸附量为 380 mg/g。进一步的研究表明，Langmuir 模型更适合于拟合吸附实验数据，相关系数 R^2 为 0.996[图 7.1(d)]。因此，Langmuir 模型可以很好地拟合该吸附过程。

Liang 等[21]在十二烷基磺酸钠和三嵌段聚合物 PEO_{20}-PPO_{70}-PEO_{20}(P123)存在的情况下，在 Fe_3O_4 纳米粒子周围聚合制备核壳结构的 Fe_3O_4@聚苯胺复合物，之后在 620℃下碳化 4 h 制备核壳结构的 Fe_3O_4@C 球。它的比表面积为 166.9 m²/g，介孔尺寸分布在 3.2 nm 和 6 nm，饱和磁化强度为 20 emu/g。将其作为磁性吸附剂，用于吸附甲基橙、亚甲基蓝和罗丹明 B。从染料分子大小上看，罗丹明 B 的吸附时间较长，且吸附量较甲基橙和亚甲基蓝明显减少。对于分子量相近的甲基橙和

图 7.1 Co/碳球去除水中甲基橙的照片：(a)甲基橙的水溶液；(b)在溶液中加入 Co/碳球吸附水中的甲基橙；(c)用磁场将 Co/碳球与水分离，溶液变为无色；(d) Co/碳球吸附甲基橙的 Langmuir 方程拟合结果[20]

亚甲基蓝，染料的酸碱性质影响其在吸附剂上的吸附性能。酸性甲基橙在 Fe_3O_4@C 球上的吸附容量大于碱性亚甲基蓝，说明氮掺杂的 Fe_3O_4@C 球复合材料具有碱性，有利于酸性染料的吸附。进一步的研究表明，当溶液的 pH 大于材料表面零电荷点的 pH(pH_{pzc})时，带负电荷的 Fe_3O_4@C 球表面有利于阳离子染料的吸附，而在溶液 pH 小于 pH_{pzc} 时，带正电荷的表面有利于阴离子染料的吸附。罗丹明 B、亚甲基蓝和甲基橙的最大吸附量分别为 178.8 mg/g、185.1 mg/g 和 200 mg/g。对其吸附动力学研究发现，准二阶动力学模型更适合描述吸附动力学数据，表明吸附速率受化学吸附过程的控制。在吸附过程中，吸附剂和染料之间的化学作用确实起到重要作用。通过表面反应进行吸附后，染料分子扩散到吸附剂的孔中进行进一步吸附。

Jia 等[22]利用 $FeCl_3$ 为添加剂，通过在 180℃下水热碳化 5 h 的方式将聚乙烯醇转化为微米碳球，然后在浓硫酸中 150℃下水热碳化 6 h 从而制备表面含有磺酸基的微米碳球，其直径为 4 μm。将其用于吸附亚甲基蓝，在 25℃下，亚甲基蓝的最大吸附量为 602.4 mg/g。如图 7.2(a)所示，准二阶动力学模型的相关系数 R^2 为 0.9989，比准一阶碳动力学模型的 R^2(0.8391)更接近 1。因此，用准二阶动力学模型可以很好地描述微米碳球对亚甲基蓝的吸附行为。Langmuir 模型和 Freundlich 模型的相关系数 R^2 分别为 0.9999 和 0.749。因此，Langmuir 模型更适合于描述实验平衡吸附数据。换言之，磺酸基修饰的微米碳球表面覆盖着单层染料分子。通过计算热力学参数发现，在 25℃、35℃和 45℃下，ΔG 值分别为–12.46 kJ/mol、–13.58 kJ/mol 和–14.2 kJ/mol。ΔG 为负值说明该吸附过程是一种可行且自发的吸附过程。此外，随着温度的升高，ΔG 减小，表明在较高温度下吸附的驱动力增大。ΔH 为正值(13.78 kJ/mol)证实了染料在磺酸基修饰的微米碳球上吸附的吸热性质。ΔS 为正值［88.24 J/(K·mol)］，表明在吸附过程中固-液界面自由度增大。

值得指出的是，用磺酸基对碳化微球进行了功能修饰后的微米碳球在水介质中的负电荷能强烈地吸引电荷相反的物种，排斥电荷相同的物种。因此，带正电荷的亚甲基蓝的分子通过静电相互作用从溶液中被强烈吸引到磺酸基修饰的微米碳球表面，而带负电荷的刚果红或者甲基橙不能被吸附而留在溶液中，从而实现选择性吸附正电荷的染料分子[图 7.2(b)和(c)]。

图 7.2 (a)磺酸基修饰的微米碳球吸附染料亚甲基蓝的准二阶动力学模型的线性拟合结果；从亚甲基蓝/刚果红混合溶液(b)或者亚甲基蓝/甲基橙混合溶液(c)中选择性吸附亚甲基蓝[22]

Yu 等利用纳米 SiO_2 为模板，以 KCl 为石墨化调节剂催化聚烯烃制备中空碳球[23]。研究表明，当 SiO_2 添加量为 20 wt%，KCl 为 2 wt%时，聚丙烯(PP)的碳转化率可达到 32 wt%。形貌表征发现，SiO_2 粒子主要起到模板和催化成碳作用，而加入 KCl 能有效降低碳壳厚度并增加中空碳球的石墨化程度。另外，KCl 的添加可有效增大碳球的比表面积和孔体积。所得碳球的比表面积和孔体积分别为 203.9 m^2/g 和 0.939 cm^3/g。将所得中空碳球应用于去除水中亚甲基蓝，中空碳球对亚甲基蓝溶液的最大吸附容量为 368.4 mg/g。图 7.3(a)和(b)分别为平衡吸附等温线和 Langmuir 等温线。图 7.3(c)和(d)为不同吸附时间后亚甲基蓝溶液颜色变化的照片。可以观察到，当亚甲基蓝浓度为 200 mg/L 时，中空碳球吸附亚甲基蓝溶液 180 min 后，该亚甲基蓝溶液可以达到澄清状态，而当亚甲基蓝浓度增加到 300 mg/L 时，在相同的时间下溶液没有达到澄清状态。通过计算可知，在吸附过程的前 10 min，中空碳球已经吸附溶液中大约 90%的亚甲基蓝。

7.1.4 碳纳米管/碳纳米纤维

近年来，碳纳米管(CNT)在环境污染治理方面表现出巨大的潜力。由于具有独特的管状结构、较大的长径比和良好的耐热性以及化学稳定性，CNT 在吸附有机染料方面有着潜在的能力。遗憾的是，目前 CNT 的吸附效果还远未达到实际的应用水平。相比活性炭，CNT 较低的比表面积、较小的孔体积和隐藏的不被吸附质分子可用的孔洞使得它往往表现出较低的吸附速率和较小的吸附量，因而限制

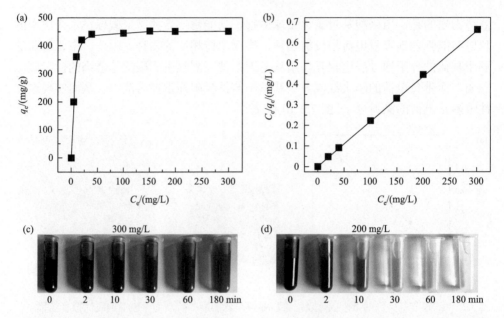

图 7.3 中空碳球吸附亚甲基蓝的平衡吸附等温线(a)和 Langmuir 等温线(b),以及亚甲基蓝初始浓度为 300 mg/L(c)和 200 mg/L(d)时,中空碳球在吸附亚甲基蓝不同时间后溶液的颜色变化[23]

了 CNT 在废水治理方面的大规模应用。因此,有必要对 CNT 修饰,从而实现较高的吸附速率和较大的吸附量。众所周知,由于吸附剂的表面性质、吸附质与吸附剂表面的相互作用类型从本质上在固-液界面控制了吸附过程,吸附剂的性能取决于比表面积、内部的孔结构和表面的物理化学性质。迄今,为了制备较高吸附量和较快吸附速率的 CNT,人们尝试了大量的物理和化学修饰 CNT 的方法,这些方法可以分为四类。第一类是物理或者化学活化 CNT,即用酸(如 H_3PO_4、HNO_3 和 H_2SO_4)、碱(如 KOH)、金属氧化物(如 Co_3O_4)或者其他试剂来刻蚀 CNT 表面的石墨层,从而形成孔洞和引入表面官能团。第二类策略是通过引入功能材料,如聚苯胺和聚(4-苯乙烯磺酸钠),到 CNT 表面实现表面功能化,从而在 CNT 表面提供更多的吸附位点或者增强吸附质与 CNT 之间的相互作用。第三类策略是通过球磨或者强氧化剂剪断或者剪开 CNT,从而生成更多的边缘(甚至转化成石墨烯)或者促进吸附质分子扩散至 CNT 的内部。第四类策略是将磁性纳米粒子负载到 CNT 表面,以便于 CNT 的回收重复使用。

Gong 等[24]采用氯化聚氯乙烯(CPVC)/Ni_2O_3 组合催化剂催化线型低密度聚乙烯(LLDPE)在 700℃下碳化制备 Ni/CNT 复合材料。CPVC 的添加量为 0.81 wt%时,产率达到最大值 64.0 wt%,CNT 的外径为 40~60 nm[图 7.4(a)和(b)],单质镍镶嵌在 CNT 端部。单质镍的存在赋予了 Ni/CNT 复合材料磁性,有利于 Ni/CNT

复合材料在吸附染料后的分离回收[图 7.4(c)]。将其作为磁性吸附剂，亚甲基蓝作为模型染料，吸附亚甲基蓝的效率如图 7.4(d)所示。在前 10 min 吸附过程中，Ni/CNT 吸附亚甲基蓝的速率很快，说明 Ni/CNT 可以用于紧急情况下快速去除有机染料污染物。此外，随着 Ni/CNT 复合材料的添加量由 0.5 g/L 增加到 4.0 g/L，亚甲基蓝的平衡吸附效率从 51.6%增加到 99.7%。这主要归因于随着 Ni/CNT 复合材料用量的增加，吸附位点也逐渐增加。Ni/CNT 复合材料吸附亚甲基蓝的机理包括 CNT 与亚甲基蓝的 π-π 和静电相互作用。在 283～313 K 时，Ni/CNT 复合材料的亚甲基蓝最大吸附量为 165.5～175.2 mg/g。因此，Ni/CNT 复合材料被用于吸附亚甲基蓝，表现出较快的吸附速率、较高的吸附量和磁性吸附三大特点。

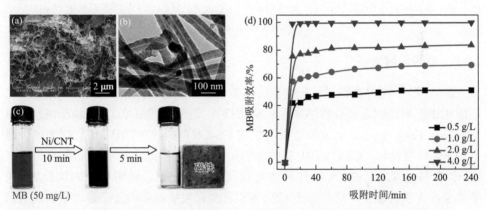

图 7.4　Ni/CNT 复合材料的扫描电子显微镜(SEM)图像(a)和透射电子显微镜(TEM)图像(b)；(c)磁性 Ni/CNT 复合材料吸附亚甲基蓝(MB)以及磁性分离的照片；(d)Ni/CNT 复合材料的添加量对亚甲基蓝吸附效率的影响(实验条件：Ni/CNT 复合材料的添加量为 0.5 g/L、1.0 g/L、2.0 g/L 和 4.0 g/L；亚甲基蓝的初始浓度为 200 mg/L；pH 为 6；温度为 283 K)[24]

Feng 等[25]利用醋酸钴/二茂铁与 CuCl 组合催化剂将废弃 PP 碳化制备 Co-Fe-Cu/C 复合材料，其中碳材料以 CNT 和碳纳米纤维(CNF)为主，平均直径分别为 110 nm 和 150 nm，长度为 0.5～1 μm。Co-Fe-Cu/C 复合材料的比表面积和孔体积分别为 173 m^2/g 和 0.587 cm^3/g，饱和磁化强度为 12 emu/g，这是因为复合材料中含有单质钴和铁纳米粒子。将其作为磁性吸附剂，选用 20 mL 的浓度为 10 mg/L 的亚甲基蓝或者罗丹明 B，Co-Fe-Cu/C 复合材料的添加量为 6 mg 时，染料吸附效率均可达 99%。

Si 等[26]利用静电纺丝制备二茂铁/聚苯并噁嗪纳米复合纤维，之后将其与 KOH 按照质量比为 1/4 混合均匀后碳化制备多孔 Fe_3O_4/CNF 复合物[图 7.5(a)和(b)]。CNF 的直径为 130 nm，Fe_3O_4 的尺寸为 10～20 nm，比表面积和孔体积分别为 1885 m^2/g 和 2.31 cm^3/g，饱和磁化强度为 9.22 emu/g。将其用于吸附染料亚甲基蓝和罗丹明 B，发现分别在 10 min 和 15 min 内完成吸附[图 7.5(c)]，较快的吸附速率得益于较多的介孔结构。

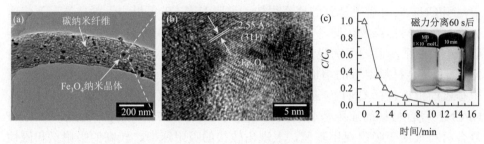

图 7.5　多孔 Fe_3O_4/CNF 复合物的 TEM 图像(a)和高分辨 TEM(HRTEM)图像(b)；(c) C/C_0 对亚甲基蓝染料溶液吸附的时间曲线，插图为多孔 Fe_3O_4/CNF 复合物在吸附亚甲基蓝 10 min 后的磁响应性能(60 s)[26]

7.1.5　杯叠碳纳米管

Gong 等[27]利用溶胶-凝胶-燃烧法制备了 NiO，然后利用 NiO/CuBr 组合催化剂催化 PP 碳化制备杯叠碳纳米管(CS-CNT)，进一步通过浓硝酸和浓硫酸(体积比 3/1)在 120℃下回流 40 min 制备酸化的 CS-CNT(CS-CNT-H)。X 射线光电子能谱(XPS)结果表明，CS-CNT-H 表面由氧元素和碳元素组成。相比传统的 CNT，CS-CNT 酸处理之后的 CS-CNT-H 含有较高的 O/C 比值，说明 CS-CNT-H 含有较多的表面含氧官能团。这是由于 CS-CNT 表面有大量暴露和反应的边缘以及丰富的悬垂键。CS-CNT-H 和 CNT-H 的高分辨 C1s XPS 曲线拟合结果表明，CS-CNT-H 含有大量的表面官能团，如 C—OH、C=O 和 COOH。CS-CNT-H 的 COOH 含量(10.3%)高于 CNT 酸化后的产物(CNT-H，6.2%)。选用甲基橙、罗丹明 B 和亚甲基蓝为模型染料，CS-CNT-H 的最大吸附量分别为 98.0 mg/g、102.0 mg/g 和 172.4 mg/g，相比于 CS-CNT(分别为 63.3 mg/g、68.0 mg/g 和 78.1 mg/g)提高了约 55%、50%和 121%，而 CNT-H 的最大吸附量分别为 87.0 mg/g、91.7 mg/g 和 96.2 mg/g，相比 CNT(分别为 57.1 mg/g、66.7 mg/g 和 75.2 mg/g)提高了约 52%、37%和 28%。这是由于在酸处理之后，CS-CNT-H 不仅有了更多的官能团，还有较高的石墨化程度。因此，CS-CNT-H 表面的 π 电子云与有机染料分子的 C=C 或者苯环的 π-π 相互作用，以及 CS-CNT-H 与有机染料分子的静电作用大于 CNT-H 与有机染料小分子等因素也发挥了作用。此外，Langmuir 模型的相关系数 R^2 为 0.9960～0.9978[图 7.6(a)]，高于 Freundlich 或者 Temkin 模型的相关系数 R^2(分别为 0.8975～0.9977 和 0.9614～0.9901)，这表明 Langmuir 模型更适合于拟合吸附结果。为了进一步分析 CS-CNT-H 吸附甲基橙、罗丹明 B 和亚甲基蓝的过程，准一阶动力学模型、准二阶动力学模型和颗粒内部扩散模型被用于分析吸附动力学数据。准一阶动力学模型的相关系数($R^2 = 0.9998 \sim 0.9999$)高于另外两种模型的相关系数(分别为 $R^2 = 0.8495 \sim 0.9315$ 和 $R^2 = 0.6970 \sim 0.8198$)。这意味着准二阶动力学模型更适合于拟合 CS-CNT-H 吸附甲基橙、罗丹明 B 和亚甲基蓝的动力学过程[图 7.6(b)]。

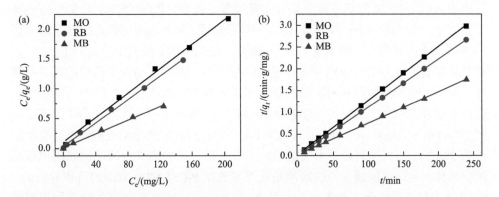

图 7.6　在 293 K 下 CS-CNT-H 吸附甲基橙(MO)、罗丹明 B(RB)和亚甲基蓝(MB)的平衡曲线的 Langmuir 模型的线性拟合结果(a)和准二阶吸附动力学模型的线性拟合结果(b)[27]

CS-CNT 的石墨层排列与轴向存在一定的夹角,从而使得表面和内部有着大量暴露的和反应性的边缘。用硝酸处理 CS-CNT 可以提高亚甲基蓝的吸附量。但是,酸处理不能有效提高 CS-CNT 的比表面积和孔体积,因而也不能够显著提高 CS-CNT 吸附有机染料的性能。针对这些问题,Gong 等[28]首次用 KOH 活化 CS-CNT 制备多孔 CS-CNT(P-CSCNT)。他们将 CS-CNT 与 KOH 粉末按照质量比 1/6 混合均匀,之后在 Ar 氛围中 850℃下活化 2 h(或者 4 h),得到 P-CSCNT-2 或者 P-CSCNT-4。P-CSCNT 的表面被撕裂开,因此变得粗糙,同时形成了多孔结构[图 7.7(a)和(b)]。尤其是在 P-CSCNT-4 中生成了许多与轴向存在一定夹角的、连接管内和管外的孔通道。这些孔通道的宽度为 9~15 nm [图 7.7(c)]。这个现象与之前文献报道的不同之处在于,传统 CNT 在 KOH 活化后端部被打开,从而在端部的表面出现了片层缺口,但是并没有形成孔洞。这主要归因于 CS-CNT 独特的形貌以及许多斜着排列的石墨层。显然这些孔洞有利于染料小分子从溶液中迁移到 P-CSCNT-4 内部,因此可以期望 P-CSCNT-4 吸附染料的性能有较大提高。此外,比表面积从 CS-CNT 的 218.7 m²/g 增加到 P-CSCNT-2 的 498.2 m²/g(增加了约 128%)或者 P-CSCNT-4 的 558.7 m²/g(增加了约 155%)。与此同时,孔体积从 CS-CNT 的 0.928 cm³/g 增加到 P-CSCNT-2 的 1.695 cm³/g 或者 P-CSCNT-4 的 1.993 cm³/g,这表明 KOH 活化后形成大量的孔洞。

与 CS-CNT 相比较,P-CSCNT 含有较高的氧元素和较多的含氧表面官能团。这些结果证明 KOH 活化可以引入更多的表面含氧官能团。显然,这非常有利于提高 P-CSCNT 吸附阳离子染料的性能。将 CS-CNT、P-CSCNT-2 和 P-CSCNT-4

作为模型吸附剂，亚甲基蓝为模型染料。图 7.7(d) 是在 293 K 下 CS-CNT，P-CSCNT-2 和 P-CSCNT-4 吸附亚甲基蓝的等温线以及 Langmuir 模型下的线性拟合结果。Langmuir 模型比 Freundlich 模型或者 Temkin 模型具有较高的相关系数，这表明 Langmuir 模型更适合于拟合实验结果。此外，P-CSCNT-2 有着较高的亚甲基蓝吸附量(210.5 mg/g)，是 CS-CNT 吸附量(50.5 mg/g)的 4.2 倍左右。而 P-CSCNT-4 有着最高的吸附量(319.1 mg/g)，是 CS-CNT 吸附量的 6.3 倍左右。对亚甲基蓝吸附动力学的研究和线性拟合结果表明，准二阶动力学模型的相关系数高于准一阶动力学模型和内扩散模型的相关系数。这意味着准二阶动力学模型更适合于拟合 CS-CNT、P-CSCNT-2 和 P-CSCNT-4 吸附亚甲基蓝的动力学过程。如图 7.7(e)所示，循环 10 次后，P-CSCNT-4 仍然有着较好的吸附性能，平衡吸附量达到 278.2 mg/g，是初始平衡吸附量的 91%。进一步的研究发现，比表面积和孔体积都有一定程度的减少，这可能是亚甲基蓝在 P-CSCNT-4 表面的沉积导致的。P-CSCNT 较高的吸附亚甲基蓝的性能不仅归因于 P-CSCNT 较高的比表面积和较大的孔体积，还归因于亚甲基蓝的孔填充，以及 P-CSCNT 与亚甲基蓝之间的氢键、π–π 和静电相互作用。因此，P-CSCNT 在废水治理方面有着潜在应用。

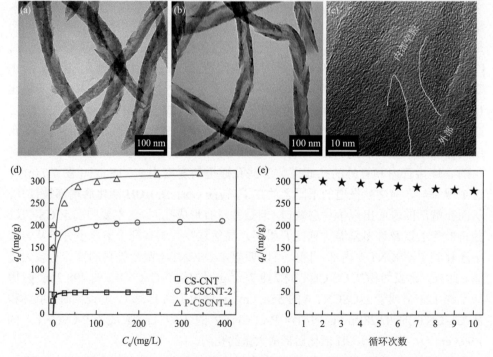

图 7.7　P-CSCNT-2(a)和 P-CSCNT-4 的 TEM 图像(b 和 c)；(d)CS-CNT、P-CSCNT-2 和 P-CSCNT-4 的亚甲基蓝(MB)吸附曲线；(e)P-CSCNT-4 吸附亚甲基蓝的重复使用结果(实验条件：亚甲基蓝的初始浓度为 300 mg/L，P-CSCNT-4 的浓度为 0.5 g/L，吸附时间为 180 min)[28]

7.1.6 碳纳米薄片

Gong 等[29]利用混合废弃塑料 PP/PE/PS(质量比为 26.9/56.3/16.8)为碳源,有机改性蒙脱土为模板,按照废弃塑料/有机改性蒙脱土的质量比为 1/4,在 700℃下加热 10 min 碳化得到黑色复合物,用氢氟酸和硝酸提纯后得到黑色碳纳米薄片。之后,将碳纳米薄片与 KOH 按照质量比 1/6 混合均匀,在 850℃氩气氛围下活化 1.5 h,经过盐酸溶液处理、去离子水洗涤至中性得到多孔碳纳米薄片。多孔碳纳米薄片包含了许多尺寸在几百纳米到几微米的较薄的片层结构,表面明显粗糙,石墨层排列较为混乱,呈现无序排列,说明其石墨化程度较低[图 7.8(a)~(c)]。多孔碳纳米薄片的比表面积和孔体积分别为 2315.0 m²/g 和 3.319 cm³/g,显著高于碳纳米薄片(分别为 113.4 m²/g 和 0.492 cm³/g)。此外,多孔碳纳米薄片的孔尺寸分布较窄,平均尺寸为 3.8 nm,且含有较多的含氧官能团(包括 C—OH 和 C=O)。

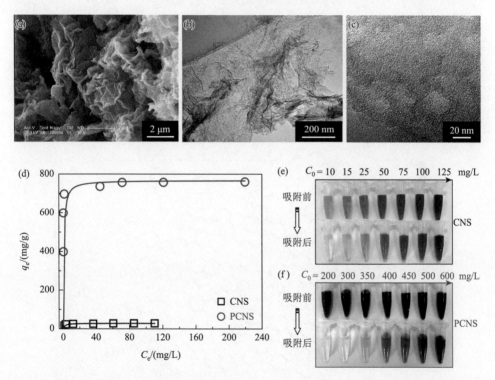

图 7.8 多孔碳纳米薄片(PCNS)的 SEM 图像(a)、TEM 图像(b)和 HRTEM 图像(c);(d)碳纳米薄片(CNS)和 PCNS 的亚甲基蓝平衡吸附曲线[实验条件:亚甲基蓝初始浓度为 10~125 mg/L(碳纳米薄片作为吸附剂时)或者 200~600 mg/L(多孔碳纳米薄片作为吸附剂时),碳纳米薄片或者多孔碳纳米薄片浓度为 0.5 g/L,吸附时间为 180 min],以及对应的碳纳米薄片(e)或者多孔碳纳米薄片(f)吸附亚甲基蓝过程中溶液颜色变化的照片[29]

多孔碳纳米薄片的亚甲基蓝的最大吸附量可达 769 mg/g[图 7.8(d)]，是碳纳米薄片(30.3 mg/g)的 25 倍左右，是商业化活性炭的 2 倍左右。亚甲基蓝吸附前后颜色变化的照片如图 7.8(e)和(f)所示。

实验结果进一步表明多孔碳纳米薄片在废水治理中有着高效的吸附效果和显著的脱色能力。在前 10 min 的吸附过程中吸附了 95%的亚甲基蓝，在剩余的吸附时间里，只有少量的亚甲基被吸附了。使用 10 次后，多孔碳纳米薄片仍然有着较好的吸附性能，平衡吸附量达到 692.0 mg/g，是初始平衡吸附量的 91%。这归功于多孔碳纳米薄片很高的比表面积(2315 m^2/g)和孔体积(3.319 cm^3/g)，以及多孔碳纳米薄片与亚甲基蓝之间的氢键、π–π 和静电等相互作用(图 7.9)。

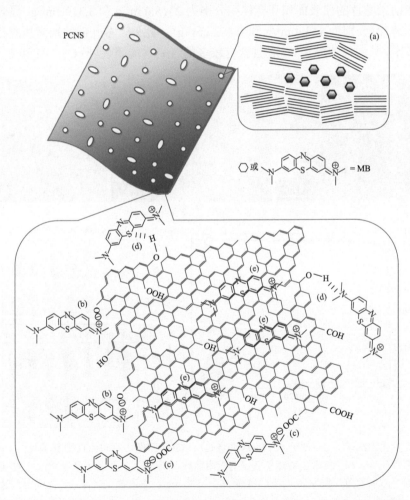

图 7.9　多孔碳纳米薄片吸附亚甲基蓝的机理示意图：(a)孔填充；(b、c)静电相互作用；(d)氢键相互作用；(e)π–π 相互作用[29]

Wen 等[30]在 700℃下，以 MgO 作为模板和裂解碳化催化剂，将 PS 催化碳化得到多孔片状碳和中空碳球。多孔碳片和中空碳球是利用不同形貌的 MgO 模板得到的，二者的产率随着 MgO 与 PS 质量比的增加而增加。MgO 可以很容易地被稀盐酸除去，从而得到纯净的纳米碳。在没有经过化学或者物理活化的情况下，多孔片层碳和中空碳球的比表面积分别为 854 m^2/g 和 523 m^2/g，孔体积分别为 3.326 cm^3/g 和 3.337 cm^3/g，孔尺寸分布在 2~6 nm。将其作为吸附剂，对亚甲基蓝的最大吸附量分别为 358.8 mg/g 和 238.6 mg/g。

El Essawy 等[31]报道了利用高温高压反应釜将废弃 PET 在 800℃下转化为多孔碳纳米薄片，比表面积为 721.7 m^2/g，平均孔径为 2.1 nm。将其作为吸附剂，考察在 25~55℃下吸附染料亚甲基蓝和酸性蓝的性能。例如，在 25℃下对染料亚甲基蓝和酸性蓝的最大吸附量为 761.3 mg/g 和 642.9 mg/g。为了进一步分析多孔碳纳米薄片吸附亚甲基蓝和酸性蓝的过程，准一阶动力学模型、准二阶动力学模型和颗粒内部扩散动力学模型被用于分析吸附动力学过程。准二阶动力学模型的相关系数（$R^2 = 0.999$）高于准一阶动力学模型的相关系数（$R^2 = 0.901$~0.998）。这意味着准二阶动力学模型适合于描述亚甲基蓝和酸性蓝的整个吸附过程。如图 7.10 所示，采用颗粒内部扩散动力学模型，发现所有的吸附曲线都具有相同的总体特征，而吸附过程的扩散机理一般分为三个步骤，每个步骤对应于从大孔到微孔的曲线。在第一步中，大孔中的外表面吸附或者扩散发生在材料的外表面(扩散系数为 $k_{i,1}$)。然后是第二步，由颗粒内扩散控制，这是一个渐进的吸附步骤(扩散系数为 $k_{i,2}$)。第三步是最慢的一步，代表最后的平衡步骤(扩散系数为 $k_{i,3}$)。k_i 随着染料浓度的增加而增加，这是由于许多染料分子与吸附剂上的活性位点相互作用，从而在高初始浓度下产生高吸附强度。对于所有初始浓度，$k_{i,1}$ 大于 $k_{i,2}$，这表明可用于扩散的自由路径变小，孔隙尺寸减小。$k_{i,3}$ 明显低于 $k_{i,1}$ 和 $k_{i,2}$，这证实了第三步是最慢的一步。因此，吸附动力学一般由不同的机理控制，其中最受限制的是扩散机理，包括膜扩散和粒内扩散。此外，在不同温度下得到的平衡数据与 Langmuir 和 Freundlich 等温线模型非常吻合，相关系数分别为 $R^2 = 0.995$~0.996 和 $R^2 = 0.976$~0.998。随后，他们对其吸附热力学进一步研究计算热力学参数 ΔG、ΔH 和 ΔS。在 25℃时，吸附亚甲基蓝和酸性蓝时，ΔG 分别为 -11.3 kJ/mol 和 -9.8 kJ/mol，ΔG 的负值表明两种染料吸附体系都是自发的。此外，随着温度升高到 55℃，吸附亚甲基蓝和酸性蓝的 ΔG 的值分别降低到 -14.8 kJ/mol 和 -12.6 kJ/mol。因此，在较高温度下，吸附更为自发。ΔH 分别为 18.9 kJ/mol 和 17.6 kJ/mol，ΔH 为正值表示该过程为吸热性质。另外，ΔS 分别为 45.8 J/(mol·K) 和 38.7 J/(mol·K)，ΔS 为正值表示在吸附过程中固体和溶液界面的随机性增加。然而，ΔS 为正值可以证明溶剂置换现象，即染料分子需要置换吸附剂表面的水分子才能被吸附。

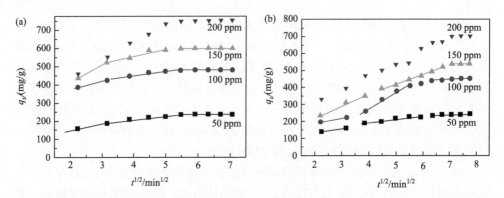

图 7.10 多孔碳纳米薄片吸附亚甲基蓝(a)和 AB25(b)的颗粒内扩散动力学模型拟合结果(实验条件：多孔碳纳米薄片的浓度为 0.2 g/L，温度为 25℃；ppm 为 10^{-6})[31]

  德国马克斯-普朗克胶体与界面研究所 Antonietti 课题组采用 C_3N_4 薄片作为自分解模板，聚离子液体作为碳源，在 750℃下碳化后一步制备氮掺杂的多孔碳纳米薄片(NPCNS)[32]。当 C_3N_4/聚离子液体的质量比从 1 增加到 5 和 10 时，氮掺杂的多孔碳纳米薄片的比表面积从 723.5 m^2/g(NPCNS-1)增加到 965.2 m^2/g(NPCNS-5)和 1120 m^2/g(NPCNS-10)。与此同时，孔体积从 1.42 cm^3/g 增加到 1.62 cm^3/g 和 2.28 cm^3/g，氮元素的含量从 14.9 wt%增加到 15.8 wt%和 17.4 wt%。SEM 结果表明[图 7.11(a)]，NPCNS-10 是一个连续的、相互连接的三维框架，由不同尺寸、不同长度尺度的多孔纳米片组成，同时观察到大量的由不规则弯曲和纳米片堆积而成的无序大孔隙。TEM 结果表明[图 7.11(b)]，NPCNS-10 由随机聚集的石墨烯状碳纳米片组成，其厚度从几纳米到十几纳米。而 HRTEM 图像[图 7.11(c)]显示这些碳纳米片的一个显著的结构特征是表面有卷曲，暗平行图案是在局部尺度上堆叠的石墨烯层，表示石墨微晶的部分取向。亚甲基蓝在氮掺杂的多孔碳纳米薄片上的平衡吸附等温线表明[图 7.11(d)]，在较低浓度的亚甲基蓝溶液中，亚甲基蓝的吸附量随着亚甲基蓝浓度的增加而显著增加，表明亚甲基蓝分子与氮掺杂的多孔碳纳米薄片表面有很高的亲和力；随后，在高平衡溶液浓度下，吸附量迅速达到一个平台，反映了吸附饱和。Langmuir 模型拟合的相关系数大于 0.999，因此，Langmuir 模型可以很好地拟合吸附过程。NPCNS-1, 5, 10 的亚甲基蓝最大吸附量分别为 798.7 mg/g、818.8 mg/g 和 962.1 mg/g。NPCNS-10 具有较高的比表面积、较大的孔体积和较高的含氮量，因而具有较好的吸附亚甲基蓝性能。使用 10 次后，多孔碳纳米薄片仍然有较好的吸附性能，平衡吸附量为 898.2 mg/g，是初始平衡吸附量的 93%。进一步的吸附机理研究表明，亚甲基蓝和 NPCNS-10 之间的氢键相互作用(如吡啶基团的氮原子可以充当氢键受体)和 π-π 相互作用(因为亚甲基蓝是平面分子)可以在很大程度上促进亚甲基蓝和 NPCNS-10 之间的结合。

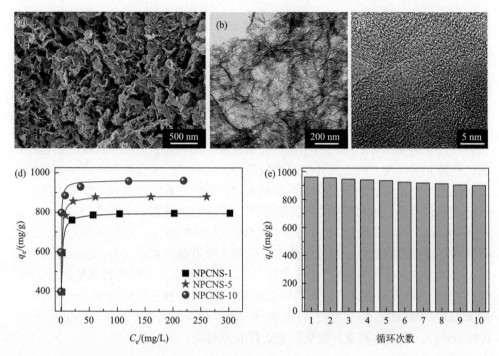

图 7.11 聚离子液体制备的氮掺杂多孔碳纳米薄片(NPCNS-10)的 SEM 图像(a)、TEM 图像(b)和 HRTEM 图像(c);(d)NPCNS-1,5,10 吸附亚甲基蓝的平衡吸附曲线;(e)NPCNS-1 吸附亚甲基蓝的循环结果[32]

7.1.7 介孔碳

Zhuang 等以 Pluronic F127 为软模板、SiO_2 为硬模板、酚醛树脂为碳源制备有序介孔碳[33]。如图 7.12(a)和(b)所示,TEM 图像显示介孔尺寸为 12.1 nm。通过 N_2 吸附表征介孔碳的孔分布,其表现出双峰型孔径分布,分别为 6.4 nm 和 1.7 nm,比表面积为 2580 m^2/g,孔体积为 2.16 cm^3/g。染料吸附前后的照片如图 7.12(c)~(h)所示。例如,初始浓度为 5ppm①的各种染料(亚甲基蓝、碱性品红和甲基橙)在介孔碳上吸附后,无论初始颜色如何,从蓝色(亚甲基蓝)、粉色(碱性品红)到橙色(甲基橙)以及性质,包括酸性(甲基橙)、碱性(亚甲基蓝和碱性品红)和偶氮(甲基橙)染料,污染的水都变得清澈无色。这一现象进一步揭示了有序介孔碳吸附剂对染料废水的高效吸附和明显的脱色作用。他们把这些小介孔的吸附归因于整个材料中的互穿孔隙结构。介孔是由二氧化硅在孔壁内腐蚀产生的孔隙,因此是短的、互穿的和可接近的。次生介孔内的毛细力有助于参与初级介孔的染料的传质过程。因此,染料吸附发生在这些小的介孔中,提高了总吸附容量。Zhai 等

---

① ppm 为 10^{-6}。

进一步研究了吸附动力学过程，发现 Langmuir 模型可以很好地拟合吸附过程。各种染料的最大吸附量分别为：亚甲基蓝，758 mg/g；罗丹明 B，785 mg/g；碱性品红，689 mg/g；亮黄，688 mg/g；维多利亚蓝 B，210 mg/g；甲基橙，637 mg/g；苏丹 G，359 mg/g。吸附量与染料分子的尺寸相关，亚甲基蓝是小尺寸的分子，碱性品红和罗丹明 B 是中型尺寸的分子，而亮黄和维多利亚蓝 B 是大型尺寸的分子。他们发现染料分子的空间效应是有序介孔碳吸附的决定因素[图 7.12(i)]。在吸附小尺寸的染料分子时，小孔径、孔体积大、比表面积大的介孔吸附剂是有效的，孔隙利用率高。在大尺寸染料的吸附中，大孔径、大孔体积、高比表面积的吸附剂是一个很好的选择。在随后的研究中，他们在前驱体溶液中加入硝酸镍，从而制备含有镍纳米粒子的有序介孔碳[34]。其中镍纳米粒子含量为 1.7 wt%，尺寸为 16 nm，比表面积为 1580 m^2/g，孔体积为 1.42 cm^3/g，孔径分布为 6.8 nm。将其用于磁性吸附剂时，碱性品红染料的最大吸附量为 420 mg/g。García 等[35]采用类似的方式制备了 Ni/有序介孔碳复合物，发现间苯二酚/甲醛的质量比为 1 时，制备的 Ni/有序介孔碳具有较大的比表面积(630 m^2/g)和孔体积(0.50 cm^3/g)，高于间苯二酚/甲醛的质量比为 2 时制备的 Ni/多孔碳复合物(分别为 380 m^2/g 和 0.21 cm^3/g)，因此具有更好的吸附茜素黄 R 的性能。

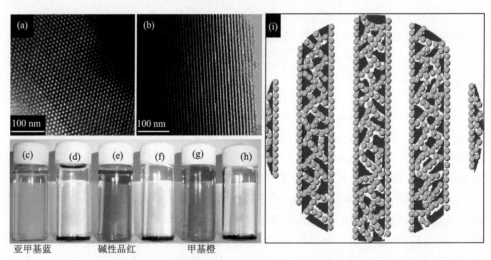

图 7.12 (a、b)有序介孔碳的 TEM 图像；(c、e 和 g)有序介孔碳吸附染料污染水前后的光学照片：(c、d)碱性染料亚甲基蓝；(e、f)碱性染料碱性品红；(g、h)酸性偶氮染料甲基橙；(i)具有互穿双峰孔的有序介孔碳对染料的吸附机理示意图[33]

Yan 等[36]利用碱性或者酸性处理的分子筛作为模板，聚糠醇为碳源，在 800℃下碳化 2 h 后除掉模板制备介孔碳，比表面积分别为 764 m^2/g 和 936 m^2/g，介孔的体积分别为 1.12 cm^3/g 和 1.52 cm^3/g，孔体积分别为 1.20 cm^3/g 和 1.67 cm^3/g，亚甲基蓝的最大吸附量分别为 262.87 mg/g 和 436.55 mg/g。用准二阶动力学模型可以较好地描述亚甲基蓝在介孔碳上的吸附动力学。

7.1.8 多孔碳/活性炭

轮胎的主要成分是橡胶(天然橡胶或者丁苯橡胶)，同时还有含量较少的各种添加剂，如硬脂酸锌、硫和炭黑。轮胎的热裂解产物包括橡胶分解的油，以及由炭黑、橡胶含碳残渣、锌基材料、硫相关物质、金属和非金属氧化物组成的废轮胎碳。金属氧化物和非金属氧化物通常被称为灰分，是废轮胎碳转化为多孔碳的不利因素。Fung 等[37]将废弃轮胎在氮气氛围下加热制备碳材料，随着加热温度从 400℃增加到 500℃，比表面积从 10 m²/g 增加到 156 m²/g，温度继续增加到 600℃、700℃、800℃和 900℃，则其比表面积下降到 136 m²/g、96 m²/g、85 m²/g 和 87 m²/g。他们考察了 500℃下制备的碳材料吸附染料酸性蓝 25、酸性黄 117 和亚甲基蓝的性能，并且用了多种模型来拟合等温吸附曲线，包括 Langmuir 模型、Freundlich 模型、Redlich-Peterson 模型、Tempkin 模型、Toth 模型和 Sips 模型，发现 Redlich-Peterson 方程拟合结果最好。此外，商业化的活性炭的比表面积高达 856 m²/g，显著高于废弃轮胎基碳材料的比表面积，提高了 433%，但是酸性黄 117 的染料吸附量仅提高了 37%。这是由于与商业化的活性炭相比，废弃轮胎基碳材料中的介孔体积更大，使得更大尺寸的分子更好地扩散到内基质中。换言之，比表面积并不是影响染料吸附量的唯一因素，其他因素，如吸附剂的孔径分布、表面电荷、分子取向、离子性质和吸附机理，也会影响染料的吸附。

san Miguel 等[38]将废弃轮胎在氮气氛围中 700℃下碳化后，在 925~1100℃下利用 CO_2 活化或者在 925℃下水蒸气活化，发现水蒸气活化比 CO_2 活化生成更多尺寸较小的微孔。水蒸气活化后比表面积高达 1100 m²/g，孔体积为 0.554 cm³/g，对苯酚的最大吸附量为 106 mg/g，高于 CO_2 活化制备的多孔碳(89~99 mg/g)。但是对于较大尺寸的染料分子，如 Procion Red H-E2B，CO_2 活化制备的碳材料的最大吸附量为 385 mg/g，高于水蒸气活化的碳材料(333 mg/g)。因此，水蒸气活化制备的多孔碳材料适合于吸附尺寸较小的污染物，如苯酚。而 CO_2 活化制备的多孔碳材料适合于吸附尺寸较大的污染物分子，如有机染料分子。

Nakagawa 等[39]发现在水蒸气活化以前，对 PET 或者废弃轮胎进行预处理可以显著提高在水蒸气活化后引入的微孔或者介孔的数量。对于 PET 而言，加入 $Ca(NO_3)_2$ 后，再在 500℃下碳化 1 h，之后经过稀盐酸洗涤后，再用水蒸气活化，那么制备的多孔碳中介孔的体积从 0.21 cm³/g(未经预处理直接水蒸气活化制备的多孔碳)提高到 0.97 cm³/g，微孔的体积从 0.55 cm³/g 减少到 0.4 cm³/g，孔径分布从 1~2 nm 变大到 3~20 nm，但是比表面积保持在 1200 m²/g。对于废弃轮胎而言，在 500℃下碳化 1 h 后再经过水蒸气活化，制备的多孔碳的比表面积从 770 m²/g 增加到

1000 m²/g，微孔和介孔的体积分别从 0.33 cm³/g 和 0.66 cm³/g 增加到 0.48 cm³/g 和 0.79 cm³/g。将制备的多孔碳用于吸附尺寸较小的苯酚(0.67 nm×0.15 nm×0.80 nm)和尺寸较大的染料活性黑 5(3.15 nm×0.92 nm×1.23 nm)，发现苯酚的吸附容量与其微孔的体积大小有关，染料活性黑 5 的吸附容量主要与介孔的体积大小有关。

Tanthapanichakoon 等[40]将废弃轮胎经过预处理/水蒸气活化制备的多孔碳与商业化的活性炭对染料吸附性能进行了比较。废弃轮胎制备多孔碳的微孔(0~2 nm)和介孔(2~20 nm)的体积分别为 0.37 cm³/g 和 0.79 cm³/g，比表面积为 985 m²/g；而商业化活性炭的微孔和介孔体积为 0.39 cm³/g 和 0.24 cm³/g，比表面积为 956 m²/g。废弃轮胎基多孔碳和商业化的活性炭吸附苯酚的性能比较接近，但是废弃轮胎基多孔碳吸附较大尺寸的染料活性黑 5(3.15 nm×0.92 nm×1.23 nm) 和直接红 31(2.67 nm×0.78 nm×1.28 nm)的性能显著高于商业化的活性炭。因此，他们认为介孔是吸附较大尺寸染料分子的关键结构因素。Song 等[41]采用类似的预处理和活化联用方式将废弃轮胎转化为多孔碳材料。它的比表面积为 978 m²/g，与活性炭接近 (931 m²/g)，但是介孔的体积(1.359 cm³/g)显著高于活性炭(0.194 cm³/g)，微孔的比表面积(224 m²/g)显著低于活性炭(792 m²/g)。将其用于吸附染料分子孔雀石绿草酸盐，最大吸附量为 648.51 mg/g，显著高于活性炭的最大吸附量(196.08 mg/g)。

Acevedo 等[42]利用粉末共混法或者溶液共混法将 MgO 与废弃轮胎共混后在 950℃下碳化制备多孔碳材料。制备的多孔碳材料的孔尺寸分布分别为 4.5~5 nm 和 7 nm，比表面积分别为 762 m²/g 和 752 m²/g，孔体积分别为 0.85 cm³/g 和 1.35 cm³/g。将其用于吸附染料活性黄 2，发现溶液共混制备的多孔碳作为吸附剂时，染料去除率为 83%，高于粉末共混制备多孔碳的去除率(73%)。他们的分析表明，吸附性能和介孔分布以及介孔/孔体积比值相关。在随后的研究中[43]，他们利用轮胎废料及其与煤和沥青废料的混合物作为前驱体制备多孔碳，发现煤炭或者沥青的加入有利于生成微孔，比表面积从 392~496 m²/g 增加到 840~991 m²/g，孔体积从 0.402~0.588 cm³/g 增加到 0.467~0.596 cm³/g，但是介孔的体积从 0.251~0.414 cm³/g 减少到 0.097~0.304 cm³/g，介孔体积/总体积比值从 0.62~0.7 减少到 0.21~0.51。将其作为吸附剂，刚果红作为模型染料分子，轮胎基碳材料的染料最大吸附量为 159~200 mg/g，而共混物制备的多孔碳的染料最大吸附量为 120~139 mg/g。换言之，对于较大尺寸的染料分子，介孔和大微孔有利于染料的吸附。他们研究了吸附动力学和热力学，采用准一阶动力学模型、准二阶动力学模型、颗粒内部扩散动力学模型和 Boyd 模型来研究吸附动力学过程，发现准二阶动力学模型的拟合效果最佳。采用 Langmuir 模型和 Freundlich 模型拟合吸附热力学，发现 Langmuir 模型的拟合效果最好。值得指出的是，除了孔结构外，吸附剂的表面酸碱性和酸性官能团对染料性能的影响较大[44]。盐酸和硝酸处理可以引入大量的酸性和碱性官能团，酸性官能团可以促进碱性染料的吸附，而碱性官能团可以促进酸性染料的吸附。例如，在溶液 pH 为 2 时，有利于吸附酸性染料活性红 241，最大吸附量为 122 mg/g；而溶液 pH 为 12 时，有利于吸附碱性染料碱性黄 21，最大吸附量可达 1055 mg/g。

废轮胎碳活化制备多孔碳时，废轮胎碳的灰分不利于获得较高产率的多孔碳。Lin 和 Wang[45]研究了废弃轮胎预处理对于碳材料的纯度和孔结构以及吸附性能的影响。他们发现废轮胎碳经过酸处理(包括 HCl、HNO_3、H_2SO_4 和 H_3PO_4)后，灰分含量仍然高达 3.02 wt%，酸处理的有限效果可能是由于金属或者非金属氧化物与聚合物有强烈相互作用。例如，氧化锌通常被用作轮胎中橡胶分子的交联剂，因此，要提前去除这些具有强相互作用的聚合物-金属氧化物，应提高酸处理的效果。因此，他们将盐酸处理后的废轮胎碳在 800℃氦气下热处理 2 h，然后在 500℃氮气/氢气混合物下热处理 2 h，从而大幅度减少灰分含量。前者是为了对橡胶未完全分解部分进行热裂解，后者是为了消除氢作用下的非饱和烃结构。之后，将预处理后的废轮胎碳在 CO_2 氛围中 900℃下活化 4 h，制备多孔碳材料，其比表面积和孔体积高达 1048 m^2/g 和 1.16 cm^3/g（图 7.13）。而没有经过预处理但是经过相同 CO_2 活化处理的多孔碳的比表面积和孔体积仅为 330 cm^3/g 和 0.53 cm^3/g。将其用于吸附亚甲基蓝，预处理和活化制备的多孔碳材料的最大吸附量为 323 mg/g。采用 Langmuir 模型和准一阶动力学模型分别拟合热力学和动力学，效果最佳。

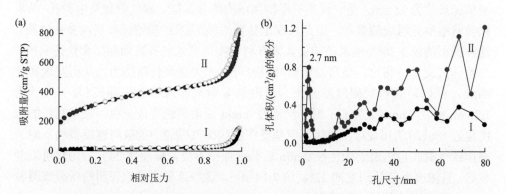

图 7.13　废弃轮胎作为碳源，经过 CO_2 活化制备的多孔碳材料（Ⅰ）以及经过预处理-CO_2 活化联用制备的多孔碳材料（Ⅱ）的 N_2 吸附和脱附曲线(a)及孔径分布图(b)[45]

除了废弃轮胎外，废弃聚酯也是制备多孔碳吸附剂的重要碳源。Djahed 等[46]将废弃 PET 与 KOH 按照质量比 1/4 共混后在 500℃下碳化和活化 2 h，制备多孔碳。它的比表面积为 353 m^2/g，孔体积为 0.288 cm^3/g，微孔和介孔的体积分别为 0.0795 cm^3/g 和 0.2092 cm^3/g。亚甲基蓝的最大吸附量为 404 mg/g。采用 Langmuir 模型、Freundlich 模型、Dubinin-Radushkevich 模型和 Temkin 模型对其吸附热力学进行研究，结果表明 Langmuir 模型拟合结果最佳。Noorimotlagh 等[47]将废弃

DVD 和 CD 光盘(主要成分为聚碳酸酯)在 500℃下高温高压反应釜中碳化,再经过 KOH 活化(KOH/碳材料的质量比为 4/1)后制备多孔碳,其比表面积分别为 162.03 m^2/g 和 79.71 m^2/g,再将其与 CNT 复合制备 CNT/多孔碳杂化材料,比表面积增加到 659 m^2/g 和 616.9 m^2/g。将复合材料用作吸附剂吸附甲基橙,最大吸附量分别为 58.8 mg/g 和 57.2 mg/g。

李程鹏等[48]将等规 PP 和无规 PP 熔融共混造粒后,在浓硫酸中 160℃下回流 2 h 制备磺酸化 PP 颗粒,之后在氮气氛围中 600℃下碳化 30 min 制备多孔碳,多孔碳的碳壁均为松散砂粒状,基体完整且非常致密。将其用于吸附罗丹明 B,最大吸附量为 550 mg/g。

Xu 等提出了一种简便方法制备结构明确的粉末状碳气凝胶[49]。他们采用 Pluronic P123 为自组装剂,通过微乳液聚合法制备了形状稳定的单分散聚苯乙烯-二乙烯苯纳米粒子。随后,这些纳米颗粒被用作结构基元并进行 Friedel-Crafts 超交联反应,通过粒子间超交联生成三维介孔/大孔纳米网络结构,并通过粒子内超交联在超交联纳米颗粒内构建微孔。所制备的碳前驱体,即聚合物气凝胶呈现出微米级粉末形式,纳米粒子的粒子间超交联导致微粒形成。通过对碳化条件的仔细选择,三维互连的纳米网络结构则得到很好的保留[图 7.14(a)和(b)],碳气凝胶的比表面积高达 2052 m^2/g,高于以前报道的未经活化处理的碳气凝胶,纳米粒子单元尺寸为 15 nm,是一种类石墨微晶结构的非晶碳。碳气凝胶是由微孔-纳米颗粒网络单元组成的微粒,因此表现出独特的微/纳米结构特征和层次多孔结构。这种新型的粉末状微/纳米结构被认为有利于实现有效的孔表面利用和快速响应。与整体式碳材料相比,微型粉状碳气凝胶可以大大提高传质能力,从而实现快速响应。例如,当粉状碳气凝胶作为吸附剂吸附水溶液中亚甲基蓝(分子尺寸为 1.26 nm×0.77 nm×0.65 nm)时,溶液在 6 min 后由蓝色变成无色,亚甲基蓝的浓度接近 0%[图 7.14(c)],说明亚甲基蓝在粉状碳气凝胶中的吸附速度很快。对于整体碳气凝胶,溶液的颜色在 9 min 后几乎保持不变,即使在 24 h 后仍然可以观察到,且浓度为初始浓度的 32%[图 7.14(d)]。这些结果清楚地表明粉状碳气凝胶可以实现亚甲基蓝的快速吸附。

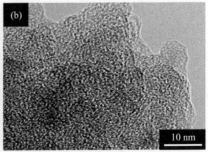

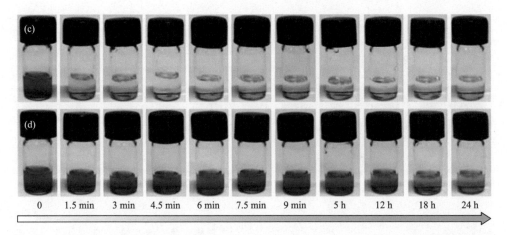

图 7.14 粉末状碳气凝胶的 SEM 图像(a)和 HRTEM 图像(b),以及不同时间下粉末状碳气凝胶(c)和传统整体式碳材料(d)吸附亚甲基蓝的照片[49]

7.1.9 催化降解有机染料污染物

Gong 等[50]报道了 Fe_2O_3 催化 CPVC 微球快速碳化制备表面镶嵌有 Fe_3O_4 正八面体晶体的微米碳球(Fe_3O_4/CMS),碳球尺寸约为 150 μm,Fe_3O_4 的尺寸为 1~2 μm[图 7.15(a)]。值得指出的是,不加入 Fe_3O_4 催化剂,则 CPVC 熔融黏结在一起,之后得到团聚体的碳块材料(CMS-0)。他们将 Fe_3O_4/CMS 作为非均相芬顿试剂,并且考察其在光催化降解染料刚果红方面的应用。不同条件下的刚果红降解效率如图 7.15(b)所示。刚果红在紫外光(UV)照射下是非常稳定的。加入 H_2O_2 后,刚果红的降解效率仅为 5.3%。这是因为没有 Fe_3O_4/CMS 时,只有极少的 H_2O_2 分解生成了羟基自由基。对于 UV + Fe_3O_4/CMS 体系,UV 照射 180 min 后,刚果红的降解效率仅为 15.6%。这表明没有 H_2O_2 时,Fe_3O_4/CMS 的光催化效率很低。对于 H_2O_2 + Fe_3O_4/CMS 体系,刚果红的降解效率可达 46.0%。在此基础上,UV 可以显著提高刚果红的降解效率。UV 照射 180 min 后,刚果红的光降解效率达到 99.6%,远远高于 UV + CMS-0 + H_2O_2 体系。此外,溶液中铁离子的浓度为 0.85 mg/L,远远低于体系中铁元素的浓度(114 mg/L),即刚果红的光降解主要归因于非均相芬顿反应,而不是均相芬顿反应。为了阐明微米碳球在刚果红光降解过程中的作用,他们将 Fe_3O_4/CMS 浸泡在 1 mol/L 的 HCl 溶液中 48 h,之后洗涤、烘干制备微米碳球(CMS)。UV + CMS 体系的刚果红光降解效率为 15.2%,与 UV + CMS-0 体系接近。因此,微米碳球起到了从溶液中富集刚果红到 Fe_3O_4 晶体表面的作用,从而促进刚果红的光降解反应。

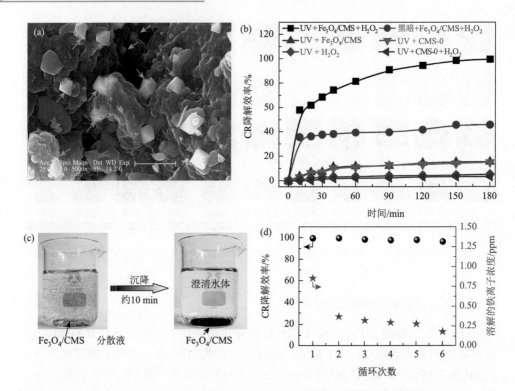

图 7.15 (a) Fe_3O_4/CMS 的 SEM 图像; (b) 不同条件下的刚果红降解效率 (实验条件: Fe_3O_4/CMS 或者 CMS 添加量为 1.0 g/L, 刚果红初始浓度为 100 mg/L, H_2O_2 初始浓度为 43.6 mmol/L 和 pH 为 3); (c) Fe_3O_4/CMS 在光降解后通过简单的沉降实验即可得以分离回收; (d) Fe_3O_4/CMS 光催化刚果红降解的循环使用性 (实验条件: Fe_3O_4/CMS 添加量为 1.0 g/L, 刚果红初始浓度为 100 mg/L, H_2O_2 初始浓度为 43.6 mmol/L, pH 为 3 和 UV 照射时间 180 min)[50]

非均相芬顿催化剂的回收性能对实际应用至关重要。Fe_3O_4/CMS 用于非均相芬顿催化剂的其中一个优势在于它可以通过简单沉降实验得以分离回收。这归功于它较大的尺寸。如图 7.15(c) 所示, 静置 10 min 后绝大多数 Fe_3O_4/CMS 沉到烧杯底部, 少量的 Fe_3O_4/CMS 附着在烧杯壁上。经过洗涤、干燥之后, 大约 95 wt% 的 Fe_3O_4/CMS 被回收。因此, Fe_3O_4/CMS 有着非常好的回收性能。为了考察 Fe_3O_4/CMS 的重复使用性能和长效稳定性能, 回收之后的 Fe_3O_4/CMS 被重复使用五次, 每次使用后, 检测溶液中铁离子的浓度, 结果如图 7.15(d) 所示。重复使用六次后, Fe_3O_4/CMS 作为非均相芬顿催化剂的光催化效率并没有明显降低。同时, 溶液中铁离子的浓度始终很低, 低于欧盟标准的极限值 (<2 mg/L)。这表明使用 Fe_3O_4/CMS 作为非均相芬顿催化剂并没有潜在的铁离子二次污染的危险。此外, Fe_3O_4/CMS 的形貌并没有明显变化。Fe_3O_4/CMS 光催化刚果红降解过程如下: 首先, 在 UV 的照射下, Fe_3O_4 促进 H_2O_2 分解生成自由基 (如氢氧自

由基和过氧自由基),接着这些自由基氧化刚果红生成小分子中间化合物,最后生成 CO_2 和 H_2O。Fe_3O_4/CMS 较高的光催化效率、很好的回收性能、重复使用性能以及长效稳定性主要归结于以下因素:第一,微米碳球吸附溶液中的刚果红,促进刚果红的光降解;第二,根据经典的 Haber-Weiss 反应机理,Fe_3O_4 中 Fe^{2+} 在芬顿反应的初期起到了关键的作用;第三,Fe_3O_4 八面体晶格结构有利于同时容纳 Fe^{2+} 和 Fe^{3+},从而使得在保持八面体晶体结构的同时还能实现铁离子的氧化还原反应。

Gong 等利用 Co_3O_4 作为催化剂一步将混合塑料(PP、PE 和 PS)转化成尺寸均一的磁性核壳结构的 Co@C 球[51]。它的比表面积为 62.0 m^2/g,孔体积为 0.08 cm^3/g,产率为 42.0 wt%,Co 元素的含量为 56.3 wt%。他们选 Co@C 球作模型光催化剂,刚果红被选作模型染料。在不同实验条件下,刚果红的降解效率如图 7.16(a)所示。加入 H_2O_2 后,刚果红的降解效率仅为 5.3%。这是因为没有 Co@C 球时,只有极少的 H_2O_2 分解生成了自由基。对于 UV + Co@C 球体系,UV 照射 180 min 后,刚果红的降解效率仅为 15.6%。这表明没有 H_2O_2 时,Co@C 球的光催化效率很低。对于 H_2O_2 + Co@C 球体系,刚果红的降解效率可达 35.0%。在此基础上,UV 可以显著提高刚果红的降解效率。UV 照射 180 min 后,刚果红的光降解效率可以达到 98.1%。为了进一步分析光催化降解机理,他们在 UV + H_2O_2 + Co@C 球体系中加入了氢氧自由基捕捉剂 2-异丙醇,刚果红的光降解效率降低到 16.1%,远远低于 UV + H_2O_2 + Co@C 球体系(98.1%),但是和 UV + Co@C 球体系(15.6%)接近。这就表明刚果红降解过程中氢氧自由基起到重要作用。为了研究碳壳层在刚果红降解过程中起到的作用,他们将 Co@C 球浸泡在 12 mol/L 的盐酸溶液中 4 个月,从而除掉钴核,制备碳球(C)。UV + C 体系的刚果红降解效率为 10.7%,与 UV + Co@C 球和 UV + H_2O_2 + C 体系接近。因此,核壳结构的 Co@C 球的碳壳层有一定吸附染料的作用。众所周知,磁性材料在酸性条件下的稳定性一直是磁性材料在使用过程中面临的严峻问题。为了探索 Co@C 球在实际应用过程中的稳定性,他们将 0.8 g Co@C 球加入到 100 mL 的 12 mol/L 盐酸水溶液中。即便是在室温放置 4 周后,Co@C 球仍然显示了较强的磁性,而实际上至少需要 3 个月才能完全将钴核除掉。Co@C 球如此优异的酸溶液稳定性主要归结于炭层的保护作用。因此,碳壳层不仅可以吸附、富集染料,还可以保护钴核、提高其稳定性。回收性能和循环使用性能对实际应用也非常关键。制备的核壳结构的 Co@C 球的一个重要优势在于可以通过磁性分离回收。为了研究 Co@C 球的循环使用性能,分离得到的 Co@C 球被重复使用 6 次。循环 6 次之后,刚果红的光降解效率高达 95%,并且 Co@C 球的形貌并没有明显改变。他们推测溶解在水溶液中的 Co^{2+}(含量为 0.9 ppm)起到了促进 H_2O_2 分解生成氢氧自由基的作用,从而加速刚果红的分解。

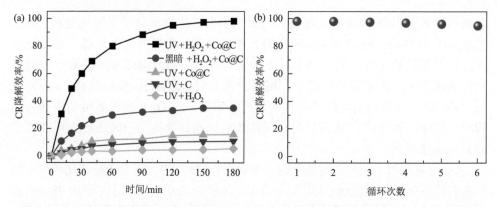

图 7.16 (a)不同实验条件下刚果红降解效率比较(实验条件: Co@C 添加量为 1.0 g/L 或者碳球的添加量为 0.35 g/L, 刚果红的初始浓度为 100 mg/L, H_2O_2 的初始浓度为 43.6 mmol/L 以及 pH 为 3); (b)Co@C 球光催化刚果红降解循环实验结果(实验条件: Co@C 的添加量为 1.0 g/L, 刚果红的初始浓度为 100 mg/L, H_2O_2 的初始浓度为 43.6 mmol/L, pH 为 3, UV 光照时间为 180 min)[51]

Gong 等提出"在固体盐中烹饪碳"的方法制备氮原子掺杂的碳泡沫(PNCF)[52]。首先,他们将氯化钠的水溶液滴加到聚离子液体溶液中,之后猛烈搅拌,接着热蒸发回收溶剂后获得氯化钠/聚离子液体物理混合物。混合物在氯化钠的熔点(801℃)以下 750℃煅烧,以将聚离子液体转化为氯化钠/PNCF 复合物。经水处理除去氯化钠后,得到了含丰富氮原子和不同尺寸孔洞的 PNCF。它的比表面积和孔体积分别为 931 m^2/g 和 0.68 cm^3/g。将其用作催化剂,催化过硫酸根降解产生自由基,从而催化有机染料罗丹明 B 的降解。图 7.17(a)为在可见光照射下不同环境中罗丹明 B 的去除效率。在这个图(和下面的其他类似图)中,罗丹明 B 的降解从过硫酸盐添加后定义为"0"的时间点开始,在此时间点"0"之前,溶液相中罗丹明 B 的去除是由 PNCF 的吸附造成的。因此,罗丹明 B 的去除包括 PNCF 的吸附和过硫酸盐的氧化降解。在可见光照射 16 min 后,罗丹明 B 的降解率仅 2.1%,可忽略不计,而加入过硫酸盐后降解率提高到 26.1%。根据吸附机理,PNCF 本身可将 52.5%的罗丹明 B 储存在其微孔/中孔中。相比之下,在可见光照射下过硫酸盐和 PNCF 的组合在 6 min 内容易去除 95.6%的罗丹明 B,在接下来的 10 min 内达到 99.6%[图 7.17(b)和(c)]。对氧化阶段的数据拟合得出了 PNCF + 过硫酸盐体系中罗丹明 B 催化降解的表观速率常数(k)为 0.320 min^{-1},分别是单独过硫酸盐体系(0.021 min^{-1})和单独 PNCF 体系(0.003 min^{-1})的 15 倍和 107 倍。因此,在催化降解罗丹明 B 过程中,PNCF 与过硫酸盐之间存在协同作用。此外,为了评估其可重复使用性,PNCF 经过分离、清洗和干燥以供下次使用。再生 PNCF 的罗丹明 B 去除率与初始的 PNCF 相近,循环 7 次后罗丹明 B 的降解率高达 99.5%,证明 PNCF 具有稳定的重复使用性能。为了阐明 PNCF + 过硫酸盐组合体系高活性的来源,他们使用不同的自由基清除剂进行了自由基捕获实验。加入乙醇($SO_4^{-\cdot}$ 和 ·OH 自由基的清除剂)或者叔丁醇(·OH 自由基的清除剂)时,催化活性明显受到抑制。相反,当引入对苯醌($O_2^{-\cdot}$ 自由基清除剂)或者乙二胺四乙酸二钠(h^+ 清除剂)时,催化活性影响较小。因此,$SO_4^{-\cdot}$ 和·OH 自由基是主要的反应物种。过硫酸盐的活化依赖于催化剂的电子转移,从而破坏过硫酸盐的 O—O 键、产生 $SO_4^{-\cdot}$ 自由基。由于罗丹明 B 是可见光吸收物种,其激发态将向过硫酸盐的 O—O 键注入一个电子,在那里它被捕获以产生 $SO_4^{-\cdot}$ 自由基。形成的部分 $SO_4^{-\cdot}$ 自由基催化 H_2O 分解形成·OH 自由基。这些生成的自由基促使罗丹明 B 降解为 CO_2 和 H_2O 等小分子。而在 PNCF 存在下,这个反应进行得更有效。一方面,罗丹明 B 和过硫酸盐的分子尺寸分别约为 0.6 nm 和 1.6 nm,与 PNCF 的微孔和小介孔相匹配,因而在这些孔中有明显的富集。同时,罗丹明 B 或者过硫酸盐和 PNCF 之间的氢键相互作用(如吡啶团的氮原子可以充当氢键受体)、静电相互作用和 π-π 相互作用(因为罗丹明 B 是平面分子)促进了它们对 PNCF 的吸附。这一富集过程是促进激发态

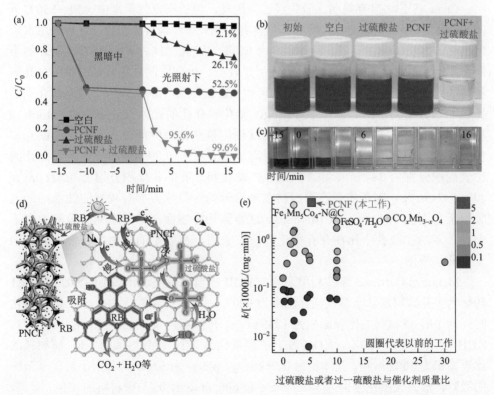

图 7.17 (a)在不同体系中,罗丹明 B 的降解效率比较;(b)光照 16 min 后不同体系中罗丹明 B 溶液的照片;(c)不同时间下 PNCF+过硫酸盐体系中罗丹明 B 溶液的照片;(d)PNCF+过硫酸盐体系中罗丹明 B 光催化降解机理的示意图;(e)PNCF 与以往催化剂的催化性能比较[52]

的罗丹明 B 向过硫酸盐电子转移的先决条件。另一方面，由于石墨层中的 sp^2 碳具有无约束 π 电子的锯齿状边缘，以及比碳(2.55 eV)具有更高电负性(3.04 eV)和更高电子密度的掺杂氮原子，PNCF 本身具有将大量自由流动的电子输运到过硫酸盐的潜力，如罗丹明 B 在黑暗中缓慢而连续分解。也就是说，PNCF 不仅将激发电子从激发态的罗丹明 B 转移到过硫酸盐，而且还提供了一些促进过硫酸盐活化的活性物质。更重要的是，PNCF 在污染物降解效率和过硫酸盐或过氧单硫酸盐的活化效率方面优于碳/金属基催化剂[图 7.17(e)]。

7.2 聚合物基碳材料在有机污染物治理中的应用

7.2.1 有机物溶液

Chan 等[53]将废弃轮胎橡胶先经过预处理，包括在氮气氛围中 450~550℃下碳化 2 h，再经过盐酸处理，除掉其中含有的钙、锌和磷等无机物，之后采用水蒸气活化的方法制备多孔碳，活化温度为 950℃，活化时间为 6 h，根据预处理的不同得到一系列多孔碳材料。当盐酸使用量较低、处理时间较短时，制备的多孔碳材料的比表面积和孔体积最高，分别可达 962 m^2/g 和 1.698 cm^3/g，微孔和介孔的比表面积分别为 31 m^2/g 和 931 m^2/g，微孔和介孔的孔体积分别为 0.011 cm^3/g 和 1.657 cm^3/g。有意思的是，增加盐酸使用量和处理时间则有利于生成微孔，多孔碳材料的比表面积和孔体积分别为 741 m^2/g 和 0.899 cm^3/g，微孔和介孔的比表面积分别为 394 m^2/g 和 347 m^2/g，微孔和介孔的孔体积分别为 0.202 cm^3/g 和 0.697 cm^3/g。制备的多孔碳材料在吸附苯酚污染物方面有较好的性能，最大吸附量分别为 169 mg/g 和 148 mg/g。这是因为碳表面与苯酚之间的吸附力大于介孔，苯酚在微孔中比在介孔中更容易被吸附，在较小的孔中比在较大的孔中更容易被吸附。

Mendoza-Carrasco 等[54]利用裂解与 KOH 或者水蒸气活化联用的方法，将 PET 转化为多孔碳材料。水蒸气活化温度为 900℃，水蒸气流速为 1.95 mL/min，活化时间为 1 h，碳材料的比表面积为 1235 m^2/g，孔体积为 0.74 cm^3/g，pH_{PZC} 为 7.71。KOH 活化温度为 850℃，KOH/PET 的质量比为 4/1，活化时间为 1 h，碳材料的比表面积为 1002 m^2/g，孔体积为 0.59 cm^3/g，pH_{PZC} 为 5.66。将其用于对硝基苯酚的吸附，最大吸附量分别为 548.1 mg/g 和 666.3 mg/g，这与碳材料的 pH_{PZC} 有关。这是因为吸附剂吸收量的变化取决于吸附剂初始浓度和 pH_{PZC} 的比值。对硝基苯酚在水溶液中表现为一种弱酸，在其分子形式和阴离子形式之间处于平衡状态。因此，在 pH 为 4.3 的这种物质的新制备的水溶液中，它主要以分子形式存在。当溶液与吸附剂接触后，水蒸气活化制备的碳材料（pH_{PZC} = 5.66）和 KOH 活化制备的碳材料（pH_{PZC} = 7.71）的酸性比对硝基苯酚溶液小，但这些吸附剂对质子的吸收使对硝基苯酚的解离平衡向其阴离子形式移动。因此，对硝基苯酚分子中芳香环的电子与吸附剂的石墨烯层之间的 π-π 相互作用可以吸附对硝基苯酚的未解离形式。

7.2.2 有机物蒸气

Liang 等[55]以剑麻纤维中的天然大孔结构为基础，合成了一种具有等级的孔碳材料，比表面积和孔体积分别为 3350 m^2/g 和 7.21 cm^3/g。等级孔碳材料具有 2.5 μm 的大孔、2.7 nm 的介孔和 1.2 nm 的微孔。这种结构来源于剑麻纤维固有的明确的天然结构。这种天然的大孔孔道状使活化剂 KOH 均匀分布在剑麻纤维的整个半碳化骨架中，使剑麻纤维成为生成所需层次结构的优良基质。剑麻纤维中的预组织通道避免了常规等级孔碳材料合成中的许多化学反应和后处理过程，如碳源和模板的合成、自组装步骤以及随后的模板去除等。等级孔碳材料结合了独特的大孔-介孔-微孔等级孔结构和超高比表面积的特点，使得客体分子扩散迅速，反应物种有足够的活性位点，从而有利于提高苯等有机蒸气的吸附性能（图 7.18）。等级孔碳材料的最大吸附速率和最大吸附时间分别为 1.6 mg/(g·s)和 700 s，远高于传统的规整介孔碳材料[分别为 0.6 mg/(g·s)和 1030 s]，表明等级孔碳材料吸附苯蒸气的性能远高于传统的规整介孔碳材料。等级孔碳材料优异的响应性吸附行为主要来源于其独特的分层孔结构，其有利于分子的快速迁移。与等级孔碳材料相比，规整介孔碳材料缺乏准规则的平行大孔结构，这将在一定程度上减缓分子的扩散速率，从而降低有机蒸气吸附的速度。进一步计算表明，等级孔碳材料吸附苯蒸气的容量（1488 mg/g）是规整介孔碳材料（337 mg/g）的 4 倍。

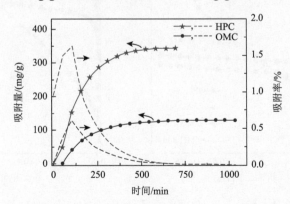

图 7.18　等级孔碳材料（HPC）和规整介孔碳材料（OMC）对 0.64 mb 苯蒸气的吸附性能随着时间的变化曲线[55]

Yan 等[56]以双环[2.2.2]辛基-7-烯-2,3,5,6-四羧酸二酐和四(4-氨基苯基)甲烷为原料合成了半环脂肪族微孔聚酰亚胺(sPI)，然后将其与 KOH 按照质量比 1∶2 混合后在 600~800℃下碳化/活化制备超微孔碳材料(UMC)。随着反应温度从 600℃增加到 700℃和 800℃，多孔碳材料的比表面积从 1980 m^2/g(UMC-600)增加到 2212 m^2/g(UMC-700)和 2406 m^2/g(UMC-800)，高于 sPI(900 m^2/g)。UMC 和 sPI 在 298 K 下对苯和环己烷蒸气的吸附等温线如图 7.19 所示。有趣的是，观察到 UMC 和 sPI 对有机蒸气的吸附行为存在显著差异。UMC 中苯和环己烷的吸收在初始阶段迅速上升，然后随着相对压力的增加而趋于平稳，表现为Ⅰ型吸附曲线，表明碳化孔对有机分子有较强的亲和力。与 UMC 相比，在低压区 sPI 中苯和环己烷的吸附量较低，且随着负载压力的增加而不断增加。碳化处理后，UMC 除具有超微孔外，还具有较宽的微孔，并产生大量大于 0.6 nm 的微孔。相对较大的孔径不利于小分子气体分子的吸附，但能使苯和环己烷蒸气进入多孔碳中。此外，sPI 中的软聚合物段在暴露于苯或者环己烷蒸气中时，易被有机分子溶胀，导致孔隙变形和扩大，溶胀程度随有机蒸气压力的增加而增大。与 sPI 不同，UMC 经高温处理后的碳化多孔骨架具有更高的刚性和抗有机溶剂性，在较低的相对压力下，吸附量基本保持不变。在较高的相对压力下($P/P_0 = 0.9$)，sPI 对苯和环己烷具有较高的吸附能力，这是由 sPI 的溶胀效应导致的。在低蒸气压($P/P_0 = 0.1$)下，UMC-800 对苯和环己烷的吸附量分别达到 74.4 wt%和 64.8 wt%，远高于 sPI 的

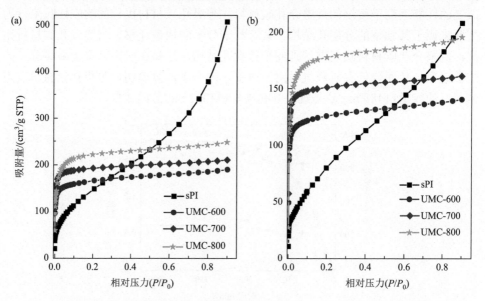

图 7.19　半环脂肪族微孔聚酰亚胺(sPI)和超微孔碳材料(UMC)在 298 K 下吸附苯蒸气(a)和环己烷蒸气(b)的等温线[56]

吸附量(39.2 wt%)。由于挥发性有机物的室内浓度通常较低，因此 UMC 在极低蒸气压下的良好吸附性能对于捕获有毒挥发性有机物至关重要。

7.2.3 有机物油

Wu 等将细菌纤维素在 1300℃氮气氛围下碳化制备碳纳米纤维气凝胶[57]。碳纳米纤维的直径为 10~20 nm，密度为 4~6 mg/cm³，接触角为 128.6°。由于其表面疏水性、高孔隙率和机械稳定性，碳纳米纤维气凝胶是高效分离/萃取特定物质（如有机污染物和油）的理想选择。如图 7.20(a)所示，当一小块碳纳米纤维气凝胶进入汽油(用苏丹红Ⅲ染色)时，它在几秒内完全吸收了油，导致原本被汽油污染的水变得清澈。碳纳米纤维气凝胶由于密度低、疏水性好，在收集完汽油后

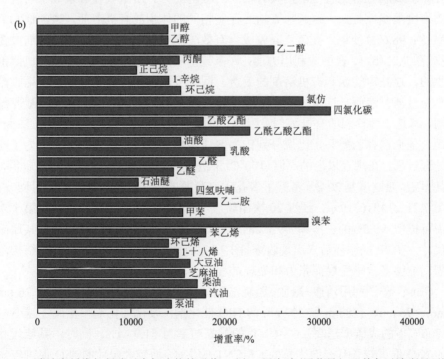

图 7.20　碳纳米纤维气凝胶对有机液体的吸收：(a)一层汽油(用苏丹红Ⅲ着色以清晰显示)在 10 s 内被碳纳米纤维气凝胶完全吸收；(b)碳纳米纤维气凝胶对各种液体的吸收性能比较[57]

漂浮在水面上，为清理溢油和化学品泄漏提供了一条简便有效的途径。吸收效率用增重率表示，单位为 wt%，定义为单位质量碳纳米纤维气凝胶吸收物质的质量。他们进一步研究了碳纳米纤维气凝胶吸附各种有机溶剂和油，如碳氢化合物（正己烷、环己烯等）、芳香族化合物（甲苯和溴苯）和商用石油产品（汽油、柴油和泵油）。它们都是日常生活或工业中常见的污染物。碳纳米纤维气凝胶对所有这些有机液体都有很高的吸附能力。一般来说，它能吸收 106~312 倍于自身质量的液体[图 7.20(b)]。其机理主要是有机分子的物理吸附，有机分子可以储存在碳纳米纤维气凝胶的孔隙中。由于碳纳米纤维气凝胶密度低、孔隙率高，其吸附效率远高于其他典型的碳基吸收剂。

此外，Yu 等以苯酚和甲醛为原料，在 $ZnCl_2$/NaCl 存在的情况下进行聚合，然后碳化，之后用稀盐酸洗涤去除 ZnO，制备多孔碳气凝胶[58]。在碳化过程中，$ZnCl_2$ 起着关键作用，它是脱水剂、发泡剂和成孔剂。由此获得的多孔碳气凝胶具有非常低的密度（25 mg/cm^3）、高比表面积（1340 m^2/g）和大的微孔与介孔体积（0.75 cm^3/g）。多孔碳气凝胶由于其疏水性和轻质结构可以漂浮在水面上。但是，由于疏水性液体的毛细管吸收，它会浸入乙醇[图 7.21(a)]和正己烷等有机溶剂中。多孔碳气凝胶对常见有机溶剂具有很高的吸附能力。质量吸收容量几乎与有机溶剂的密度呈线性关系，这意味着始终存储相同的体积的有机溶剂。亲油性和高孔隙率（约 98.6%）使得多孔碳气凝胶成为有效分离和提取有机污染物或油的潜在候选物[图 7.21(b)]。在回收利用方面，许多碳基吸附剂通常是通过烧掉有机溶剂来回收的，这是对能源和有机溶剂的浪费。回收吸附剂的可行途径包括压缩吸附剂和真空过滤；然而，这两种方法只能回收 70%的吸附剂。由于多孔碳气凝胶结构坚固，其是一种理想的有机溶剂吸附剂，可以通过蒸馏或者温和热处理方法回收。因而，他们选择乙醇和正己烷分别作为普通极性和非极性溶剂的例子。为了模拟热处理过程，在沸点以上的高温（100℃）下进行真空干燥，然后测定残余质量，直至其恒定。通过重复 20 次，考察了多孔碳气凝胶的可回收性和吸附剂的可回收性。如图 7.21(c)和(d)所示，经过 20 次循环后，吸收容量没有明显衰减。在第 1 次循环中可提取 99.5%的乙醇和 99.7%的正己烷。此外，多孔碳气凝胶保持其原始宏观尺寸，在 20 次循环后未出现收缩[图 7.21(e)和(f)]。这表明该材料的结构足够坚固，能够多次承受表面张力和处理过程。

Gong 等[59]利用溶胶-凝胶-燃烧法制备了平均颗粒尺寸为 18 nm、26 nm、40 nm、96 nm、128 nm 和 227 nm 的 NiO 催化剂，发现催化剂颗粒尺寸越小，PP 在 700℃下的成碳率越高，CS-CNT 的最高产率为 51.9 wt%。同时，颗粒尺寸较小的 NiO 促进较长且表面平整的 CS-CNT 的生成，而较大尺寸的 NiO 促进较短且表面弯曲的 CNF 的生长。对比发现，40 nm 的 NiO 催化剂最适合于 CS-CNT 的生长，直径和长度分别为 57 nm 和 17.9 μm，从而用聚合物作为碳源首次制备"海

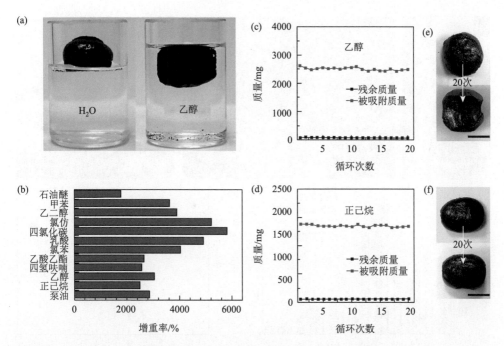

图 7.21 (a) 多孔碳气凝胶疏水性的照片; (b) 多孔碳气凝胶对常见有机溶剂的吸收性能比较; 多孔碳气凝胶吸附乙醇(c)和正己烷(d)的循环测试结果; (e、f) 20 次循环测试后多孔碳气凝胶的照片[58]

"绵"状 CS-CNT[图 7.22(a)~(c)]。他们考察了 CNM-x 在吸附分离油方面的应用,选用柴油、菜油、煤油和矿物油为模型油,吸附结果如图 7.22(d)所示。CNM-40 吸附柴油、菜油、煤油和矿物油的饱和吸附量分别为 57.3 g/g、45.5 g/g、48.2 g/g 和 46.3 g/g,明显高于其他 CNM。显然,CNM 的饱和吸附量不仅仅取决于 CNM 的比表面积,还取决于孔结构。CNM-40 正是有了较大的比表面积(162.6 m^2/g)和较大的介孔与大孔结构,饱和吸附量才更加出色。"海绵"状 CNM-40 重复使用性能结果如图 7.22(e)所示。循环使用 6 次后,CNM-40 吸附柴油的最大吸附量减少到 48.1 g/g。这是由于在马弗炉中 400℃下去除吸附的柴油过程中,CNM-40 发生了团聚,从而在一定程度上减少了 CNM-40 的介孔和大孔数目。虽然如此,CNM-40 仍然表现出较好的重复使用性能。"海绵"状 CNM-40 不仅表现出较高的吸附油的性能、较好的回收性能以及机械性能,还有磁性、来源广泛和制备工艺简单等优点。

7.2.4 混合有机物

碳分子筛膜由于其稳定性、在实际应用时可放大的能力以及避免昂贵的载体或者复杂的多步骤制备工艺而成为分离有机物的候选膜。制备碳分子筛膜的一个

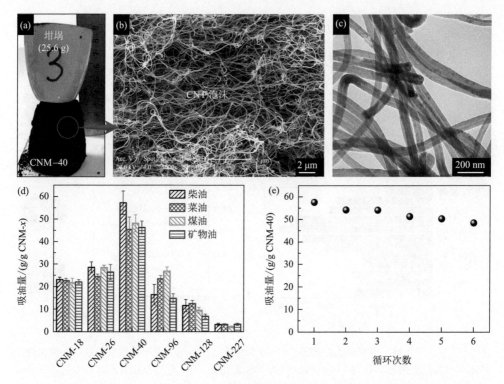

图 7.22　CNT 海绵 CNM-40 的照片(a)、SEM 图像(b)和 TEM 图像(c); (d)CNM-x 吸附油(包括柴油、菜油、煤油和矿物油)的性能比较; (e)"海绵"状 CNM-40 重复使用结果[59]

难点是创造"中等范围"(如 5~9 Å)的微观结构,使有机溶剂易于渗透,并在类似尺寸大小的客体分子之间进行筛分。Ma 等[60]通过微孔聚合物在低浓度氢气下的热分解来创建这些"中等范围"微观结构。H_2 的引入抑制了聚合物分解时的芳构化反应,从而有助于形成一个非常可控的双峰孔网络,其超微孔尺寸为 5.1 Å。与在纯氩气氛下热解的微孔聚合物膜相比,H_2 辅助制备的碳分子筛致密膜的对二甲苯理想渗透率增加约 15 倍,对二甲苯/邻二甲苯选择性几乎没有损失(18.8∶25.0)。此外,他们使用 Wicke-Kallenbach 渗透装置测试碳分子筛膜的分离性能,在该装置中,膜上的总压差保持在零。无论是纯二甲苯还是由氮气携带的二甲苯混合物蒸气,进料都会冲到上游,而氮气扫掠会将渗透液带到气相色谱仪,以确定穿过膜的二甲苯通量。结果表明,H_2 浓度和热解温度均能有效地控制碳分子筛膜内部的孔径分布和 sp^3/sp^2 杂化碳比值。sp^3 杂化碳具有三维结构,有助于分子流动,而 sp^2 杂化碳则由一个平面结构组成。碳分子筛膜的 sp^3/sp^2 杂化碳比值与客体分子的渗透性之间存在正相关关系。当 sp^3/sp^2 杂化碳比值从 0.24 增加到 0.65 时,对二甲苯通过碳分子筛膜的渗透性从 2.8×10^{-16} mol/($m^2 \cdot s \cdot Pa$) 显著提高到 8.5×10^{-14} mol/($m^2 \cdot s \cdot Pa$),增加 30257%。而渗透选择性仅从 38.9 降低到 18.8。该研究第一次考虑了 sp^3/sp^2 杂化碳比值与碳分子筛膜渗透性能之间的关系，为理解和改进各种应用的碳分子筛膜的分离性能提供了基本依据。

7.3 聚合物基碳材料在吸附重金属污染物中的应用

重金属水污染主要是指那些含有铬(Cr)、铜(Cu)、铅(Pb)、汞(Hg)、镍(Ni)和镉(Cd)等对人体有着极大危害的工业废水污染。重金属水污染不仅成为全球环境的挑战，也是对人类健康的严重威胁。世界各国为了维持环境的可持续性，都制定了严格的环境法律法规，对排入环境中的废水的重金属浓度进行了规定。然而，在一些发展中国家，由于社会经济飞速发展，工业化进程不断推进以及对重金属排放缺乏有效监控等，重金属水污染的趋势不可规避，污染防治的压力也越来越大。与有机污染物不同的是，重金属不能通过环境中的化学和生物过程分解，它们会被动植物以各种形式吸收，并通过食物链累积，从而对人体和自然界的其他生物造成不可逆转的危害。虽然重金属急性中毒事件很少见，但长期而言，慢性毒性会产生更严重的影响，导致生物体产生无法逆转的慢性疾病。研究表明，重金属是诱发疾病的常见原因之一，过量的重金属会导致生长发育障碍、运动功能障碍、学习问题、循环系统问题、免疫系统问题、器官损伤、细胞周期紊乱以及癌症。例如，人体内高浓度的Cu(Ⅱ)会刺激消化系统，损害肝脏等器官，引起疼痛、痉挛、呕吐和死亡。长期摄入Cr(Ⅵ)会导致肌肉痉挛、智力发育不良、胃溃疡、肾脏和肝脏损伤、循环系统衰竭，甚至死亡。目前吸附法被认为是一种高效、经济的重金属废水处理方法。这种方法在吸附过程的设计和操作上都比较灵活，并且由于吸附有时是可逆的，吸附剂可以通过适当的解吸附过程实现再生。

Manchón-Vizuete等[61]将废弃轮胎在900℃下碳化后制备碳材料，比表面积为47.4 m^2/g，微孔体积和孔体积分别为0.045 cm^3/g和0.82 cm^3/g。尽管其孔结构贫乏，但是经过Freundlich模型拟合后发现，Hg的最大吸附量达到108.9 mg/g。对比浓硝酸和浓硫酸处理的碳材料的吸附Hg性能并没有提高，因此他们将Hg的吸附归因于碳材料中的微孔，而不是表面官能团。

Al-Saadi等[62]在利用废弃轮胎碳化制备碳材料及其用于吸附金属污染物的研究中做了大量工作。他们将废弃轮胎碳化，然后用10 wt%双氧水和1 mol/L盐酸溶液处理碳材料，引入大量的含氧官能团，如羧酸、羰基和羟基。将其用于吸附Cd^{2+}，发现吸附过程相对较快，吸附60 min后达到平衡。对吸附后的碳材料进行了表征，并且用密度泛函理论计算了Cd^{2+}与羰基和羟基的结合能（图7.23）。计算得到的吸附过程结合能在190~212 kcal/mol范围内，且Cd^{2+}更容易接近羧酸和羰基中的氧原子。此外，在另一个工作中，Saleh 等[63]为了研究多孔碳吸附 Pb^{2+} 的化学过程，以功能化芘分子为模型，在 B3LYP/6-31G 水平上进行了密度泛函理论计算，计算出 Pb^{2+} 对羧酸、羰基和羟基的结合能在 310～340 kcal/mol 范围内，该结合能被认为是高的，因此是一个化学吸附过程。相对而言，所有情况下 Pb^{2+} 对 C=O 的吸附都表现出比对醇基的吸附更稳定的结合。此外，溶液中的 pH 会影响对金属离子 Cd^{2+} 和 Ni^{2+} 的吸附性能[64]。在 pH<pH_{pzc}（活性炭的 pH_{pzc} 为 6.5）时，活性炭表面正电荷密度较高的—S—C—O—H^{2+} 物种会与 Cd^{2+} 静电排斥，从而不利于 Ni^{2+} 吸附。同时，H^+ 和 Ni^{2+} 对活性中心的激烈竞争也会降低 Cd^{2+} 的吸附。在 pH>pH_{pzc} 条件下，—S—C—OH 和—S—C—O 是吸附剂表面的主要脱质子物种，它们对 Cd^{2+} 产生静电吸引，形成络合物，这会导致吸附增强。对其吸附热力学研究表明，Langmuir 模型的相关系数 R^2 为 0.994～0.999，因此有助于揭示吸附过程的潜在机理。在 35℃时，最大吸附量为 19.53 mg/g。动力学模型揭示了准二阶动力模型和颗粒内扩散动力学模型具有很高的相关系数 R^2，分别为 0.993～0.999 和 0.985～0.996，因此，它们更适合于描述吸附质-吸附剂体系。热力学研究表明，在 35℃、45℃和 55℃时，ΔG 为–3.13～4.29 kJ/mol，ΔH 为 14.768 kJ/mol，ΔS 为 58 J/(mol·K)。正的 ΔH 表示吸热反应，因此高温有利于吸附过程。一种可能的解释是，在水溶液中，金属离子水化良好，因而需要破坏水化鞘才能进行吸附。这反过来又需要更高的能量，因而更高的温度有利于吸附反应。负的 ΔG 值表明吸

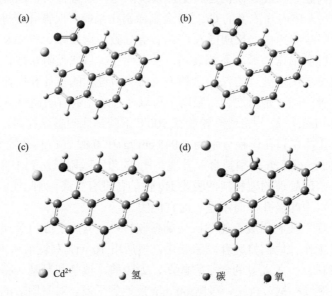

图 7.23　Cd^{2+} 与羧酸的羰基氧原子(a)、羧酸的醇氧原子(b)、醇的氧原子(c)和羰基的氧原子(d)单键结合的优化模型示意图[62]

附在热力学上是可行的和自发的。ΔS 的正值反映了水溶液中金属离子对活性炭的亲和力。

Song 等[65]将废弃塑料卡片、轮胎和 PVC 碳化后采用 KOH 活化制备多孔碳材料，比表面积为 612.9～1289.0 m^2/g，孔体积为 0.575～1.098 cm^3/g，Cu^{2+}、Pb^{2+}、Zn^{2+} 和 Cr^{3+} 的最大吸附量分别为 37.4 mg/g、40.2 mg/g、9.9 mg/g 和 6.3 mg/g。

Mendoza-Carrasco 等[54]利用裂解与 KOH 活化或者水蒸气活化联用的方法，将 PET 转化为多孔碳材料。水蒸气活化温度为 900℃，活化时间为 1 h，制备的碳材料的比表面积为 1235 m^2/g，孔体积为 0.74 cm^3/g，pH_{PZC} 为 7.71。KOH 活化温度为 850℃，KOH/PET 的质量比为 4/1，活化时间为 1 h，制备的碳材料的比表面积为 1002 m^2/g，孔体积为 0.59 cm^3/g，pH_{PZC} 为 5.66。将其用于吸附 Fe^{3+}，最大吸附量分别为 31.8 mg/g 和 24.6 mg/g，这种差异与碳材料的 pH_{PZC} 的数值有关。此外，Fe^{3+} 吸附过程的一个关键因素是吸附初始溶液与碳材料接触后在水介质中的吸附形态。因此，这种溶液的化学成分以及吸附尺寸和/或者电荷的任何变化都会影响吸附机理、动力学和平衡。而吸附剂的组分变化取决于吸附剂初始溶液相对于碳材料的表面 pH_{PZC} 值。阴离子形式可能被吸附剂的酸性表面基团通过静电相互作用所吸附。另外，由于 Fe^{3+} 的强酸性，Fe^{3+} 只能在非常酸性的溶液中以八面体$[Fe(H_2O)_6]^{3+}$水阳离子的形式存在。在 10^{-3} mol/L 的水溶液中，Fe^{3+} 水解成不同的化学物种，其中以$[Fe(H_2O)_5]^{2+}$为主，这导致 pH 大幅度降低至 2.6 左右（即去离子水的 pH 约为 5.05）。水溶液中存在高浓度的质子必然导致碳材料表面的质子化。质子化可能通过电子给体-受体相互作用发生。此外，由于质子的离子迁移率比大多数其他离子都高，因此质子会更好地吸附。根据上述碳材料的 pH_{PZC}，水蒸气活化的碳材料比 KOH 活化制备的碳材料更容易发生质子化反应。质子化过程与 Fe^{3+} 溶液的大部分 pH 增加同时耦合，也影响了该溶液的化学成分和吸附过程。因此，质子可以通过离子交换过程被金属离子取代，这有利于其吸附具有更高电荷和更小尺寸的吸附质。

Gong 等[27]利用 NiO/CuBr 组合催化剂催化 PP 碳化制备 CS-CNT，进一步通过浓硝酸和浓硫酸酸化制备酸化的 CS-CNT（CS-CNT-H）。CS-CNT-H 的 COOH 含量(10.3%)高于传统 CNT 酸化后的产物(CNT-H，6.2%)。将其用于吸附 Cr(Ⅵ)、Cd(Ⅱ)和 Pb(Ⅱ)，最大吸附量分别为 67.4 mg/g、80.6 mg/g 和 158.7 mg/g，相比于 CS-CNT（分别为 12.4 mg/g、11.2 mg/g 和 65.8 mg/g）提高了 444%，620%和 141%，高于 CNT-H（分别为 56.8 mg/g、48.5 mg/g 和 123.5 mg/g）和 CNT（分别为 9.9 mg/g、8.8 mg/g 和 59.5 mg/g）。这是由于在酸处理之后，CS-CNT-H 具有更多的含氧官能团。因此，相比 CNT-H，CS-CNT-H 与金属离子的静电相互作用更大。此外，Langmuir 模型的相关系数($R^2 = 0.9962～0.9976$)高于 Freundlich 模型或者 Temkin 模型的相关系数(R^2 分别为 0.9811～0.9934 和 0.9781～0.9937)，这表明 Langmuir

模型更适合于拟合实验结果[图 7.24(a)]。为了进一步分析 CS-CNT-H 吸附 Cr(Ⅵ)、Cd(Ⅱ)和 Pb(Ⅱ)的过程,准一阶动力学模型、准二阶动力学模型和颗粒内部扩散动力学模型被用于分析吸附动力学。准二阶动力学模型的相关系数 ($R^2 = 0.9999$) 高于另外两种模型的相关系数(分别为 $R^2 = 0.8072 \sim 0.9556$ 和 $R^2 = 0.7483 \sim 0.9161$)。这意味着准二阶动力学模型更适合于拟合 CS-CNT-H 吸附 Cr(Ⅵ)、Cd(Ⅱ)和 Pb(Ⅱ)的动力学过程[图 7.24(b)]。

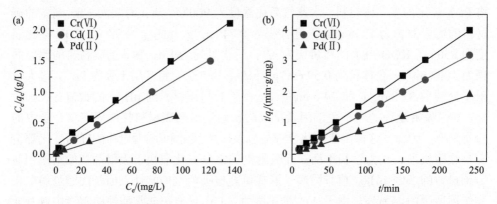

图 7.24　在 293 K 下 CS-CNT-H 吸附 Cr(Ⅵ)、Cd(Ⅱ)和 Pb(Ⅱ)的平衡曲线的 Langmuir 模型的线性拟合结果(a)和准二阶动力学模型的线性拟合结果(b)[27]

Song 等[66]将聚丙烯酸正丁酯-聚丙烯腈嵌段共聚物在 500℃下碳化制备氮掺杂多孔碳材料。它的比表面积、微孔比表面积、介孔比表面积、孔体积和氮元素的含量分别为 382 m^3/g、116 m^2/g、266 m^2/g、0.48 cm^3/g 和 15.6 wt%。将其用于吸附 Cr(Ⅵ)和 U(Ⅵ) (图 7.25)。当溶液的 pH = 2 时,经过 Freundlich 模型拟合后,Cr(Ⅵ)的最大吸附量为 333.3 mg/g。当溶液的 pH = 5 时,经过 Langmuir 模型拟合后,U(Ⅵ)的最大吸附量为 17.2 mg/g。

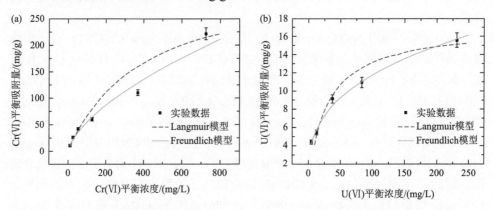

图 7.25　氮掺杂多孔碳材料吸附 Cr(Ⅵ)(a)和 U(Ⅵ)(b)的等温线及拟合结果[66]

Lin 等[67]以苯酚、硫酸亚铁、六亚甲基四胺和去离子水为原料,采用一锅水热法合成了 Fe_3O_4/酚醛树脂。在此过程中,六亚甲基四胺与去离子水反应生成氨和甲醛。然后,甲醛与苯酚通过一锅水热反应合成酚醛树脂。制备的 Fe_3O_4/酚醛树脂在氮气气氛中 800℃下碳化得到介孔 Fe_3O_4/碳气凝胶。它的比表面积为 487 m^2/g,介孔的孔径为 3.3 nm,饱和磁化强度为 40.9 emu/g,表现出铁磁性。进一步利用介孔结构的 Fe_3O_4/碳气凝胶吸附砷离子,最大吸附量为 216.9 mg/g。所制备的介孔 Fe_3O_4/碳气凝胶结构具有良好的铁磁性,对外界磁场有很好的响应,有利于 Fe_3O_4/碳气凝胶吸附剂的分离。

Zhang 等[68]以 2,4-二羟基苯甲酸和甲醛为原料,在氨水存在下聚合,随后在碳化过程中以螯合锌为动态成孔剂,制备了具有微孔的中空碳纳米球(标记为 HCSs-Zn-910)。由于聚合物基体中含有羧基,Zn^{2+}很容易通过络合作用引入到聚合物空心球中。在碳化过程中,高温处理导致 Zn^{2+}还原为金属 Zn,随后 Zn 蒸发,从而在碳壳中形成纳米空间和纳米孔道[图 7.26(a)]。HCSs-Zn-910 的比表面积、微孔比表面积、孔体积和微孔孔体积分别为 1044 m^2/g、933 m^2/g、0.66 cm^3/g 和 0.49 cm^3/g,远高于未经过 Zn 模板造孔的中空碳球(HCSs,分别为 561 m^2/g、451 m^2/g、0.30 cm^3/g 和 0.21 cm^3/g)。他们随后将 γ-Fe_2O_3 纳米粒子固定在微孔空心碳球上,负载量为 14.0 wt%,从而制备磁性吸附剂 Fe-HCSs-Zn-910。它的比表面积、微孔比表面积、孔体积和微孔孔体积分别为 910 m^2/g、885 m^2/g、0.44 cm^3/g 和 0.40 cm^3/g,饱和磁化强度为 4.58 emu/g。根据 Langmuir 模型方程拟合[图 7.26(b)和(c)]可知,Cr(Ⅵ)的最大吸附量为 233.1 mg/g,远高于 HCSs-Zn-910(199.2 mg/g)和 HCSs(139.8 mg/g)。在吸附过程中,由于微孔具有很强的吸附潜力,微孔能有效地从外界环境中捕获客体 Cr(Ⅵ)。同时,在较低的 pH(pH = 3)下,样品表面活性位 X-OH(X = Fe 或者 C)的快速质子化形成更多的 X-OH_2^+ 基团,因此可以通过静电吸附 $HCrO_4^-$。众所周知,Cr(Ⅵ)/Cr(Ⅲ)体系的氧化还原电位取决于溶液的 pH。pH = 1 时,氧化还原电位为 1.3 V,pH = 5 时,氧化还原电位为 0.68 V。由于 Cr(Ⅵ)在酸性溶液中具有很高的正氧化还原电位,在给电子体存在下,Cr(Ⅵ)降低且不稳定。表面的含氧官能团,如酮、羧基和羟基,可以起到电子供体的作用。吸附剂与 Cr(Ⅵ)之间的电子转移导致碳表面氧化,形成新的含氧官能团。另外,吸附后的磁性微孔空心碳球采用外磁铁可以实现快速分离。

Mishra 等[69]以间苯二酚、甲醛为原料,经溶胶-凝胶聚合,碳化后制备了负载 Fe 纳米粒子的石墨烯气凝胶。在聚合初期,Fe(Ⅲ)-氧化石墨烯原位掺杂在凝胶中。Fe(Ⅲ)作为氧化石墨烯与酚醛树脂基体之间的交联剂和聚合催化剂。制备的碳气凝胶可作为水溶液中 Cr(Ⅵ)和 Pb(Ⅱ)的高效吸附剂。在优化的 pH 条件下,

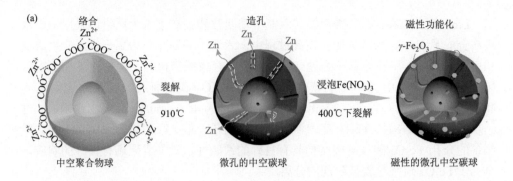

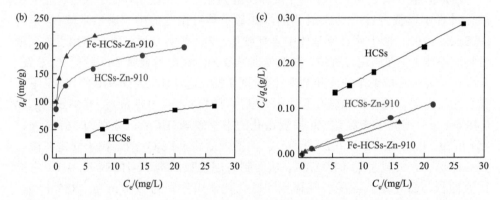

图 7.26 (a) 微孔空心碳球和磁性微孔空心碳球的制备过程示意图；HCSs、HCSs-Zn-910 和 Fe-HCSs-Zn-910 在 25℃时的吸附等温线(b) 和 C_e/q_e-C_e 关系图(c)[68]

碳气凝胶对 Cr(Ⅵ) 和 Pb(Ⅱ) 的最大吸附量分别为 108 mg/g 和 172 mg/g。这归因于材料的高比表面积(537 m²/g)和高微孔率(94%)、石墨烯的高化学反应活性和材料表面可以通过 pH 调节质子化的适应性。他们发现碳气凝胶对 Cr(Ⅵ) 和 Pb(Ⅱ) 的吸附是物理吸附和化学吸附相结合的结果。第一，吸附质与多孔表面之间通过范德华力发生物理吸附。Cr(Ⅵ) 和 Pb(Ⅱ) 的离子半径分别为 0.058 nm 和 0.119 nm。碳气凝胶具有大的比表面积(537 m²/g)和高的微孔(孔径<2 nm 占了 94%)。因此，金属离子很容易被吸附到碳气凝胶的微孔中。第二，石墨烯中含有芳香环，由于稠密的 π 电子云，其共轭体系高度离域。因此，负电荷云通过阳离子-π 相互作用促进了 Pb(Ⅱ) 的吸附。在 Cr(Ⅵ) 的情况下，Fe 纳米粒子诱导 Cr(Ⅵ) 部分还原为 Cr(Ⅲ)，后者被带负电荷的电子云吸附。第三，在水溶液中，碳气凝胶的 Fe 纳米粒子被转化为 FeOH 基团。溶液 pH 在低于和高于 pH_{ZPC} 时，表面 FeOH 基团分别质子化($FeOH_2^+$)和去质子化(FeO^-)。因此，在 pH<pH_{ZPC} 时，带负电的 $HCrO_4^-$ 被静电吸引向带正电的质子化 $FeOH_2^+$ 基团，并吸附在材料表面，具体反应如下：

$$-Fe-OH + H^+ \rightleftharpoons -Fe-OH_2^+ \quad pH < pH_{ZPC} \tag{7.20}$$

$$-Fe-OH_2^+ + HCrO_4^- \rightleftharpoons -Fe-OH_2^+ \cdots HCrO_4^- \tag{7.21}$$

另外，在 pH>pH_{ZPC} 时，吸附剂表面的去离子 FeO^- 基团与金属离子之间的静电吸引有利于带正电的 Pb(Ⅱ) 的吸附，如下：

$$-Fe-OH \rightleftharpoons -Fe-O^- + H^+ \quad pH > pH_{ZPC} \tag{7.22}$$

$$2(-Fe-O^-) + Pb^{2+} \rightleftharpoons -Fe-O^- \cdots Pb^{2+} \cdots O^- -Fe- \tag{7.23}$$

Pb(Ⅱ) 也有可能通过离子交换机制与 FeOH 表面基团的正电荷 H^+ 发生离子交换，具体反应如下：

$$2(-Fe-OH) + Pb^{2+} \rightleftharpoons (-Fe-O)_2 Pb + 2H^+ \tag{7.24}$$

$$-Fe-OH + Pb^{2+} \rightleftharpoons -Fe-OPb^+ + H^+ \tag{7.25}$$

Zhu 等采用 Fe^{3+} 配位的多巴胺聚合反应，之后碳化制备了具有良好分散活性的 Fe 纳米粒子的磁性多孔氮掺杂碳材料(Fe/N-C)[70]。随着碳化温度从 650℃增加到 700℃、800℃和 900℃，比表面积从 74.91 m²/g 增加到 343.02 m²/g、280.13 m²/g 和 419.89 m²/g。700℃时，饱和磁化强度为 65.5 emu/g，Fe 元素的含量为 22.71 wt%，孔体积为 0.35 cm³/g，孔径为 4.0 nm。将其用于吸附 U(Ⅵ)，Fe/N-C-700 的最大吸附量为 232.54 mg/g[图 7.27(a)]，高于 Fe/N-C-650 (78.63 mg/g)、Fe/N-C-800 (210.17 mg/g) 和 Fe/N-C-900 (153.55 mg/g)。准一阶动力学方程可以很好地拟合数据，相关系数 R^2 为 0.998[图 7.27(b)]。图 7.27(c) 显示了 U(Ⅵ) 在 283 K、298 K 和 313 K 时 Fe/N-C-700 的吸附等温线。此外，为了更好地研究吸附机理和量化吸附数据，他们还使用三个平衡模型定量分析了吸附过程。通过对比相关系数，可以清楚地发现，相关系数较高的 Langmuir 模型比其他两种吸附模型更适合热力学等温线数据。Langmuir 模型计算的 U(Ⅵ) 最大吸附量随温度的升高呈明显的上升趋势，说明温度升高有利于 Fe/N-C-700 对 U(Ⅵ) 的去除。用 Van't Hoff 等温方程计算了 U(Ⅵ)

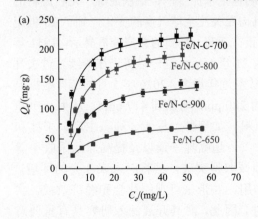
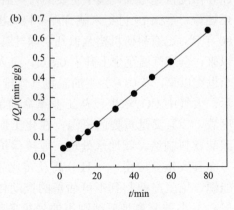

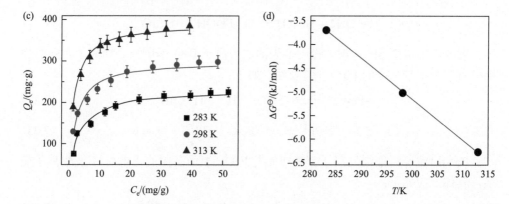

图 7.27　(a) 不同温度下制备的 Fe/N-C 对 U(Ⅵ) 的吸附等温线（T 为 283 K，pH 为 6.0，Fe/N-C 添加量为 0.14 g/L，t 为 300 min）；(b) 准一阶模型的模拟结果；(c) 在 283 K、298 K 和 313 K 时，U(Ⅵ) 在 Fe/N-C-700 上的吸附等温线（Fe/N-C 添加量为 0.14 g/L，pH 为 6.0，t 为 60 min）；(d) $\Delta G^{\ominus}$ 与 T 的关系曲线[70]

在 Fe/N-C-700 上吸附的传统热力学参数（ΔH、ΔS 和 ΔG）。ΔH 的正值证明了吸附是一个吸热过程。负的 ΔG 值和正的 ΔS 值表明该过程是自发的，具有很高的亲和力，这表明随着吸附温度的升高，更多的活性位点与 U(Ⅵ) 物种相互作用，更多的水分子参与该吸附过程。

7.4　聚合物基碳材料在吸附与分离气体中的应用

7.4.1　二氧化碳

近几十年来，工业化生产水平的快速发展以及自然活动的变化导致大气中 CO_2 浓度快速增加，其中主要的人类活动包括水泥生产、钢铁冶炼、化石燃料的燃烧等。早在 19 世纪末就有许多科研机构在关注全球气温的变化，到了 20 世纪 80 年代，已有科研机构意识到全球气温正在变暖。最新的数据分析显示，1951 年以来，全球气温至少上升了 0.8℃，进入 21 世纪后，这一趋势仍在继续。过去几个世纪以来，以 CO_2 为主的温室气体排放量逐年增多。2020 年 5 月的统计数据显示，大气中 CO_2 浓度已从工业革命前的 280 ppm 增加到 417 ppm。从另一个角度看，CO_2 又是重要的资源，在化工原料，如甲醇、尿素、纯碱生产，干冰和碳酸饮料制造，碱性水处理，焊接保护气，超临界干燥以及提高原油采收率等方面具有重要应用。一旦分离及转化领域取得突破，其将对未来社会的环境、能源、化工产业起到不可估量的推动作用，并带来可观的社会和经济效益。实现 CO_2 高效分离是后续利用的先决条件，因此，对其开展深入研究具有重要意义。相比于传统的化学吸收法，物理吸附法表现出再生容易、低能耗、腐蚀性小、操作易实现自动化(变温、变压吸附)等诸多优点，其已经广泛应用于电力、石油化工等领域燃烧后气源中的吸附分离或者精制。高性能多孔吸附材料的设计与制备是提高吸附分离效率的核心因素。碳材料被广泛用于 CO_2 的吸附，这主要是由于碳材料密度小、价格低廉并且在 CO_2 吸附过程中有着独特的物理和化学性质。

Hao 等以间苯二酚、甲醛和赖氨酸为原料聚合制备整体式酚醛树脂，之后在 400~800℃下碳化制备整体式多孔碳材料[71]。聚合物以及碳材料样品都是完整的整体式圆柱状结构[图 7.28(a)]。圆柱聚合物的直径和高分别为 2.32 cm 和 5.18 cm；碳化过程没有改变聚合物的圆柱状整体式形貌，碳材料的直径和高分别为 1.54 cm 和 3.59 cm。随着碳化温度从 400℃增加到 800℃，整体式多孔碳材料的比表面积从 42 m^2/g 增加到 467 m^2/g、509 m^2/g、519 m^2/g 和 537 m^2/g，微孔的体积从 0.032 cm^3/g 增加到 0.210 cm^3/g、0.211 cm^3/g、0.258 cm^3/g 和 0.218 cm^3/g，孔的体积从 0.032 cm^3/g 增加到 0.23 cm^3/g、0.24 cm^3/g、0.232 cm^3/g 和 0.258 cm^3/g。材料骨架由尺寸大小约为 1.3 μm 的多孔碳球熔并而成，相互交联的骨架形成连续贯通的海绵状大孔，孔径在 3~5 μm[图 7.28(b)]。在大范围的 TEM 图像[图 7.28(c)]中可以看出，材料具有均匀的碳骨架，没有观察到较大孔隙，再次表明了材料孔隙以微孔结构为主。碳化温度为 400℃时，整体式多孔碳材料的 CO_2 吸附能力达到 1.87 mmol/g，当碳化温度从 400℃升高到 500℃，碳化样品孔道结构变化较大，比表面积与微孔体积显著增加。在这个过程中，氮元素的含量也增加到 1.92 wt%。由吸附等温线可以看出[图 7.28(d)]，吸附能力在 500℃达到最大(3.13 mmol/g)。当碳化温度继续提高，孔道结构继续发展，变化幅度明显减小；而含氮活性位点数量逐渐减少，同时含氮官能团的类型也逐渐转变为更稳定。在这种情况下，微孔结构对吸附量贡献最大。总体来看，500~800℃的吸附能力基本处于同一水平。从图 7.28(d)中还可看出，起始阶段等温线较为陡峭，斜率较大，原因在于起始吸附时具有强亲和力的活性位点首先发挥作用。随着压力增大，活性位吸附达到饱和，物理吸附(微孔吸附)开始发挥主导作用。从吸附结果来看，在 500℃显示最佳协同作用效果，含氮官能团和微孔孔隙共同发挥优势作用。三轮循环的同比吸附能力基本一致[图 7.28(e)]，对 CO_2 的吸附能力远胜于 N_2(0.31 mmol/g)。因此 CO_2/N_2 的分离系数为 10。随着吸附温度升高，样品的吸附能力总体呈下降趋势[图 7.28(f)]。吸附温度升高到 60℃时，样品吸附能力为 1.64 mmol/g；继续升高温度到 80℃时，样品吸附能力依然可以保持在 1.22 mmol/g；当温度提高到 120℃，其吸附能力为 0.62 mmol/g。

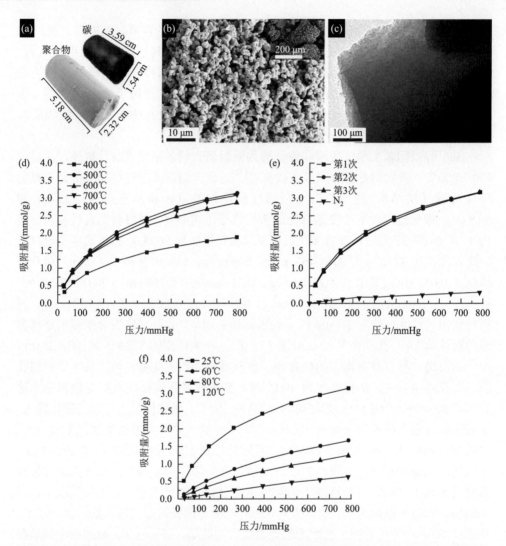

图 7.28 (a)整体式聚合物及其碳化产物——整体式多孔碳材料的照片、整体式多孔碳材料的 SEM 图像(b)和 TEM 图像(c);(d)不同温度下制备的整体式多孔碳材料的 CO_2 吸附等温线;(e)整体式多孔碳材料在 25℃时的 CO_2 多循环吸附等温线和 N_2 吸附等温线;(f)整体式多孔碳材料在 25℃、60℃、80℃和 120℃时 CO_2 吸附等温线[71]

之后,他们以间苯二酚、甲醛、己二胺为聚合单体,以嵌段共聚物为模板,设计序列反应进程,引导酚醛胺预聚体的组装,得到了含有高度贯通的规则介孔($Im3m$)的大孔-介孔-微孔双连续整体式碳材料[72]。图 7.29(a)展示了典型聚合物样品及其对应多孔碳材料(HCM-DAH-1)的光学照片。碳化过程的线性收缩以及体积收缩分别为 30%和 65%。图 7.29(b)~(d)是高强度多级孔整体式碳材料的 SEM 图像和 TEM 图像。从沿[001]晶向拍摄的 HRTEM 图像中,可以看到高度有序排列的孔道阵列，这对应于具有 $Im3m$ 空间群的介孔结构的不同晶面。插图对应的快速傅里叶变换衍射图样也再次验证了样品为体心立方介孔结构，介观"晶格"排布符合 $Im3m$ 空间群。通过 TEM 图像测量样品的介孔晶胞大小为 10.8 nm。SEM 进一步显示样品在介观尺度下具有长程、大范围相互连通的立方相晶胞排布。经初步测量，晶胞大小为 11 nm，孔径为 5.2 nm，比表面积为 670 m^2/g。为了增加材料微孔率，提高材料比表面积，他们对样品进行了 CO_2 活化，活化时间分别设定为 1 h 和 3 h，得到活化样品分别命名为 HCM-DAH-1-900-1 和 HCM-DAH-1-900-3，比表面积分别为 1392 m^2/g 和 2160 m^2/g，孔体积分别为 0.89 cm^3/g 和 1.03 cm^3/g。由孔径分布图可以看出，活化前后样品的介孔孔径基本没有变化。HCM-DAH-1、HCM-DAH-1-900-1 及 HCM-DAH-1-900-3 在 0 ℃与 25 ℃下对 CO_2 及 N_2 的静态平衡吸附等温线如图 7.29(e)～(g)所示。根据吸附压力的不同，可以将吸附等温线划分为三段。类似于在材料上的吸附行为，在低压或者超低压下的吸附对应于较强的吸附活性位(如含氮官能团等)；在中间压力段的吸附行为对应于材料的比表面积的贡献；在高压下，吸附能力对应于孔隙填充，主要是孔体积的贡献。在 0 ℃，780 mmHg 下，HCM-DAH-1 对 CO_2 的吸附量为 3.3 mmol/g，这相当于每平方纳米上吸附了 3 个 CO_2 分子。相同条件下，HCM-DAH-1-900-1 及 HCM-DAH-1-900-3 对 CO_2 的最大吸附量分别为 4.9 mmol/g 和 4.5 mmol/g。由图可知，在 25 ℃，780 mmHg 下，HCM-DAH-1、HCM-DAH-1-900-1 及 HCM-DAH-1-900-3 对 CO_2 的饱和吸附量分别为 2.6 mmol/g、3.3 mmol/g 及 2.9 mmol/g，对 N_2 的吸附量分别为 0.27 mmol/g、0.29 mmol/g 及 0.36 mmol/g。由此计算的 HCM-DAH-1、HCM-DAH-1-900-1 和 HCM-DAH-1-900-3 的 CO_2/N_2 选择性分别为 28、17 和 13。吸附热(Q_{st})则是定量描述相互作用力强弱的重要参数。吸附热的计算可通过将 0 ℃与 25 ℃下吸附数据带入 Clausius-Clapeyron 方程计算得到。图 7.29(h) 为样品不同覆盖度下的吸附热变化曲线。HCM-DAH-1、HCM-DAH-1-900-1 和 HCM-DAH-1-900-3 对应的 CO_2 吸附热分别为 21.1～35.9 kJ/mol、19.6～26.7 kJ/mol 和 13.2～26.9 kJ/mol。低压低覆盖度时较大的吸附热表明材料对 CO_2 有较强亲和力，这主要是分子与微孔表面氮官能团活性位之间强的四极偶极相互作用以及氢键相互作用导致的。

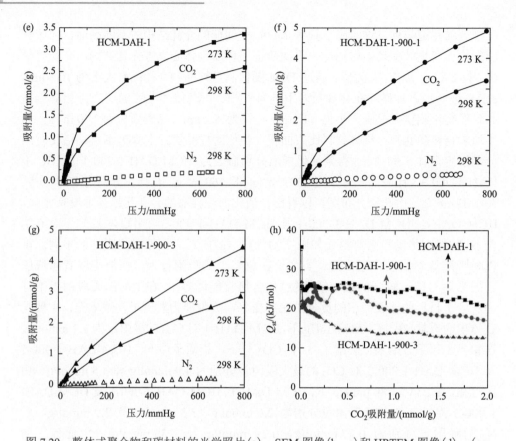

图 7.29 整体式聚合物和碳材料的光学照片(a),SEM 图像(b、c)和 HRTEM 图像(d);(e~g)HCM-DAH-1、HCM-DAH-1-900-1 和 HCM-DAH-1-900-3 在 0℃和 25℃下的静态 CO_2 和 N_2 平衡吸附等温线,实心符号代表 CO_2 等温吸附数据,空心符号代表 N_2 等温吸附数据;(h)HCM-DAH-1、HCM-DAH-1-900-1 和 HCM-DAH-1-900-3 吸附热随着 CO_2 吸附量的变化曲线[72]

Gong 等[73]利用有机改性蒙脱土作为活性模板,PP、PE、PS、PET 和 PVC 五组分混合塑料为碳源制备碳纳米薄片,KOH 活化后制备多孔碳纳米薄片。多孔碳纳米薄片有着很高的比表面积(1734.0 m^2/g)和较大的孔体积(2.441 cm^3/g),远远高于活化前的碳纳米薄片(128.9 m^2/g 和 0.667 cm^3/g)。此外,多孔碳纳米薄片表现出明显的介孔性,孔尺寸分布较窄,主要在 3.8 nm。图 7.30 是在 313 K 下采用体积法测试的碳纳米薄片和多孔碳纳米薄片的 CO_2 等温吸附曲线。对于碳纳米薄片和多孔碳纳米薄片,CO_2 的吸附量都随着 CO_2 压力的增加而增加。这表明吸附 CO_2 是一个物理吸附过程。在压力为 10 bar 和 45 bar 时,多孔碳纳米薄片的 CO_2 吸附量分别为 6.75 mmol/g 和 18.00 mmol/g,分别是碳纳米薄片的 4.8 倍和 5.9 倍。Natarajan 等[74]利用高温高压反应釜在 800℃将废弃 PP 和 PE 转化为中空碳球,尺寸为 100～400 nm，比表面积为 402 m²/g，孔径分布在 2～3 nm。将其用于 CO_2 高压吸附，在压力为 40 bar 时，CO_2 吸附量为 170.33 cm³/g。

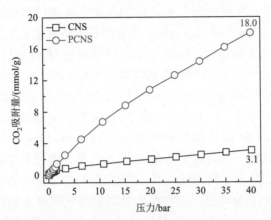

图 7.30　碳纳米薄片(CNS)和多孔碳纳米薄片(PCNS)在 313 K 时的 CO_2 等温吸附曲线[73]

Gong 等采用 C_3N_4 薄片作为自分解模板，聚离子液体作为碳源，在 750℃下碳化后一步制备氮掺杂的多孔碳纳米薄片(NPCNS)[32]。当 C_3N_4/聚离子液体的质量比从 1 增加到 5 和 10 时，氮掺杂的多孔碳纳米薄片的比表面积从 723.5 m²/g(NPCNS-1)增加到 965.2 m²/g(NPCNS-5)和 1120 m²/g(NPCNS-10)，孔体积从 1.42 cm³/g 增加到 1.62 cm³/g 和 2.28 cm³/g，氮元素的含量从 14.9 wt%增加到 15.8 wt%和 17.4 wt%。因此，该方法无需后处理或者活化步骤，通过一锅法合成比表面积大、孔结构层次分明、含氮量高的氮掺杂的多孔碳纳米薄片。将其用于 CO_2 捕获，NPCNS-10 在 273 K，1 bar 下 CO_2 的吸附量达到 4.37 mmol/g，明显优于 C_3N_4(0.41 mmol/g)和聚离子液体直接碳化制备的氮掺杂碳材料(2.83 mmol/g)。这是因为 NPCNS-10 具有高比表面积、大孔体积、组合孔径和高氮含量(特别是吡啶氮和吡咯氮)。其中，吡啶氮和吡咯氮作为 Lewis 碱，和酸性 CO_2 分子容易相互作用。NPCNS-1 和 NPCNS-5 的 CO_2 吸附量分别为 3.01 mmol/g 和 3.71 mmol/g，如预期的那样，低于 NPCNS-10。与其他 CO_2 吸附剂相比，NPCNS-10 是 CO_2 捕获性能最好的吸附剂之一。此外，在 10 个循环后，测试了 CO_2 在 NPCNS-10 上吸附的可逆性，仍保留较高的吸附值(4.01 mmol/g)，这大约是原始吸附量的 92%。减少的 8%的吸附量是被高沸点杂质(如水)堵塞导致的，但该吸附量可在多次循环后通过再生处理恢复。值得指出的是，NPCNS-10 作为一种吸收剂，比胺类和胺类官能化吸附材料要好，这是因为胺类和胺类官能化吸附材料的再生往往需要大量的能量。此外，热稳定性是 NPCNS-10 的另一个优点。

Gong 等[75]在室温条件下，通过改性的 Debus-Radziszewski 反应，一锅合成了主链型聚离子液体，然后将 KOH 与其按照质量比为 0、2、4 和 6 混合均匀后，在氮气氛围中 900℃下反应 1 h 制备氮掺杂的多孔碳(NPC)。随着 KOH/主链型聚离子液体质量比从 0 增加到 2、4 和 6，氮掺杂多孔碳的氮元素含量从 10.7 wt% 减少到 7.2 wt%、5.4 wt%和 3.7 wt%，比表面积和微孔的比表面积从 17 m^2/g 和 10 m^2/g 增加到 1216 m^2/g 和 1063 m^2/g、1742 m^2/g 和 1392 m^2/g，之后减少到 1141 m^2/g 和 789 m^2/g，孔体积和微孔体积从 0.024 cm^3/g 和 0.014 cm^3/g 增加到 0.963 cm^3/g 和 0.929 cm^3/g、1.415 cm^3/g 和 1.078 cm^3/g，然后减少到 1.063 cm^3/g 和 0.605 cm^3/g。将其用于 CO_2 吸附，图 7.31(a)为 CO_2 吸附等温线。尽管 NPC-0 比表面积相当低(17 m^2/g)，但是 NPC-0 在 273 K 和 1 bar 下表现出 2.0 mmol/g 的中等吸收 CO_2 性能。这是由于 NPC-0 具有大量的含氮官能团(10.7 wt%)，它们作为固定酸性 CO_2 分子的碱性位点。NPC-2 和 NPC-4 对 CO_2 的吸附量分别达到 5.0 mmol/g 和 6.2 mmol/g，NPC-6 的吸附量则下降到 4.3 mmol/g。NPC-2 和 NPC-4 的高比表面积、大孔体积(特别是通过孔填充机制的窄纳米孔)和丰富的氮掺杂(特别是酸碱作用产生的吡啶氮和吡咯氮)是提高 CO_2 吸附量的主要原因。与 NPC-2 和 NPC-4 相比，NPC-6 的比表面积和氮掺杂量减少是合理的。此外，在 298 K 和 1 bar 下，NPC-4 的 CO_2 吸收量为 4.5 mmol/g，即 19.8 wt%[图 7.31(b)]。在类似的实验条件下，NPC-4 在 273 K 和 298 K 时的 N_2 吸附量分别为 0.45 mmol/g 和 0.35 mmol/g，大大低于 CO_2 的吸附量。他们计算了 CO_2 和 N_2 吸附等温线的初始斜率，并利用斜率的比值来估算 CO_2/N_2 选择性。结果表明，NPC-4 在 273 K 和 298 K 时的表观 CO_2/N_2 选择性分别为 14 和 17，说明 NPC-4 是一种潜在的 CO_2/N_2 分离选择性吸附剂。此外，利用 Clausius-Clapeyron 方程拟合了 NPC 在 273 K 和 298 K 时的 CO_2 吸附等温线，计算了 CO_2 吸附等温热(Q_{st})。根据不同的 CO_2 吸收量，计算出 Q_{st} 值，如图 7.31(c)所示。NPC-0 的 Q_{st} 为 8～23 kJ/mol、NPC-2 的 Q_{st} 为 11～25 kJ/mol、NPC-4 的 Q_{st} 为 15～32 kJ/mol 和 NPC-6 的 Q_{st} 为 10～24 kJ/mol。显然，NPC-4 的 Q_{st} 高于其他 NPC。随后，考察了 273 K 下在 10 个循环中 CO_2 捕获的 NPC 的可重用性[图 7.31(d)]。NPC-4 循环 10 次后的 CO_2 吸附量保持在 5.9 mmol/g 以上，高于其他 NPC，说明 NPC-4 具有良好的 CO_2 捕集循环使用能力。为了评估吸附剂在实际过程中的潜力，需要更实际的条件，即在动态系统中与 N_2 竞争的 CO_2 吸附。在一个典型的实验中，用 20%(V/V)CO_2 + 80%(V/V)N_2 的混合气流来近似模拟燃烧后的烟气。在 298 K 和 0.2 bar 的 CO_2 分压下，NPC-4 的动态 CO_2 吸附量为 1.25 mmol/g，与 298 K 和 0.2 bar 的纯 CO_2 平衡吸附量值(即 1.35 mmol/g)相吻合。这意味着即使在 CO_2/N_2 混合物中，CO_2 也优先吸附在吸附剂上。

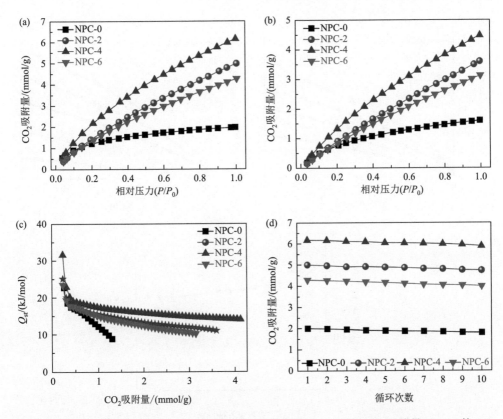

图 7.31 在 273 K(a) 和 298 K(b) 下 NPC 的 CO_2 吸附等温线; (c) 不同 CO_2 吸附量下 NPC 的 CO_2 吸附等温热; (d) 在 273 K 下, NPC 吸附 CO_2 的循环结果[75]

Wang 等利用 Pluronic F127 和 SiO_2 作为模板, 酚醛树脂作为碳源制备氮掺杂的介孔规整碳[76]。它的比表面积和孔体积分别为 1960 m^2/g 和 1.91 cm^3/g, 孔径为 7.6 nm, 氮元素的含量为 4.6 wt%, 将其用于 CO_2 高压吸附剂。在不同温度(0℃、10℃、25℃、50℃和 100 ℃) 下进行 CO_2 吸附实验, 压力在 0～30 bar[图 7.32(a) 和(b)]。结果表明, 在 0 ℃时, 压力为 30 bar 和 1.0 bar 时, CO_2 的最高吸附量分别为 29.0 mmol/g 和 3.3 mmol/g。随着温度的升高, 吸附量逐渐减小, 这与增加压力的趋势相似。利用在不同温度下 CO_2 吸附等温线计算等温热[图 7.32(c)]。初始等温吸附热约为 23 kJ/mol, 远低于化学吸附, 最终达到 CO_2 液化焓(约 17 kJ/mol)。氮掺杂的介孔规整碳的 CO_2 吸附能力明显大于比表面积为 2600 m^2/g 的商业活性炭。这表明介孔规整碳的孔结构和氮掺杂也影响了高压 CO_2 的吸附能力。超微孔或小介孔(低于 2～3 nm)控制高压下的吸附行为, 而氮掺杂的碱性官能团有利于酸性 CO_2 分子的吸附。

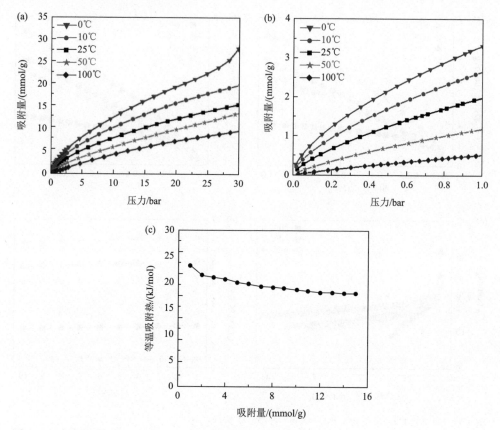

图 7.32 在高压(a)和 0~1 bar(b)下不同温度时 CO_2 等温吸附曲线;(c)不同 CO_2 吸附量时的吸附热曲线[76]

Zhang 等[77]用微乳液法合成聚丙烯腈功能纳米粒子,然后通过表面引发的原子转移自由基聚合将 3-(三乙氧基硅基)甲基丙烯酸丙酯接枝到聚丙烯腈表面上,制备聚丙烯腈@3-(三乙氧基硅基)甲基丙烯酸丙酯核壳粒子,交联的 3-(三乙氧基硅基)甲基丙烯酸丙酯层作为保护壳和牺牲屏障,在碳化过程中避免了相邻聚丙烯腈核的融合,从而在去除外壳后产生单独的氮掺杂碳纳米球。它的直径为 100 nm,比表面积为 424 m^2/g,氮元素的含量为 14.8 wt%。将其用于 CO_2 吸附,在 273 K、298 K 和 323 K,1 bar 时,CO_2 吸附量依次为 4.1 mmol/g、2.8 mmol/g 和 2.0 mmol/g,298 K 时 CO_2/N_2 选择性为 19.12。Li 等选用商业化的八苯基多面体低聚倍半硅氧烷作为构建块,通过有机组分的交联,然后碳化、去除分子尺度碳/二氧化硅界面包围的单分散二氧化硅结构从而制备微孔碳纳米球[78]。它的比表面积为 2264 m^2/g,微孔占了 94%,在 273 K 和 1 bar 时,CO_2 吸附量为 4.28 mmol/g,高于商业化的活性炭(比表面积为 1878 m^2/g,微孔占了 83%)的 CO_2 吸附量(3.79 mmol/g)。此外,微孔碳纳米球的 CO_2/N_2 选择性为 9.9。

Gong 等[79]将商业化的活性碳纤维(PCF)浸渍到聚离子液体的溶液中,其中聚离子液体/活性碳纤维的质量比(%)为 5%、10%和 20%,然后干燥、碳化从而制备具有异质结的氮掺杂的碳纤维(NPCF)。比表面积和孔体积分别为 1024.2 m^2/g 和 0.474 cm^3/g(NPCF-5),1476.3 m^2/g 和 0.583 cm^3/g(NPCF-10),以及 1319.0 m^2/g 和 0.523 cm^3/g(NPCF-20),远高于活性碳纤维(800.8 m^2/g 和 0.396 cm^3/g)和聚离子液体碳化制备氮掺杂碳材料(C-PIL,707.6 m^2/g 和 0.382 cm^3/g)。图 7.33(a)和(b)显示了 273 K 下的 CO_2 吸附等温线。NPCF-10 的 CO_2 吸附量高达 6.9 mmol/g,这意味着 1.0 g NPCF-10 吸附 0.3 g CO_2。这远远大于它的两个结构成分,即活性碳纤维(2.3 mmol/g)和 C-PIL(2.8 mmol/g),这也表明两个碳的耦合的协同效应。NPCF-5 和-20 的 CO_2 吸附量分别为 4.1 mmol/g 和 5.4 mmol/g,低于 NPCF-10。由于 NPCF-20 具有致密的微观结构,而氮掺杂剂只提供少数额外的结合位点,这暗示了高 CO_2 吸附量与孔隙结构或者氮掺杂剂关系不大。在相同条件下,NPCF-10 在 273 K 和 298 K 时的 N_2 吸附量分别为 0.49 mmol/g 和 0.38 mmol/g,明显低于 CO_2。利用 CO_2 和 N_2 吸附等温线的初始斜率来估计 CO_2/N_2 选择性。273 K 和 298 K 下的表观 CO_2/N_2 选择性分别为 44 和 17,显著高于已经报道的吸附剂[图 7.33(c)]。通过拟合 NPCF-10 在 273 K 和 298 K 下的 CO_2 吸附等温线,根据 CO_2 吸附量,计算出等温吸附热为 20~40 kJ/mol。为了研究 CO_2 分子与碳基质之间的内在相互作用,他们还进行了 CO_2 程序升温脱附实验。活性碳纤维的峰位于 50~100℃之间,表明微孔上存在物理吸附作用。最大解吸峰从 68℃(活性碳纤维)移到 78℃(NPCF-10),这表明了电荷转移对碳纤维主体的影响。由于较高的 CO_2 吸收,NPCF-10 峰较大,其解吸延伸至 130℃,表征了很强的结合位点。因此,CO_2 吸附得益于微孔碳纤维中设计的氮掺杂碳/碳两相异质结。他们据此推断氮掺杂碳层从底层导电碳中吸收电子,从而促进其与客体 CO_2 分子的相互作用。

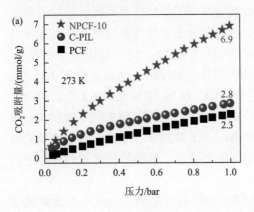
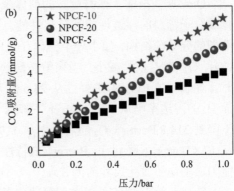

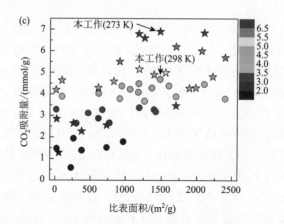

图 7.33 (a) 在 273 K 下活性碳纤维 (PCF)、C-PIL 和 NPCF-10 的 CO_2 吸附等温线；(b) 在 273 K 下 NPCF-5、NPCF-10 和 NPCF-20 的 CO_2 吸附等温线；(c) NPCF-10 与其他吸附剂的 CO_2 吸收量的比较[79]

Shao 等[80]以 4-乙烯基氯化苄和 4-乙烯基吡啶为原料，利用悬浮聚合反应和 Friedel-Crafts 反应，通过控制 4-乙烯基吡啶的含量制备了不同孔隙率和极性的含氮超交联聚合物。采用 KOH 化学活化法（KOH/超交联聚合物质量比为 2∶1）对含氮高交联聚合物在 900℃下进行碳化/活化处理，从而制备了一系列氮掺杂多孔碳材料。它的比表面积和微孔的比表面积分别为 1226～2222 m^2/g 和 839～1158 m^2/g，孔体积和微孔的体积分别为 0.7～1.2 cm^3/g 和 0.57～0.9 cm^3/g。在 273 K 和 1 bar 下，氮掺杂多孔碳的 CO_2 吸附量可达 270 mg/g，CO_2/N_2 选择性为 20.2，等温吸附热为 24.6～29.2 kJ/mol。他们发现氮掺杂多孔碳比含氮的超交联聚合物对 CO_2 的捕获效率高，CO_2 的吸收量与超微孔体积（$d\leqslant 0.8$ nm）呈线性关系，相关系数 R^2 为 0.9737。这是因为超微孔（$d\leqslant 0.8$ nm）对 CO_2 有很强的亲和力，可以吸收 CO_2。考虑到 CO_2 的单分子尺寸（0.33 nm），狭缝超微孔至少可以聚集两层 CO_2。

Qin 等[81]报道了聚酰亚胺的前体聚酰胺酸在不同特性黏度时裂解形成的自支撑碳分子筛膜的渗透性能和分离性能。制备的碳分子筛膜具有超微孔膜，表现出典型的分子筛结构，如小分子气体（H_2）的气体透过率较高，随着分子尺寸的增大，CO_2、O_2 和 N_2 依次减小。当聚酰胺酸前驱体的特性黏度从 1.66 dl/g 降到 0.65 dl/g 时，理想气体 CO_2/N_2 选择性从 21.5 跃升到 34.6，O_2/N_2 选择性从 6.7 升到 10.7，而 H_2 的渗透率则从 1816 Barrer 下降到 1487 Barrer，CO_2 的渗透率从 383.4 Barrer 下降到 314.8 Barrer，O_2 的渗透率从 119.0 Barrer 下降到 97.7 Barrer，N_2 的渗透率从 17.8 Barrer 下降到 9.1 Barrer。低特性黏度赋予碳分子筛膜结构优越的孔径控制能力，平均超微孔尺寸约为 3 Å。

Kumar 等[82]制备了高渗超薄碳分子筛膜。他们利用含 Matrimid 和聚乙烯吡咯烷酮的双层聚合物前体纤维制造亚结构支撑，而 6FDA/BPDA-DAM 聚合物包含薄鞘层。通过改变纺丝参数，制备了两种不同厚度和外径的聚合物前体膜，研究了纺丝参数对超薄碳分子筛膜性能的影响。用10%的乙烯基三乙氧基硅烷预处理聚合物前驱体膜以避免亚结构坍塌，并用0.1%的3,5-二乙基甲苯二胺/1,3,5-苯三甲酰氯杂化处理，从而在热解前修复纳米缺陷。随后将其在550℃下热解制备高渗透性碳分子筛膜，用于在环境和亚环境温度下高选择性地分离CO_2/N_2。在35℃下的CO_2渗透性大于3000GPU，在-20℃下的CO_2渗透性大于2500 GPU，在亚环境温度下的CO_2/N_2选择性增加2~3倍。

Hu 等[83]将 Matrimid 和 ODPA-FDA 作为前驱体，在650℃氩气氛围下热解制备碳分子筛膜，并将其用于气体分离。前驱体膜热解后，碳分子筛膜的渗透性大大提高。例如，Matrimid 基碳分子筛膜的 CO_2 透过率从10.77 Barrer增加到1592.08 Barrer（增加147倍）。ODPA-FDA 基碳分子筛膜的 CO_2 透过率从21.41 Barrer 增加到5379.22 Barrer（增加250倍）。这是因为碳分子筛膜中超微孔充当分子筛位点，以实现高选择性，而其微孔提供高渗透性。另外，由于 ODPA-FDA 的层间距较大，且 ODPA-FDA 的孔体积大于 Matrimid 的孔体积，因此 ODPA-FDA 基碳分子筛膜具有更大的渗透性值。与 Matrimid 基碳分子筛膜相比，ODPA-FDA 基碳分子筛膜的孔径分布更窄。窄分布的孔对气体的分离更为有效，从而提高气体的选择性。另外，ODPA-FDA 基碳分子筛膜的渗透性和选择性增加，表明具有刚性链和窄自由体积分布的聚合物是碳分子筛膜的优良前驱体。他们还研究了碳化温度对 ODPA-FDA 基碳分子筛膜气体分离性能的影响，将致密前驱体在氩气氛围下于550℃、650℃、750℃和850℃碳化，随着碳化温度的升高，渗透性降低，而 CO_2/N_2 和 O_2/N_2 选择性增加（图7.34）。这是因为随着退火温度的升高，碳分子筛膜的石墨层间距收缩，导致渗透率降低，选择性增加，而提高碳化温度会导致非晶态碳分子筛膜结构更加石墨化和堆积紧密。

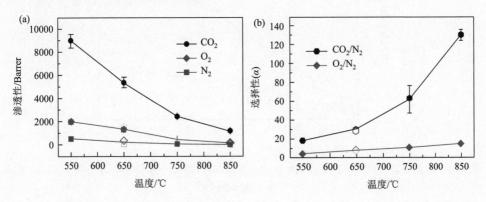

图7.34 碳化温度对 ODPA-FDA-CMSM（实心符号）和 Matrimid-CMSM（空心符号）的渗透性(a)和选择性(b)的影响[83]

7.4.2 氢气

氢气具有来源丰富、能量密度高和环境友好的特点,已成为一种潜在的可持续性的能源燃料。这有利于减少对化石燃料的依赖及其造成的环境污染。在各种各样的储存氢气的介质中,多孔碳材料引起了研究者的广泛关注,但是制备较高氢气储存量的多孔碳材料依然是实际应用所面临的一个重大挑战。

Gong 等[73]利用有机改性蒙脱土作为活性模板,PP、PE、PS、PET 和 PVC 混合塑料为碳源制备碳纳米薄片,KOH 活化后制备多孔碳纳米薄片。它的比表面积为 1734.0 m^2/g,孔体积为 2.441 cm^3/g,远远高于活化前的碳纳米薄片(128.9 m^2/g 和 0.667 cm^3/g)。图 7.35 是在 313 K 下,碳纳米薄片和多孔碳纳米薄片的氢气等温吸附曲线。氢气的储存量随着氢气压力的增加而增加。在 25 bar 和 45 bar 时,氢气的储存量分别达到 3.0 mmol/g 和 5.2 mmol/g(即 0.61 wt%和 1.03 wt%),而碳纳米薄片的氢气储存量仅为 0.9 mmol/g 和 1.4 mmol/g(即 0.18 wt%和 0.29 wt%)。更为重要的是,多孔碳纳米薄片的氢气储存量高于许多其他的碳材料。例如,多孔碳纳米薄片在 45 bar 时的氢气储存量是商业化的活性炭(0.6 mmol/g)的 8.6 倍。Natarajan 等[74]利用高温高压反应釜将废弃 PP 和 PE 转化为中空碳球。它的比表面积为 402 m^2/g,将其用于高压吸附 H_2,在 40 bar 时,H_2 吸附量为 1.22 wt%(即 135.54 cm^3/g)。

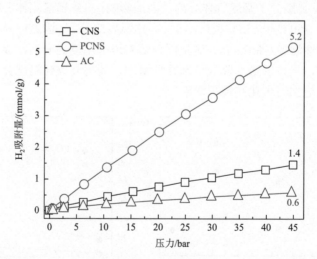

图 7.35 碳纳米薄片(CNS)、多孔碳纳米薄片(PCNS)和商业化的活性炭(AC)在 313 K 时的氢气等温吸附曲线[73]

Roberts 等[84]以聚丙烯腈为前驱体,采用冰模板法制备多孔碳,之后与 KOH 混合后在 800℃下碳化和化学活化制备多孔、富氮的整体式碳材料。在碳化和活化之前，聚丙烯腈的冰模板提供了一种刚性大孔聚合物支架，有利于化学活化剂 KOH 的注入。整体式碳材料的比表面积高达 2206 m^2/g，氮元素的含量为 1.29 wt%，在 77 K 和 1.2 bar 下 H$_2$ 的吸附量为 2.66 wt%。通过比较加入不同 KOH 量制备的不同孔结构的多孔碳材料的吸附 H$_2$ 性能发现，H$_2$ 吸附对样品中的氮元素含量的依赖性要小得多，但与比表面积有相当密切的线性关系。

Yan 等以双环[2.2.2]辛基-7-烯-2, 3, 5, 6-四羧酸二酐和四(4-氨基苯基)甲烷为原料合成了半环脂肪族微孔聚酰亚胺(sPI)，然后将其与 KOH 按照质量比 1/2 混合后在 600℃、700℃ 和 800℃ 下碳化/活化制备超微孔碳材料(UMC)[56]。随着反应温度从 600℃ 增加到 700℃ 和 800℃，多孔碳材料的比表面积从 1980 m^2/g(UMC-600)增加到 2212 m^2/g(UMC-700)和 2406 m^2/g(UMC-800)，高于 sPI(900 m^2/g)。sPI 和 UMC 在 77 K 和 87 K 时的 H$_2$ 吸附等温线如图 7.36(a)和(b)所示。与 sPI 前体相比，在 77 K 和 1 bar 下，UMC 的 H$_2$ 吸附量从 2.2 wt%增加到 3.7 wt%。UMC 中的 H$_2$ 吸附量随压力的增加而不断增加，在 1.0 bar 并没有达到饱和，这意味着在进一步增加压力的情况下，可以获得更高的储存量。此外，在 87 K 和 1 bar 下，UMC-700 的 H$_2$ 吸附量随温度的升高而降低，但仍具有相当高的吸氢能力(2.9 wt%)。除了较大的比表面积外，新形成的在 0.44 nm 左右的超小孔还对 UMC 的 H$_2$ 吸附能力起到了一定的促进作用。这是因为超小孔(小于 0.5 nm)有利于 H$_2$ 等小分子气体的优先吸附。对三种碳化样品的 H$_2$ 吸附量进行了比较，结果表明在 87 K 和 1 bar 下，UMC-700 的 H$_2$ 吸附量(2.9 wt%)大于 UMC-800(2.6 wt%)，但 UMC-700 的比表面积和孔体积均小于 UMC-800。这是因为相对于 UMC-700 而言，UMC-800 在 0.60～1.06 nm 处的相对较大的孔径具有较宽的孔径分布，UMC-800 中的微孔体积与孔体积比值为 0.70，低于 UMC-700(0.75)。UMC-700 的微孔比例越大，对 H$_2$ 的吸附作用越强。根据不同温度下测得的 H$_2$ 吸附等温线，用 Clausius-Clapeyron 方程计算吸附焓(Q_{st})，并绘制 Q_{st} 随 H$_2$ 分子吸附量的变化曲线。如图 7.36(c)所示，所有样品最初都具有较高的 Q_{st}，但 Q_{st} 随着 H$_2$ 吸附量的增加而迅速下降，这意味着 H$_2$ 分子对多孔骨架的亲和力比 H$_2$ 本身强。此外，UMC 的 Q_{st} 值高于 sPI，尤其是在大的 H$_2$ 负载区。这是因为 UMC 样品产生了超小的孔(0.44～0.49 nm)，因而与具有较大孔(0.60 nm)的 sPI 相比，H$_2$ 分子具有更显著的捕获效应。此外，考虑到 H$_2$ 的动力学直径仅为 0.29 nm，相对于 sPI，当孔壁被 H$_2$ 分子层覆盖时，UMC 中的孔道变得更窄，以达到捕获 H$_2$ 分子的最佳捕获尺寸。在高的 H$_2$ 吸附量下，UMC 的 Q_{st} 值明显高于 sPI。

Hu 等以芳香族四腈为原料，经环三聚和原位碳化合成了三嗪基多孔碳材料[85]。它具有高比表面积(1200 m^2/g)、大孔体积(1.45 cm^3/g)，以及由微孔(0.63～1.24 nm)和介孔(2.4～20 nm)组成的分级孔结构。气体吸附实验表明，它们具有很好的吸

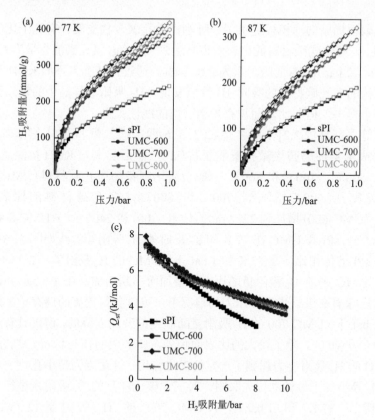

图 7.36 （a、b）sPI 和 UMC 对 H_2 的吸附（实心符号）和解吸（空心符号）等温线；（c）H_2 吸附焓随 H_2 吸附量的变化曲线[56]

H_2 能力，在 77 K 和 1 bar 下的吸 H_2 量高达 2.34 wt%。这是由于它们的分级孔中的（超）微孔有利于气体分子的吸附，而介孔有利于气体扩散。

　　Grundy 和 Ye[86]以 1,3-二乙烯基苯和苯乙炔为单体聚合制备交联聚合物，然后在 KOH 存在的情况下碳化制备多孔碳材料（AC-CPDx，其中 x 为 1,3-二乙烯基苯的相对含量）。聚合物前驱体的交联密度对多孔碳材料的平均孔径和孔径分布有显著影响。他们通过控制 1,3-二乙烯基苯的相对含量不仅可以控制交联聚合物的交联程度，还能够调控碳材料的孔结构和孔分布。这些多孔碳材料中的大多数微孔尺寸小于 6 Å，孔体积（$V_{d<6\,Å}$）为总孔体积的 54%～76%。由具有高或者低交联密度的聚合物前驱体制备的多孔碳材料（AC-PDEB、AC-CPD91% 和 AC-CPD17%）具有单峰微孔尺寸分布，并且平均微孔尺寸为 4.6～5.0 Å。随着交联密度从 AC-PDEB 到 AC-CPD84% 逐渐降低，小于 4.5 Å 的微孔的孔体积（$V_{d<4.5\,Å}$）从 0.17 cm³/g 下降到 0.08 cm³/g，其在总孔体积中的百分比从 41% 显著下降到 10%，而 4.5～6 Å 范围内的微孔（$V_{4.5\,Å<d<6\,Å}$）及其在总孔体积中的百分比则显著增加

(分别从 0.14 cm³/g 增加到 0.37 cm³/g 和从 34%增加到 48%)。同时，平均微孔尺寸从 4.6 Å 增大到 5.3 Å。这反映了交联密度降低后微孔尺寸分布的敏感而显著的变化。由中等交联密度的聚合物前驱体制备的多孔碳材料(从 AC-CPD84%到 AC-CPD26%)具有相似的双峰微孔尺寸分布，其中一个较小的尺寸在 4.5 Å 以下(占总体积的 10%)，另一个较大的尺寸在 4.5~6 Å 之间(约占总体积的 48%)。因此，这些多孔碳材料的平均微孔尺寸略高，约为 5.3 Å。这些不同的微孔尺寸分布也被认为是由聚合物前驱体中不同的交联密度所致。同样，具有高交联密度的聚合物(PDEB 和 CPD91%)限制了 KOH 在碳化过程中向其基体中的扩散以进行活化，而在中等交联密度的聚合物(CPD84%到 CPD26%)中 KOH 的扩散增强。当聚合物(CPD17%)的交联密度较低时，会出现较大微孔坍塌，从而在生成的碳材料中只留下较小的微孔。然后，他们在 77 K 和 1 bar 下，评估制备的多孔碳材料(AC-CPD91%至 AC-CPD17%)的吸附 H_2 性能。图 7.37(a)显示了典型的多孔碳材料在 0~1 bar 压力范围内的 H_2 吸附等温线。在等温线中没有滞后现象，证实了这些多孔碳材料的可逆吸附和解吸。一般而言，H_2 吸附量在 12.1~13.3 mmol/g 或者 2.42 wt%~2.66 wt%范围内。他们认为较高 H_2 的储存容量(2.66 wt%)得益于它们独特的结构特性，包括高微孔($V_{d<2\,nm}/V_总$ = 78%~84%)，匹配的中微孔尺寸(5.3 Å)接近最佳储氢的尺寸 6~7 Å，微孔尺寸分布窄，以及多数微孔尺寸小于 6 Å($V_{d<6\,Å}/V_总$ = 55%~68%)。图 7.37(b)显示了这一系列的多孔碳材料的 H_2 吸附容量与各种孔隙体积数据(V_{total}, $V_{d<20\,Å}$, $V_{d<6\,Å}$ 和 $V_{4.5\,Å<d<6\,Å}$)之间的相关性。可见，其与 $V_{d<6\,Å}$ 的相关系数比其他四种相关系数高，线性拟合最好，吸附量随 $V_{d<6\,Å}$ 的增大而线性增大。这也表明小于 6 Å 的微孔是影响 H_2 吸附的最重要因素。

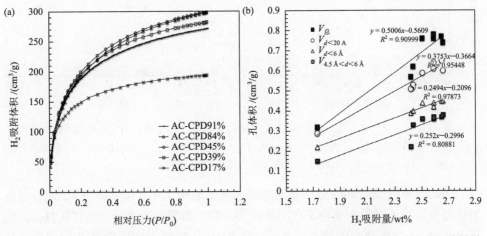

图 7.37 (a)五种代表性多孔碳材料在 77 K 下从 0~1 bar 的 CO_2 吸附等温线；(b)多孔碳材料对 H_2 的吸附量与其孔体积数据的相关性，包括孔体积(V_{total})、微孔体积($V_{d<20\,Å}$)、小于 6 Å 的微孔体积($V_{d<6\,Å}$)和 4.5~6 Å 间的微孔体积($V_{4.5\,Å<d<6\,Å}$)[86]

Ngamou 等[87]利用聚酰亚胺前驱体在 700℃热解，在层状多孔载体(具有 $\gamma\text{-Al}_2\text{O}_3$ 涂层的 $\alpha\text{-Al}_2\text{O}_3$ 管)的内表面成功制备了超薄(200 nm)和无缺陷碳分子筛膜，并对碳化样品的化学结构进行了拉曼光谱和 X 射线光电子能谱表征。碳化后的试样由含有 sp^3 型缺陷的石墨碳层组成。通过测量几种不同动力学直径的气体在 200℃和 2 bar 的进料压力下的渗透性，评价了管式碳分子筛膜的气体分离性能[图 7.38(a)]。所选气体的气体渗透率值随气体动力学直径的减小而增大，即 CH_4(0.38 nm)＜N_2(0.365 nm)＜CO_2(0.33 nm)＜H_2(0.29 nm)。这表明这些气体通过碳分子筛膜的传输受分子筛机制的控制。通过测量气体透过碳分子筛膜的温度依赖性，可以获得气体传输行为的重要信息。所有气体的渗透都随着温度的升高而增加。H_2 表现出最高的渗透性，在 50～200℃范围内几乎增加了一个数量级。所有混合气体的渗透选择性也随着温度的升高而增加[图 7.38(b)]。在 200℃时，对于 H_2/CO_2、H_2/N_2 和 H_2/CH_4 混合气体对，碳分子筛膜显示出 24、130 和 228 的渗透选择性，远远超过相应的 Knudsen 系数(分别为 4.7、3.7 和 2.8)。这种优异的渗透选择性证明了碳分子筛膜的无针孔特性，并归因于其超微孔结构，从而阻止了较大气体分子(如 N_2 和 CH_4)的扩散。另外，H_2 的渗透率可达 1.1×10^{-6} mol/($m^2\cdot s\cdot Pa$)。

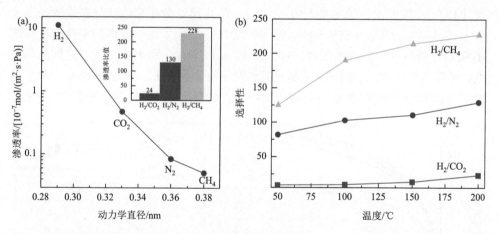

图 7.38 (a)单组分气体在 200℃下以 2 bar 的进料压力通过 $\alpha\text{-Al}_2\text{O}_3/\gamma\text{-Al}_2\text{O}_3$ 支撑的碳分子筛膜的渗透性，插图为理想的分离因子；(b)$\alpha\text{-Al}_2\text{O}_3/\gamma\text{-Al}_2\text{O}_3$ 负载碳分子筛膜在 2 bar 进料压力下的单组分气体透过选择性与温度的关系[87]

Huang 等将 Matrimid 5218 聚合物溶解在二氯甲烷中形成前体溶液，之后将前驱体溶液旋涂于铜箔上制备聚合物薄膜[88]，随后将聚合物膜在 500℃下 H_2/Ar 氛围中热解 1 h 制备碳分子筛膜。之后，在 1 mol/L $FeCl_3$ 溶液中蚀刻去除铜箔，最后用去离子水冲洗自由漂浮的碳分子筛膜。臭氧是一种高度活性的分子，尤其是对碳的反应。对于碳分子筛膜，在室温下短时间(5 min)的臭氧暴露足以接枝含氧官能团。随着环氧基(11.7%)的增加，羰基由 6.5%增加到 40.5%。在气体渗透装置中进行了原位臭氧处理，通过比较功能化前后的分离性能，研究了功能化对厚度为 100 nm 的碳分子筛膜的影响。通常，在测试碳分子筛膜的气体分离性能之后，臭氧被引入膜的渗透侧 5 min。在处理之后，立即观察到气体渗透性降低[图 7.39(a)]，与孔的电子密度间隙的收缩一致。值得注意的是，臭氧处理后的理想气体选择性显著增加，如在 150℃下的 H_2/CH_4 和 H_2/CO_2 选择性分别从 13.3 增加到 50.7，1.8 增加到 7.1[图 7.39(b)]。与合成的碳分子筛膜相比，该功能化膜在动力学直径(k_d)上的差异较小，如 H_2 (k_d 为 0.289 nm)与 CO_2 (k_d 为 0.33 nm)的差异较小，可以实现更精确的分子分离。此外，CH_4 渗透率降低为 1/20，证实孔径分布变窄。有趣的是，与合成膜相比，H_2 渗透性和 H_2/CH_4 选择性都随着温度的升高而增加，从而实现分离性能的优化，H_2 渗透性为 507GPU，选择性为 50.7。与文献中碳分子筛膜比较，臭氧处理后的碳分子筛膜达到了最高的 H_2 渗透性，同时具有不错的气体选择性。

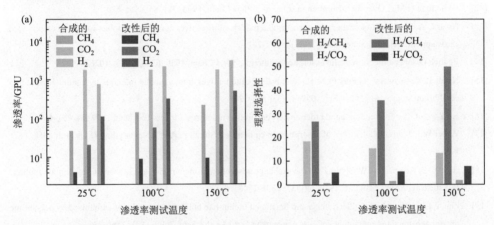

图 7.39 臭氧处理前后碳分子筛膜的气体分离性能变化：(a)H_2、CH_4 和 CO_2 的气体渗透性；(b)H_2/CH_4 和 H_2/CO_2 的理想选择性[88]

参 考 文 献

[1] Gupta V K, Suhas. Application of low-cost adsorbents for dye removal—A review. J Environ Manage, 2009, 90: 2313-2342.

[2] Rafatullah M, Sulaiman O, Hashim R, et al. Adsorption of methylene blue on low-cost adsorbents: A review. J Hazard Mater, 2010, 177: 70-80.

[3] Wen Q, Wang J, Zheng M, et al. Research progresses and development trends of technologies for dyeing wastewater advanced treatment. Environ Protect Chem Ind, 2015, 35(4): 363-369.

[4] Katheresan V, Kansedo J, Lau S Y. Efficiency of various recent wastewater dye removal methods: A review. J Environ Chem Eng, 2018, 6(4): 4676-4697.

[5] Solís M, Solís A, Pérez H I, et al. Microbial decolouration of azo dyes: A review. Process Biochem, 2012, 47(12): 1723-1748.

[6] Sen S K, Raut S, Bandyopadhyay P, et al. Fungal decolouration and degradation of azo dyes: A review. Fungal Biol Rev, 2016, 30(3): 112-133.

[7] Nidheesh P V, Zhou M, Oturan M A. An overview on the removal of synthetic dyes from water by electrochemical advanced oxidation processes. Chemosphere, 2018, 197: 210-227.

[8] Nidheesh P V, Gandhimathi R, Ramesh S T. Degradation of dyes from aqueous solution by Fenton processes: A review. Environ Sci Pollut Res, 2013, 20(4): 2099-2132.

[9] Adeyemo A A, Adeoye I O, Bello O S. Adsorption of dyes using different types of clay: A review. Appl Water Sci, 2017, 7(2): 543-568.

[10] Azari A, Nabizadeh R, Nasseri S, et al. Comprehensive systematic review and meta-analysis of dyes adsorption by carbon-based adsorbent materials: Classification and analysis of last decade studies. Chemosphere, 2020, 250: 126238-126238.

[11] Langmuir I. The constitution and fundamental properties of solids and liquids. Part I. Solids. J Am Chem Soc, 1918, 40(9): 1361-1403.

[12] Freundlich H M F. Over the adsorption in solution. J Phys Chem, 1906, 57(385): 385-470.

[13] Başar C A. Applicability of the various adsorption models of three dyes adsorption onto activated carbon prepared waste apricot. J Hazard Mater, 2006, 135(1): 232-241.

[14] Redlich O, Peterson D L. A useful adsorption isotherm. J Phys Chem, 1959, 63(6): 1024-1026.

[15] Nandi B K, Goswami A, Purkait M K. Removal of cationic dyes from aqueous solutions by kaolin: Kinetic and equilibrium studies. Appl Clay Sci, 2009, 42(3): 583-590.

[16] Ho Y S, McKay G. Pseudo-second order model for sorption processes. Process Biochem, 1999, 34: 451-465.

[17] Weber W J, Morris J C. Kinetics of adsorption on carbon from solution. ASCE Sanitary Eng Division J, 1963, 1(2): 1-2.

[18] Boyd G E, Adamson A W, Myers L S. The exchange adsorption of ions from aqueous solutions by organic zeolites. II. Kinetics1. J Am Chem Soc, 1947, 69(11): 2836-2848.

[19] Zhu Y, Li J, Wan M, et al. Electromagnetic functional urchin-like hollow carbon spheres carbonized by polyaniline micro/nanostructures containing $FeCl_3$ as a precursor. Eur J Inorg Chem, 2009, (19): 2860-2864.

[20] Zhang P, An Q, Guo J, et al. Synthesis of mesoporous magnetic Co-NPs/carbon nanocomposites and their adsorption property for methyl orange from aqueous solution. J Colloid Interf Sci, 2013, 389: 10-15.

[21] Liang T, Wang F, Liang L, et al. Magnetically separable nitrogen-doped mesoporous carbon with high adsorption capacity. J Mater Sci, 2016, 51(8): 3868-3879.

[22] Jia Z, Li Z, Li S, et al. Adsorption performance and mechanism of methylene blue on chemically activated carbon spheres derived from hydrothermally-prepared poly(vinyl alcohol) microspheres. J Mol Liq, 2016, 220: 56-62.

[23] Yu L, Chen Y, Tan S, et al. Potassium chloride-assisted synthesis of hollow carbon spheres from pure or mixed polyolefins containing silica templates. Nanosci Nanotech Lett, 2019, 11(8): 1084-1092.

[24] Gong J, Yao K, Liu J, et al. Catalytic conversion of linear low density polyethylene into carbon nanomaterials under the combined catalysis of Ni_2O_3 and poly(vinyl chloride). Chem Eng J, 2013, 215-216: 339-347.

[25] Feng J, Gong J, Wen X, et al. Upcycle waste plastics to magnetic carbon materials for dye adsorption from polluted water. RSC Adv, 2014, 4: 26817-26823.

[26] Si Y, Ren T, Li Y, et al. Fabrication of magnetic polybenzoxazine-based carbon nanofibers with Fe_3O_4 inclusions

with a hierarchical porous structure for water treatment. Carbon, 2012, 50(14): 5176-5185.

[27] Gong J, Feng J, Liu J, et al. Catalytic carbonization of polypropylene into cup-stacked carbon nanotubes with high performances in adsorption of heavy metallic ions and organic dyes. Chem Eng J, 2014, 248: 27-40.

[28] Gong J, Liu J, Jiang Z, et al. A facile approach to prepare porous cup-stacked carbon nanotube with high performance in adsorption of methylene blue. J Colloid Interf Sci, 2015, 445: 195-204.

[29] Gong J, Liu J, Chen X, et al. Converting real-world mixed waste plastics into porous carbon nanosheets with excellent performance in the adsorption of an organic dye from wastewater. J Mater Chem A, 2015, 3: 341-351.

[30] Wen Y, Liu J, Song J F, et al. Conversion of polystyrene into porous carbon sheet and hollow carbon shell over different magnesium oxide templates for efficient removal of methylene blue. RSC Adv, 2015, 5: 105047-105056.

[31] El Essawy N A, Ali S M, Farag H A, et al. Green synthesis of graphene from recycled PET bottle wastes for use in the adsorption of dyes in aqueous solution. Ecotox Environ Safe, 2017, 145: 57-68.

[32] Gong J, Lin H, Antonietti M, et al. Nitrogen-doped porous carbon nanosheets derived from poly(ionic liquid): Hierarchical pore structures for efficient CO_2 capture and dye removal. J Mater Chem A, 2016, 4: 7313-7321.

[33] Zhuang X, Wan Y, Feng C, et al. Highly efficient adsorption of bulky dye molecules in wastewater on ordered mesoporous carbons. Chem Mater, 2009, 21: 706-716.

[34] Zhai Y, Dou Y, Liu X, et al. Soft-template synthesis of ordered mesoporous carbon/nanoparticle nickel composites with a high surface area. Carbon, 2011, 49(2): 545-555.

[35] García A, Nieto A, Vila M, et al. Easy synthesis of ordered mesoporous carbon containing nickel nanoparticles by a low temperature hydrothermal method. Carbon, 2013, 51: 410-418.

[36] Yan C, Wang C, Yao J, et al. Adsorption of methylene blue on mesoporous carbons prepared using acid-and alkaline-treated zeolite X as the template. Colloid Surface A, 2009, 333(1-3): 115-119.

[37] Fung P P M, Cheung W H, McKay G. Tyre char preparation from waste tyre rubber for dye removal from effluents. J Hazard Mater, 2012, 175: 151-158.

[38] san Miguel G, Fowler G D, Sollars C J. A study of the characteristics of activated carbons produced by steam and carbon dioxide activation of waste tyre rubber. Carbon, 2003, 41(5): 1009-1016.

[39] Nakagawa K, Namba A, Mukai S R, et al. Adsorption of phenol and reactive dye from aqueous solution on activated carbons derived from solid wastes. Water Res, 2004, 38(7): 1791-1798.

[40] Tanthapanichakoon W, Ariyadejwanich P, Japthong P, et al. Adsorption-desorption characteristics of phenol and reactive dyes from aqueous solution on mesoporous activated carbon prepared from waste tires. Water Res, 2005, 39(7): 1347-1353.

[41] Song X, Xu R, Wang K. High capacity adsorption of malachite green in a mesoporous tyre-derived activated carbon. Asia-Pac J Chem Eng, 2013, 8(1): 172-177.

[42] Acevedo B, Barriocanal C. Preparation of MgO-templated carbons from waste polymeric fibres. Micropor Mesopor Mater, 2015, 209: 30-37.

[43] Acevedo B, Barriocanal C, Lupul I, et al. Properties and performance of mesoporous activated carbons from scrap tyres, bituminous wastes and coal. Fuel, 2015, 151: 83-90.

[44] Acevedo B, Rocha R P, Pereira M F R, et al. Adsorption of dyes by ACs prepared from waste tyre reinforcing fibre. Effect of texture, surface chemistry and pH. J Colloid Interf Sci, 2015, 459: 189-198.

[45] Lin J H, Wang S B. An effective route to transform scrap tire carbons into highly-pure activated carbons with a high adsorption capacity of ethylene blue through thermal and chemical treatments. Environ Technol Inno, 2017, 8: 17-27.

[46] Djahed B, Shahsavani E, Khalili Naji F, et al. A novel and inexpensive method for producing activated carbon from waste polyethylene terephthalate bottles and using it to remove methylene blue dye from aqueous solution. Desalin Water Treat, 2016, 57(21): 9871-9880.

[47] Noorimotlagh Z, Mirzaee S A, Martinez S S, et al. Adsorption of textile dye in activated carbons prepared from DVD and CD wastes modified with multi-wall carbon nanotubes: Equilibrium isotherms, kinetics and thermodynamic study. Chem Eng Res Des, 2019, 141: 290-301.

[48] 李程鹏, 廖霖清, 张百良, 等. 聚烯烃合金基大块多孔碳制备. 广东海洋大学学报, 2009, 39(5): 122-128.

[49] Xu F, Xu J, Xu H, et al. Fabrication of novel powdery carbon aerogels with high surface areas for superior energy storage. Energy Storage Mater, 2017, 7: 8-16.

[50] Gong J, Yao K, Liu J, et al. Striking influence of Fe_2O_3 on the "catalytic carbonization" of chlorinated poly(vinyl chloride) into carbon microspheres with high performance in the photo-degradation of Congo red. J Mater Chem A, 2013, 1: 5247-5255.

[51] Gong J, Liu J, Chen X, et al. One-pot synthesis of core/shell Co@C spheres by catalytic carbonization of mixed plastics and their application in the photo-degradation of cong red. J Mater Chem A, 2014, 2: 7461-7470.

[52] Gong J, Zhang J, Lin H, et al. "Cooking carbon in a solid salt": Synthesis of porous heteroatom-doped carbon foams for enhanced organic pollutant degradation under visible light. Appl Mater Today, 2018, 12: 168-176.

[53] Chan O S, Cheung W H, McKay G. Preparation and characterisation of demineralised tyre derived activated carbon. Carbon, 2011, 49(14): 4674-4687.

[54] Mendoza-Carrasco R, Cuerda-Correa E M, Alexandre-Franco M F, et al. Preparation of high-quality activated carbon from polyethyleneterephthalate (PET) bottle waste. Its use in the removal of pollutants in aqueous solution. J Environ Manage, 2016, 181: 522-535.

[55] Liang Y, Wu B, Wu D, et al. Ultrahigh surface area hierarchical porous carbons based on natural well-defined macropores in sisal fibers. J Mater Chem, 2011, 21(38): 14424-14427.

[56] Yan J, Zhang B, Wang Z. Ultramicroporous carbons derived from semi-cycloaliphatic polyimide with outstanding adsorption properties for H_2, CO_2, and organic vapors. J Phys Chem C, 2017, 121(41): 22753-22761.

[57] Wu Z Y, Li C, Liang H W, et al. Ultralight, flexible, and fire-resistant carbon nanofiber aerogels from bacterial cellulose. Angew Chem Int Ed, 2013, 52: 2925-2929.

[58] Yu Z L, Li G C, Fechler N, et al. Polymerization under hypersaline conditions: A robust route to phenolic polymer-derived carbon aerogels. Angew Chem Int Ed, 2016, 55(47): 14623-14627.

[59] Gong J, Liu J, Chen X, et al. Striking influence of NiO catalyst diameter on the carbonization of polypropylene into carbon nanomaterials and their high performance in the adsorption of oils. RSC Adv, 2014, 4: 33806-33814.

[60] Ma Y, Jue M L, Zhang F, et al. Creation of well-defined "mid-sized" micropores in carbon molecular sieve membranes. Angew Chem Int Ed, 2019, 58(38): 13259-13265.

[61] Manchón-Vizuete E, Macías-García A, Gisbert A N, et al. Adsorption of mercury by carbonaceous adsorbents prepared from rubber of tyre wastes. J Hazard Mater, 2005, 119(1-3): 231-238.

[62] Al-Saadi A A, Saleh T A, Gupta V K. Spectroscopic and computational evaluation of cadmium adsorption using activated carbon produced from rubber tires. J Mol Liq, 2013, 188: 136-142.

[63] Saleh T A, Gupta V K, Al-Saadi A A. Adsorption of lead ions from aqueous solution using porous carbon derived from rubber tires: Experimental and computational study. J Colloid Interf Sci, 2013, 396: 264-269.

[64] Gupta V K, Suhas, Nayak A, et al. Removal of Ni(II) ions from water using scrap tire. J Mol Liq, 2014, 190: 215-222.

[65] Song M, Wei Y, Yu L, et al. The application of prepared porous carbon materials: Effect of different components on the heavy metal adsorption. Waste Manage Res, 2016, 34(6): 534-541.

[66] Song Y, Wei G Y, Kopec M, et al. Copolymer-templated synthesis of nitrogen-doped mesoporous carbons for enhanced adsorption of hexavalent chromium and uranium. ACS Appl Nano Mater, 2018, 1(6): 2536-2543.

[67] Lin Y F, Chen J L. Magnetic mesoporous Fe/carbon aerogel structures with enhanced arsenic removal efficiency. J Colloid Interf Sci, 2014, 420: 74-79.

[68] Zhang L H, Sun Q, Yang C, et al. Synthesis of magnetic hollow carbon nanospheres with superior microporosity for efficient adsorption of hexavalent chromium ions. Sci China-Mater, 2015, 58(8): 611-620.

[69] Mishra S, Yadav A, Verma N. Carbon gel-supported Fe-graphene disks: Synthesis, adsorption of aqueous Cr(VI) and Pb(II) and the removal mechanism. Chem Eng J, 2017, 326: 987-999.

[70] Zhu K, Chen C, Xu M, et al. *In situ* carbothermal reduction synthesis of Fe nanocrystals embedded into N-doped carbon nanospheres for highly efficient U(VI) adsorption and reduction. Chem Eng J, 2018, 331: 395-405.

[71] Hao G P, Li W C, Qian D, et al. Rapid synthesis of nitrogen-doped porous carbon monolith for CO_2 capture. Adv Mater, 2010, 22: 853-857.

[72] Hao G P, Li W C, Qian D, et al. Structurally designed synthesis of mechanically stable poly(benzoxazine-*co*-resol)-based porous carbon monoliths and their application as high-performance CO_2 capture sorbents. J Am Chem Soc, 2011, 133: 11378-11388.

[73] Gong J, Michalkiewicz B, Chen X, et al. Sustainable conversion of mixed plastics into porous carbon nanosheet with high performances in uptake of carbon dioxide and storage of hydrogen. ACS Sustainable Chem Eng, 2014, 2: 2837-2844.

[74] Natarajan S, Bajaj H C, Aravindan V. Template-free synthesis of carbon hollow spheres and reduced graphene oxide from spent lithium-ion batteries towards efficient gas storage. J Mater Chem A, 2019, 7: 3244-3252.

[75] Gong J, Lin H, Grygiel K, et al. Main-chain poly(ionic liquid)-derived nitrogen-doped micro/mesoporous carbons for CO_2 capture and selective aerobic oxidation of alcohols. Appl Mater Today, 2017, 7: 159-168.

[76] Wang S, Qin J, Zhao Y, et al. Ultrahigh surface area N-doped hierarchically porous carbon for enhanced CO_2 capture and electrochemical energy storage. ChemSusChem, 2019, 12(15): 3541-3549.

[77] Zhang J, Yuan R, Natesakhawat S, et al. Individual nanoporous carbon spheres with high nitrogen content from polyacrylonitrile nanoparticles with sacrificial protective layers. ACS Appl Mater Interfaces, 2017, 9(43): 37804-37812.

[78] Li Z, Wu D, Liang Y, et al. Synthesis of well-defined microporous carbons by molecular-scale templating with polyhedral oligomeric silsesquioxane moieties. J Am Chem Soc, 2014, 136(13): 4805-4808.

[79] Gong J, Antonietti M, Yuan J. Poly(ionic liquid)-derived carbon with site-specific N-doping and biphasic heterojunction for enhanced CO_2 capture and sensing. Angew Chem Int Ed, 2017, 56(26): 7557-7563.

[80] Shao L, Liu M, Huang J, et al. CO_2 capture by nitrogen-doped porous carbons derived from nitrogen-containing hyper-cross-linked polymers. J Colloid Interf Sci, 2018, 513: 304-313.

[81] Qin G, Cao X, Wen H, et al. Fine ultra-micropore control using the intrinsic viscosity of precursors for high performance carbon molecular sieve membranes. Sep Purif Technol, 2017, 177: 129-134.

[82] Kumar R, Zhang C, Itta A K, et al. Highly permeable carbon molecular sieve membranes for efficient CO_2/N_2 separation at ambient and subambient temperatures. J Membrane Sci, 2019, 583: 9-15.

[83] Hu C P, Polintan C K, Tayo L L, et al. The gas separation performance adjustment of carbon molecular sieve membrane depending on the chain rigidity and free volume characteristic of the polymeric precursor. Carbon, 2019,

143: 343-351.

[84] Roberts A D, Lee J S M, Wong S Y, et al. Nitrogen-rich activated carbon monoliths via ice-templating with high CO_2 and H_2 adsorption capacities. J Mater Chem A, 2017, 5(6): 2811-2820.

[85] Hu X M, Chen Q, Zhao Y C, et al. Facile synthesis of hierarchical triazine-based porous carbons for hydrogen storage. Micropor Mesopor Mater, 2016, 224: 129-134.

[86] Grundy M, Ye Z. Cross-linked polymers of diethynylbenzene and phenylacetylene as new polymer precursors for high-yield synthesis of high-performance nanoporous activated carbons for supercapacitors, hydrogen storage, and CO_2 capture. J Mater Chem A, 2014, 2(47): 20316-20330.

[87] Ngamou P H T, Ivanova M E, Guillon O, et al. High-performance carbon molecular sieve membranes for hydrogen purification and pervaporation dehydration of organic solvents. J Mater Chem A, 2019, 7(12): 7082-7091.

[88] Huang S, Villalobos L F, Babu D J, et al. Ultrathin carbon molecular sieve films and room-temperature oxygen functionalization for gas-sieving. ACS Appl Mater Interfaces, 2019, 11(18): 16729-16736.

第8章

总结与展望

众所周知,聚合物无论是人工合成的还是天然的,其化学结构中最重要的元素之一就是碳元素。如何将聚合物中的碳元素利用好并发挥重要作用,避免在使用过程中或者废弃过程中进入大气中,造成碳排放,已成为全球共同关注的问题。聚合物碳化反应是重要的高分子化学反应之一,可以把碳元素最大限度地固定下来变成碳材料或含碳的复合材料。聚合物碳化反应的关键问题是如何调控聚合物的降解反应以及降解产物的碳化,从而控制所生成碳材料的结构。因此,深入研究聚合物碳化反应对于实现高分子材料的高性能化、功能化及其可持续发展具有重要的理论意义与应用价值。一方面,聚合物碳化反应是制备多种碳材料的重要途径之一,为当今社会面临的废旧聚合物的高值化回收再利用开辟了新途径,提供一种制备高附加值碳材料的新方法;另一方面,聚合物碳化反应为制备高效阻燃型聚合物材料提供了新思路。

聚合物种类繁多、化学结构与组成各异,组成与结构不同的聚合物进行碳化反应的方法及其条件也不同,因此,随着研究的深入发展,会不断出现有关聚合物碳化反应的新方法与新技术。正如本书中介绍的,目前有多种聚合物碳化方法和手段,包括高温分解碳化、水热碳化、组合催化碳化、预交联/高温碳化、模板碳化以及快速碳化等方法。针对弃用聚合物的碳化反应制备碳材料的研究,近几年又出现了采用微波加热和焦耳闪蒸等作为热源的研究报道[1-3]。此外,金属-有机框架材料辅助碳化法也受到了广泛关注[4-8],即首先将废弃聚合物转化为金属-有机框架材料,再将其碳化制备结构可控的碳材料。无论采用哪一种碳化方法与工艺,如催化碳化反应策略,其碳化过程、碳化机制均有其局限性。

目前,采用已报道的聚合物碳化反应及其实施方法,可以制备不同维数的碳材料,种类繁多,主要包括零维的碳颗粒、碳纳米点、实心碳球、中空碳球、核壳结构碳球、富勒烯和微米金刚石,一维的碳纳米纤维、碳纤维、碳纳米管、杯叠碳纳米管和螺旋碳纳米管,二维的石墨烯和碳纳米薄片,以及三维的碳分子筛膜、纳米孔碳膜、大孔碳膜和等级孔碳膜、碳泡沫、多孔碳、整体式碳材料和碳/碳复合材料。从碳材料的结构和形貌方面,如何控制聚合物的碳化反应从而精确调控碳材料的生长是未来需要重点关注的方向。例如，利用组合催化剂"卤化物/NiO"来实现聚合物高效可控碳化制备"杯叠"碳纳米管。采用聚合物碳化反应制备的碳材料具有广阔的应用前景与市场。例如，聚合物基碳材料在超级电容器、锂离子电池、环境污染治理中吸附与分离方面均有研究报道。特别是近年来太阳能界面水蒸发及其集成技术受到广泛关注[9]，而聚合物基碳材料有望应用于构筑高性能太阳能界面蒸发器[6, 10, 11]。因此，研究人员在未来探索中应该根据市场的应用需求，不断改进与完善碳化方法，使碳化产品满足需求。虽然聚合物基碳材料的发展还处于初期阶段，但通过不断进行技术迭代，完善制备技术，最终会适应市场的发展与需求。

近期，利用聚合物、弃用聚合物、天然聚合物(即生物质)通过碳化反应合成功能性碳材料或纳米碳材料成为多学科研究的交叉点与热点，包括高分子科学、合成化学、材料科学、环境工程等领域。特别是在有效解决废旧塑料的升级回收问题方面，聚合物碳化反应备受关注。报告显示，2020年全球塑料产量3.67亿吨，预计到2050年，整个塑料的年产量将会达到11亿吨。到目前为止所生产约70亿吨塑料中，绝大多数都会积聚在垃圾填埋场或自然环境中，给地表水、土壤、海洋等带来严重的污染。将废旧塑料中的碳沉积下来并制备成高附加值的碳材料是实现废旧塑料升级回收和塑料制品可持续发展的重要方向之一[12]。然而，对于废旧聚合物催化碳化制备碳材料还缺乏更深入的研究。废旧聚合物通常是混合聚合物，不仅聚合物组分多，还含有各种填料和添加剂。另外，氯、溴、氮等杂原子，对回收过程的影响一直是聚合物化学回收面临的主要难题。研究这些因素对于聚合物碳化反应以及对碳材料结构、形貌和性质的影响是利用废旧聚合物高效制备碳材料的关键，具有重要的理论意义和实际价值。如上所述，发展聚合物基碳材料必须迎合市场的需求，与市场中某些产品类似或找到自身特有的应用，结合低成本制备才能使聚合物基碳材料真正发挥作用。

20世纪以来，聚合物材料异军突起，涉及国民经济各个领域以及人们日常生活当中的各个方面，为人类社会的生产和生活带来巨大便利。然而绝大多数的聚合物材料都是易燃或者可燃的，燃烧过程中热量释放速率大且释放量多，往往导致燃烧速度快、不易扑灭，火灾危害大。一旦着火，火焰蔓延迅速、释放出大量的热量和有毒有害烟气，增加了聚合物材料应用场所的潜在火灾危险性。利用聚合物碳化反应可以提高聚合物自身的阻燃性能，降低火灾风险。在聚合物燃烧时能在表面快速成碳是提高阻燃性能的重要途径之一。聚合物燃烧时若能在其表面形成一层炭层，就能起到阻止热量传递、降低可燃性气体释放量和隔绝氧气的作用，阻止热量和质量传递，达到阻燃的目的。然而，应用于阻燃方面的碳化反应与前面提到的制备碳材料或高值化回收废旧塑料不同，首先是碳化速率需要足够快，能与燃烧反应速率匹配。若碳化反应速率过慢，则起不到阻燃的作用。解决这一问题的途径是采用组合催化碳化方法，根据聚合物的结构与组成的不同，探索采用不同的组合催化剂，在燃烧过程中实现快速碳化反应，在聚合物材料表面形成保护性炭层。另外，所形成的碳产物结构要形成一个完整的结构，不能有过多的结构缺陷。这就需要在聚合物发生碳化反应过程中原位调控炭层的结构，形成完整的炭层结构。

目前已有一些催化碳化体系应用于提高聚合物阻燃性能的研究报道，以及针对不同聚合物的催化碳化特点所开展的催化碳化阻燃机制探索。例如，利用有机改性蒙脱土(OMMT)和负载镍组合就可以促进聚丙烯(PP)碳化生成碳纳米管(CNTs)[13]。一方面 OMMT 的片层结构可以抑制降解产物的扩散以及氧气渗透到 PP 基体内部，从而增加降解产物与镍催化剂接触的时间，促进 CNTs 的生长，提高碳化效率。另一方面，OMMT 中有机改性剂降解生成质子酸，将反应中间体由碳自由基转变为碳阳离子，促进 PP 降解生成小分子碳氢化合物，从而有利于快速碳化反应。然而，尽管目前已取得了一些研究进展，但催化碳化阻燃从实验到应用还有很长的路要走。令人欣慰的是，聚合物催化碳化近些年受到广泛关注，国内外众多研究小组已经加入到这个领域，取得了很大的研究进展。但是，催化碳化聚合物的研究仍处于初级阶段，在该领域仍存在一些亟待解决的重要问题和挑战。例如，已有研究表明催化碳化阻燃聚合物虽然热释放速率明显降低，但通常难以通过 UL-94 测试。这是因为在火灾中聚合物起始燃烧温度普遍在 500~600℃，而以往的催化碳化的反应温度普遍高于 700℃，这使得聚合物降解产物来不及碳化就已经扩散和燃烧。因此，如何降低聚合物碳化的反应温度成为这一研究领域的重要挑战之一。例如，能否降低催化碳化体系的响应温度或拓展响应温度范围？近期研究进展表明，可以设计具有响应温度范围宽的温度响应型组合催化体系，这样就可以同时在小火测试(氧指数测试、UL-94 测试)与大火测试过程(锥量测试)中均具有良好的阻燃性能[14]。

参 考 文 献

[1] Jie X, Li W, Slocombe D, et al. Microwave-initiated catalytic deconstruction of plastic waste into hydrogen and high-value carbons. Nat Catal, 2020, 3: 902-912.

[2] Luong D X, Bets K V, Algozeeb W A, et al. Gram-scale bottom-up flash graphene synthesis. Nature, 2020, 577(7792): 647-651.

[3] Xu G, Jiang H, Stapelberg M, et al. Self-perpetuating carbon foam microwave plasma conversion of hydrocarbon wastes into useful fuels and chemicals. Environ Sci Technol, 2021, 55(9): 6239-6247.

[4] El-Sayed E S M, Yuan D. Waste to MOFs: Sustainable linker, metal, and solvent sources for value-added MOF synthesis and applications. Green Chem, 2020, 22(13): 4082-4104.

[5] Boukayouht K, Bazzi L, El Hankari S. Sustainable synthesis of metal-organic frameworks and their derived materials from organic and inorganic wastes. Coordin Chem Rev, 2023, 478: 214986.

[6] Chen B, Ren J, Song Y, et al. Upcycling waste poly(ethylene terephthalate) into a porous carbon cuboid through a MOF-derived carbonization strategy for interfacial solar-driven water-thermoelectricity cogeneration. ACS Sustainable Chem Eng, 2022, 10(49): 16427-16439.

[7] Fan Z, Ren J, Bai H, et al. Shape-controlled fabrication of MnO/C hybrid nanoparticle from waste polyester for solar evaporation and thermoelectricity generation. Chem Eng J, 2023, 451: 138534.

[8] He P, Hu Z, Dai Z, et al. Mechanochemistry milling of waste poly(ethylene terephthalate) into metal-organic frameworks. ChemSusChem, 2023, 16(2): e202201935.

[9] Tao P, Ni G, Song C, et al. Solar-driven interfacial evaporation. Nat Energy, 2018, 3(12): 1031-1041.

[10] Song C, Zhang B, Hao L, et al. Converting poly(ethylene terephthalate) waste into N-doped porous carbon as CO_2 adsorbent and solar steam generator. Green Energy Environ, 2022, 7: 411-422.

[11] Bai H, Liu N, Hao L, et al. Self-floating efficient solar steam generators constructed using super-hydrophilic N, O dual-doped carbon foams from waste polyester. Energy Environ Mater, 2022, 5(4): 1204-1213.

[12] Jehanno C, Alty J W, Roosen M, et al. Critical advances and future opportunities in upcycling commodity polymers. Nature, 2022, 603(7903): 803-814.

[13] Tang T, Chen X, Meng X, et al. Synthesis of multiwalled carbon nanotubes by catalytic combustion of polypropylene. Angew Chem Int Ed, 2005, 44: 1517-1520.

[14] Lou S, Yu R, Wang S, et al. Synergies between phosphomolybdate and aluminum diethylphosphinate acting as temperature-response microparticles for promoting fire safety of epoxy resin. Polymer, 2023, 268: 125715.

关键词索引

B

杯叠碳纳米管　114
比容量　268
比电容　220

C

残炭率　176
超级电容器　211
超交联聚合物　36
成炭聚合物　8
成碳催化剂　106
成碳反应　8
催化成碳阻燃　169
催化碳化　169

D

电极　212
电解液　267
电容量　219

E

二硫化钼　179

F

废旧聚合物　30
分离性能　137
芬顿反应　298
负极材料　269
富勒烯　182

G

高级氧化技术　298
高温高压碳化　41
功率密度　217

H

核壳结构碳材料　281
核壳结构碳球　95
化学活化法　11
化学气相沉积　28
回收再利用　2
混合有机物　339
活性模板　50

J

降解催化剂　21
降解反应　8
介孔碳　323
聚合物燃烧　167
聚合物碳化反应　1
聚离子液体　14

K

快速碳化　48
可逆容量　272

L

锂离子电池　266
锂-硫电池　290
裂解/气化碳化　43

螺旋碳纳米管 122

M

蒙脱土 169
模板碳化 50

N

纳米复合材料 170
凝聚相阻燃 173

P

膨胀型阻燃剂 168

Q

气相阻燃 168
氢气储存量 360

R

染料 297
热释放 172
热释放速率 172
熔融盐 56

S

石墨烯 128
水热碳化 18

T

炭保护层 169
炭层隔离 168
碳/碳复合材料 147
碳分子筛膜 137
炭黑 80
碳化/炭化反应 1
碳化聚合物点 19

碳基锂-硫电池 292
碳纳米薄片 132
碳纳米点 82
碳纳米管 104
碳纳米颗粒 80
碳纳米纤维 99
碳泡沫 144
碳球 86

W

物理活化法 11

X

吸附 298
吸附动力学 307
吸附量 318
相分离嵌段聚合物 54

Y

烟释放速率 198
有机改性蒙脱土 21
有机染料污染 297

Z

中空碳球 91
终止链反应 168
重金属水污染 341
阻燃机理 167
阻燃性能 167
组合催化剂 169

其他

CO_2 吸附 349
Langmuir 等温吸附方程 307
Pseudo First-Order 方程 309